100 JAHRE WAGENBURG IN SCHÖNBRUNN

KUNST
HISTORISCHES
MUSEUM
WIEN

100 JAHRE WAGENBURG

IN SCHÖNBRUNN

DIE GESCHICHTE DES WIENER MARSTALLMUSEUMS

MARIO DÖBERL

Inhaltsverzeichnis

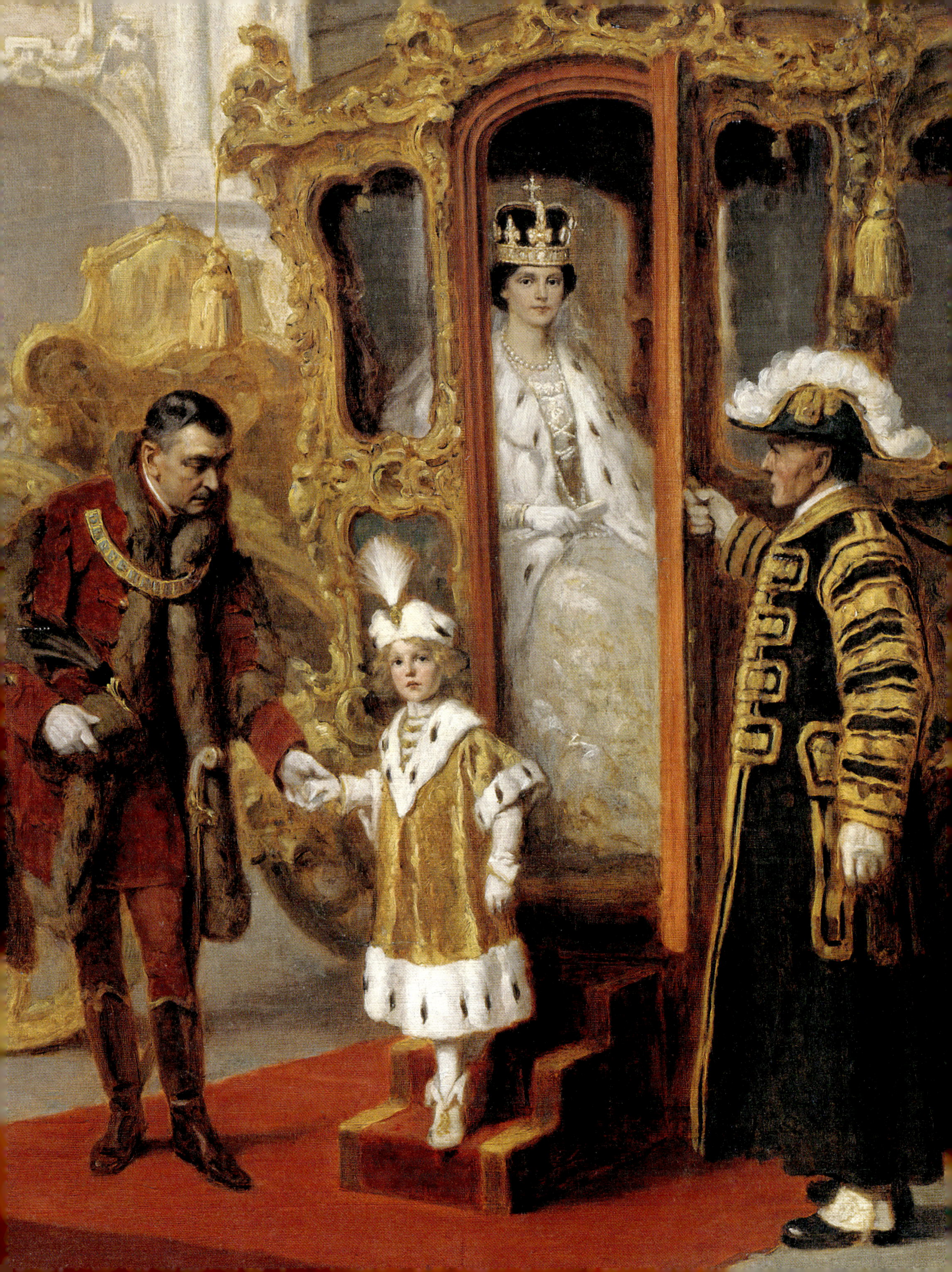

Zum Geleit

Solange Gala-, Freizeit- und Alltagswagen sowie Pferde ihre traditionelle Aufgabe für den kaiserlichen Hof zu erfüllen hatten, waren diese in nächster Nähe der Hofburg untergebracht. Erst in der Stallburg, dann seit dem frühen 18. Jahrhundert im prachtvollen Hofstallgebäude, errichtet 1719–1723 am Glacis vor dem Äußeren Burgtor nach Plänen der Architekten Johann Bernhard und Joseph Emanuel Fischer von Erlach.

Die k. u. k. Hofwagenburg erfüllte bis zum Ende der Monarchie 1918 ihren Hauptzweck als Fuhrpark, sie blieb ein lebendiger Organismus. Der Wiener Wagenbau und das Sattlerhandwerk waren berühmt und zählten zu den angesehensten Wirtschaftszweigen Österreichs. In den ersten Jahren der jungen Republik wurde die Hofwagenburg als eine nutzlos gewordene Institution schrittweise aufgelöst und ein großer Teil der gewöhnlichen Fahrzeuge verkauft oder anderen Staatsstellen zum Gebrauch zugewiesen. Der historische Kernbestand des Hofmarstalls aber sollte für die Nachwelt gerettet und in ein Museum überführt werden.

Nach der 1921 erfolgten formellen Übergabe von rund 100 Galawagen, Prunkschlitten und Sänften, zugehörigen Pferdegeschirren und Schabracken sowie mehreren Gemälden des Oberststallmeisteramtes an die Waffensammlung (die heutige Hofjagd- und Rüstkammer) des Kunsthistorischen Museums musste erst noch ein geeigneter Standort für die museale Präsentation der Objekte gefunden werden. Die Wahl fiel schließlich auf die Schönbrunner Winterreitschule, wo im Sommer 1922 die erste Schausammlung eingerichtet und eröffnet wurde. Binnen kurzer Zeit entwickelte sich die nunmehr in Schönbrunn beheimatete Wagenburg zum festen Bestandteil des Kunsthistorischen Museums, dessen Sammlungsprofil durch die Aufnahme der höfischen Marstallsammlung eine bedeutende Erweiterung erfuhr.

Gemeinsam mit dem Monturdepot wurde die Wagenburg 1951 als selbständige Sammlung innerhalb des Kunsthistorischen Museums etabliert. Erwin M. Auer leitete diese bis 1972, nach ihm Georg J. Kugler bis 2000 und seit 2001 Monica Kurzel-Runtscheiner. Durch diese drei genannten Personen wurde die Wagenburg zu einem Ort der Forschung und darin vorbildlich für viele andere Wagensammlungen in Europa. Ihre wissenschaftliche Erforschung war und ist für die Konservierung der Objekte und für deren lebendige museale Darstellung die wesentliche Grundlage.

Der Kurator der Sammlung, Mario Döberl, hat sich der verdienstvollen Aufgabe unterzogen, die letzten 100 Jahre der Wagenburg am Standort Schönbrunn Revue passieren zu lassen. Ihm und allen an diesem Buchprojekt beteiligten Kolleg*innen des Kunsthistorischen Museums gilt mein besonderer Dank.

Sabine Haag
Generaldirektorin

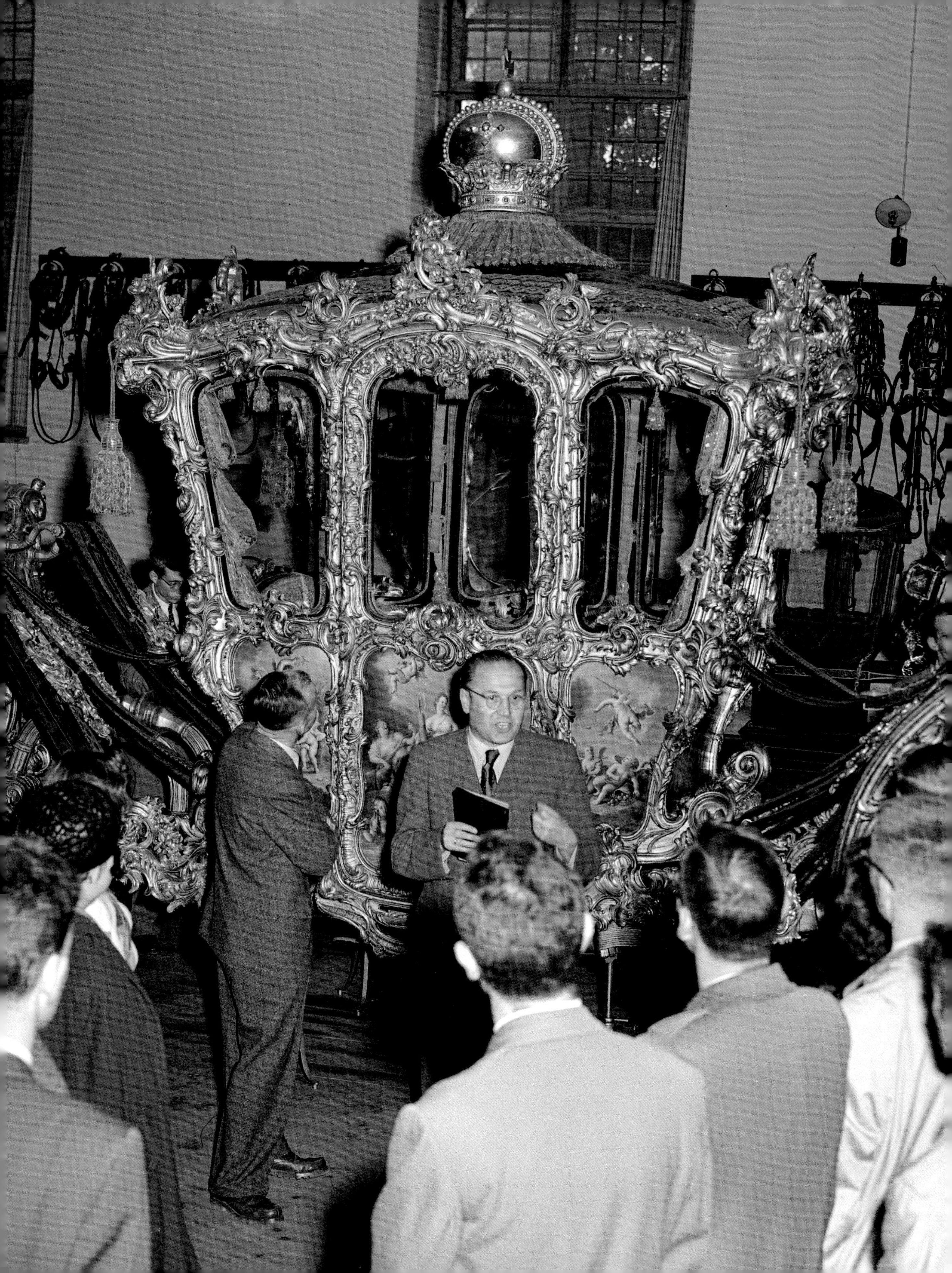

Vorwort

Im September 1922 realisierte die junge Republik Österreich eines ihrer ersten Museumsprojekte: die Wagenburg im Park von Schloss Schönbrunn. Auf den ersten Blick mag es überraschen, dass ein Staat, der mit Wirtschafts- und Hungerkrisen, Arbeitslosigkeit und Verarmung breiter Bevölkerungsgruppen zu kämpfen hatte, Zeit und Geld fand, um ein Kutschenmuseum zu gründen. Doch bei genauerer Betrachtung war diese Maßnahme durchaus sinnvoll: Der österreichische Kaiserhof hatte einen gewaltigen Fuhrpark von rund 600 Fahrzeugen und 350 Pferden hinterlassen, für die eine neue Verwendung gefunden werden musste. Der Großteil der Gefährte, darunter auch zahlreiche Automobile, war keineswegs museal, sondern topmodern und konnte daher einer Nutzung durch Behörden zugeführt oder an Privatpersonen verkauft werden. Allerdings gab es eine Gruppe von rund 100 Fahrzeugen, die eine so große künstlerische und historische Bedeutung hatten, dass man sie – allem revolutionären Eifer zum Trotz – für die Nachwelt erhalten wollte. So entschloss man sich, die Sammlung dem Kunsthistorischen Museum zu übergeben und sie in einem neuen Museum in jenem Teil von Schönbrunn auszustellen, der schon in der Monarchie für Wagen und Pferde genutzt worden war. Die Schauhalle wurde in der ehemaligen Winterreitschule untergebracht, während die angrenzenden Remisen, Ställe und Werkstätten nach und nach in Depots und Restaurierateliers umgewandelt wurden.

Die Räumlichkeiten sind bis heute dieselben geblieben, doch in allen anderen Bereichen hat sich unser Museum in den vergangenen 100 Jahren stets weiterentwickelt und verändert: Die Sammlung ist auf rund 200 Fahrzeuge angewachsen und reicht nun bis ins 21. Jahrhundert. Neben Kutschen des Adels wurden auch Beispiele von höfischen Alltagswagen und Automobilen übernommen, die man 1922 noch nicht für museumswürdig gehalten hatte. Die Schauhalle wurde erweitert und mehrfach umgebaut, es wurden Shops eingerichtet und neue Präsentationsformen entwickelt. Auch der gesellschaftliche Wandel ist an der Geschichte der Wagenburg ablesbar: So wurden die Sammlungsobjekte 1922 von Handwerkern betreut, während heute ein Team von akademischen Restaurator*innen für sie zuständig ist. Noch augenscheinlicher ist die Tatsache, dass in der Ersten Republik ausschließlich Männer in der Wagenburg beschäftigt waren – im 21. Jahrhundert hingegen sind die Frauen in der Überzahl.

All das und vieles mehr hat Mario Döberl, der seit 2001 als wissenschaftlicher Mitarbeiter an der Wagenburg tätig ist, in 55 Streiflichtern eingefangen, die einen spannenden und vielschichtigen Zugang zu 100 Jahren Museumsgeschichte bieten. Lassen Sie sich überraschen!

Monica Kurzel-Runtscheiner
Direktorin der Wagenburg

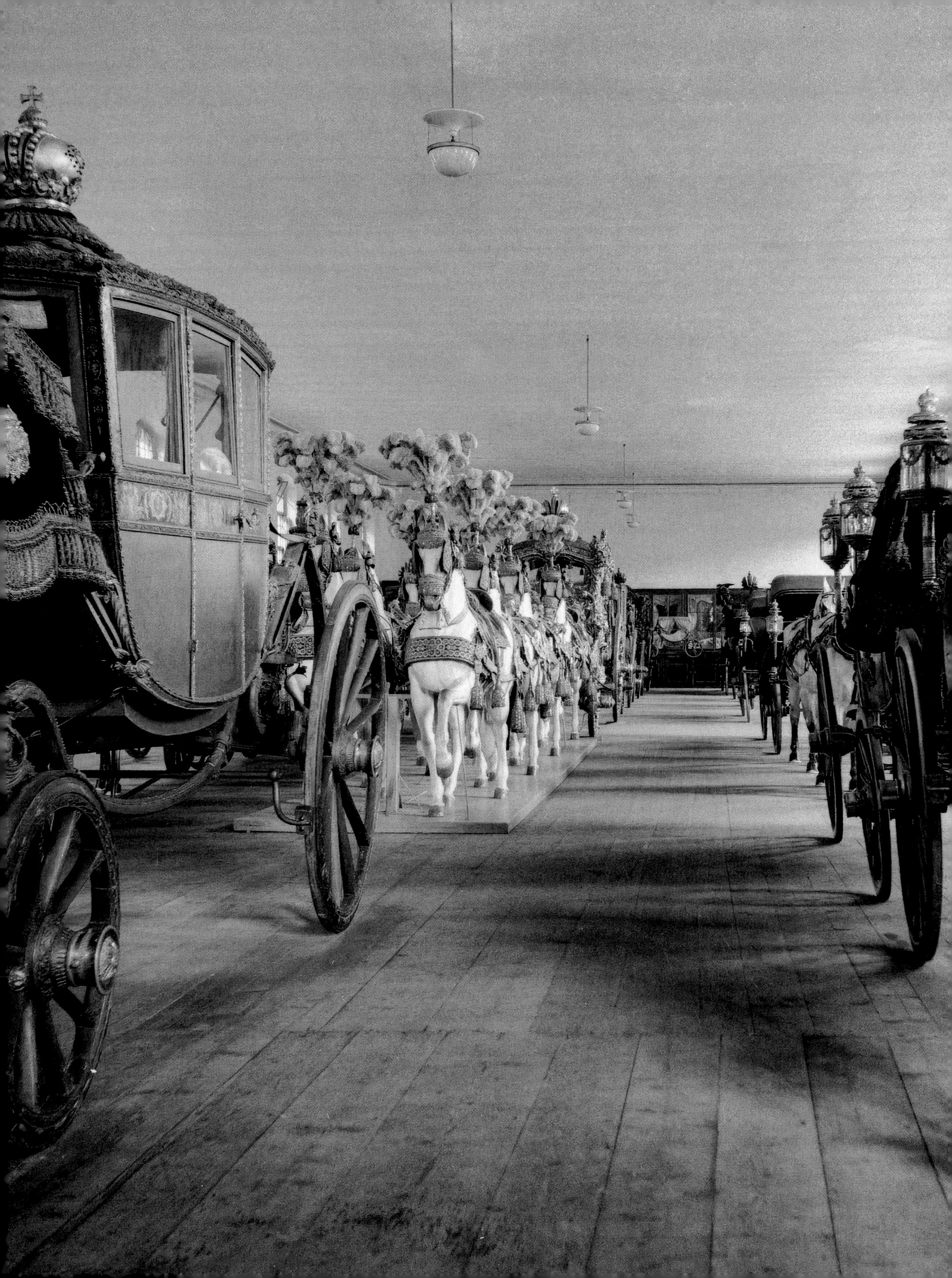

Einleitung

Die Wagenburg feierte am 9. September 2022 ihr hundertjähriges Bestehen als Museum in Schönbrunn. Dieses Jubiläum bietet den Anlass für die vorliegende Publikation, die sich erstmals der Geschichte des Wiener Marstallmuseums widmet. Wiewohl eine republikanische Gründung, stammen seine kostbaren Objekte, die weltweit zu den besten ihrer Art zählen, zum überwiegenden Teil aus dem Fuhrpark des Kaiserhofes. So wie die prachtvollen Gefährte vom Alltag und von herausragenden Ereignissen aus der Welt der Habsburger erzählen, spiegeln sich in der Historie der Wagenburg vielfach wechselvolle Entwicklungen in Österreich während der letzten 100 Jahre wider. Eine Beschäftigung mit dem Werden des Museums und seiner oft spannenden, punktuell sogar dramatischen Geschichte ist zweifellos lohnend.

Bei der Betrachtung der Vergangenheit eines Museums lassen sich unterschiedliche Blickwinkel einnehmen. Um den Untersuchungsgegenstand dieses Buches möglichst umfassend und abwechslungsreich zu behandeln, wurde ein multiperspektivischer Zugang gewählt. So wird die Geschichte der Institution ebenso beleuchtet wie die Akteure der Wagenburg und deren Arbeit. Gleichermaßen im Fokus stehen die Besucher*innen, die Gebäude und Depots des Museums und nicht zuletzt die Objekte und ihre Präsentationsweise.

In den Abschnitten, die sich der Geschichte der Institution widmen, wird die Entstehung der Wagenburg behandelt, aber auch die Frage, wie sie im Lauf der Zeit in ihre Mutterinstitution, das Kunsthistorische Museum, eingebunden war. Denken wir an die Akteure des Museums, so fallen uns vielleicht zunächst ihre Leiter*innen und womöglich auch das übrige wissenschaftliche Personal samt Fachkräften aus dem Bereich der Restaurierung ein. Auf den folgenden Seiten soll das Licht natürlich auch auf diese Personen, auf ihren biografischen Hintergrund und ihre Tätigkeiten gerichtet sein, wobei das Aufsichtspersonal, das in Geschichtsdarstellungen über Museen meist im Schatten steht, dabei nicht vernachlässigt werden soll. Als Besonderheit der Wagenburg setzte sich das Team der Aufseher nämlich für viele Jahrzehnte aus ausgebildeten Handwerkern zusammen, die sich nicht nur um die Sicherheit der Objekte in der Schauhalle kümmerten, sondern auch Führungen abhielten sowie Wartungsarbeiten und Restaurierungen übernahmen. Bemerkenswert ist zudem, dass unter der Belegschaft der Wagenburg für lange Zeit Frauen völlig fehlten, was in dieser Arbeit ebenfalls thematisiert werden soll.

Was wäre ein Museum ohne sein Publikum? Die Wagenburg wurde im Lauf ihrer hundertjährigen Historie von knapp zwölf Millionen Menschen besucht. Darunter befanden sich mehrere prominente Gäste, deren Besichtigungen zuweilen auch schriftlich und bildlich dokumentiert sind. Die breite Masse der Besucher*innen bleibt in den verfügbaren Quellen jedoch anonym. Sie lässt sich – wenn überhaupt – nur in Statistiken fassen. Wie erlebten diese Menschen ihren Besuch im Schönbrunner Marstallmuseum? Fällt es noch relativ einfach, sich das für die vergangenen Jahrzehnte vorzustellen, so ist dies wesentlich schwieriger für die Frühzeit der Wagenburg. Aus diesem Grund wird im Buch der Versuch unternommen, einen Museumsbesuch aus der Warte von Besucher*innen der 1930er Jahre zu rekonstruieren.

Museen sind an konkrete Orte und Gebäude gebunden. Im Fall der Wagenburg ist dies die gedeckte Reitschule von Schönbrunn, die 1922 zum Museum umfunktioniert wurde. Die Tatsache, dass das Gebäude nicht für einen musealen Zweck geschaffen war, sorgte von Beginn an für Probleme, allen voran die übermäßig hohe Luftfeuchtigkeit. Anfang der 1970er Jahre wurde das Museumsgebäude tiefgehend saniert – ein mehrere Jahre dauernder Prozess, der nahezu einem Neubau gleichkam. Der lange Weg zur Generalsanierung und die schließlich durchgeführten Bauarbeiten werden im Buch breiten Raum finden. Ein Museum besteht aber nicht nur aus den dem Publikum zugänglichen Bereichen wie etwa den Schauhallen, dem Kassenraum oder Toiletten, sondern auch aus Depots, Werkstätten, Büros und ähnlichen Räumlichkeiten mehr. Manche dieser Räume hatten wechselreiche Geschichten; so diente eines der Depots 1939 für wenige Monate als Ausstellungshalle und nach dem Zweiten Weltkrieg zwischenzeitlich als anglikanische Kapelle. Auch derartige Entwicklungen sollen im Folgenden zur Sprache kommen.

Wenn wir den Blick nun auf die Museumsobjekte richten, so ist festzuhalten, dass die vorliegende Publikation keine umfassende Sammlungsgeschichte mit Objektbeschreibungen bieten kann und dies auch gar nicht möchte. Eine solche Unternehmung bleibt einem Bestandskatalog der Sammlung vorbehalten. Thematisiert wird vielmehr, auf welche Art die Objekte im Lauf der Zeit präsentiert, gepflegt und restauriert wurden. Nur an manchen Stellen wird näher auf einzelne Neuerwerbungen eingegangen, so etwa im Rahmen von vier Fallstudien, in denen ausführlich dargelegt wird, wie einige Objekte aus jüdischem Besitz in die Wagenburg gelangten.

Das Buch ist in etwas mehr als fünfzig Kapitel unterteilt, die meist in sich geschlossene Themen beziehungsweise Zeitabschnitte behandeln. Dieser Aufbau soll den Leser*innen neben einer herkömmlichen, beim ersten Kapitel beginnenden Lektüre die Möglichkeit bieten, beim Durchblättern an einer beliebigen Stelle, die ihr Interesse weckt, in den Text einzusteigen.

Den Anfang macht – dem Jubiläum geschuldet – eine Schilderung der Museumseröffnung 1922. Die darauffolgenden Kapitel greifen zeitlich zurück und thematisieren die Wurzeln des Marstallmuseums. Es war nämlich bereits lange vor dessen Gründung möglich, in den alten Hofstallungen in unmittelbarer Nähe des Stadtzentrums Kutschen, Pferde und Geschirre zu besichtigen. Vieles erinnerte damals bereits an einen Museumsbetrieb: So gab es etwa schon früh fixe Öffnungszeiten, Eintrittskarten, Führungen durch Fachleute und gedruckte Kurzführer. Mit der Übergabe der Marstallobjekte in die Obhut des Kunsthistorischen Museums wurden schließlich auch mehrere Handwerker des Hofmarstalls in den Museumsdienst übernommen. Die Kontinuitäten vom kaiserlichen Marstall zum Museum waren demnach auch abseits der Objekte selbst vielfältiger Natur.

Ein weiteres Hauptaugenmerk ist auf die unmittelbare Museumswerdung gerichtet. Nach dem Ende der Donaumonarchie 1918 war es nämlich keineswegs ausgemachte Sache, welche Objekte des Hofmarstalls erhalten bleiben und wo und auf welche Weise sie präsentiert werden sollten. Besondere Aufmerksamkeit wird auch den Ereignissen im Museum während der NS-Zeit geschenkt, ferner den Zerstörungen und vereinzelten Vandalenakten am Ende des Zweiten Weltkriegs sowie dem schwierigen Neubeginn in der unmittelbaren Nachkriegszeit.

Wenngleich ein großer Teil der Kapitel einer groben chronologischen Ordnung folgt, so ist diese doch immer wieder von einzelnen Themen unterbrochen, die dabei aus der Reihe fallen und für deren Behandlung größere zeitliche Bögen gespannt werden. Die gilt etwa für die Betrachtung von Museumsbesuchen durch Schulklassen im Lauf der Jahrzehnte, die Darstellung von sich wandelnden Methoden im Bereich der Objektkonservierung oder für die auf den ersten Blick vielleicht abwegig klingende Frage, wie sich der Geruch im Museum im Lauf der Zeit verändert hat.

Der zeitliche Schwerpunkt der Arbeit liegt auf den weiter zurückliegenden Jahrzehnten. Je mehr die Darstellung sich der Gegenwart nähert, desto knapper fällt sie notwendigerweise aus, da für eine kritische Einordnung nicht allzu lange zurückliegender Ereignisse noch die nötige historische Distanz fehlt. Um aber auch die jüngere Vergangenheit nicht zu kurz kommen zu lassen, sind im Buch mehrere Gespräche mit Zeitzeugen wiedergegeben. In diesen Gesprächen ist Platz für persönliche Erinnerungen an Ereignisse und Aspekte der Wagenburg-Geschichte, die in den Sammlungsakten oft unberücksichtigt blieben.

Zuletzt noch ein paar Worte zu den Quellen der vorliegenden Arbeit. Den Kernbestand der verwendeten Schriftquellen bilden ungedruckte Akten des Haus-, Hof- und Staatsarchivs in Wien sowie verschiedener Abteilungen des Kunsthistorischen Museums, allen voran der ehemaligen Waffensammlung (heute Hofjagd- und Rüstkammer) sowie der Wagenburg selbst. Ergänzend dazu sind im Buch auch zahlreiche Bildquellen abgedruckt, die an dieser Stelle zum überwiegenden Teil erstmals publiziert werden.

Die Eröffnungsfeier am 9. September 1922

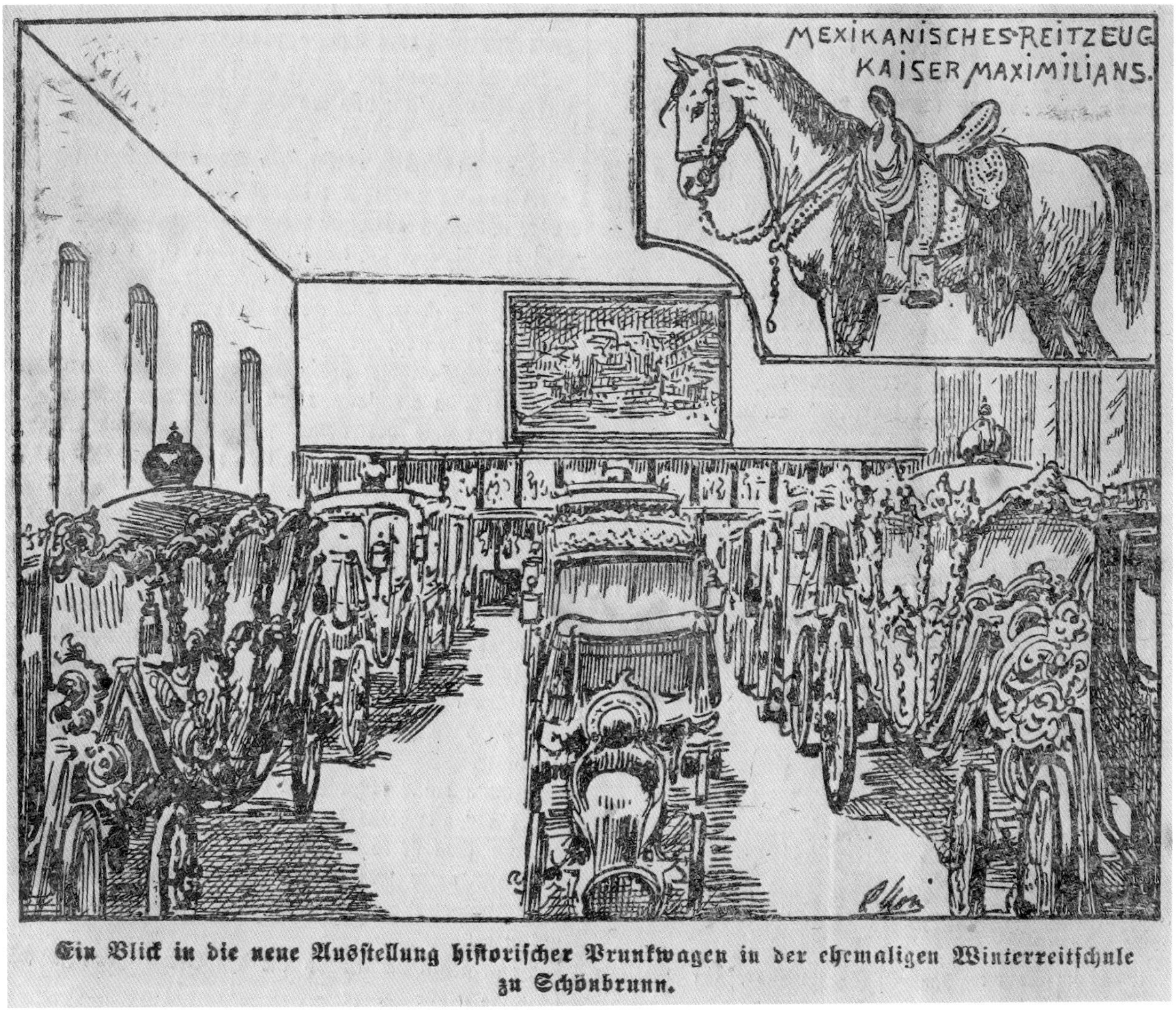

Abb. 1: Zeitungsillustration mit einem Einblick in die Schauhalle anlässlich eines Berichts über die Eröffnung der Wagenburg. Aus: *Neuigkeits Welt-Blatt*, 23. September 1922, 8

Am 9. September 1922, einem Samstag, erfolgte um 11 Uhr vormittags die offizielle Eröffnung eines neuen Wiener Museums: In aller Eile war in den Wochen und Monaten zuvor in der ehemaligen Winterreitschule von Schönbrunn die Wagenburg eingerichtet worden. Dort wurden dem Publikum nun die dem Kunsthistorischen Museum überantworteten historischen Bestände an Fahr- und Reitzeugen, Pferdegeschirren und Bildern des kaiserlichen Hofmarstalls neu präsentiert.

Die Geburtsstunde der Wagenburg fiel in eine ausgesprochene Krisenzeit, die für weite Teile der österreichischen Bevölkerung von finanziellen Sorgen und großer Not geprägt war. Die noch junge Republik kämpfte damals mit heftigen politischen Spannungen, enormen wirtschaftlichen Schwierigkeiten und war mit völlig ungewissen Zukunftsaussichten konfrontiert.[1]

Camillo List, der damalige Leiter der Waffensammlung im Kunsthistorischen Museum, der auch für die Wagenburg zuständig war, hatte nur zwei Tage vor der Museumseröffnung die Einladungskarten an die Ehrengäste verschickt.[2] Demnach war der Termin für die Veranstaltung relativ kurzfristig anberaumt worden. Einem zwei Wochen später erschienenen Bericht des *Neuigkeits Welt-Blatts* ist zu entnehmen, dass die Feier sehr einfach gehalten war, was sich wohl als Zugeständnis an die schwierigen Zeitumstände erklären lässt.[3] Als Vertreter der Republik wohnte Rudolf Förster-Streffleur, der Sektionschef des Bundesministeriums für Inneres und Unterricht, der Eröffnung bei. Auch mehrere Vertreter des Handelsministeriums waren anwesend, da dieses für die Adaptierung des Reitschulgebäudes die Verantwortung getragen hatte.[4]

In der Tagespresse fand das Ereignis kaum ein Echo, da in ganz Österreich in den Tagen davor und danach aufgrund eines Buchdruckerstreiks keine Zeitungen erschienen.[5] Deshalb hatten wohl auch nur die wenigsten Wiener*innen Kenntnis von der Eröffnung der Wagenburg. Umso überraschender scheint es, dass dennoch bereits am Sonntag, den 10. September, dem ersten offiziellen Besuchstag, zahlreiche Menschen die neue Wiener Sehenswürdigkeit aufsuchten.[6]

Der Publikumsbetrieb war zunächst noch stark eingeschränkt. Laut ersten Ankündigungen war das Museum damals an nur vier Tagen in der Woche zu besichtigen, nämlich mittwochs, freitags und samstags von 12 bis 18 Uhr und sonntags von 10 bis 18 Uhr. Für Tage mit düsteren Lichtverhältnissen oder Nebel behielt man sich vor, die Sammlung zeitweilig zu schließen. Der Eintrittspreis betrug 2.000 Kronen,[7] was nach mehr Geld klingt, als es tatsächlich war, da in Österreich damals Hyperinflation herrschte.[8] Zum Vergleich einige weitere Preise jener Tage: Die Zeitung *Neue Freie Presse* kostete wochentags im Einzelverkauf 650 Kronen, auf dem Wiener Naschmarkt kam ein Kilogramm Paradeiser auf rund 2.600 Kronen zu stehen und der Preis für einen Laib Brot war behördlich mit 6.460 Kronen festgesetzt.[9]

1 Vgl. dazu Hanisch 1994, 279–283.
2 KHM, Zl. 14/WS/1922.
3 Neuigkeits Welt-Blatt, 23. September 1922, 8.
4 Wiener Zeitung, 18. September 1922, 5.
5 Vgl. Illustrierte Kronen Zeitung, 15. September 1922, 1.
6 Wiener Zeitung, 18. September 1922, 5.
7 Ebenda; Die Rote Fahne, 20. September 1922, 5. Die Höhe der Eintrittspreise war in der Folge inflationsbedingt Schwankungen unterworfen. Auch die Öffnungszeiten änderten sich in den kommenden Jahren mehrmals, wurden dabei jedoch tendenziell ausgeweitet. Im Sommer 1930 war die Wagensammlung bereits täglich außer Montag von 10 bis 17 Uhr geöffnet. Der Abend, 12. August 1930, 7.
8 Sandgruber 1995, 354–363.
9 Neue Freie Presse, 1. September 1922, Morgenblatt, 1, 9 und Abendblatt, 3.

Besichtigungen des Hofmarstalls in der Frühen Neuzeit

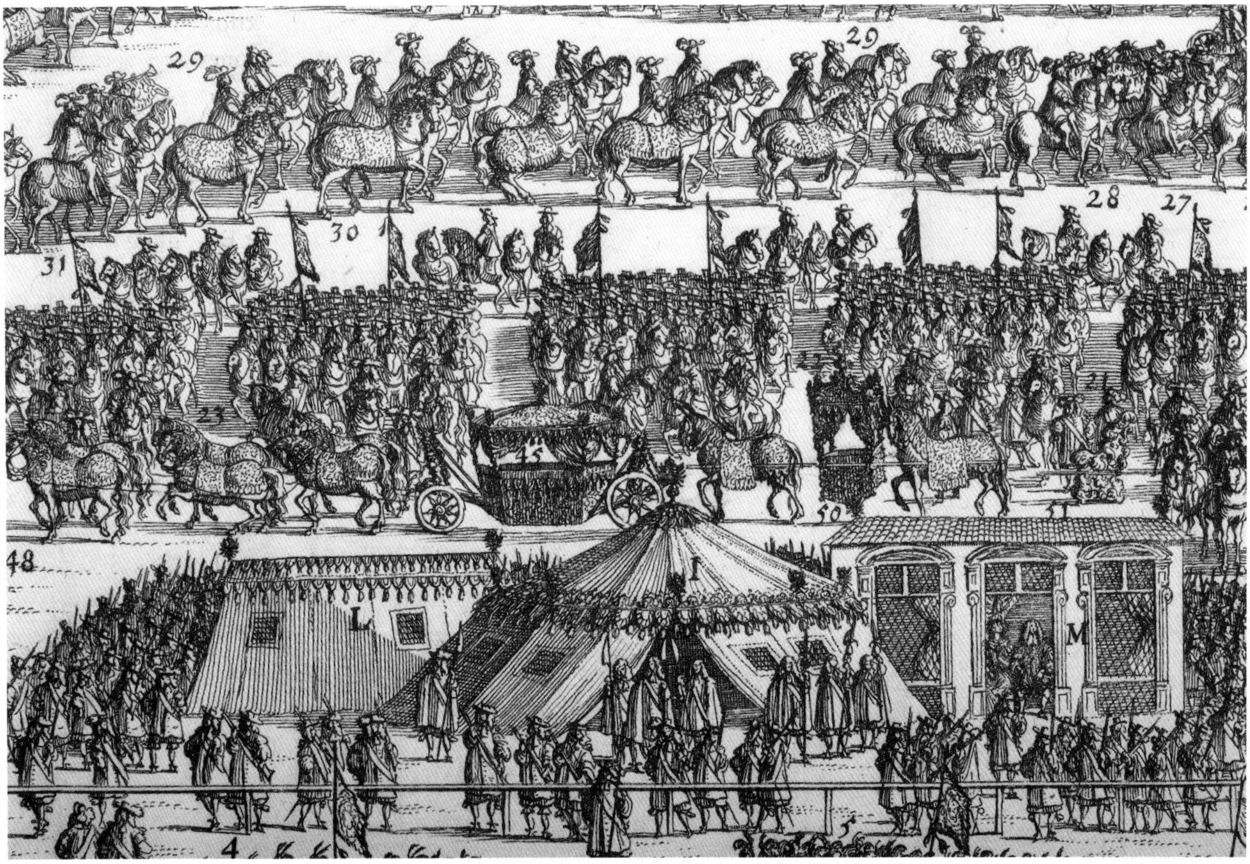

Abb. 2: Der Brauteinzug von Infantin Margarita Teresa in Wien am 5. Dezember 1666. Kupferstich aus: *Theatrum Europaeum*, Bd. 10, Frankfurt a. M. 1677. Ausschnitt mit Darstellungen des Wagens (45) der Maultiersänfte (50) und des Tragsessels (51) der Braut

Die Eröffnung der Wagenburg im Jahr 1922 markierte zwar einen Neubeginn, jedoch hatte der kaiserliche Hofmarstall seit jeher die Neugierde Einheimischer und Fremder gleichermaßen geweckt. Zu Zeiten der Monarchie konnten Schaulustige auf unkomplizierte Weise die Kutschen, Pferde und Geschirre der kaiserlichen Stallungen sowohl bei alltäglichen Ausfahrten wie auch bei Feierlichkeiten des Hofes auf den Straßen Wiens bewundern. Aber auch ein Besuch der Marstallgebäude selbst war interessierten Personen bereits zu einem frühen Zeitpunkt möglich. Wie niederschwellig hierbei der Zugang war, lässt sich heute nicht mehr feststellen. Die überlieferten Schriftquellen berichten in der Regel nur von Besichtigungen seitens ausländischer Fürsten und Diplomaten.

Im Zentrum des Interesses stand dabei zunächst die kaiserliche Reitschule. Ein frühes Beispiel für einen Besuch der Hofreitschule durch einen ausländischen Machthaber datiert von 1565. Damals hielt sich Alfonso II. von Ferrara über den Sommer in Wien auf und suchte währenddessen mehrmals die Reitschule auf, um die kaiserlichen Pferde bei ihren Übungen zu beobachten.[1] In der Folgezeit gehörte eine Besichtigung der Reitschule zum Standardprogramm hoher Gäste aus dem Ausland.

Spätestens ab der zweiten Hälfte des 17. Jahrhunderts zählten dann nicht mehr nur die Pferde, sondern auch der Hoffuhrpark zu den Sehenswürdigkeiten Wiens. So hielt etwa der Zürcher Gesandte Beat Holzhalb, der sich im März 1677 für zehn Tage in der kaiserlichen Residenzstadt aufhielt, in seinem Reisetagebuch fest, dass er damals gleich an zwei Tagen mehrere Kutschen, Sänften und Tragsessel des Hofes besichtigt habe.[2] Diese Marstallobjekte befanden sich damals mangels eines zentralen, großen Stallgebäudes über mehrere Remisen der Stadt verstreut.[3] Die wertvollsten kaiserlichen Vehikel wurden im Hofburgareal beziehungsweise in unmittelbarer Nähe davon aufbewahrt, einige davon in der Stallburg, andere in einer nahe gelegenen Remise auf dem Klosterareal der Augustiner. Holzhalb flocht in seine Beschreibungen einzelner Fahrzeuge Informationen ein, die er wohl nur von einer eingeweihten Person, möglicherweise einem Stalldiener, im Rahmen einer »Führung« gehört haben konnte. So erfahren wir von ihm, für welche Ereignisse einzelne Karossen gebaut wurden, wieviel Gold bei ihrer Herstellung verarbeitet wurde oder wieviel jede einzelne Glasscheibe eines Fahrzeugs kostete. Einige der von Holzhalb besichtigen Gefährte und Sänften standen in Zusammenhang mit damals bereits verstorbenen Mitgliedern der kaiserlichen Familie. Vermutlich waren diese Objekte gar nicht mehr in Gebrauch und wurden wohl nicht zuletzt auch aus Pietätsgründen aufbewahrt und zur Schau gestellt. Dem Reisebericht Holzhalbs verdanken wir somit die Erkenntnis, dass herausragende Gegenstände des Hofmarstalls bereits in der zweiten Hälfte des 17. Jahrhunderts in einer vormusealen Form präsentiert wurden.

1 Giulio Ricasoli, Wien 1565 August 27, ASF, Mediceo del Principato, filza 4325, fol. 148r; Venturini 2002, 190.

2 Vgl. Holzhalb 1977, 24 f.

3 Einen Überblick hierzu bietet Döberl 2010, 290–292.

Die Reiche Sattelkammer

Spätestens seit dem 18. Jahrhundert konnte mit der Reichen Sattelkammer eine weitere Abteilung des kaiserlichen Marstalls besichtigt werden, wenngleich dafür die ausdrückliche Erlaubnis des Oberststallmeisteramts eingeholt werden musste. Die Reiche Sattelkammer beherbergte die kostbarsten Kutschen- und Schlittengeschirre, Reitzeuge und Pferdedecken des Hofes, die teilweise noch bei außergewöhnlichen Ereignissen zum Einsatz kamen, zum Teil aber auch gar nicht mehr in Verwendung standen und allein als prachtvolle Erinnerungsstücke aufbewahrt wurden.

Abb. 3: Einblick in die Reiche Sattelkammer im Jahr 1908

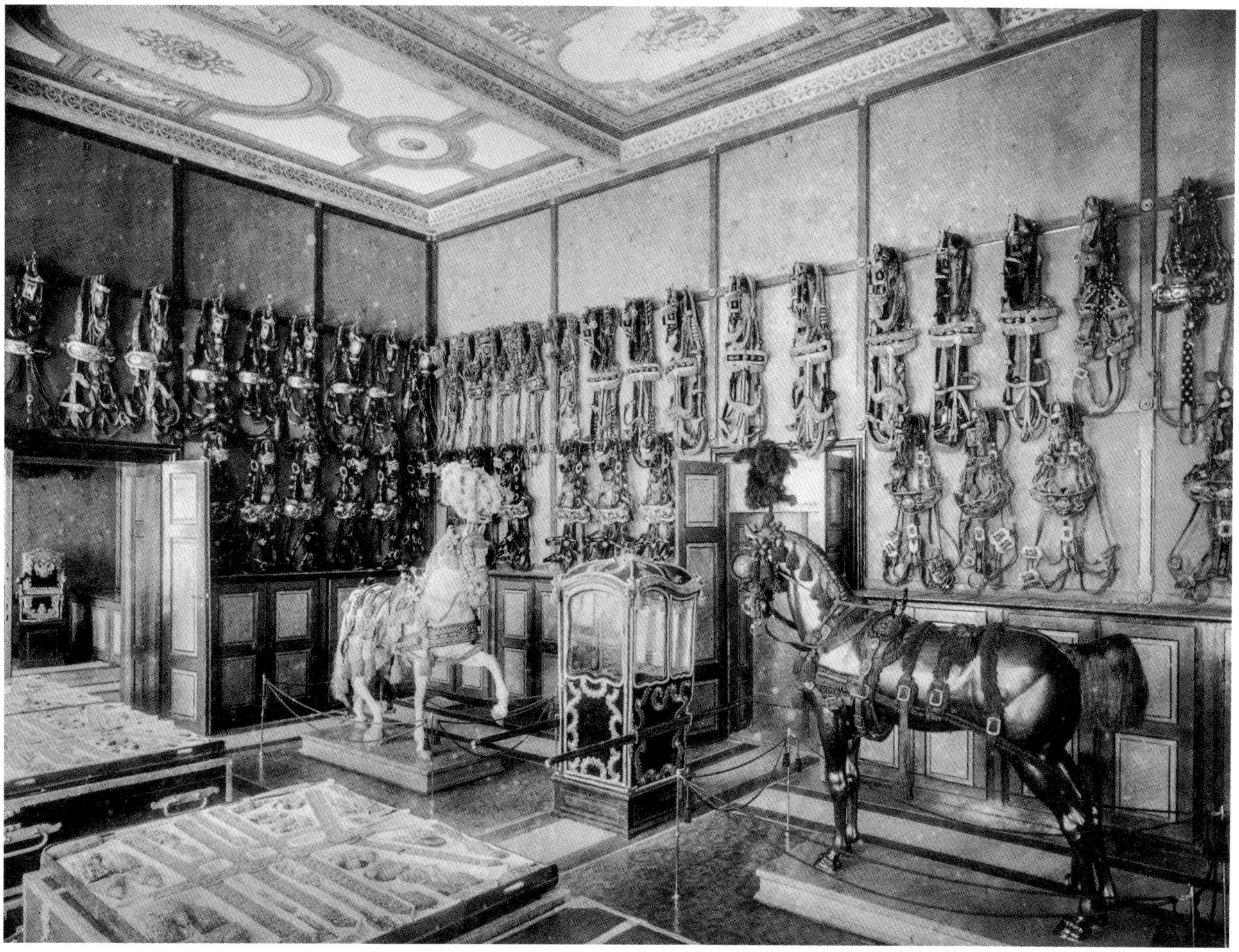

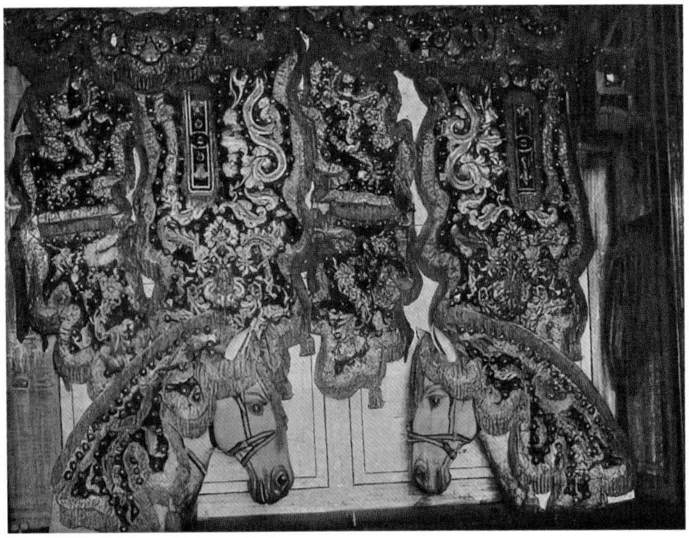

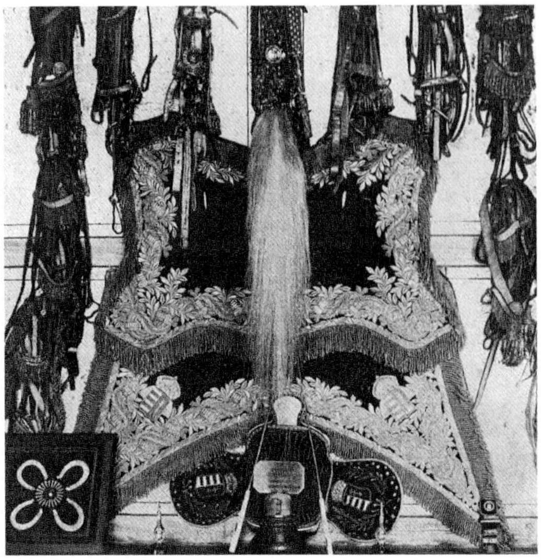

Abb. 4: Präsentation barocker, für den Wiener Kongress umgearbeiteter Schlittengeschirre in der Reichen Sattelkammer. Aus: *Österreichs Illustrierte Zeitung*, 3. Dezember 1905, 228

Abb. 5: Ausstellung des ungarischen Krönungsreitzeugs in der Reichen Sattelkammer. Aus: *Österreichs Illustrierte Zeitung*, 29. November 1903, 186

Die älteste bislang bekannte ausführliche Beschreibung dieser »Schatzkammer« des Hofmarstalls stammt vom Schweizer Astronom und Mathematiker Johann Bernoulli.[1] Er besichtigte die damals sechs Zimmer umfassende und mit Schaukästen ausgestattete Reiche Sattelkammer am 5. Mai 1783 während eines Wien-Aufenthaltes und berichtete detailliert über den Inhalt jedes einzelnen Raums. Sein Hauptinteresse lag dabei eindeutig auf orientalischen Objekten, die sich über mehrere Zimmer verteilten. Leider erwähnte Bernoulli nicht, wo sich die Reiche Sattelkammer genau befand. Möglicherweise war sie damals bereits an jenem Standort untergebracht, der für spätere Zeiten dokumentiert ist, nämlich im ersten Stock des Hofstallgebäudes vor dem Burgtor. Dort erstreckte sie sich zu Beginn des 20. Jahrhunderts über vier Räume im Bereich des Mittelrisalits.[2]

Eine Schriftquelle von 1846 gibt einen Eindruck davon, wie ein Besuch der Reichen Sattelkammer vonstattenging.[3] Für die Betreuung der Besucher*innen waren vier Bedienstete des Hofmarstalls zuständig. Wurden Personen mit Einlassgenehmigung vorstellig, so hatten zwei der Bediensteten die Tür zur Reichen Sattelkammer aufzusperren und die Besucher*innen während der gesamten Besichtigung durch die Räume zu begleiten. Sie hatten nicht nur dafür Sorge zu tragen, dass keine Gegenstände abhandenkamen, sondern mussten den Gästen auch die entsprechenden Kästen öffnen und Erklärungen zu den Objekten liefern. Dabei waren die Stalldiener angehalten, »jede Mine zur etwaigen Erlangung eines Trinkgeldes sorgfältigst« zu vermeiden. Wenn sie aber dennoch ein Geldgeschenk erhielten, so durften sie es behalten und untereinander aufteilen.

1 Bernoulli 1784, 50–55.
2 Kurzer Führer 1906, 1–3.
3 ÖStA, HHStA, OStA, B, Zl. 1410/ex 1846.

Marstallproduktionen

Im 19. Jahrhundert begann man am Kaiserhof anlässlich von Besuchen hoher Gäste, die an einer Besichtigung der Hofstallungen Interesse zeigten, sogenannte Marstallproduktionen beziehungsweise Stallparaden zu veranstalten. Dabei handelte es sich um eine Art von Leistungsschauen, die ein lebendiges Bild des kaiserlichen Marstalls gaben und bei denen unter anderem unterschiedlichste Equipagen, das heißt Ensembles von Fahrzeugen, Pferden, Geschirren und Livreen, in Bewegung zu sehen waren.

Die ersten gut dokumentierten Marstallproduktionen wurden 1815 während des Wiener Kongresses für die Monarchen Russlands, Bayerns, Dänemarks, Preußens und Württembergs in Anwesenheit von Kaiser Franz I. und mehreren Erzherzögen aufgeführt.[1] Folgende Schilderung mag den typischen Ablauf solcher Veranstaltungen veranschaulichen. Die prominenten Kongressteilnehmer wurden damals zunächst von Oberststallmeister Graf Trauttmansdorff im vor dem Burgtor gelegenen Hofstallgebäude empfangen und sogleich durch die verschiedenen Pferdeställe geführt. Dort wurden die sorgfältig herausgeputzten, teils mit kostbaren Geschirren versehenen Tiere von neu eingekleidetem Stallpersonal vorgeführt. Nach Besichtigung der Wagenremisen leitete der kaiserliche Oberststallmeister

Abb. 6: Vorführung des kaiserlichen Fuhrparks in einem der Innenhöfe des Hofstallgebäudes am 17. Dezember 1834. Balthasar Wigand, Aquarell und Gouache auf Papier

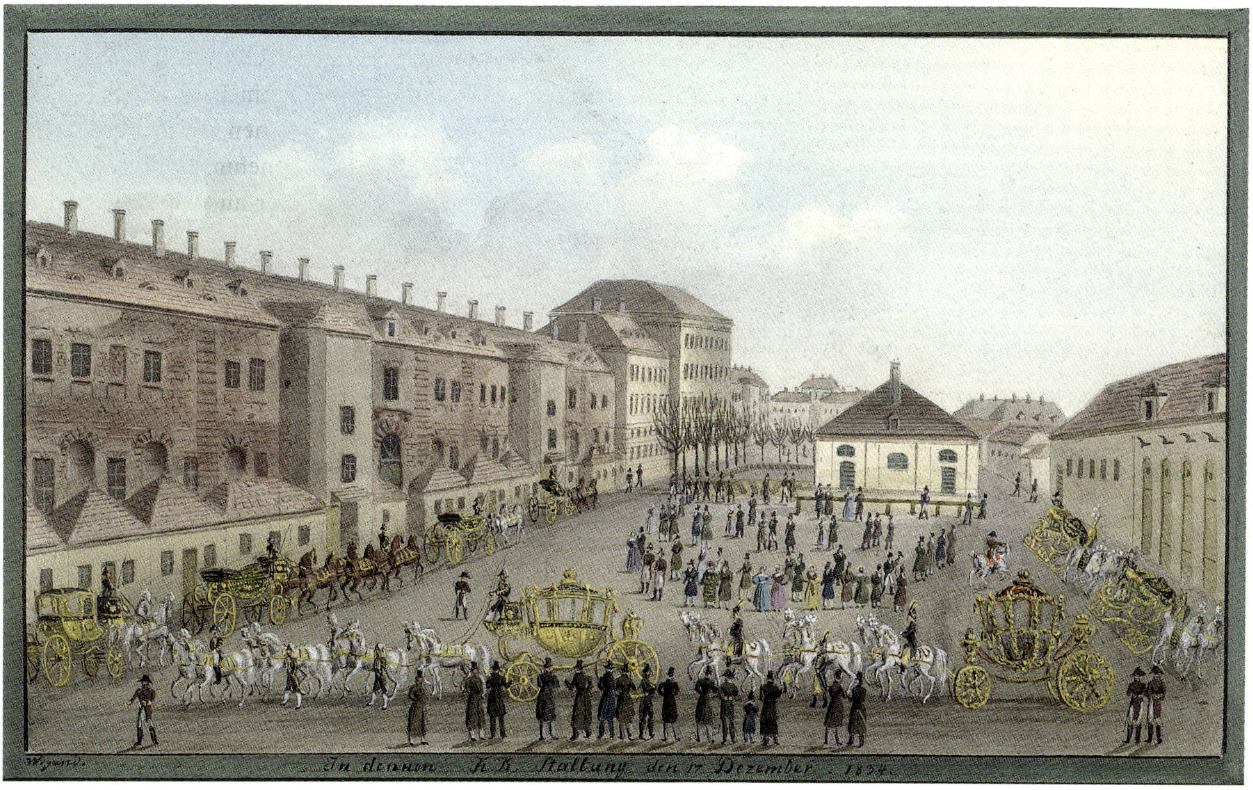

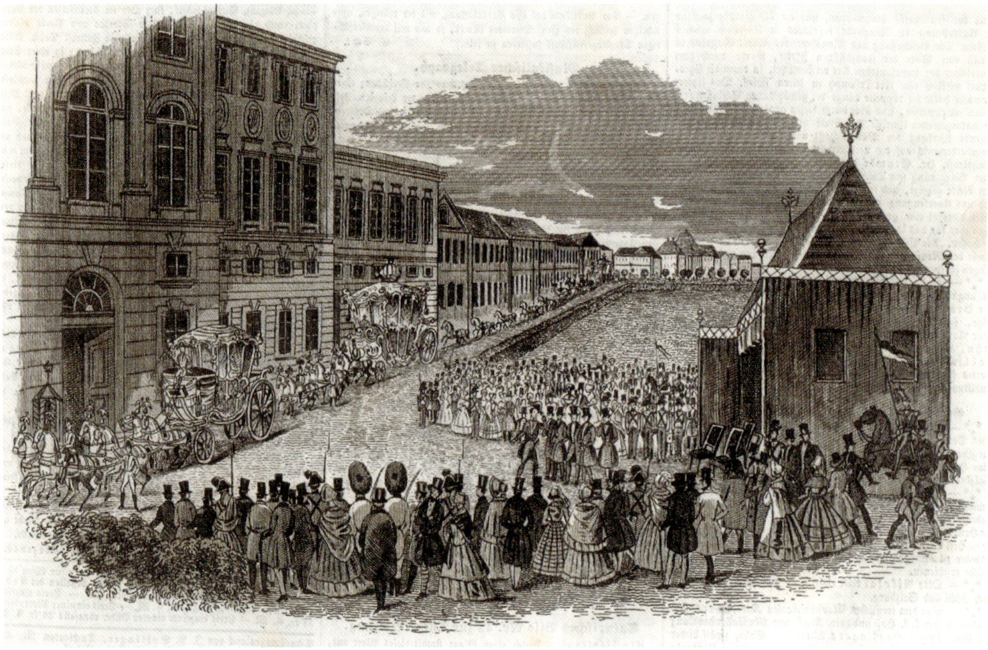

Abb. 7: Marstallproduktion zu Ehren des Kronprinzen Karl von Württemberg am 10. Mai 1845 vor dem Hofstallgebäude. Aus: *Illustrierte Theaterzeitung*, 5. Juli 1845, 643

die Besucher*innen in die Campagne-Reitschule, wo er höchstpersönlich verschiedene Lektionen der »Hohen Schule« demonstrierte. Im Anschluss daran präsentierten Reitknechte mehrere Hofpferde in unterschiedlichen Gangarten, wobei mehrmals Pistolenschüsse abgegeben wurden, um zu veranschaulichen, dass sich die Tiere davon nicht ablenken oder gar scheu machen ließen. In der Zwischenzeit waren mit Pferden bespannte Kutschen in einen der großen Innenhöfe vorgefahren. Die Besucher*innen nahmen nun auf mehreren vorbereiteten Sesseln Platz und ließen zahlreiche der erst kürzlich für den Wiener Kongress angeschafften Equipagen unterschiedlichster Art an sich vorüberziehen, so zum Beispiel einfache Dienst- und Kavalierkaleschen, Jagdwagen, Leibpirutschen, Landauer, Leibstadtwagen mit Kutschbock oder Leibpostwagen, die vom Pferd aus gelenkt wurden. Den Abschluss bildeten die prächtigen Galawagen des 18. Jahrhunderts mit dem Imperialwagen als glanzvollem Höhepunkt. Nach Beendigung der Wagenvorführung begab sich der Kaiser mit seinen Gästen schließlich in den ersten Stock des Stallgebäudes, um dort die Hofgewehrkammer sowie die Reiche Sattelkammer zu besichtigen.

In den darauffolgenden Jahrzehnten kamen immer wieder Staatsgäste in den Genuss derartiger Darbietungen, so etwa 1851 der König von Griechenland,[2] 1878 die ehemalige französische Kaiserin[3] und 1892 der deutsche Kaiser.[4] Einen visuellen Eindruck derartiger Schauen gibt die Darstellung einer Marstallproduktion von 1834 im Inneren des Hofstallgebäudes, bei der einige der prunkvollsten Hoffahrzeuge zu sehen sind, sowie eine Zeitungsillustration von 1845, die zeigt, dass die Auffahrten der Hoffahrzeuge zuweilen nicht nur in den Innenhöfen, sondern auch auf dem Vorplatz des Marstalls stattfanden. Diese Bühne bot einer noch größeren Zahl von Schaulustigen die Gelegenheit, an der Veranstaltung teilzunehmen.

1 Siehe dazu AK Wien 2014/15, 18, Anm. 44; Döberl 2019, 206–208.
2 ÖStA, HHStA, OStA, B, Zl. 948/ex 1851.
3 ÖStA, HHStA, OStA, B, Zl. 596/ex 1878.
4 ÖStA, HHStA, OStA, B, Zl. 859/ex 1892.

Besichtigungen der Hofstallungen um 1900

Im Lauf der Zeit wurde es für Interessierte zunehmend unkomplizierter, die prachtvollen Objekte des kaiserlichen Marstalls im Hofstallgebäude in Augenschein zu nehmen. Während Mitte des 19. Jahrhunderts zunächst noch im Oberststallmeisteramt um eine schriftliche Genehmigung für die Besichtigung angesucht werden musste,[1] konnten später ohne weitere bürokratische Hürden im Amtslokal kostenlose Eintrittskarten bezogen werden.[2]

Der Zutritt in die Hofstallungen war täglich außer an Sonn- und Feiertagen gestattet. Die Öffnungszeiten waren ursprünglich auf 13 bis 15 Uhr beschränkt, später wurden sie auf 12 bis 15 Uhr erweitert.[3] Die Besucher*innen wurden an den Eingangstoren von Stalldienern in Empfang genommen und von diesen durch das Stallgebäude geleitet. Selbständige

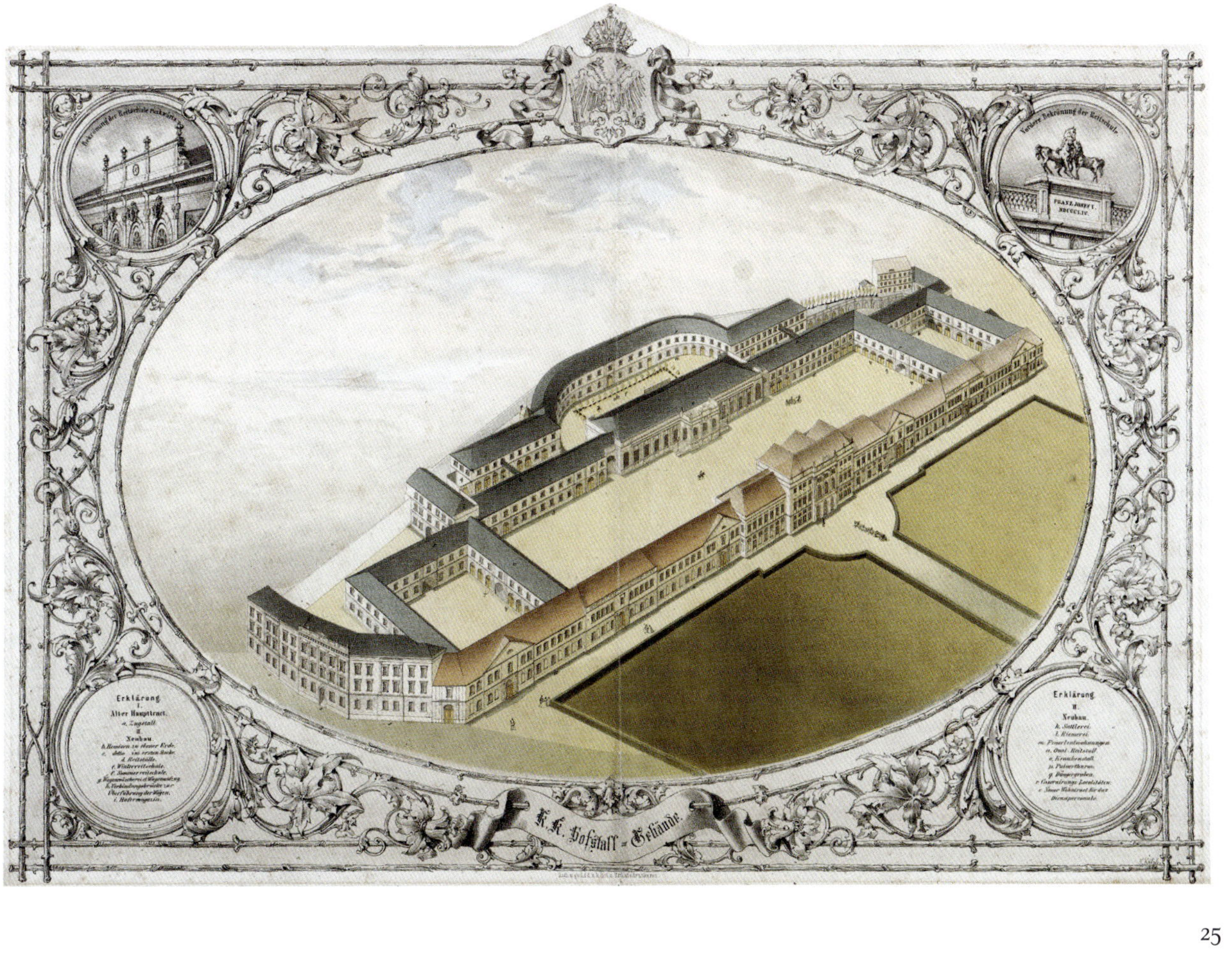

Abb. 8: Darstellung des Wiener Hofstallgebäudes nach erfolgtem Umbau 1853/54. Vinzenz Katzler, kolorierte Lithografie, nach 1854

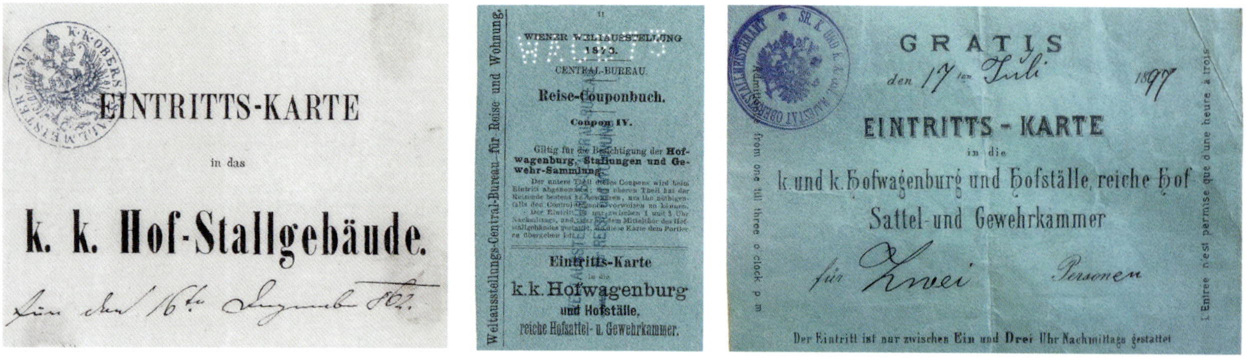

Abb. 9: Drei Eintrittskarten zur Besichtigung des Hofstallgebäudes und der Wagenburg aus den Jahren 1862, 1873 und 1897. ÖStA, HHStA, OStA, C, Karton 68, Zl. 967/ex 1862, unfol.; ÖStA, HHStA, OStA, B, Zl. 423/ex 1873, unfol.; KHM, WB, Archiv

Touren durch den Hofmarstall waren untersagt. In den für die Besichtigungen vorgesehenen Räumlichkeiten übernahmen Fachleute die Führung, nämlich die Futtermeister sowie Kutscher in den Pferdeställen, die Büchsenspanner in der ebenfalls im Marstall untergebrachten Hofgewehrkammer, die Riemer in der Reichen Sattelkammer und die Sattler in der Wagenburg.[4] In Ergänzung zu den Erläuterungen des Stallpersonals und als Erinnerung an den Besuch bestand für die Besucher*innen ab 1906 auch die Möglichkeit, einen gedruckten Kurzführer in deutscher und englischer Sprache zu erwerben. Dieser kostete zunächst 20 Heller, ab 1916 dann 60 Heller.[5] Die nur acht Seiten umfassende Publikation beinhaltete neben knappen schriftlichen Informationen einen Übersichtsplan, jedoch keine weiteren Illustrationen. Fotografische Reproduktionen ausgewählter Hofkutschen, teilweise in Kombination mit Anspannung und zugehörigen Livreedienern, waren allerdings seit 1895 in Form eines Mappenwerks, das aus zwanzig Tafeln mit hochwertigen Heliogravüren bestand, allgemein verfügbar.[6] Offenbar wurden die mit einem Preis von 15 Gulden[7] relativ teuren Mappen aber nicht im Hofmarstall selbst verkauft.

Manche Stalldiener erlagen der Versuchung, Besucher*innen durch besonders aufdringliches Verhalten Trinkgeld zu entlocken. Sie sprachen einzelne Personen oder Gruppen im Stallgebäude an und boten ihnen ungefragt Sonderführungen durch die Höfe an, um sich derart den eigenen Lohn aufzubessern. Die Geldbörse der Besucher*innen saß wohl auch deshalb locker, weil der Eintritt ja grundsätzlich kostenlos war. Im Jahr 1880 wurde dieses unerlaubte, in den Quellen als »Abfangen« bezeichnete Verhalten untersagt, da es das »Decorum« des Hofes verletze.[8] Das Erheischen von Trinkgeldern ließ sich dadurch jedoch nicht zum Verschwinden bringen und führte auch zu Klagen seitens des Publikums.[9] Das Oberststallmeisteramt beschloss daher 1906 eine Reform der Besuchsordnung. Mit 1. Mai jenes Jahres wurde der Gratiseintritt abgeschafft und – »wie es heutzutage überall üblich ist« – ein Eintrittspreis von 60 Heller eingeführt.[10] Kostenlos war der Eintritt allein für Kinder bis zehn Jahren sowie für aktive Militärangehörige. An die Stallbediensteten erging gleichzeitig das Verbot, Trinkgeld anzunehmen. Die Einnahmen aus den Eintrittsgeldern wurden zum einen Teil dem mit den Führungen betrauten

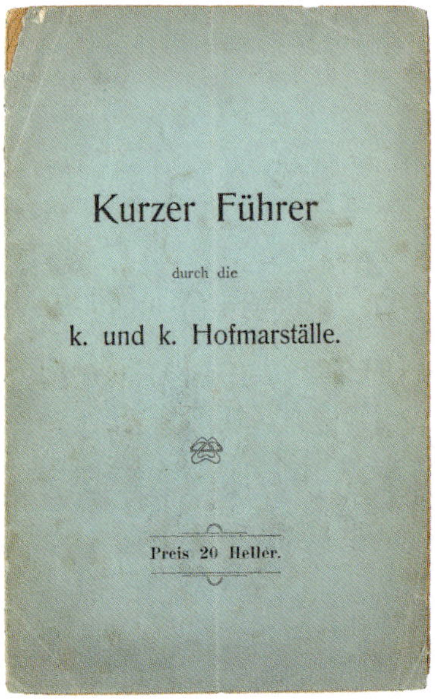

Abb. 10: Titelblatt des ersten Kurzführers durch den Hofmarstall, erstmals aufgelegt im Jahr 1906

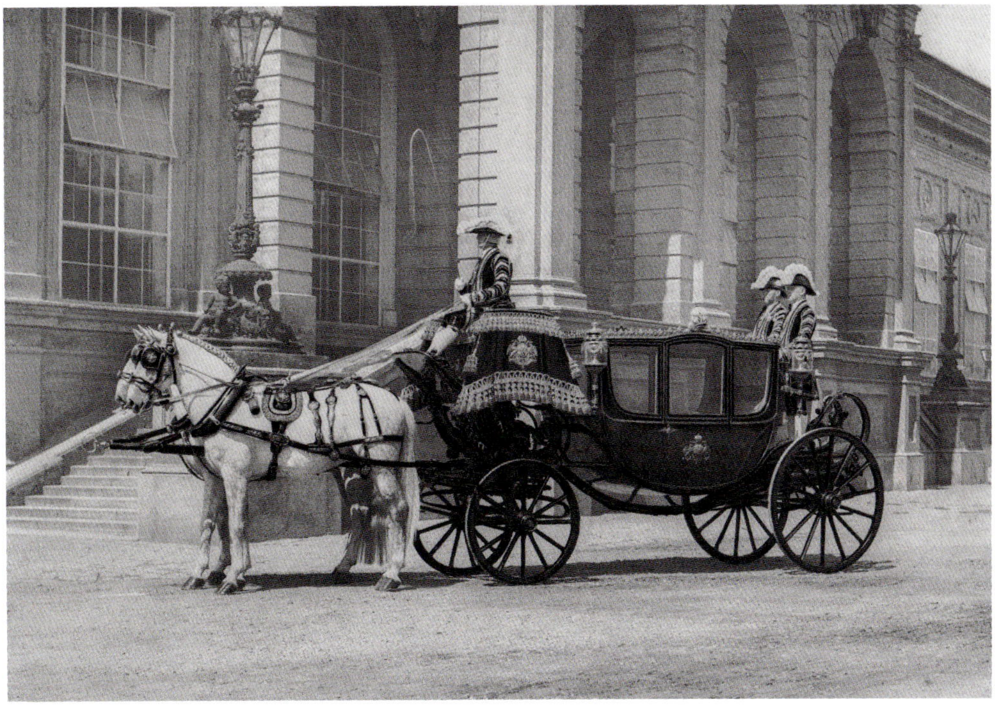

Abb. 11: »Staats-Bock-Deckenwagen.« Aus dem 1895 erschienenen Mappenwerk mit Heliogravüren von Hofkutschen. ANGERER 1895, Taf. IX

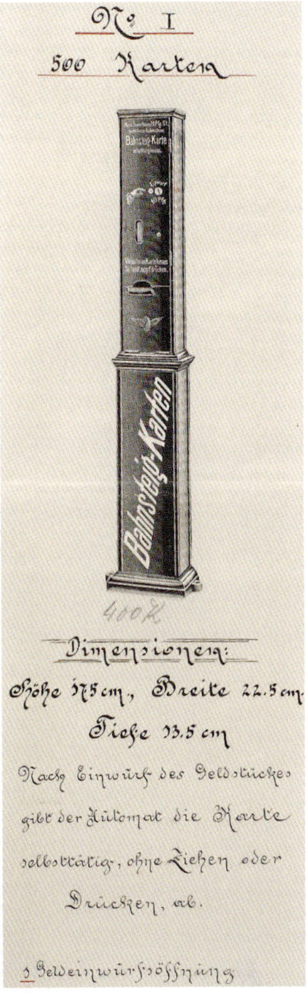

Abb. 12: Modell für die 1906 installierten Kartenautomaten im Hofstallgebäude, hergestellt von der Firma Stollwerck. ÖStA, HHStA, OStA, B, Zl. 264/ex 1906, unfol.

Stallpersonal ausbezahlt und zum anderen Teil als Beitrag an einen Unterstützungsfonds für notleidende Stallbedienstete übermittelt. Das Personal, das die Gäste betreute, wurde sorgfältig ausgewählt. Es sollte einerseits den Hof würdig repräsentieren, weshalb es »ein gefälliges Auftreten und Benehmen« aufweisen musste. Andererseits spielte auch der soziale Gedanke eine Rolle, weshalb vorrangig finanziell bedürftige Bedienstete zum Zug kommen sollten, »deren Familienverhältnisse eine besondere Berücksichtigung verdienen.«[11]

An zwei Eingängen der Hofstallungen befand sich jeweils ein blau gestrichener Automat, bei dem die Eintrittskarten erworben werden konnten. Zwar haben sich diese Kartenautomaten nicht erhalten, jedoch gibt ein Bild des ausgewählten Modells der Firma Stollwerck einen guten Eindruck davon.[12]

Einen Höhepunkt des Besuchs in den Hofstallungen stellte gewiss die »Wagenburg« dar, in der die Prunk- und Gebrauchswagen untergebracht waren. Sie umfasste zwei Hofwagenremisen, die sich in den beiden Trakten entlang der Schmalseiten des großen, zentralen Innenhofes befanden. In der südseitigen Remise nahe der Mariahilfer Straße, die von den Stallbediensteten auch »Suiteremise« genannt wurde, waren auf mehreren Stockwerken Alltagswagen unterschiedlichen Typs eingestellt, etwa Landauer, Jagdwagen, Breaks und Abrichtwagen sowie

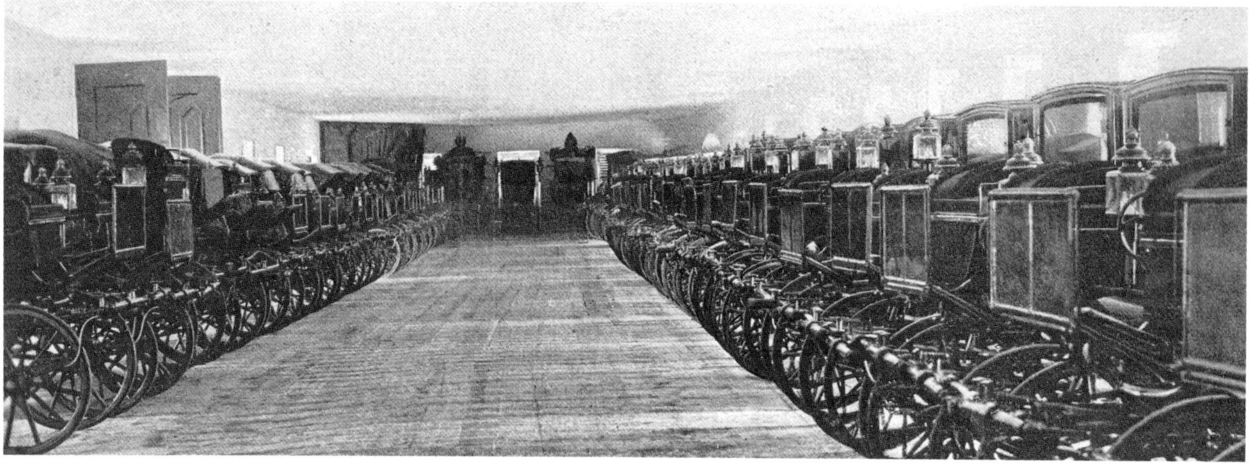

Abb. 13: Einblick in eine der Hofwagenremisen im Jahr 1905. Aus: *Österreichs Illustrierte Zeitung*, 13. Dezember 1905, 227

Abb. 14: Ein Bericht von 1898 mit der Darstellung einiger bedeutender Fahrzeuge, die in den k. k. Hofstallungen besichtigt werden konnten. Rechts oben im Bild der Wagenaufzug in Aktion. *Das Buch für Alle. Illustrierte Familien-Zeitung*, Heft 14, 1898, 336

verschiedene Dienstgefährte. Die Galawagen und historisch wertvollen Fahrzeuge wurden hingegen im ersten Stock des nördlich gelegenen Bellaria-Trakts in der sogenannten Leibremise aufbewahrt.[13] Um zu verhindern, dass die Besucher*innen die kostbaren Objekte berührten, existierten in dieser Remise nachweislich bereits vor 1868 Absperrseile. Der Imperialwagen, das prunkvollste Stück des kaiserlichen Fuhrparks, konnte hinter Vorhängen verborgen und so bei Führungen durch ein Öffnen der Vorhänge theatralisch in Szene gesetzt werden.[14]

Für die Beförderung der Fahrzeuge von den in höheren Stockwerken gelegenen Remisen in das Parterre waren Rampen vorhanden. Spätestens seit Anfang der 1860er Jahre existierten dafür jedoch auch bereits kranartige Aufzüge.[15] Sie waren aus Holz gebaut und aufgrund ihres intensiven Einsatzes 1876 bereits so abgenutzt, dass sie eine Gefahr für die Sicherheit des sie bedienenden Personals und die Fahrzeuge selbst darstellten. In einem ersten Schritt wurde damals der alte Lastenaufzug der »Leibremise« durch einen neuen Aufzug modernerer Bauweise ersetzt. Er wies eine Tragkraft von knapp vier Tonnen auf und konnte somit auch das schwerste Gefährt der Wagenburg, den Imperialwagen, befördern. Die Bedienung des handbetriebenen Aufzugs war mit großen körperlichen Anstrengungen verbunden.[16] Als auch dieses Aufzugssystem in die Jahre gekommen war, wurde es ab 1905 sukzessive durch elektrische Lastenaufzüge ersetzt.[17] In Ausnahmefällen wurden nicht nur Fahrzeuge, sondern auch Besucher*innen mit den Aufzügen befördert.[18] So konnte etwa der sächsische König Friedrich August III. bei einer Besichtigung der Hofstallungen mit dem eigens für diesen Anlass geschmückten elektrischen Aufzug in die »Leibremise« fahren.[19]

Eine Vielzahl erhaltener Schreiben an das Oberststallmeisteramt dokumentiert, dass die Besucher*innen der Hofstallungen aus unterschiedlichsten Ländern, Altersgruppen und gesellschaftlichen Schichten stammten. Darunter waren Kongresstourist*innen, Kund*innen von Reisebüros, Student*innen und Schüler*innen, aber auch Mitglieder von Bauerntöchterkursen, Arbeiter-Bildungsvereinen und der Sozialdemokratischen Partei sowie Pilgergruppen. Die Hofstallungen erwiesen sich als Publikumsmagnet und zählten in den ersten Jahren nach Einführung eines Eintrittspreises jährlich immerhin zwischen 22.000 und 25.000 Besucher*innen.[20]

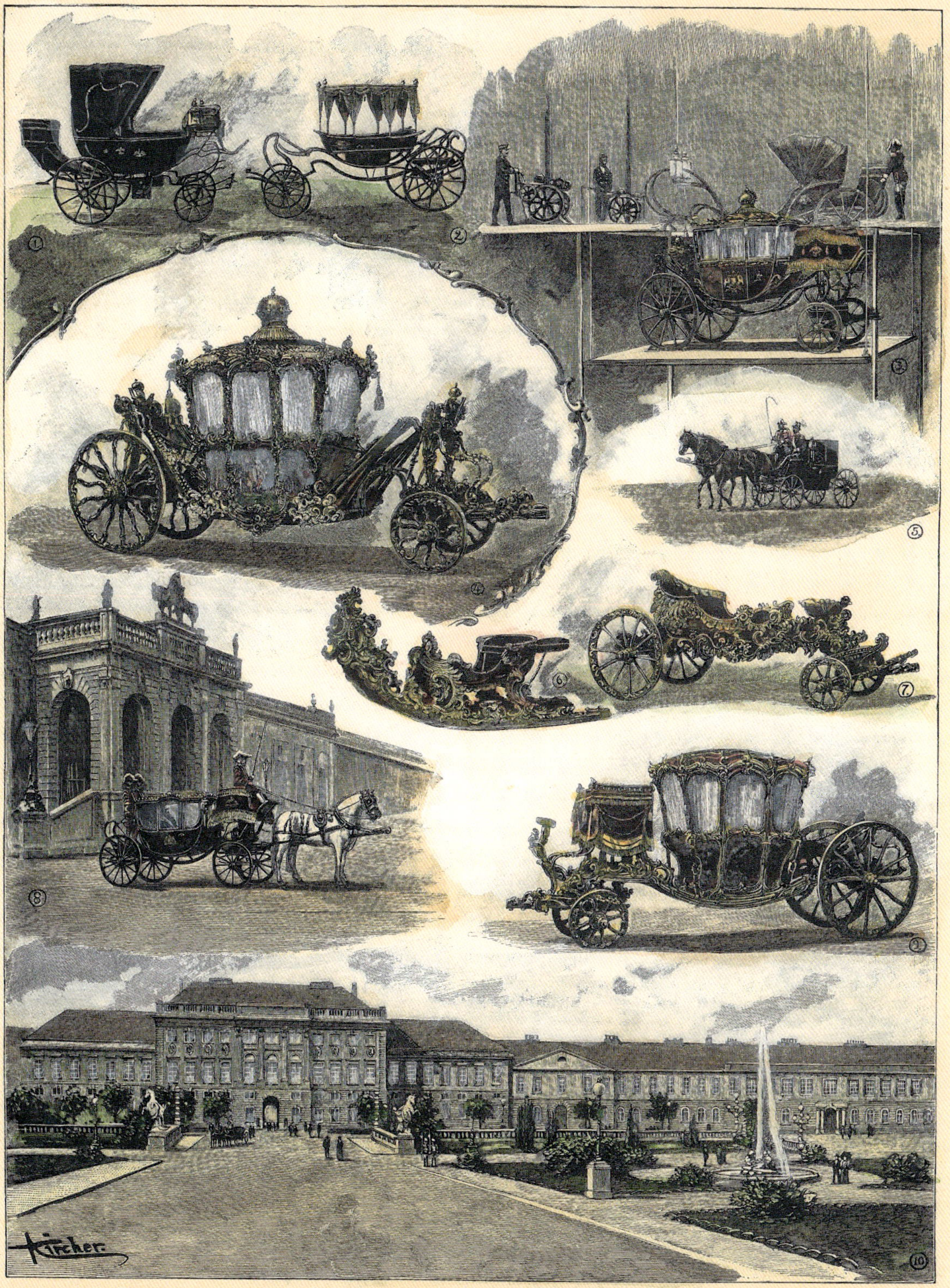

Aus der k. k. Hofstallburg in Wien. Originalzeichnung von A. Kircher. (S. 338)

1. Wagen Kaiser Franz' II. 2. Geschenk des Mailänder Wagenfabrikanten Sala für den Kronprinzen Rudolf. 3. Der Krönungswagen Napoleons I. in Mailand. 4. Der Krönungswagen Kaiser Karls VI. 5. Leibcoupé Kaiser Franz Josephs I. 6. Schlitten der Kaiserin Maria Theresia. 7. Karussellwagen. 8. Reicher Staatswagen. 9. Der Prinzenwagen. 10. Die Hauptfront des k. k. Hofstallgebäudes in Wien.

1 ÖStA, HHStA, OStA, B, Zl. 596/ex 1858.
2 Vgl. z. B. ÖStA, HHStA, OStA, B, Zl. 649/ex 1879.
3 ÖStA, HHStA, OStA, C, Karton 68, Zl. 582/ex 1880; ÖStA, HHStA, OStA, B, Zl. 1270/ex 1904 und Zl. 285/ex 1906.
4 Gespräch von Sammlungsleiter Erwin Auer mit Oberaufseher Friedrich Hänel, 22. September 1947, KHM, WB, Archiv.
5 ÖStA, HHStA, OStA, B, Zl. 285/ex 1906, Zl. 160 und 1506/ex 1907; ÖStA, HHStA, OStA, C, Bd. 386 und 387. Ein Betrag von 20 Heller im Jahr 1906 entspricht heute rund 1,60 Euro; 60 Heller im Jahr 1916 lassen sich heute auf 1,20 Euro umrechnen. Vgl. URL: https://www.eurologisch.at/docroot/waehrungsrechner/#/ [letzter Zugriff: 14.6.2023].
6 Angerer 1895.
7 Vgl. Oesterreichisch-ungarische Buchhändler-Correspondenz, 12. Oktober 1895, 535. Dieser Betrag entspricht heute rund 250 Euro. Vgl. URL: https://www.eurologisch.at/docroot/waehrungsrechner/#/ [letzter Zugriff: 14.6.2023].
8 ÖStA, HHStA, OStA, C, Karton 68, Zl. 582/ex 1880. Vgl. dazu auch ebenda, Zl. 116/ex 1894.
9 Wiener Zeitung, 19. April 1906, 4,
10 Dem entspricht heute ein Betrag von rund 4,70 Euro. Vgl. URL: https://www.eurologisch.at/docroot/waehrungsrechner/#/ [letzter Zugriff: 14.6.2023].
11 ÖStA, HHStA, OStA, B, Zl. 285/ex 1906.
12 ÖStA, HHStA, OStA, B, Zl. 264/ex 1906.
13 Gespräch von Sammlungsleiter Erwin Auer mit Oberaufseher Friedrich Hänel, 22. September 1947, KHM, WB, Archiv.
14 Vgl. ÖStA, HHStA, OStA, B, Zl. 179/ex 1868.
15 ÖStA, HHStA, OStA, B, Zl. 104/ex 1869.
16 ÖStA, HHStA, OStA, B, Zl. 119 und 154/ex 1876; Gespräch von Sammlungsleiter Erwin Auer mit Oberaufseher Friedrich Hänel, 22. September 1947, KHM, WB, Archiv.
17 ÖStA, HHStA, OStA, B, Zl. 719 und 1470/ex 1903, Zl. 139/ex 1908; Gespräch von Sammlungsleiter Erwin Auer mit Oberaufseher Friedrich Hänel, 22. September 1947, KHM, WB, Archiv.
18 Vgl. ÖStA, HHStA, OStA, B, Zl. 273/ex 1905.
19 ÖStA, HHStA, B, Zl. 320/ex 1905.
20 1906 (Mai bis Dezember): 18.634; 1907: 21.964; 1908: 24.873; 1909: 25.351; 1911: 23.339. ÖStA, HHStA, OStA, B, Zl. 160/ex 1907, Zl. 1506/ex 1907, Zl. 1617/ex 1908, Zl. 93/ex 1910, Zl. 76/ex 1912.

Frühe Ausstellungsbeteiligungen

Bereits zu Zeiten der Monarchie wurden einzelne Objekte des Hofmarstalls fallweise im Rahmen kulturhistorischer Sonderausstellungen präsentiert. Im Mittelpunkt dieser Schauen standen in der Regel das Leben und die Epoche weithin bekannter Mitglieder der habsburgischen Dynastie oder positiv konnotierte Momente der österreichischen Geschichte. Da es sich dabei letztlich auch um patriotische Unternehmungen handelte, hatten die kaiserlichen Oberststallmeister auch keine Einwände, sie mit Leihgaben zu unterstützen.

Schauplatz von gleich drei Ausstellungen, die der Hofmarstall mit hochrangigen Objekten beschickte, war das Österreichische Museum für Kunst und Industrie (heute MAK). Im Jahr 1888 wurde dort eine Maria-Theresia-Ausstellung veranstaltet, für die der Oberststallmeister unter anderem zwei Tragsessel, einen Karussellwagen, einen Rennschlitten, eine Kinderkutsche sowie mehrere Reitzeuge zur Verfügung stellte.[1] In einer Schau von 1896

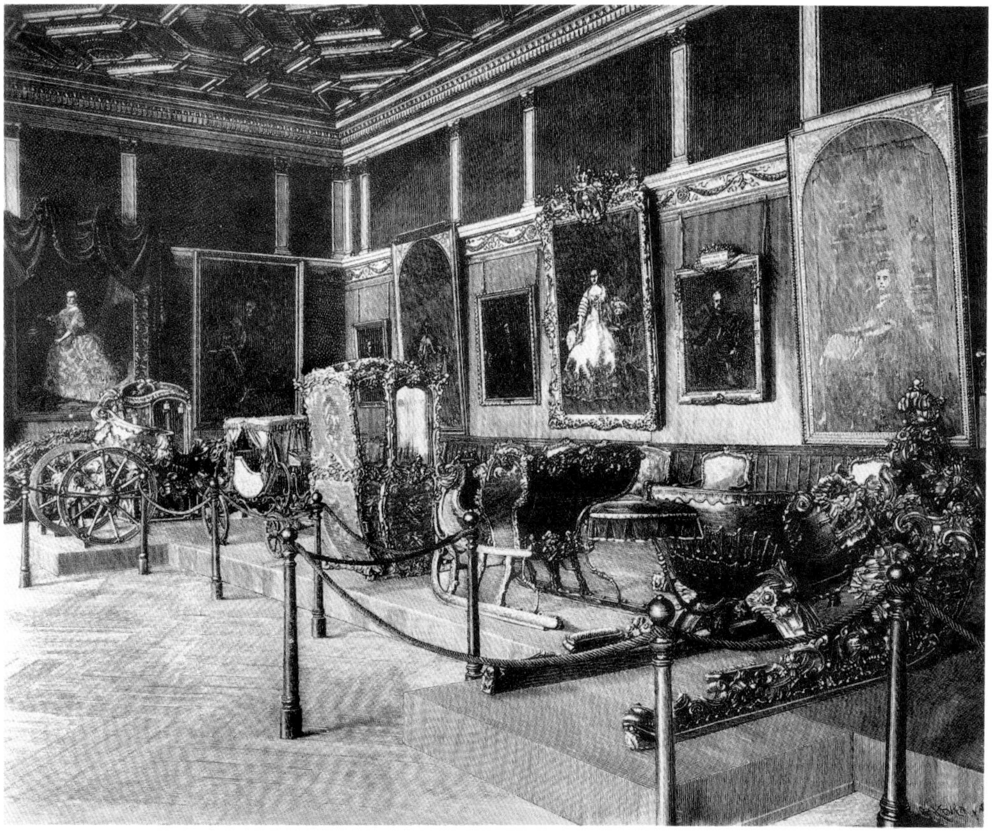

Abb. 15: Schlitten, Tragsessel und Fahrzeuge auf der Maria-Theresia-Ausstellung im Jahr 1888. Aus: Carl Ed[uard] Klopfer, *Unser Kaiser. Ein Gedenkbuch der fünfzigjährigen Regierung, zugleich ein Lebens- und Characterbild Kaiser Franz Josef I.*, Wien 1898, 168

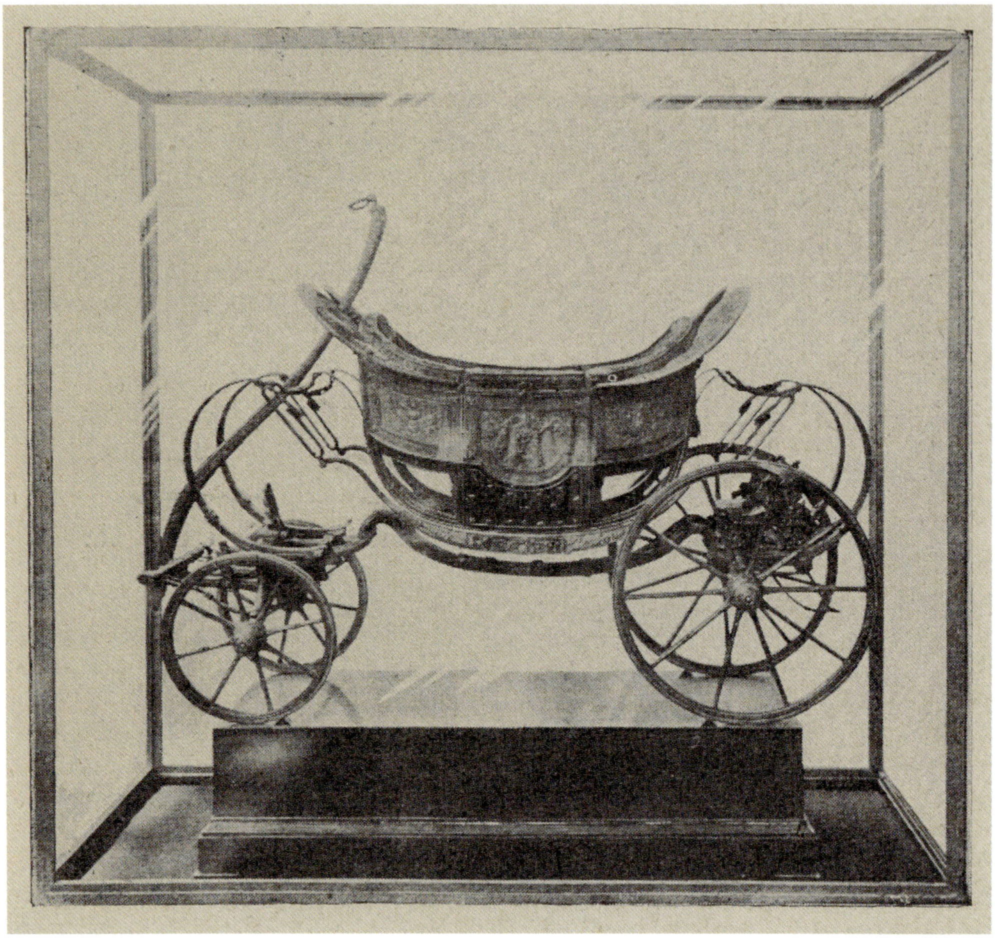

Abb. 16: Der Kinderwagen des »Königs von Rom« auf der Pariser Weltausstellung des Jahres 1900. GRAND-CARTERET 1901, 343

zum Thema »Wiener Kongress« waren aus den Beständen der Hofstallungen sechs Kutschen – darunter der Kinderwagen des »Königs von Rom«, Napoleons Sohn, der Mailänder Krönungswagen und der Krönungslandauer – sowie zwei barocke Rennschlitten, ein Sattel und mehrere Pferdegeschirre zu sehen.[2] Für eine Ausstellung zu Erzherzog Karl im Jahr 1909 verlieh der Oberststallmeister die goldene Krönungswaltrappe und – wie schon 1896 – den Mailänder Krönungswagen, der prominent im Vestibül zur Schau gestellt wurde, sowie erneut den Kinderwagen von Napoleons Sohn.[3] Ebenso wurden für die 1908 in der k. k. Gartenbaugesellschaft veranstaltete Ausstellung *Unser Kaiser 1830 – 1848 – 1908* anlässlich des Jubiläums der sechzigjährigen Regierungszeit Franz Josephs mehrere Kutschen und andere Objekte aus den Hofstallungen als Leihgaben bereitgestellt.[4]

Zu Beginn des 20. Jahrhunderts existierten auch für die ungarische Reichshälfte Ausstellungsvorhaben beziehungsweise Museumsprojekte, für die das Oberststallmeisteramt sich bereiterklärte, Objekte beizusteuern. So wurde im Jahr 1905 der Plan geschmiedet, in der Budapester Burg hochrangige Objekte der Reichen Sattelkammer, wie etwa ein orientalisches Zelt, mehrere türkische Reitzeuge, aber auch Gegenstände, die an die ungarische Krönung von 1867 erinnerten, so zum Beispiel das Zuggeschirr des Imperialwagens, das Krönungsreitzeug oder einen Huf und den Schweif des letzten Krönungsschimmels auszustellen. Zudem war vorgesehen, mehrere bedeutende Objekte der Hofwagenburg, nämlich zwei Prinzengalawagen, einen barocken Rennschlitten sowie eine größere Zahl moderner

Wagen dauerhaft in der Wagenremise des Budapester Hofstallgebäudes unterzubringen. Vermutlich beabsichtigte man, diese Fahrzeuge nach dem Vorbild des Wiener Hofmarstalls für Besucher*innen zugänglich zu machen. Aus unbekannten Gründen wurde dieses Projekt jedoch bereits im Anfangsstadium wieder eingestellt und die Marstallobjekte verblieben in Wien.[5] Nur wenige Jahre später sollte sich das Oberststallmeisteramt an einem anderen Ausstellungsvorhaben in der Budapester Burg beteiligen, das diesmal auch tatsächlich umgesetzt wurde. Für das 1908 im Burgpalast eröffnete Königin-Elisabeth-Gedenkmuseum verlieh der Wiener Hofmarstall einen Damensattel der Monarchin samt dazu passendem Reitzeug.[6]

An Ausstellungen außerhalb der Grenzen der Habsburgermonarchie beteiligte sich der Wiener Hofmarstall in der Regel nicht. Allerdings ist hierfür auch eine Ausnahme überliefert: Im Jahr 1900 gestattete der Oberststallmeister, dass der Kinderwagen des »Königs von Rom« auf einer historischen Schau im Rahmen der Pariser Weltausstellung gezeigt werden dürfe. Er wurde, in einer Kiste verpackt, dem Kunsthistorischen Hofmuseum übergeben, das für den Transport in die Seine-Metropole verantwortlich war.[7] Dort wurde dieses Juwel der französischen Wagenbaukunst für einige Monate dem Weltausstellungspublikum in einer Vitrine präsentiert.

1 ÖStA, HHStA, OStA, B, Zl. 223/ex 1888; AK Wien 1888, Kat.-Nrn. 964, 1017–1019, 1065, 1190–1192, 1194, 1195.
2 ÖStA, HHStA, OStA, B, Zl. 557/ex 1895 und Zl. 187/ex 1896; AK Wien 1896, Kat.-Nrn. 306, 452, 454–459, 461–465.
3 ÖStA, HHStA, OStA, B, Zl. 487 und 884/ex 1908, Zl. 407/ex 1909; AK Wien 1909, 6, 17 und 24. Zu dieser Ausstellung siehe Kurz 2018.
4 ÖStA, HHStA, OStA, B, Zl. 884/ex 1908; AK Wien 1908, Saal I, Kat.-Nrn. 40, 47, 50, 51, 53, 56, 57, 60, Saal II, Kat.-Nrn. 164, 232, 233, 235, Saal III, Kat.-Nr. 101.
5 Zu diesem Projekt siehe ÖStA, HHStA, OStA, B, Zl. 249/ex 1905.
6 ÖStA, HHStA, OStA, B, Zl. 679/ex 1907; Szalay 1907, 76.
7 ÖStA, HHStA, OStA, B, Zl. 179 und 466/ex 1900.

Der Hofmarstall während des Ersten Weltkriegs

Der Ausbruch des Ersten Weltkriegs Ende Juli 1914 beendete für einige Zeit den Besuchsbetrieb im kaiserlichen Marstallgebäude. Aber bereits am 22. März 1915 war es wieder öffentlich zugänglich, wenn auch vorerst nur montags, mittwochs und freitags von 12 bis 16 Uhr.[1] Die Pforten der Hofstallungen blieben daraufhin bis zum 30. Oktober 1918, also beinahe bis Kriegsende, für Besucher*innen geöffnet.[2] Allein im letzten Kriegsjahr 1918 wurden sie von rund 10.000 Personen besichtigt.[3]

Der Krieg brachte natürlich auch für den Hofmarstall verschiedenste negative Auswirkungen mit sich. So entstanden etwa Engpässe bei der Futterbeschaffung, der Bereitstellung von Dienstkleidern sowie bei Heiz- und Beleuchtungsmitteln.[4] Für den Stand der Fahrzeuge und der Tiere hatte diese Krisenzeit hingegen kaum Konsequenzen. Die Zahl der Wagen, Schlitten, Sänften und Tragsessel belief sich wenige Monate vor Kriegsausbruch auf 643 und im Frühling 1919 immer noch auf 581 Objekte. Es war in diesem Zeitraum demnach zu keinen substantiellen Abgängen gekommen. Die größte Veränderung ergab sich beim Fuhrpark durch den Ausbau der Automobilflotte, die im Laufe des Ersten Weltkriegs von 6 auf 26 Fahrzeuge anwuchs.[5] Im Oktober 1918 war sogar noch geplant gewesen, die Zahl der Automobile auf 40 anzuheben.[6] Dazu sollte es in den letzten Kriegstagen aber schließlich doch nicht mehr kommen. Auch im Bereich der Reit- und Zugpferde sowie der Maultiere lässt sich für den Zeitraum zwischen 1912 und 1918 ein zahlenmäßiger Anstieg, nämlich von 327 auf 348, registrieren.[7]

Die wohl tiefsten Spuren hinterließ der Krieg beim Stallpersonal. Von elf angestellten Hofsattlern konnten sich 1916 tatsächlich nur vier um die Instandhaltung der Fahrzeuge kümmern. Die übrigen sieben waren damals als Soldaten eingerückt beziehungsweise zu diesem Zeitpunkt bereits bei Kampfhandlungen ums Leben gekommen.[8] Aufgrund des stark reduzierten Personalstands in der Hofsattlerei war deshalb an eine angemessene Wartung der Fahrzeuge nicht zu denken.

Gerade in diesen Jahren des Mangels und der Not rückte den Verantwortlichen des Hofmarstalls aber auch zunehmend ins Bewusstsein, dass die Wagenburg nicht nur ein aktiver Fuhrpark und eine Sehenswürdigkeit für in- und ausländische Besucher*innen war, sondern auch ein im Lauf der Jahrhunderte gewachsener Bestand von höchstem kulturhistorischen Rang, der gleich einer musealen Sammlung Ergänzungen durch Sammeltätigkeit erforderte und restauratorischer Betreuung bedurfte. Dies mögen die folgenden zwei Beispiele illustrieren.

Im Jahr 1916 erfuhr man im Oberststallmeisteramt, dass die Hofwagenfabrik Jacob Lohner & Co. zwei ehemals kaiserliche Fahrzeuge aus der ersten Hälfte des 19. Jahrhunderts besaß. Sie waren im Zuge des Kaufs neuer Wagen durch den Hofmarstall an das Unternehmen gelangt, ganz ähnlich wie dies in unseren Tagen der Fall ist, wenn beim Kauf eines neuen Autos der alte Wagen dem Händler überlassen wird, um damit einen Preisrabatt zu erzielen. Lohner hatte die beiden alten Kutschen jedoch nicht ausgeschlachtet, sondern in seinen Remisen aufbewahrt. Beide Wagen hatten das Potenzial, inhaltliche Lücken in den Beständen der Wagenburg zu schließen. Das eine Fahrzeug (Inv.-Nr. W 51) war damals der einzige erhalten gebliebene Hofreisewagen, noch dazu ein persönliches Gefährt von Kaiser Franz II./I. Alle übrigen Reisewagen waren in den Jahrzehnten nach dem Aufkommen der Eisenbahn sukzessive aus der Hofwagenburg ausgeschieden worden, ohne daran zu denken, zumindest ein Exemplar als Erinnerung an diesen Wagentyp aufzubewahren. Das andere Fahrzeug (Inv.-Nr. W 58) war eine sogenannte Jagdwurst mit Drehsitz, die der Überlieferung nach einst dem Fürsten von Salerno gehört hatte. Auch ein Exemplar dieser Bauweise fehlte in der kaiserlichen Wagensammlung. Als Oberststallmeister Pálffy beim Firmeninhaber Ludwig Lohner anfragte, ob er die beiden Fahrzeuge nicht der Hofwagenburg überlassen könnte, blieb diesem nichts Anderes übrig, als zuzustimmen, da er auch weiterhin in der Gunst des Hofes stehen wollte und auf zukünftige Aufträge hoffte. Auf diese Weise wurde in der Wagenburg bereits in vormusealen Zeiten begonnen, die eigenen Bestände durch die Beschaffung geeigneter historischer Wagen zu bereichern.[9]

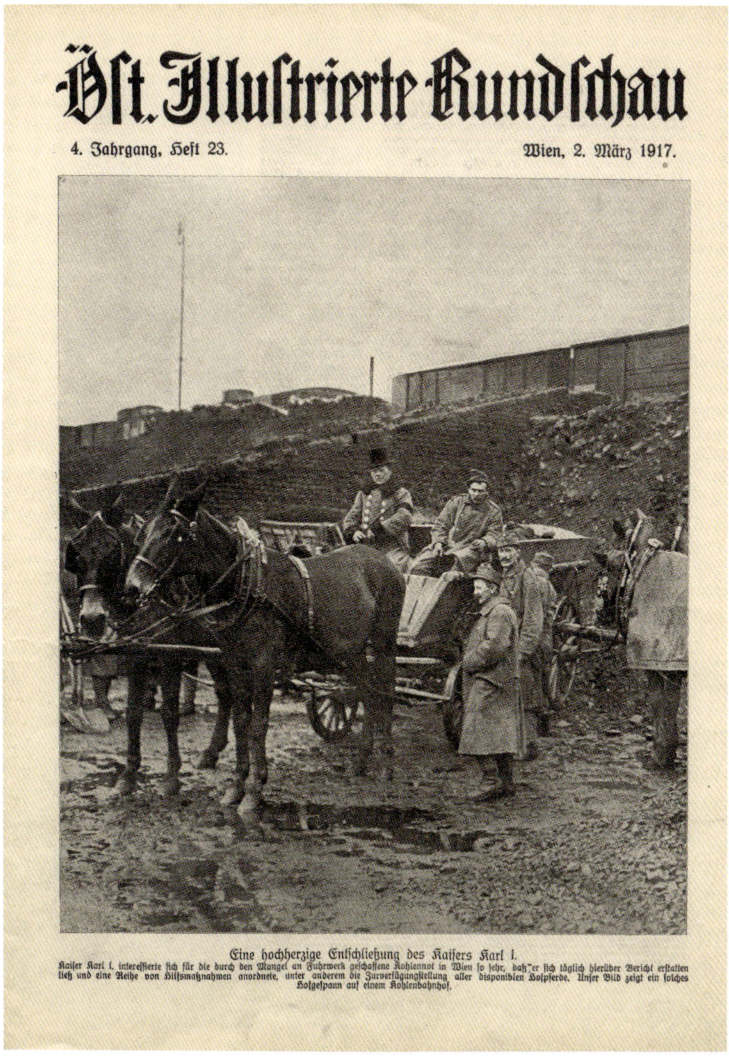
Öst. Illustrierte Rundschau

4. Jahrgang, Heft 23. Wien, 2. März 1917.

Eine hochherzige Entschließung des Kaisers Karl I.

Kaiser Karl I. interessierte sich für die durch den Mangel an Fuhrwerk geschaffene Kohlennot in Wien so sehr, daß er sich täglich hierüber Bericht erstatten ließ und eine Reihe von Hilfsmaßnahmen anordnete, unter anderem die Zurverfügungstellung aller disponiblen Hofpferde. Unser Bild zeigt ein solches Hofgespann auf einem Kohlenbahnhof.

Abb. 17: Zwei Zugtiere des Wiener Hofmarstalls im Einsatz für Kohlefuhren gegen Ende des Kriegswinters 1916/17. Aus: *Österreichische Illustrierte Rundschau* 4/23, März 1917, 2

Das andere Beispiel betrifft den Schwarzen Trauer-Huldigungswagen (Inv.-Nr. W 2), eine der beiden barocken Karossen der Wagenburg. Dieser Wagen war bis in die letzte Phase der Monarchie vollkommen schwarz gefasst. Als sich infolge von Farbabsplitterungen der Verdacht erhärtete, dass sich unter der schwarzen Farbschicht der Kastenpaneele Malereien befanden, beauftragte das Oberststallmeisteramt den Maler-Restaurator Hans Viertelberger, diese freizulegen. Viertelberger nahm seine Arbeit noch während des Krieges auf und führte sie in der Anfangsphase der Ersten Republik zu Ende.[10] Dieser Eingriff kann als Beginn professioneller Restaurierungsmaßnahmen bei Wiener Hoffahrzeugen gelten.

Das Ende der Monarchie stellte für den kaiserlichen Marstall zweifellos einen tiefen Einschnitt dar. Im Licht der Tatsache, dass in den Hofstallungen bereits lange vor 1918 ein professionell organisierter Besuchsbetrieb existierte, dass am Ende der Kaiserzeit im Hofmarstall bereits gezielt Objekte gesammelt wurden und dass sich damals bereits erste Ansätze restauratorischer Tätigkeit erkennen lassen, die weit über Ausbesserungsarbeiten hinausgingen, bedeutete die einige Jahre später erfolgte Übernahme der Objekte durch das Kunsthistorische Museum aber nicht nur eine Zäsur, sondern ebenso eine kontinuierliche Weiterentwicklung.

1 ÖStA, HHStA, OStA, B, Zl. 294/ex 1915; Wiener Zeitung, 21. März 1915, 10.
2 Vgl. ÖStA, HHStA, OStA, C, Bd. 386 und 387.
3 ÖStA, HHStA, OStA, B, Zl. 1905/ex 1918.
4 Auer 1981, 210–212.
5 ÖStA, HHStA, OStA, B, Zl. 1615/ex 1913 und Zl. 288/ex 1919.
6 Auer 1981, 210.
7 ÖStA, HHStA, OStA, B, Zl. 1538/ex 1912 und Zl. 274/ex 1919 (einl. in Zl. 23/ex 1919).
8 ÖStA, HHStA, OStA, B, Zl. 1052/ex 1916.
9 ÖStA, HHStA, OStA, B, Zl. 754/ex 1916 und Zl. 441/ex 1920.
10 ÖStA, HHStA, OStA, B, Zl. 1740/ex 1918 (einl. in Zl. 1073/ex 1917); Frey 1919, 21 f.

Das Ende der Donaumonarchie: Neue Marstallverwaltung und geänderte Aufgaben

Der mit Ende des Ersten Weltkriegs erfolgte Zusammenbruch der Habsburgermonarchie und die Ausrufung der Republik Deutschösterreich stellten den weiteren Fortbestand des Hofmarstalls infrage. Dieser wurde jedoch keineswegs einfach kurzerhand aufgelöst, waren damit doch große Vermögenswerte verbunden, über deren weitere Zukunft erst noch entschieden werden musste.[1]

Zunächst wurde das auf dem Gebiet des neugegründeten Staates befindliche Hofärar, das heißt das vom Kaiserhof hinterlassene Vermögen, einer neuen Verwaltung unterstellt. Die Leitung wurde am 16. November 1918 Staatsnotar Julius Sylvester übertragen, der bereits für mehrere Jahre Präsident des altösterreichischen Abgeordnetenhauses gewesen war. Der Übergang ging relativ rasch vonstatten, da die Sorge bestand, dass manche Teile der Bevölkerung die Krongüter als herrenloses Gut betrachten könnten, auf das jedermann Zugriff hätte. Wenige Tage nach der Bestellung von Julius Sylvester wurden die bislang existierenden vier Hofstäbe in vier neue Einheiten übergeführt, wobei das Oberststallmeisteramt fortan die Bezeichnung »Abteilung IV der hofärarischen Verwaltung« trug.

Nachdem Kaiser Karl am 24. November 1918 den Rücktritt des letzten Oberststallmeisters Nikolaus Fürst Pálffy ab Erdőd angenommen hatte, blieb dessen Amt unbesetzt.[2] Dem ehemaligen Hofmarstall stand deshalb nun erstmals seit Jahrhunderten kein Oberststallmeister mehr vor. Für personelle Kontinuität sorgte Viktor Rössler, der seit Anfang der 1890er Jahre im Oberststallmeisteramt in unterschiedlichen Funktionen tätig gewesen war, zuletzt als Kanzleidirektor.[3] Rössler wurde nun zum Leiter der Abteilung IV berufen und damit neues Oberhaupt des Marstalls.

Zu den wichtigsten Aufgaben von Julius Sylvester zählte es, im Bereich des ehemaligen Hofstaats Sparmaßnahmen im Personalsektor einzuleiten und überflüssige Ämter und Stellen zu streichen. Auch im Marstallbereich kam es zu signifikanten Personalreduktionen. So wurden beispielsweise ältere und langgediente Personen in den Ruhestand versetzt oder Tagelöhner nicht mehr weiterbeschäftigt. Manche Stalldiener, die aus Gebieten der Monarchie stammten, die nunmehr im Ausland lagen, hatten zudem Wien verlassen, um sich in ihrer alten Heimat eine neue Existenz aufzubauen, und waren somit ebenfalls aus dem Dienst ausgeschieden.

Zahlreiche Beschäftigte des Marstalls plagte die Sorge vor Arbeitsverlust und einer ungewissen beruflichen Zukunft. Sie begannen sich zu organisieren, um sich gemeinsam gegen im Raum stehende Entlassungen zu wehren. In Rössler fanden sie mit ihrem Anliegen einen Verbündeten. Er war bemüht, die Liquidation der ihm unterstehenden Abteilung IV möglichst lange hinauszuzögern, zum einen, weil er sich den Stalldienern aufgrund der langjährigen Zusammenarbeit verbunden fühlte, zum anderen aber wohl auch, weil er seinen eigenen Posten nicht aufgeben wollte.

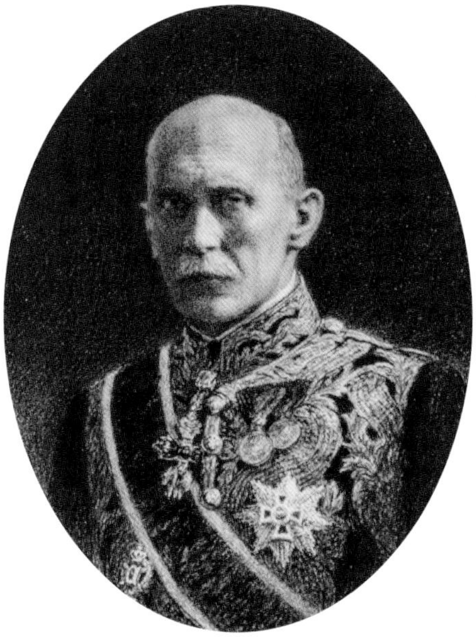

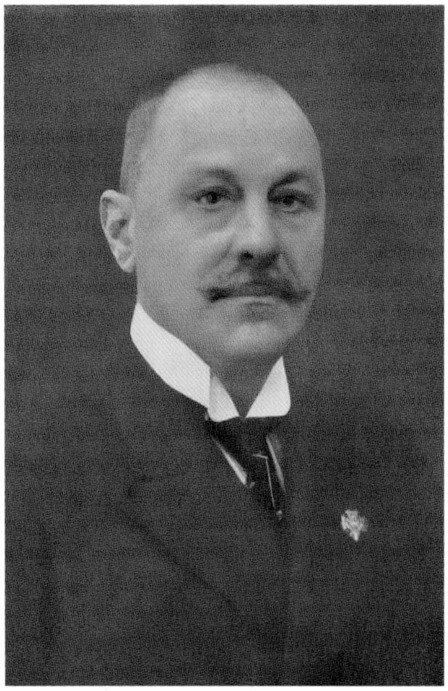

Abb. 18: Nikolaus Fürst Pálffy ab Erdőd, Oberststallmeister 1916–1918. Inv.-Nr. Z 13-28

Abb. 19: Viktor Ritter von Rössler, ab Frühling 1918 Kanzleidirektor im Oberststallmeisteramt und ab Ende 1918 Leiter der Abteilung IV der hofärarischen Verwaltung. Inv.-Nr. Z 327-5

Um einem weiteren Mitarbeiterabbau vorzubeugen und die bisherige Organisation und Funktion des Marstalls so weit wie möglich intakt zu halten, wurde ein hofärarischer Fuhrwerksbetrieb gegründet. Die Stalldiener übernahmen dabei mit dem vorhandenen Pferde- und Fahrzeugmaterial verschiedene Last- und Personentransporte, unter anderem für die Staatstheater, die hofärarische Administration und den Kriegsgeschädigtenfonds. Als Ziel wurde deklariert, ausgeglichen zu wirtschaften und dem Staatshaushalt nicht zur Last zu fallen. Manchen Politikern war der hofärarische Fuhrwerksbetrieb jedoch als »monarchistisches Überbleibsel« ein Dorn im Auge. Sie plädierten dafür, die Abteilung IV zu zerschlagen und Pferde und Fahrzeuge auf das Staatsamt für Heerwesen und die Polizei aufzuteilen. Rössler gelang es vorerst erfolgreich dagegen anzukämpfen. Um den Kritikern Wind aus den Segeln zu nehmen, wurde der hofärarische Fuhrwerksbetrieb 1921 zunächst in einen sogenannten Bundesmarstall umgewandelt und nach erfolgter Vereinigung mit der staatlichen Fuhranweisungsstelle (FAST) in »Bundesfuhrwerkbetrieb« umbenannt und dem Handelsministerium unterstellt. Der Bestand der ursprünglich aus den Hofstallungen stammenden Pferden war damals bereits stark geschrumpft. Im September 1921 und März 1922 mussten auch noch sämtliche in der Einrichtung verbliebenen Automobile an die Postsektion des Bundesministeriums für Verkehrswesen abgegeben werden. Frustriert von den andauernden politischen Anfeindungen und den schwindenden Aussichten, eine Auflösung jener Einrichtung, die vom Hofmarstall übriggeblieben war, weiter verhindern zu können, trat Rössler mit Ende April 1922 in den Ruhestand. Noch im selben Jahr kam es schließlich tatsächlich zur von Rössler befürchteten Liquidation des in den Bundesfuhrwerkbetrieb integrierten Bundesmarstalls. Die mehrjährige Geschichte des kaiserlichen Fuhrparks als republikanische Transporteinrichtung hatte damit ein Ende gefunden.

1 Die folgenden Ausführungen basieren, so nicht anders angegeben, auf Auer 1981.

2 ÖStA, HHStA, OStA, B, Zl. 1825/ex 1918.

3 ÖStA, HHStA, OStA, B, Zl. 1362/ex 1897 und Zl. 667/ex 1918.

Versteigerungen, Beschlagnahmungen und Abgaben

Bereits unmittelbar nach Ende des Ersten Weltkriegs stand außer Streit, dass an einer raschen Verkleinerung des Hofmarstalls kein Weg vorbeiführe.[1] In Zeiten großer Not verschlangen die Beschaffung von Futter für die Hofpferde und die Bezahlung des Stallpersonals laufend erhebliche Beträge, die die neugegründete Republik nicht bereitstellen konnte. Es lag daher nahe, einen Teil der Pferde, Fahrzeuge und Geschirre zu verkaufen, um auf diese Weise Geld zu lukrieren. Um eine Verschleuderung von Vermögenswerten zu verhindern und die Abgaben transparent zu gestalten, wurde beschlossen, Versteigerungen abzuhalten.

Die erste Auktion fand bereits am 10. Dezember 1918 im zentralen Innenhof der Hofstallungen statt. Das Ereignis erregte Aufsehen in der Presse und traf auf großes Interesse bei Käufer*innen und Publikum. Dass es bei manchem auch Wehmut hervorrief, zeigt eine Karikatur auf der Titelseite der *Illustrierten Kronen Zeitung*, die in einer Vorher-Nachher-Darstellung prachtvoll aufgeschirrte Hofwagenpferde und einen edlen Lipizzaner der Spanischen Reitschule mit einem müden Gaul vor dem Geschäft eines Pferdefleischhauers kontrastiert. Insgesamt wurden bei der ersten Versteigerung 76 Wagen- und sechs Reitpferde sowie 20 Kutschen und 36 Pferdegeschirre verkauft. Der damit verbundene

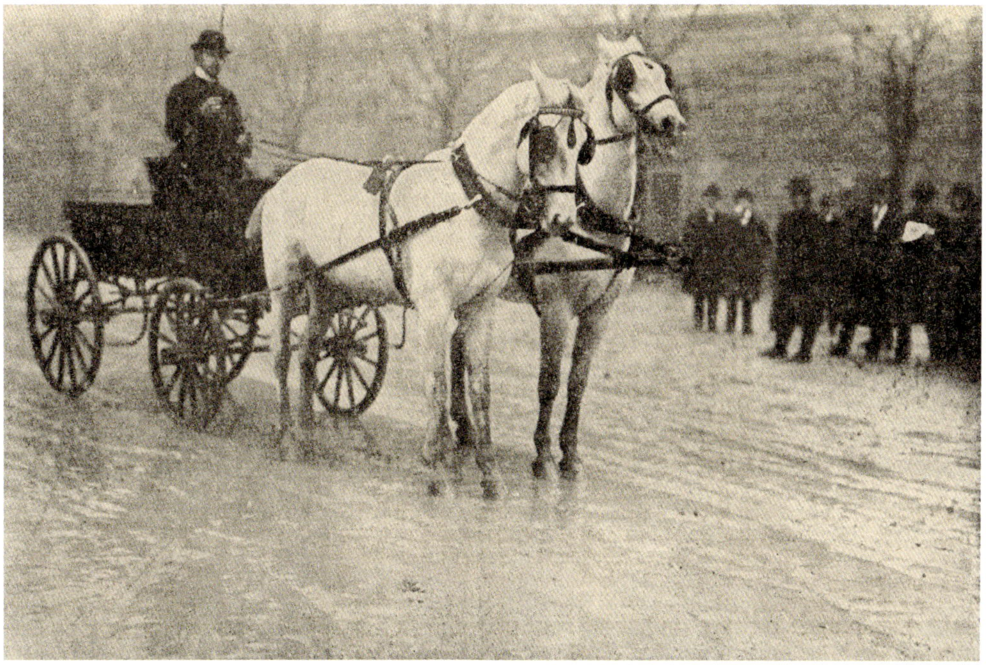

Abb. 20: Eine Aufnahme der ersten Pferde- und Wagenauktion in den Hofstallungen am 10. Dezember 1918. Aus: *Österreichische Illustrierte Rundschau*, 31. Dezember 1918, 231

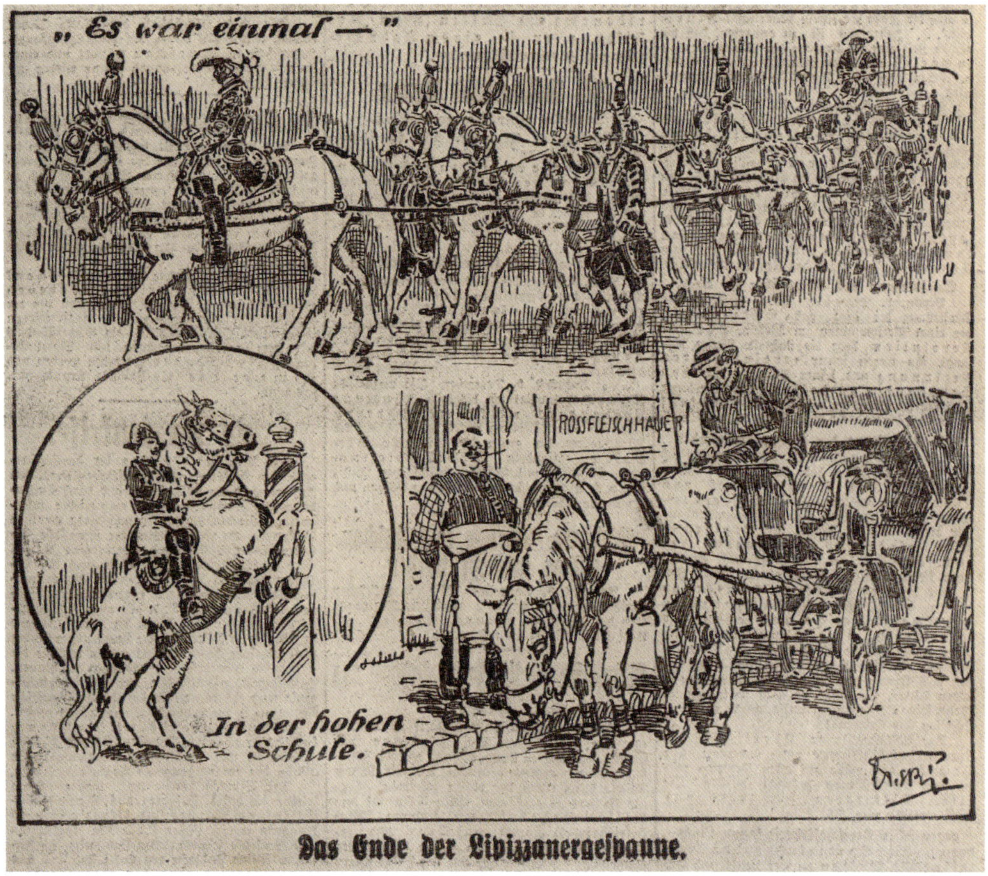

Abb. 21: Karikatur zur ersten Versteigerung im Hofmarstall am 10. Dezember 1918. Aus: *Illustrierte Kronen Zeitung*, 10. Dezember 1918, Titelblatt

finanzielle Erfolg führte einige Monate später zu einer weiteren Auktion, die am 28. April 1919 abermals in den Hofstallungen veranstaltet wurde. Diesmal wurden 86 Pferde und 20 Kutschen abgegeben. Während die Abgänge für den Hofpferdestand einen gravierenden Einschnitt bedeuteten – knapp ein Jahr nach Kriegsende befanden sich nur noch rund 143 Pferde im Hofstallgebäude[2] – waren die Auswirkungen auf den Fuhrpark weniger drastisch. Zum einen waren von den Versteigerungen nur einfache Alltagswagen betroffen, von denen viele gleichartige Exemplare existierten, und zum anderen fiel die Zahl von vierzig versteigerten Fahrzeugen[3] kaum ins Gewicht. Eine dritte Versteigerung von Hofwagen wurde schließlich am 15. September 1921 vom Dorotheum durchgeführt. Bei dieser Auktion kamen 54 Personen- und Wirtschaftsfahrzeuge zum Verkauf.

Weitere Abgänge von Hoffahrzeugen entstanden durch Forderungen von Nachfolgestaaten der Monarchie, etwa der Tschechoslowakei, Polen oder Ungarn. Besonders begehrt waren dabei Personen- und Lastautomobile, deren Wert ein Vielfaches über jenem einfacher Pferdewagen lag. In manchen Fällen stellten die ausländischen Regierungen Österreich und die Verwaltung des ehemaligen Hofmarstalls vor vollendete Tatsachen: Mehrere Fahrzeuge befanden sich zu Kriegsende in Böhmen oder Ungarn und wurden von den neuen Machthabern dieser Länder beschlagnahmt. Auf diese Weise und aufgrund anderweitiger Abkommen kamen bis 1920 vier Automobile, zehn Kutschen, der gesamte Tierbestand des Kladruber Hofgestüts sowie rund fünfzig weitere Pferde an die Tschechoslowakei. Ungarn konfiszierte drei Automobile, die nach einer Reise Kaiser Karls im Oktober 1918 in Gödöllő verblieben waren. Ebenso beschlagnahmte die ungarische Regierung insgesamt 37 Kutschen, die sich am Ende des Kriegs im Lande befunden hatten. An den polnischen Staat gelangte über dessen Gesandten in Wien ein Automobil,[4] und zwei Automobile konnte Kaiser Karl in sein Schweizer Exil mitnehmen.[5] Nachfolgestaaten, auf deren Territorium sich bei Kriegsende keine Hoffahrzeuge befanden, hatten schlechtere Karten. So verlangte etwa die Ukrainische Volksrepublik im Jahr 1919 die Auslieferung von gleich acht Hofautomobilen, darunter drei Lastwagen. Der ukrainische Bevollmächtigte erhielt jedoch zur Antwort, dass die geforderten Fahrzeuge nicht mehr verfügbar seien und ging somit leer aus.[6] Ebenso wurde Vertretern des jugoslawischen Prinzregenten das Ansuchen um Herausgabe eines Leichenwagens und einer Krönungskarosse abgeschlagen. Abgaben von Fahrzeugen an Italien sind keine bekannt. Allerdings erhielt das Königreich mit 109 Pferden einen zentralen Zuchtbestand aus dem Hofgestüt Lipizza.

Es ist wichtig festzuhalten, dass alle erwähnten Inventarabschreibungen den historischen Wagenbestand, dem bereits damals musealer Wert zugesprochen wurde, unberührt ließen und allein Gebrauchsfahrzeuge jüngeren Datums betrafen. Erst im Jahr 1933 sollten schließlich zwei historische Pferdewagen an Ungarn abgegeben werden – doch dazu an anderer Stelle.[7]

Auch wenn die in der unmittelbaren Nachkriegszeit abgegebenen Kutschen reine Alltagsgefährte waren, handelte es sich dabei doch um symbolisch aufgeladene Objekte. Dies zeigte sich etwa, als Tomáš Garrigue Masaryk, der erste Staatspräsident der Tschechoslowakei, am 21. Dezember 1918 in Prag seinen feierlichen Einzug hielt. In seinem Gefolge befand sich damals ein kaiserlicher Hofwagen, was in der tschechischen Presse als Triumph der Tschechen über den »Verbrecher« Kaiser Franz Joseph, der sie in Knechtschaft gehalten habe, gedeutet wurde.[8]

Im Sommer 1922 befanden sich trotz aller erwähnter Abgänge immer noch 447 Fahrzeuge in den ehemaligen Hofstallungen. Als damals der ehemalige Hofmarstall endgültig aufgelöst wurde, verteilte man die verbliebenen Gefährte auf verschiedene Einrichtungen. Die meisten Wagen, nämlich 165, wurden an den Bundesfuhrwerkbetrieb in Meidling abgegeben. Das Bundesministerium für Heerwesen und jenes für Land- und Forstwirtschaft erhielten 34 beziehungsweise 40, der Kriegsgeschädigtenfonds 17, die Tierärztliche Hochschule 22 und das Volksgesundheitsamt 11 Fahrzeuge. Eine kleinere Zahl an Kutschen wurde verschiedenen Institutionen wie etwa der Polizeidirektion Wien, der Direktion der Bundesgärten Schönbrunn oder dem Burgtheater überlassen. Die historisch wertvollsten Objekte aber gelangten an das Kunsthistorische Museum.[9]

1 Die folgenden Ausführungen beruhen, so nicht anders zitiert, auf Auer 1981.
2 ÖStA, HHStA, OStA, C, Karton 91.
3 Listen der versteigerten Fahrzeuge finden sich in ÖStA, HHStA, OStA, B, Zl. 1778 und 1838/ex 1918, Zl. 222 und 434/ex 1919.
4 ÖStA, HHStA, OStA, B, Zl. 783/ex 1920.
5 ÖStA, HHStA, OStA, B, Zl. 297/ex 1919.
6 ÖStA, HHStA, OStA, B, Zl. 288/ex 1919.
7 Siehe Kapitel *Späte Abgaben an Ungarn* oder: *Die Bedeutung fotografischer Dokumentation*.
8 Dělnické listy, 21. Dezember 1918, 3; Tages-Post, 23. Dezember 1918, 1; KHM, Zl. 76/WB/2017.
9 ÖStA, Archiv der Republik, Bundesministerium für Handel und Gewerbe, Industrie und Bauten, Kt. 482, Fasz. 64 (1922), Zl. 38.871/1922, Beilage K.

Hofkutschen im Kino

In den Jahren um 1920 stellte der kaiserliche Fuhrpark für die österreichische Filmwirtschaft einen höchst attraktiven Fundus dar. Dies galt insbesondere für Historienfilme: Es war weitaus billiger, originale historische Fahrzeuge zu mieten, als sie als Requisiten nachzubauen.

Erste Ansuchen zum Verleih von Hofwagen für Filmaufnahmen datieren noch aus den letzten Jahren der Monarchie. Im Jahr 1917 stellte Oberststallmeister Pálffy für einen während der Zeit des Wiener Kongresses spielenden Film, dessen Erlöse der Kriegspatenschaft zugutekommen sollten, mehrere Wagen, Sänften, Sättel, Geschirre, Pferde und Personal zur Verfügung.[1] Kurz vor Kriegsende traf im Hofmarstall die Anfrage ein, ob für Dreharbeiten zu einem Film über Kaiserin Maria Theresia historische Fahrzeuge ausgeliehen werden dürften. Offenbar fühlten sich die Verantwortlichen im Hofmarstall mit einer derartigen Zweckentfremdung nicht sonderlich wohl, da man »das unerwünschte Aufsehen«

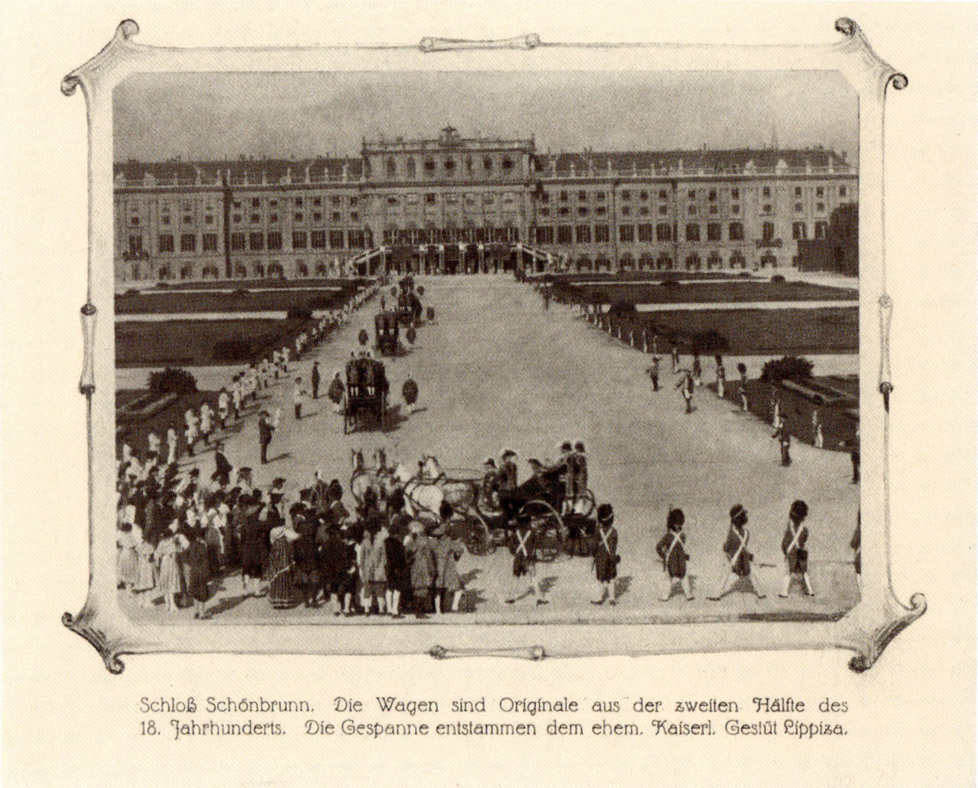

Abb. 22: Eine Aufnahme aus dem Programmheft des Films *Der Graf von Cagliostro* (1920) von Reinhold Schünzel

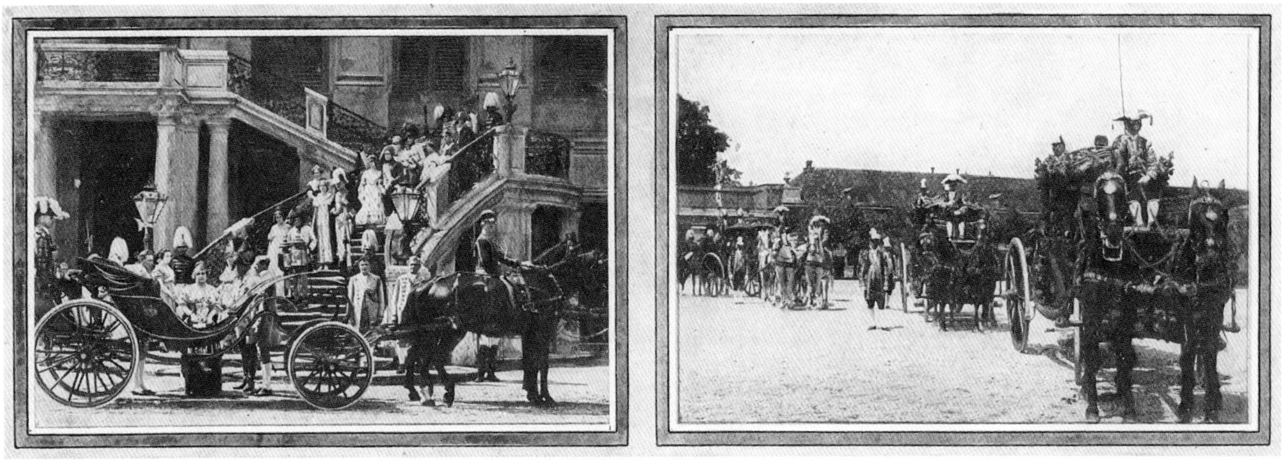

Abb. 23: Zwei Fotos aus der Werbebroschüre für den Film *Der Herzog von Reichstadt* (1920) von Hans Otto Löwenstein

fürchtete, »das die Auffahrt mehrerer Hofgalawagen zweifellos erregen würde.« Da es sich bei diesem Film um ein »grosses patriotisch-dynastisches Werk« handelte und der Reinerlös Kriegswaisen zugedacht war, stimmte man aber schließlich dennoch dem Verleih zu.[2]

In den unmittelbaren Nachkriegsjahren erlebte der österreichische Film einen regelrechten Boom, bei dem mehr Streifen als je zuvor oder danach produziert wurden. Eine wichtige Ursache dafür lag – auch wenn dies vielleicht auf den ersten Blick paradox erscheinen mag – in der katastrophalen wirtschaftlichen Situation und der grassierenden Inflation. Filmimporte waren damals nämlich verhältnismäßig teuer, während sich Produktionen österreichischer Filme relativ kostengünstig bewerkstelligen ließen.[3] Diese Ausgangssituation erhöhte die Nachfrage an historischen Hoffahrzeugen als Filmrequisiten. Die Objekte befanden sich damals zwar noch in den Remisen der ehemaligen Hofstallungen, standen aber nicht mehr in Verwendung und waren auch noch nicht musealisiert. Für die Marstallverwaltung schien es deshalb lohnend, den häufigen und drängenden Anfragen von Filmfirmen nachzugeben. Auf diese Weise ließ sich Geld lukrieren, das für die weiterhin vorhandenen hohen Ausgaben, etwa für Personalkosten und das Pferdefutter, dringend gebraucht wurde. Immerhin wurden den Filmfirmen pro Drehtag Beträge verrechnet, die zwischen einem halben und zwei Prozent des Schätzwertes der Fahrzeuge beziehungsweise der Pferde lagen.[4] Auch Stallbediensteten wie etwa Kutschern, Sattlern oder Riemern waren Filmdrehs höchst willkommen, da sie dabei in Hoflivreen gekleidet zu Statisteneinsätzen kamen oder aber einfach nur die Betreuung der Wagen, Geschirre und Tiere übernahmen, was beides mit einem willkommenen Zusatzverdienst verbunden war. Im Jahr 1921 zählte die Abteilung IV der hofärarischen Verwaltung den Verleih von Wagen, Pferden und Livreen an die Filmindustrie sogar zu einer ihrer Hauptaufgaben.[5]

Unter mehreren Filmen, die in den Marstallakten jener Zeit erwähnt sind, seien hier nur zwei hervorgehoben, für die einige besonders wertvolle Fahrzeuge entlehnt wurden. Es handelt sich dabei um die Werke *Der Herzog von Reichstadt* und *Der Graf von Cagliostro*, die beide 1920 entstanden.[6] Zwar haben sich von diesen Filmen offenbar keine Kopien erhalten, jedoch existiert dazu Werbematerial mit Fotoaufnahmen vom Filmset. Darauf sind mehrere Kutschen gut zu erkennen, die sich heute in der Wagenburg befinden.

Bedauerlicherweise wurden mit diesen frühen Beispielen Präzedenzfälle für nachkommende Zeiten geschaffen. Denn auch später noch wurden mit Zustimmung von Museumsbeamten Fahrzeuge, Geschirre und Livreen für Filmaufnahmen verliehen, um die leeren Museumskassen mit Geld für notwendige Investitionen zu füllen. Trotz aller ergriffenen Vorsichtsmaßnahmen und abgeschlossenen Versicherungen kam es dabei unweigerlich immer wieder zu Schäden und zu unwiederbringlichem Substanzverlust an den Objekten.

1 ÖStA, HHStA, OStA, B, Zl. 656/ex 1917. Für nähere Angaben zum Film siehe Wiener Allgemeine Zeitung, 11. Juli 1917, 3.

2 ÖStA, HHStA, OStA, B, Zl. 1460/ex 1918 (einl. Zl. 1637/ex 1918). Es ist unklar, um welche Werke es sich bei den beiden Filmen von 1917 und 1918, für die Hoffahrzeuge bereitgestellt wurden, konkret gehandelt haben könnte. Vgl. dazu die Aufstellung der österreichischen Spielfilme bis 1918 in Thaller 2010.

3 Bono 1999, 65 f.

4 Vgl. ÖStA, HHStA, OStA, B, Zl. 1155, 1196 und 1204/ex 1920.

5 ÖStA, HHStA, OStA, C, Karton 129, einl. Zl. 115/ex 1921, fol. 85 f.

6 ÖStA, HHStA, OStA, B, Zl. 848, 1111, 1155 und 1204/ex 1920. Eine Schilderung der Aufnahmen mit den Hofwagen für den Film *Der Herzog von Reichstadt* findet sich in: Die Filmwelt. Illustrierte Kino Revue 16, 1921, 4 f.

Wiederaufnahme des Publikumsbetriebs und bildliche Dokumentation

Viktor Rössler war bereits zu Zeiten, als er noch als Hofbeamter eine leitende Funktion im kaiserlichen Oberststallmeisteramt innegehabt hatte, von den historischen Objekten der Reichen Sattel- und Geschirrkammer, der Hofgewehrkammer und der Hofwagenburg überaus fasziniert gewesen. Als er in den Umbruchstagen Ende 1918 zum Leiter der Abteilung IV der hofärarischen Verwaltung bestellt wurde und somit dem gesamten ehemaligen Hofmarstall vorstand, setzte er sich sogleich dafür ein, die Stallungen so rasch wie möglich wieder für die Allgemeinheit zugänglich zu machen. Mit dieser Maßnahme wollte er dafür sorgen, dass die darin aufbewahrten Objekte im öffentlichen Bewusstsein blieben und niemand auf die Idee käme, einzelne kulturhistorisch wertvolle Objekte aus dem Gesamtbestand herauszulösen und zu verkaufen. Auch konnte er auf diese Weise verhindern,

Abb. 24: »Aus der Hofwagenburg« (heute: *Die Hofwagenburg in Wien*). Alois Hänisch, 1919, Öl auf Leinwand. Inv.-Nr. Z 111

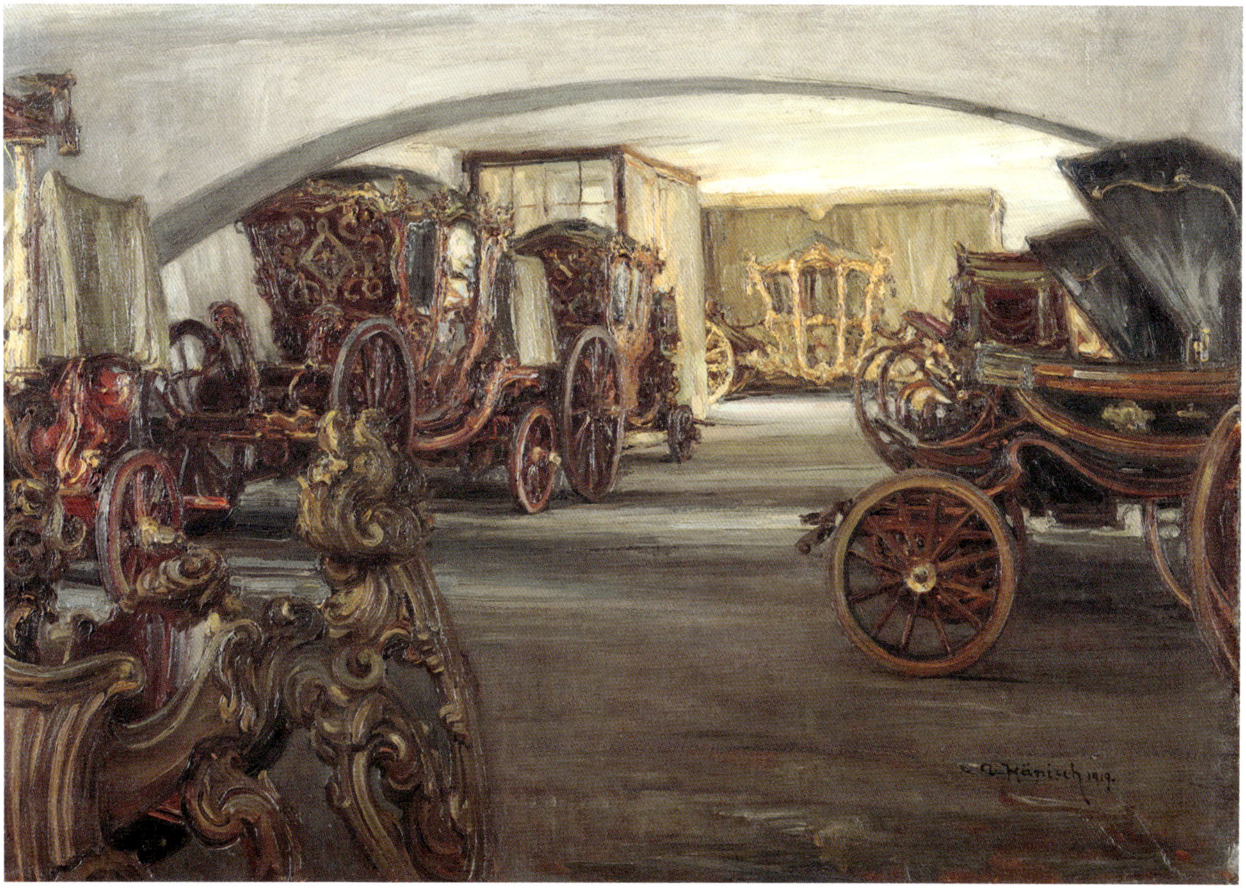

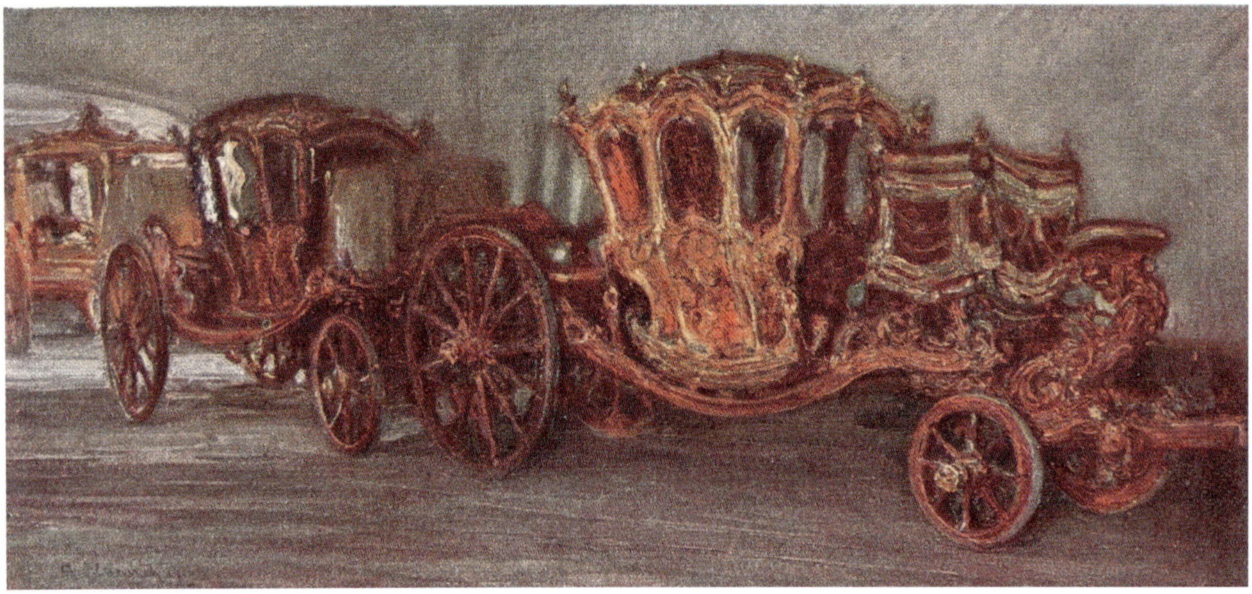

Abb. 25: »Die Prinzenwagen«. Alois Hänisch, 1919. Reproduktion aus: TRAUTZL o. J., o. S. Der Verbleib des Gemäldes ist unbekannt

dass das ehemalige Hofstallgebäude stillheimlich zweckentfremdet wurde. Bereits wenige Monate nach Kriegsende, im März 1919, öffnete auf Rösslers Betreiben hin der Marstall wieder seine Pforten für Besucher*innen, und zwar wochentags zwischen 12 und 15 Uhr.[1]

Für das Publikum änderte sich in den ersten Jahren der Republik im Vergleich zu früheren Zeiten nur wenig. Die Führungen und die Aufsicht übernahmen nach wie vor Stallmitarbeiter wie etwa Riemer oder Sattler;[2] allein die Eintrittspreise wurden der Inflation angepasst und entsprechend angehoben.[3] So lief der Gästebetrieb in den Hofstallungen noch für mehrere Jahre in seinen gewohnten Bahnen. Noch zur Wiener Frühjahrsmesse 1922 waren die Kostbarkeiten des Marstalls täglich von 9 bis 12 Uhr und von 13 bis 16 Uhr an ihrem althergebrachten Standort zu besichtigen.[4]

Und doch lag in jenen Jahren die Vorahnung in der Luft, dass die Ära des künstlich am Leben gehaltenen Hofmarstalls unweigerlich ihrem Ende zuging und deshalb für die Nachwelt dokumentiert werden sollte. Unter diesem Blickwinkel sind fünf Gemälde zu sehen, die der Wiener Künstler Alois Hänisch (1866–1937) damals von historischen Kutschen, Schlitten und Tragsesseln im Marstallgebäude anfertigte und auf der Herbstschau der Wiener Secession 1919 ausstellte.[5] Bedauerlicherweise ist heute nur der Verbleib eines dieser Bilder bekannt. Es befindet sich in den Beständen der Wagenburg (Inv.-Nr. Z 111) und ist gemeinsam mit einem zweiten Gemälde derselben Serie, das derzeit nur in Form einer um 1925 erstmals publizierten Reproduktion überliefert ist,[6] das einzige erhaltene visuelle Zeugnis davon, wie einige jener Objekte, die heute zu den herausragenden Exponaten der Wagenburg zählen, einst in der Reichen Remise der Hofstallungen präsentiert wurden.

Ebenso gab es Bestrebungen, die historischen Stallobjekte auf Film zu bannen. Hierbei stand das Festhalten von Vergänglichem, viel mehr aber noch die Tourismuswerbung im Vordergrund. Im Sommer 1919 trat der Landesverband für Fremdenverkehr in Wien und Niederösterreich an die Abteilung IV der hofärarischen Verwaltung heran und regte an, einen Werbefilm über die »Hof-Sattel- und Hofwagenkammer« machen zu lassen, der »bei entsprechend sachgemässer Aufmachung in allen Kino-Theatern des In- und Auslandes Verbreitung findet und daher Millionen von Menschen in allen Weltteilen zugänglich ist.«

Dafür sollten mehrere historische Fahrzeuge mit Anspannung, bedient durch Stallpersonal in Galakostümen, in Bewegung gezeigt werden. Ergänzt werden sollten diese Aufnahmen durch die Verfilmung einer Reitproduktion der Spanischen Reitschule unter freiem Himmel und unter Verwendung historischer Kostüme. Ein Exemplar des Films sei »zum ewigen Gedächtnisse aufzubewahren«. Auch eine Produktionsfirma dafür hatte der Fremdenverkehrsverband bereits ausfindig gemacht, nämlich die Kinofilm Ges. m. b. H. Filmag.[7] Ob der Film aber damals auch tatsächlich realisiert wurde, ist leider nicht überliefert.

Gesichert ist hingegen, dass drei Jahre später, unmittelbar vor der Übersiedlung der Objekte nach Schönbrunn, in den Lichtspieltheatern ein Film mit einem ähnlichen Konzept über die alte Hofwagenburg zur Aufführung gebracht wurde. In der Ende Oktober 1922 erschienenen Ausgabe der Zeitschrift *Die Filmwelt* wird über diesen Streifen wie folgt berichtet: »Indes hat die ›Alba‹-Film-Ges. in aller Stille einen höchst interessanten Film von kunstgeschichtlicher Bedeutung hergestellt, der die in der Hofburg [gemeint sind die Hofstallungen, Anm. M. D.] befindlichen alten Hofwagen und Gala-Karossen zum Gegenstand hat. [...] Dieser Film hat im Auslande allseitiges großes Interesse erregt.«[8] Auch hiervon scheint sich aber leider keine Kopie erhalten zu haben.

1 Auer 1981, 245–246; ÖStA, HHStA, OStA, B, Zl. 353/ex 1919.
2 Vgl. z. B. ÖStA, HHStA, OStA, B, Zl. 306 (einl. Zl. 279), 501 und 1078/ex 1920.
3 Vgl. z. B. ÖStA, HHStA, OStA, B, Zl. 408 und 501/ex 1920.
4 Neues Wiener Tagblatt, 17. März 1922, 4.
5 AK Wien 1919, o. S.; Wiener Sonn- und Montagszeitung, 3. November 1919, 8; Neues Wiener Tagblatt, 4. November 1919, 3.
6 Trautzl o. J., o. S. Diese Reproduktion wurde später neuerlich veröffentlicht in: Moderne Welt 10/6, 1928, 26; Moderne Welt 11/13, 1930, 10.
7 ÖStA, HHStA, OStA, B, Zl. 719/ex 1919.
8 Die Filmwelt. Illustrierte Kino Revue 18, 1922, 4.

Vom Hofstallgebäude zum Messepalast

Dass die Marstallobjekte des Kaiserhofes auf lange Sicht nicht in den Hofstallungen bleiben konnten, zeichnete sich bereits in den ersten Wochen und Monaten nach Auflösung der Monarchie ab. Zu groß waren die Begehrlichkeiten verschiedenster Institutionen nach diesem großen Areal in innerstädtischer Lage.[1] Bereits Ende 1918 erhoben mehrere Staatsämter Ansprüche auf das Gebäude. Es existierten Pläne, zumindest einen Teil der Räume für eine Universitätsmensa, eine Erweiterung der Technischen Hochschule, ein Sanatorium, Wohnungen oder Bildhauerateliers zu verwenden. Hans Tietze schlug im Dezember 1918 in seinem *Wiener Museumsprogramm* vor, die Raumnot der staatlichen Museen unter anderem durch eine museale Verwendung der Hofstallungen zu lindern.[2] Es mangelte also nicht an Ideen für eine Neunutzung. Dokumentiert sind sogar Bestrebungen, mittels einer gewaltsamen Übernahme Tatsachen zu schaffen. So besetzten im Spätherbst 1918 von den Kriegsschauplätzen heimgekehrte Matrosen die Hofstallungen. Sie planten, die dort vorgefundenen Pferde und Wagen zu verkaufen. Unklar ist, ob sie auch die Hofstallungen selbst dauerhaft für sich beanspruchten. Durch beherztes Einschreiten von Hofstalldienern gelang es schließlich, die Eindringlinge wieder zu vertreiben.[3] Infolgedessen wurden im Februar 1919 mehrere Räumlichkeiten der Polizei übergeben, deren Präsenz die Gefahr unrechtmäßiger Aneignungen und Plünderungen verhindern sollte.

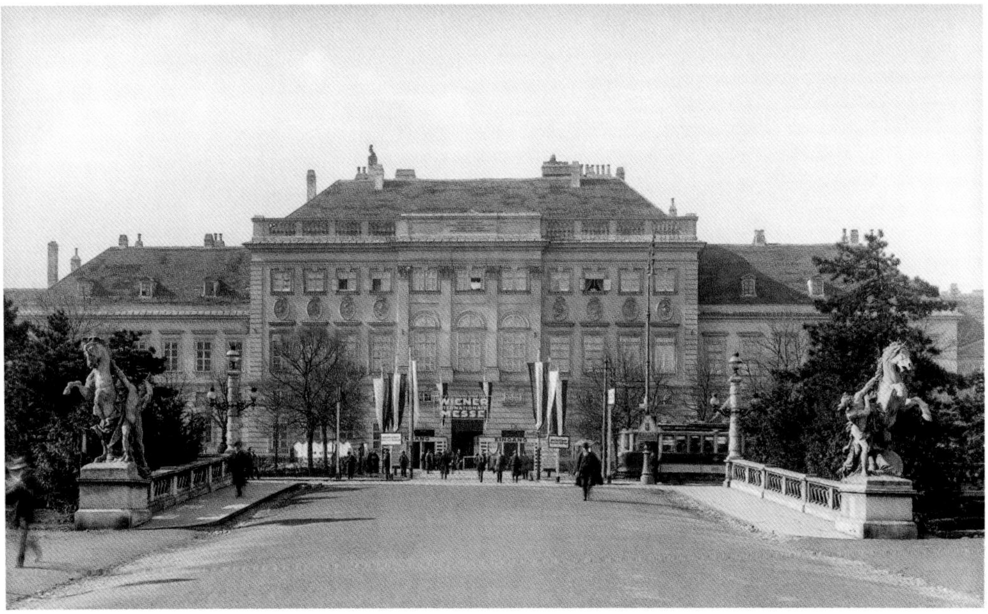

Abb. 26: Die zum »Messepalast« umgewandelten ehemaligen Hofstallungen während der Wiener Messe 1929

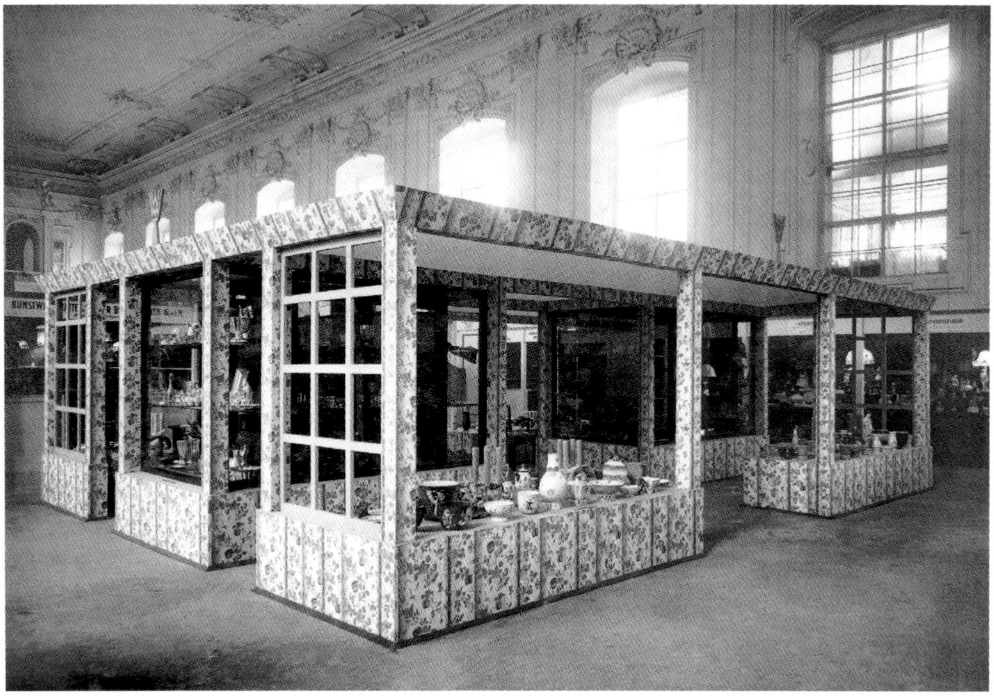

Abb. 27: Pavillon der Wiener Werkstätte auf der 3. Wiener Messe, eingerichtet in der ehemaligen Campagne-Reitschule des Hofstallgebäudes (Herbst 1922). MAK, Wien, Inv.-Nr. WWF 137-76-1

Alle erwähnten Pläne für das Marstallgelände blieben letztlich unrealisiert. Stattdessen wurde ein anderes Projekt umgesetzt. Der Wiener Gemeinderat beschloss im September 1919 die Gründung einer Aktiengesellschaft mit dem Ziel, eine Wiener Messe zu etablieren. Als Messeort wurde das Hofstallgebäude ins Auge gefasst. Massive Unterstützung dafür kam vom Staatsamt für Handel, Gewerbe, Industrie und Bauten. Per Regierungsbeschluss vom 7. Juli 1920 wurde schließlich endgültig bestimmt, dass die Wiener Messe-A.G. im Hofmarstall einziehen sollte. Die Übernahme der einzelnen Trakte und Räumlichkeiten war jedoch mit verschiedenen Hindernissen verbunden und erfolgte deshalb nur schrittweise über einen Zeitraum von etwa zwei Jahren. Die Reduktion des Hofpferdestandes und die partielle Absiedelung von Polizeieinheiten ermöglichte bereits zu einem frühen Zeitpunkt die Übergabe mehrerer Pferdeställe und Remisen an die Messe. Die Campagne-Reitschule, in der mittlerweile zahlreiche Hofwagen eingestellt waren, konnte im März 1921 geräumt werden, nachdem für die Fahrzeuge ein provisorischer Unterbringungsort in der Reithalle der ehemaligen k. u. k. Kriegsschule im Bereich des Getreidemarkts gefunden worden war. Nach Übergabe der meisten Parterreräumlichkeiten des Marstallgebäudes wurden diese in den Folgemonaten für Messezwecke adaptiert, sodass bereits am 11. September 1921 die erste Wiener Messe im Hofstallgebäude eröffnet werden konnte.[4] Als äußeres Zeichen für die künftige Widmung des Marstallareals war dieses bereits im vorhergehenden Juni in »Messepalast« umbenannt worden. Nach der Überstellung der letzten verbliebenen Hofmarstallobjekte nach Schönbrunn konnte die Wiener Messe-A.G. im Jahr 1922 schließlich den gesamten Gebäudekomplex übernehmen.

1 Grundlage für die folgende Darstellung bildet, so nicht anders ausgewiesen, Auer 1981.

2 Haupt 1991, 76.

3 Reichspost, 15. Oktober 1922, 8.

4 Zur Entwicklung der Wiener Messe von ihrer Gründung bis 1922 siehe Neudhart 2011, 177–228.

Die Rettung der historisch bedeutsamen Marstallobjekte

Unmittelbar nach Ende des Ersten Weltkriegs war zunächst ungewiss, was mit den kulturhistorisch bedeutendsten Objekten des Hofmarstalls geschehen sollte. Eine erste, im Dezember 1918 erfolgte Versteigerung von Pferden und Alltagswagen des Hofes versetzte verschiedene Personen und staatliche Stellen in Alarmstimmung. Es stand die Befürchtung im Raum, dass auch den Prunkstücken der Wagenburg und der Reichen Sattelkammer der Ausverkauf drohe. Im Jänner 1919 wiesen deshalb mehrere Direktoren des Kunsthistorischen Museums in einer Denkschrift auf die Bedeutung dieser Bestände für das Musealwesen hin.[1] Nachdem im Rahmen des »Habsburgergesetzes« vom 3. April 1919 das Vermögen des Herrscherhauses auf die Republik Deutschösterreich übergegangen war, wurden verschiedene Museumskustoden und andere Fachleute mit einer Inventarisierung der bis dahin noch nicht musealisierten Objekte betraut.[2] Im Zuge dieser ersten Bestandsaufnahme erhielt der Waffenkundler August Grósz – er sollte ab 1921 als Kustos der Waffensammlung im Kunsthistorischen Museum arbeiten – im Dezember 1919 vom Denkmalamt den Auftrag, die »Sattel und Geschirrkammer und Wagenburg kunstgeschichtlich und geschichtlich zu inventarisieren.«[3] Offenbar wurde Grósz dabei vom Leiter der Waffensammlung, Camillo List, unterstützt.[4]

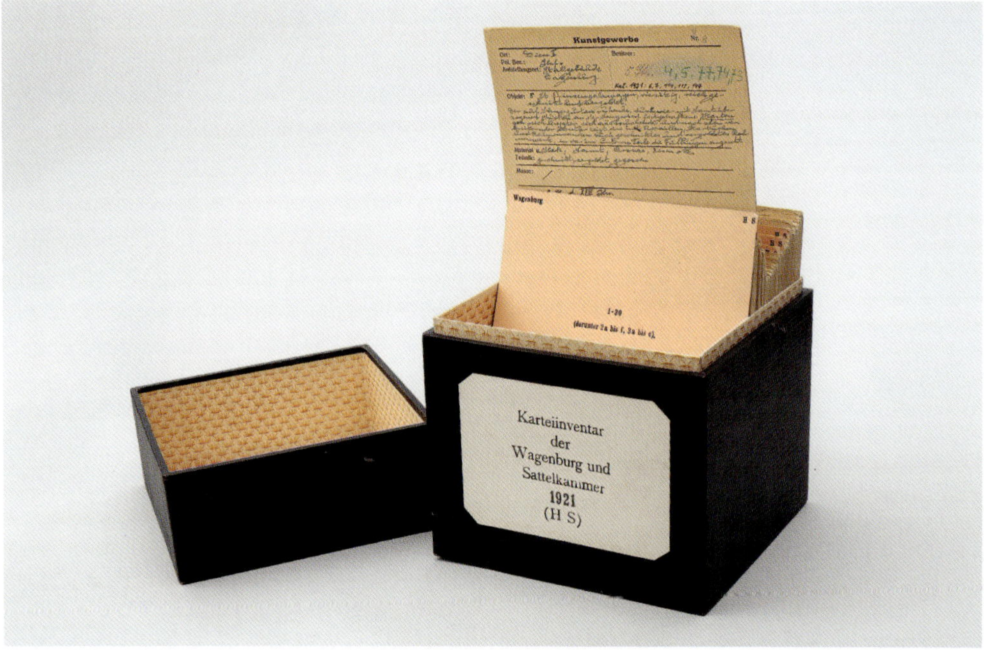

Abb. 28: Im Jahr 1921 angelegtes und später weiter bearbeitetes Karteiinventar der Wagenburg. KHM, WB, Archiv

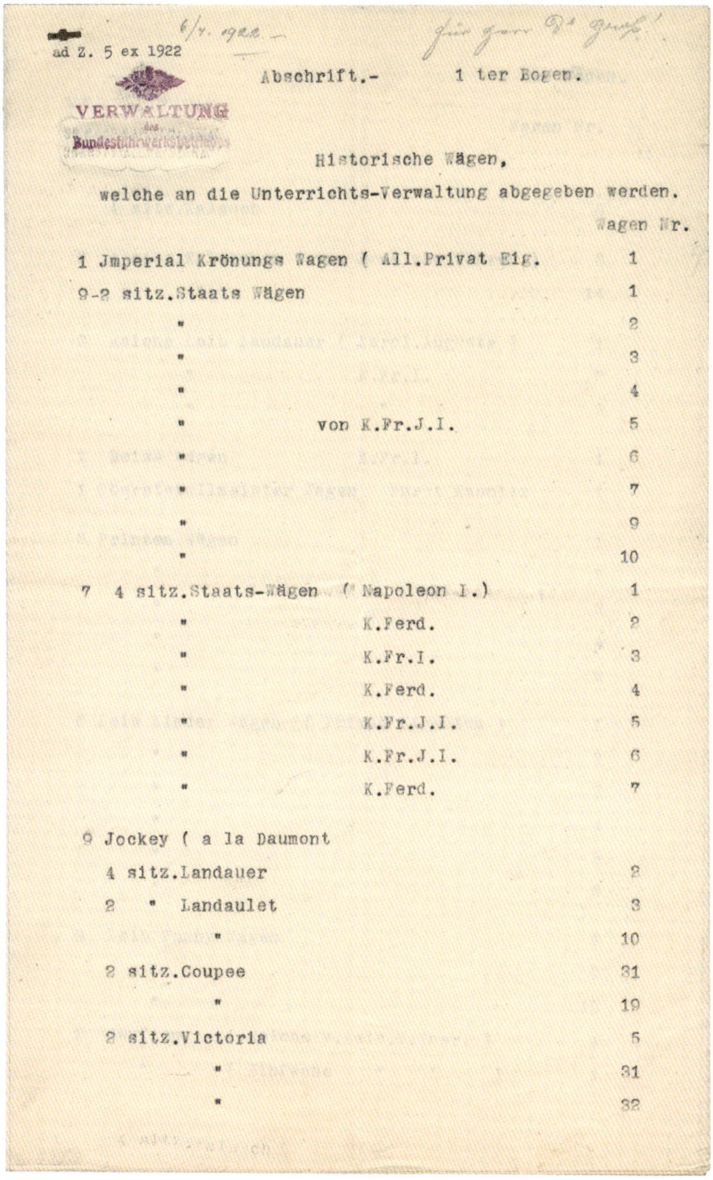
ad Z. 5 ex 1922

VERWALTUNG

Abschrift.- 1 ter Bogen.

Historische Wägen,

welche an die Unterrichts-Verwaltung abgegeben werden.

		Wagen Nr.
1 Jmperial Krönungs Wagen (All.Privat Eig.		1
9-2 sitz.Staats Wägen		1
"		2
"		3
"		4
"	von K.Fr.J.I.	5
"		6
"		7
"		9
"		10
7 4 sitz.Staats-Wägen	(Napoleon I.)	1
"	K.Ferd.	2
"	K.Fr.I.	3
"	K.Ferd.	4
"	K.Fr.J.I.	5
"	K.Fr.J.I.	6
"	K.Ferd.	7
9 Jockey (a la Daumont		
4 sitz.Landauer		2
2 " Landaulet		3
"		10
2 sitz.Coupee		31
"		19
2 sitz.Victoria		5
"		31
"		32

Abb. 29: Ein Blatt der Liste jener Objekte der ehemaligen Hofwagenburg, die 1922 an die Waffensammlung des Kunsthistorischen Museums gelangten. KHM, Zl. 5/WS/1922

Eine Musealisierung der historischen Wagen- und Geschirrsammlung in ihrer Gesamtheit konnte aber auch nach den Inventarisierungsarbeiten noch nicht als gesichert gelten, da von mehreren Seiten Forderungen auf Ausfolgung einzelner Fahrzeuge gestellt wurden. So beanspruchten etwa Rechtsanwälte der letzten beiden Kaiser gleich mehrere Glanzstücke der ehemaligen Hofwagenburg, darunter den »Krönungswagen« sowie den Schwarzen Leichenwagen, da sie diese als Privateigentum der ehemaligen Herrscherfamilie betrachteten. Die Firma Lohner, die 1916 dem Oberststallmeisteramt zwei historische Hoffahrzeuge aus ihrem Besitz geschenkweise überlassen hatte, versuchte die damals getätigte Widmung nun rückgängig zu machen und behauptete, dass diese unter Druck zustande gekommen sei.[5] All diesen Ansprüchen wurde von staatlicher Seite allerdings eine Absage erteilt. Nur ein Galawagen von Erzherzog Max, dem Bruder des letzten Kaisers, wurde ausgefolgt, da man ihn als Privatfahrzeug des Erzherzogs klassifizierte.[6] Offen war damals noch, ob laufende Verhandlungen zwischen Österreich und anderen Nachfolgestaaten der Habsburgermonarchie zu Abgaben von Objekten aus dem historischen Bestand der Wagenburg führen würden.

Im Februar 1921 legte Camillo List im Auftrag des Denkmalamts eine Auswahlliste vor mit jenen historischen Fahrzeugen und anderen Marstallobjekten, die er für museale Zwecke geeignet hielt. List ergänzte die Aufstellung durch einige Objekte jüngeren Datums, die den Hofmarstall in der letzten Phase der Monarchie für die Nachwelt exemplarisch dokumentieren sollten. Für das Denkmalamt stand außer Diskussion, dass dieser Bestand nicht auf verschiedene Museen aufgeteilt werden durfte. Es betonte in einer Stellungnahme gegenüber dem Bundesministerium für Inneres und Unterricht, dass die Objekte ein »geschlossenes Ganzes bilden, das auch in der musealen Aufstellung Berücksichtigung finden« müsse. Noch war aber nicht endgültig entschieden, an welches Museum die Objekte übergeben werden sollten. Bestrebungen des Bautenministeriums gingen nämlich dahin, die historischen Fahrzeuge an das Technische Museum zu übergeben. Die Entscheidung fiel aber schließlich in den Monaten Juni und Juli 1921 zugunsten der Waffensammlung des Kunsthistorischen Museums.[7] Ausschlaggebend dafür war letztlich die künstlerische Qualität zahlreicher Marstallobjekte sowie deren Provenienz. Es handelte sich dabei um einen höfischen Bestand, der im ehemaligen Hofmuseum am Ring besser aufgehoben war als im Technischen Museum. Zudem betreute die Waffensammlung mit ihren Harnischen, verschiedenem Reitzeug und der Gewehrkammer bereits andere Objektgruppen, die einst dem Oberststallmeister unterstanden hatten. Auch wenn die ausgewählten Hofmarstallobjekte im Sommer 1921 Camillo List überantwortet wurden, verblieben sie zunächst dennoch weiterhin an ihrem angestammten Platz in den Hofstallungen, da die Suche nach einem geeigneten Ausstellungsraum noch nicht abgeschlossen war.[8]

Insgesamt übernahm das Kunsthistorische Museum 94 Vehikel verschiedenster Art, ferner eine große Zahl an Reitzeug und Zuggeschirren. Hinzu kamen einige Objekte der Reichen Sattelkammer, die etwas aus der Reihe fallen, wie etwa orientalische Zelte oder Musikinstrumente für Kinder, die einst dem späteren Kaiser Franz Joseph gehört hatten. Dem Museum wurden außerdem eine größere Zahl an Gemälden, Entwurfszeichnungen und Grafiken aus den Amtsräumen des Oberststallmeisteramts übergeben.[9]

Die Hinterlassenschaft des Hofmarstalls stellte für das Kunsthistorische Museum übrigens nicht den einzigen substantielle Sammlungszuwachs dar, der sich durch die staatliche Übernahme des habsburgischen Kunstbesitzes ergab. In jenen Jahren entstanden mit der Weltlichen und Geistlichen Schatzkammer, der Tapisseriensammlung, der Estensischen Sammlung und dem Monturdepot noch weitere neue Sammlungsbereiche, die den universalen Anspruch des Museums festigten.[10]

1 Auer 1981, 246.
2 Frey 1919, 1, 5.
3 ÖStA, HHStA, OStA, A, Bd. 167, Zl. 1292/ex 1919, 109, 128.
4 Vgl. Frey 1919, 5.
5 ÖStA, HHStA, OStA, B, Zl. 441/ex 1920; Auer 1981, 247.
6 Auer 1981, 247.
7 Ebenda, 246.
8 Ebenda, 254.
9 KHM, Zl. 5 und 13/WS/1922; ÖStA, Archiv der Republik, Bundesministerium für Handel und Gewerbe, Industrie und Bauten, Kt. 482, Fasz. 64 (1922). Zu den Bildern aus dem Oberststallmeisteramt siehe auch Auer 1981, 212–215, 225; KHM, Zl. 9/WS/1921.
10 Haupt 1991, 79–88.

Auf der Suche nach einem Museumsstandort

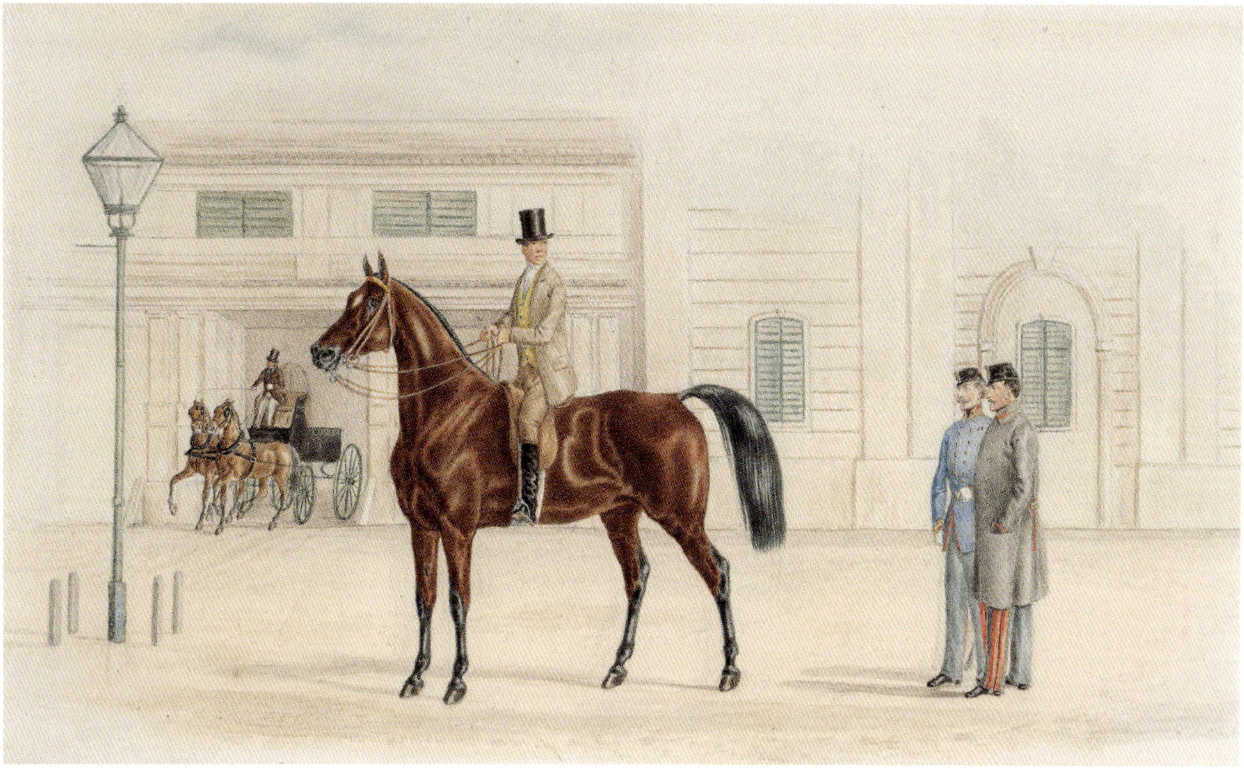

Abb. 30: Karl Graf Grünne (Leiter des Hofmarstalls beziehungsweise Oberststallmeister 1849–1875) und Fürst Karl Liechtenstein (Obersthofmeister 1849–1865) begutachten auf dem vor der heutigen Wagenburg liegenden Platz in Schönbrunn ein Reitpferd. Alexander von Bensa, Aquarell, 1850er Jahre. Inv.-Nr. Z 348

In den ersten Jahren nach Auflösung der Monarchie wurden für die museale Aufstellung der Marstallobjekte unterschiedliche Standorte diskutiert. Julius Schlosser, Direktor der Sammlung für Plastik und Kunstgewerbe im Kunsthistorischen Museum, regte 1919 in einer Wiener Tageszeitung an, die Prunkwagen und -schlitten des Kaiserhofs, die »jetzt in einem öden Speicher versammelt« seien – also an ihrem althergebrachten Standort im ersten Stock der Hofstallungen –, »in den ebenerdigen Räumen der neuen Burg« auszustellen, wo sie »zur schönsten Wirkung« kämen.[1] Im selben Jahr meinte der Wiener Kunsthistoriker Dagobert Frey – im Gleichklang mit Schlosser – mit der »Neuen Burg« oder aber, einen anderen Ort ins Spiel bringend, in der Spanischen Hofreitschule einen geeigneten Ausstellungsraum für die Hofmarstallobjekte gefunden zu haben: »In dem großen Saal der Winterreitschule mit seiner kühlen Vornehmheit oder in dem weitläufigen Vestibül der neuen Hofburg, in dem trotz späterer Umgestaltung die großzügige Konzeption Sempers noch raumbestimmend vorherrscht, könnten die Prachtkarossen und Schlitten mit Pferdemanequins [sic] in reichem

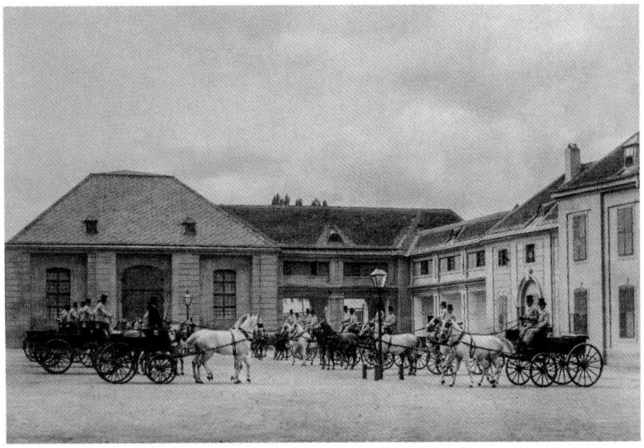

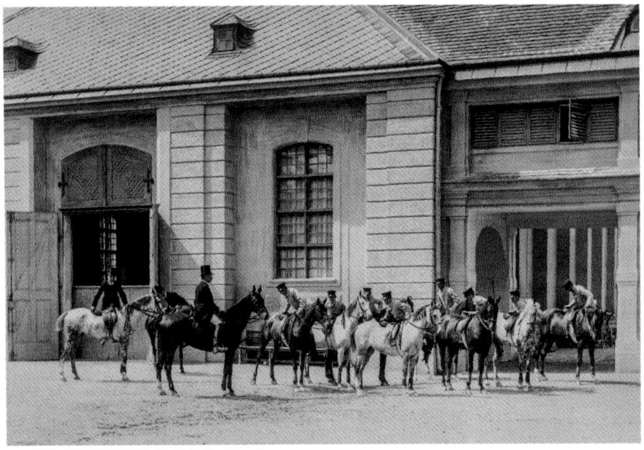

Abb. 31: »Schulfahren der Abrichtpferde in Schönbrunn«. Die Übungen fanden auf dem heutigen Vorplatz der Wagenburg statt. Foto: Moritz Winter, 1893. ÖNB, Bildarchiv und Grafiksammlung, Inv.-Nr. Pk 946

Abb. 32: »Campagne Reitpferde vor der Reitschule in Schönbrunn« (heute Schauhalle der Wagenburg). Foto: Moritz Winter, 1893. ÖNB, Bildarchiv und Grafiksammlung, Inv.-Nr. Pk 946

Geschirr mit Decken und Fiokken ein lebendiges Bild geben von den prunkvollen Einzügen, den heiter lebensfrohen Schlittagen und Karussellen und der behäbigen Reise übers Land.«[2] Wie so viele Ideen der frühen Nachkriegszeit wurden beide Vorschläge nicht weiter verfolgt beziehungsweise erwiesen sich als unrealisierbar.

Das Angebot an großen, ebenerdigen Sälen, die der großen Zahl an Hoffahrzeugen ausreichend Platz und einen würdigen Rahmen bieten konnten und die dem Staat auch zur freien Verfügung standen, war jedoch enden wollend. Im Jahr 1921 glaubte das Handelsministerium, dem die hofärarische Abteilung IV und damit der ehemalige kaiserliche Fuhrpark unterstellt war, dass die Schönbrunner Winterreitschule ein geeigneter Raum dafür sei, und drängte darauf, die historischen Hoffahrzeuge ehestmöglich dorthin zu überstellen. Dies traf auf heftigen Widerstand von Viktor Rössler, dem Vorstand der Abteilung IV. Rössler war nämlich der Ansicht, dass das Reitschulgebäude für Museumszwecke völlig ungeeignet sei. Er hielt den Sandboden für Ausstellungszwecke inadäquat und führte ferner an, dass das Raumklima zu feucht sei und deshalb eine Gefahr für die Objekte darstelle. Darüber hinaus sei die Halle auch nicht einbruchssicher.[3]

Da keine andere geeignete Räumlichkeit gefunden werden konnte und die Wiener Messe-A.G. immer heftiger darauf drängte, endlich das gesamte Hofstallgebäude zu übernehmen, bestand das Handelsministerium Anfang 1922 erneut auf einer Verlegung sämtlicher Marstallobjekte nach Schönbrunn. Am 12. Jänner 1922 bekundete das Ministerium die Absicht, in der Schönbrunner Winterreitschule einen Holzfußboden zu verlegen und wollte damit Fakten für die Überführung der Objekte nach Schönbrunn schaffen. Camillo List, der Leiter der Waffensammlung im Kunsthistorischen Museum, begab sich am darauffolgenden Tag persönlich nach Schönbrunn, um dort die Reithalle in Augenschein zu nehmen. Sein Urteil über ihre Eignung als Musealraum war entschieden negativ und stimmte im Wesentlichen mit Rösslers Einschätzung überein: »Die Reitschule ist nicht unterkellert, steht daher auf gewachsenen, am Abhange des Schönbrunner Berges gelegenen Boden und ist deshalb feucht. Die verhältnismäßig dünnen Wände des auf drei Seiten freistehenden Gebäudes, sowie die einfachen Fenster gewähren weder Schutz gegen die Luftfeuchtigkeit noch gegen Einbruch. Ein Einziehen eines Fußbodens, der unter jeder Bedingung gemacht werden müßte, selbst auf betoniertem und geteertem Grunde würde diesem Übelstand der Feuchtigkeit nicht abhelfen. Wer es weiß, wie rasch und gründlich Leder (reiche Sattelkammer), Eisen (Jagd- und Gewehrkammer), Gips und Holz (bemalte Wagen) durch Feuchtigkeit leidet, wird es begreiflich finden, daß der Gefertigte jedwede Verantwortung für die Konservierung der in die Reitschule zur eventuellen Aufstellung in Aussicht genommenen Objekte ablehnt.«[4] Es sei an dieser Stelle festgehalten, dass Camillo List in seiner Stellungnahme in weitsichtiger Weise einige Problempunkte ansprach, die die Beamt*innen und

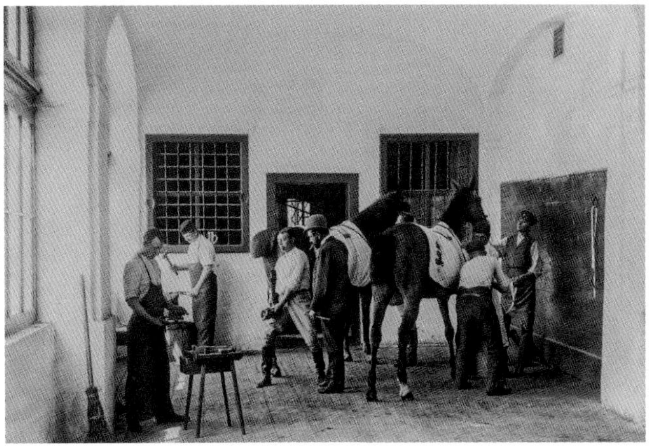

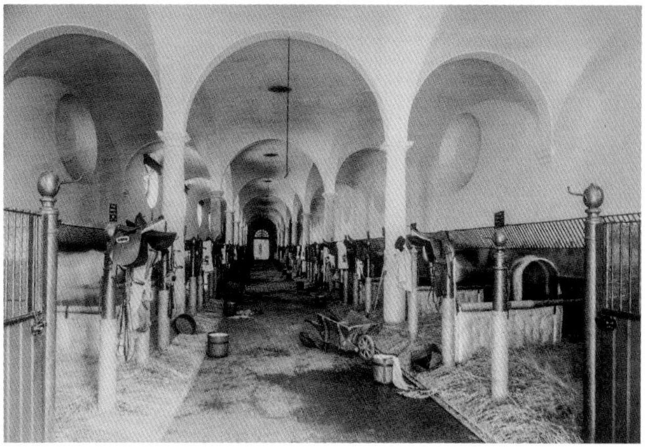

Abb. 33: »K. u. k. Hofbeschlagschmiede« (heute Kutschenwerkstatt der Wagenburg). Foto: Moritz Winter, 1893. ÖNB, Bildarchiv und Grafiksammlung, Inv.-Nr. Pk 946

Abb. 34: »Campagne-Reitstall« in Schönbrunn, später »Englischer Reitstall« genannt. Dieser Stall diente 1939 und 1970–1973 als Ausstellungsraum der Wagenburg und ist heute ein Sammlungsdepot. Foto: Moritz Winter, 1893. ÖNB, Bildarchiv und Grafiksammlung, Inv.-Nr. Pk 946

Restaurator*innen der Wagenburg noch für viele Jahrzehnte beschäftigen sollten und die auch mit der Generalsanierung der 1970er Jahre nicht zur vollständigen Zufriedenheit gelöst werden konnten. Problematisch empfand List darüber hinaus, einer Sammlung des Kunsthistorischen Museums, das sich im Stadtzentrum befinde, »ein Anhängsel in Schönbrunn zuzumuten«.[5] Als Alternative schlug List für die Gewehr- und die Sattelkammerobjekte zwei leerstehende Säle im Parterre der Neuen Burg vor. Hinsichtlich der historischen Fahrzeuge wurde er weniger konkret, meinte jedoch, es müssten sich doch »Parterreräume der neuen oder alten Burg, die zur Aufnahme der Wagen geeignet wären, vorfinden.«[6] Da dem nicht so war, blieb Lists Bemühen, Schönbrunn als Standort zu verhindern, letztlich erfolglos.

Trotz der von Rössler und List geäußerten Bedenken hinsichtlich der musealen Eignung der Schönbrunner Winterreitschule war die Tatsache, dass die Wagenburg schließlich gerade dort ihre neue Heimat fand, in mancherlei Hinsicht dennoch folgerichtig. Das Areal auf der Hietzinger Seite des Schlossparks, auf dem sich auch die gedeckte Reitschule befindet, diente nämlich bereits in der Monarchie Marstallzwecken. Dies zeigt etwa ein Aquarell aus den 1850er Jahren, das Graf Grünne, den damaligen Vorstand des Hofmarstalls, gemeinsam mit Obersthofmeister Liechtenstein bei der Vorführung eines Reitpferdes auf dem Vorplatz der heutigen Wagenburg zeigt. Besonders eindrucksvoll belegt die frühe Nutzung des Areals seitens des Hofmarstalls auch eine Reihe von 1893 entstandenen Fotografien. Den Aufnahmen zufolge wurde der weite Platz vor der gedeckten Reithalle als Fahrplatz für das Training von Kutschern und Zugpferden genutzt. Die Reithalle selbst fand bei ungünstiger Witterung für Reitübungen mit Campagne- und Leibpferden Verwendung. Im entlang der Hietzinger Fahrstraße liegenden »Reitschulgarten« waren eine offene Reitschule sowie eine sogenannte Springschule untergebracht. In den Hietzinger Nebengebäuden des Schlossparks befanden sich Pferdestallungen, die heute dem Museum als Fahrzeugdepots dienen, und ein nahegelegener Raum, in dem heute die Kutschen restauriert werden, war einst eine Hufbeschlagschmiede. Ebenso fanden sich in diesem Bereich Futter-, Geschirr-, und Sattelkammern sowie Wagenremisen. Sogar die angrenzenden Dienstwohnungen waren von Stallpersonal belegt, worauf heute noch althergebrachte Bezeichnungen (zum Beispiel »Bereitergang«) hinweisen.[7]

1 Schlosser 1919, Teil 2, 3.
2 Frey 1919, 21.
3 Auer 1981, 254.
4 KHM, Zl. 2/WS/1922.
5 Auer 1981, 254.
6 KHM, Zl. 2/WS/1922.
7 Vgl. auch Auer 1981, 229.

Die Adaptierung der Schönbrunner Winterreitschule und die Überstellung der Fahrzeuge

Zu Beginn des Jahres 1922 kamen die involvierten Ministerialbeamten und Vertreter des Kunsthistorischen Museums in mehreren Besprechungen überein, wo die damals immer noch im Hofstallgebäude befindlichen Marstallobjekte in Zukunft auszustellen seien. Für die ehemalige Hofgewehrkammer sah man einen Raum im zweiten Stock des Corps de Logis in der Neuen Burg vor,[1] während für die Objekte der Wagenburg, der Geschirrkammer und der Reichen Sattelkammer – trotz aller zuvor vorgebrachten Einwände – ein Museum in der Schönbrunner Winterreitschule eingerichtet werden sollte. Die für die Überstellung der Objekte und die Adaptierung des Reitschulgebäudes entstehenden Kosten, die im Vorfeld auf 20 bis 24 Millionen Kronen geschätzt wurden, übernahm vorerst das Handelsministerium, das den tatsächlich angefallenen Betrag anschließend der Wiener Messe-A.G. in Rechnung stellte.[2]

Den Umbau der Reitschule leitete der im staatlichen Dienst stehende Architekt Ludwig Kloos.[3] Dabei wurden der für museale Zwecke ungeeignete Sandgrund entfernt, über dem Lehmboden Balken verlegt und darüber ein Bretterboden errichtet. Im Eingangsbereich wurde ein einfacher Windfang aus Holz und Tuch aufgestellt.[4] Das Mobiliar für kostbare Pferdedecken und Reitgeschirre konnte zum Teil aus der Reichen Sattelkammer im Hofstallgebäude übernommen werden. Natürlich benötigte das Museum auch großzügige Depotflächen sowie Arbeitsräume. Als Kutschendepot wurde vorerst die ehemalige Hofküche auf der Meidlinger Seite des Schlossparks bestimmt. Für die Unterbringung von Geschirren und Sattelkammergegenständen konnten drei Räume im westlichen Seitentrakt des Schlosses übernommen werden, und für eine Restaurierwerkstatt, einen kleinen Kanzleiraum sowie ein Kohlemagazin wurden Gewölbe im Reitschulhof bereitgestellt. Ebenso der Wagenburg zugesprochen wurde der zwischen Schmiedhof und Hietzinger Viereckel gelegene Kutschenstall samt angrenzenden Nebenräumen, jedoch konnte diese Depotfläche erst im Jahr 1924 übernommen werden, nachdem sie der dort angesiedelte Bundesfuhrwerkbetrieb freigegeben hatte.[5]

In den Sommermonaten des Jahres 1922 erfolgte schrittweise die Überstellung der Hoffahrzeuge und aller übrigen Gegenstände. Die Transporte von der Wiener Innenstadt nach Schönbrunn fanden in den frühen Morgenstunden statt, »um möglichst jedes Aufsehen zu vermeiden«.[6] Für die Planung der Objektaufstellung sorgte der Leiter der Waffensammlung des Kunsthistorischen Museums, Camillo List, gemeinsam mit seinem Assistenten August Grósz. Bei der Umsetzung erhielten sie vom aus dem Hofmarstall übernommenen Aufsichtspersonal Unterstützung. Anfang September waren die Arbeiten so weit gediehen, dass das Museum am 9. September feierlich eröffnet werden konnte.[7]

1 Die Überstellung und Aufstellung dieser Objekte war im Juni 1922 abgeschlossen. AUER 1981, 256.
2 Ebenda, 255.
3 Zu Ludwig Kloos siehe HERZNER-KAISER 2007.
4 KHM, Zl. 15/WB/1965.
5 Vgl. AUER 1981, 251, 255. Zur genauen historischen Rekonstruktion der Wagenburg-Depots samt Plänen siehe KHM, Zl. 42/WB/1948.
6 Gespräch von Sammlungsleiter Erwin Auer mit Oberaufseher Friedrich Hänel, 22. September 1947, KHM, WB, Archiv.
7 KHM, Zl. 14/WS/1922.

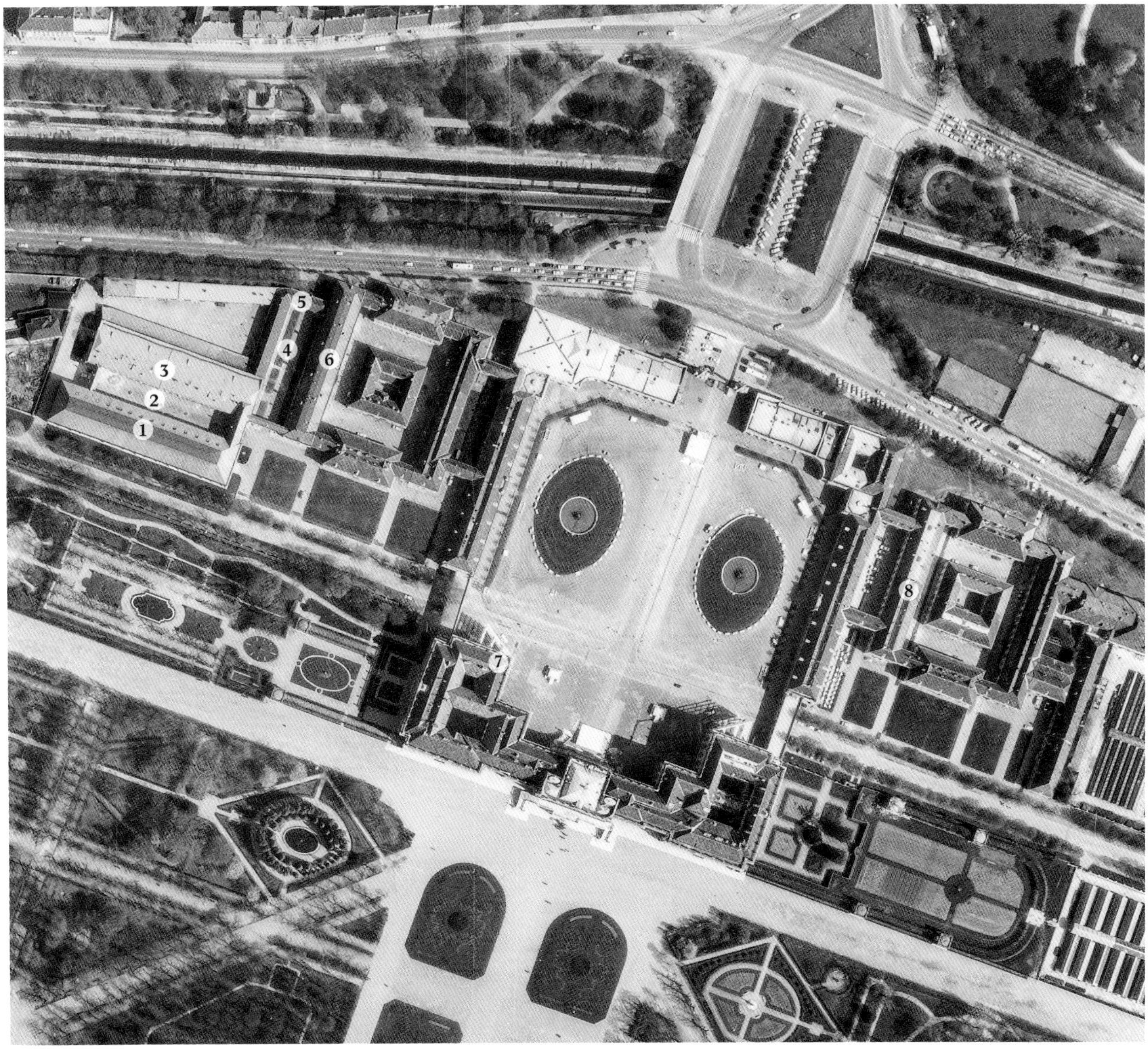

Abb. 35: Luftaufnahme von Schönbrunn, 1975. Bundesamt für Eich- und Vermessungswesen, Archivnr. 1975077, 9/5294. Bildlegende (frühere/spätere Nutzung): 1: Reithalle/Wagenburg-Schauhalle; 2: Reitschulhof; 3: Englischer Reitstall/Kutschendepot beziehungsweise temporäre Ausstellungshalle; 4: Schmiedhof; 5: Hufbeschlagschmiede/ Restaurierwerkstatt; 6: Kutschenstall/Kutschendepot; 7: zeitweiliges Geschirrdepot im Westflügel des Schlosses; 8: Hofküche/zeitweiliges Kutschendepot

Ein ungewöhnlicher Name für ein Museum

»Wagenburg« mag vielen als ungewöhnlicher Name für ein Museum erscheinen, weckt er doch gemeinhin nicht nur positive Assoziationen. Der Ursprung des Wortes liegt bei den Hussitenkriegen der ersten Hälfte des 15. Jahrhunderts: Es bezeichnete eine militärische Verteidigungsformation von ringförmig angeordneten Planwagen und Karren, hinter denen sich Soldaten und der Tross verschanzten und die gleich einer Burgmauer dem Angriff feindlicher Truppen standhalten sollten.[1] Geläufig ist auch die Bezeichnung »Wagenburg-mentalität«, die Menschen zugeschrieben wird, die sich aufgrund wahrgenommener Bedrohungen abzuschotten versuchen. Sie beschreibt demnach die Geisteshaltung von Personen, die alles andere als weltoffen sind, und ist somit eindeutig negativ konnotiert.

Bei der Museumsgründung 1922 hatte man diese martialischen und wenig erfreulichen sprachlichen Zusammenhänge jedoch gewiss nicht im Sinn. Warum aber wurde damals das Schönbrunner Kutschenmuseum »Wagenburg« genannt? Die Wurzeln dafür liegen im zweiten Jahrzehnt des 19. Jahrhunderts, als man am Wiener Hof begann, die Gesamtheit des kaiserlichen Fuhrparks als »Hofwagenburg« zu bezeichnen. Ein früher Quellenbeleg dazu stammt von 1813, als der damalige Oberststallmeister Trauttmansdorff gegenüber Außenminister Metternich betonte, dass er in seinem Amt unter anderem »für die Einhaltung der Ordnung bey der Hof-Wagenburg zu sorgen verpflichtet« sei.[2] Einige Jahre später, etwa um 1820, scheint sich diese Bezeichnung im Bereich des Hofmarstalls endgültig eingebürgert zu haben[3] und blieb schließlich bis zum Ende der Monarchie gebräuchlich.

Wie man im frühen 19. Jahrhundert darauf kam, den kaiserlichen Fuhrpark als Hofwagenburg zu bezeichnen, wird in den uns bekannten Quellen bedauerlicherweise nicht erläutert. Vielleicht spielte eine Rolle, dass die in den Remisen in Reih und Glied aufgestellten Fahrzeuge an die mittelalterliche Wagenformation erinnerten. Fest steht jedenfalls, dass der Begriff »Hofwagenburg« damals nicht nur in Wien eingeführt wurde, sondern sich etwa zur selben Zeit, nämlich um 1810, auch am Münchner Hof etablierte.[4]

Als 1923 in München die ehemaligen Hofkutschen samt der Geschirr- und Sattelkammer in ein neugegründetes Museum überführt wurden, erhielt dieses den Namen »Marstallmuseum«, der nicht allein auf die Kutschen verwies, sondern auch auf andere Gegenstände der Hofstallungen.[5] In Wien entschied man sich 1922 für die alte, allein auf die Fahrzeuge fokussierende Bezeichnung »Wagenburg« und eliminierte nur den vorgesetzten Wortbestandteil »Hof«, um so zu unterstreichen, dass es sich nun nicht mehr um eine Einrichtung der Monarchie, sondern die Sammlung eines republikanischen Museums handelte. Vielleicht steckte hinter der Wahl des Namens für das Museum auch das Bestreben, für Kontinuität zu sorgen und den Wiedererkennungswert bei der einheimischen Bevölkerung – die »Hofwagenburg« war den meisten Wiener*innen wohlbekannt – zu gewährleisten.

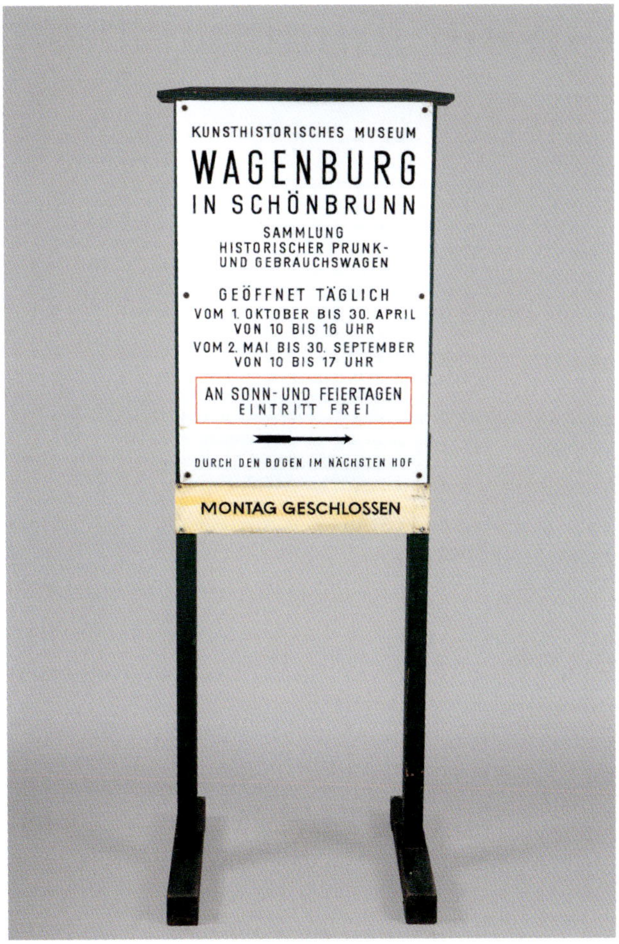

Abb. 36: Ein 1961 für die Aufstellung im Ehrenhof von Schloss Schönbrunn angefertigtes Hinweisschild

Der Name »Wagenburg« blieb für fast ein ganzes Jahrhundert unverändert bestehen. Als das Kunsthistorische Museum mit Anfang 2013 ein neue Corporate Identity einführte, wurden mehrere Sammlungen und Standorte mit neuen Namen versehen, darunter auch die Wagenburg.[6] Durch diese Maßnahme sollte der Inhalt der einzelnen Museen für in- und ausländische Besucher*innen begrifflich besser fassbar gemacht werden. Auch für die Arbeit im Bereich des internationalen Marketings erhoffte man sich dadurch Erleichterungen und mehr Klarheit. Die Wagenburg wurde damals in »Kaiserliche Wagenburg Wien« beziehungsweise, auf Englisch, in »Imperial Carriage Museum Vienna« umbenannt. Dadurch ist dem alteingeführten Namen seither sowohl ein knapper Hinweis auf die kaiserliche Provenienz der meisten Sammlungsobjekte als auch auf den Standort des Museums beigefügt.

1 Polívka 1997.
2 ÖStA, HHStA, OStA, B, Zl. 423/ex 1813, fol. 441r–v.
3 Vgl. ÖStA, HHStA, OStA, B, einl. Zl. 329/ex 1818; ÖStA, HHStA, OStA, C, Karton 105, einl. Zl. 313/ex 1822.
4 Vgl. Volk-Knüttel 2002.
5 Wackernagel 2002, 82.
6 JB KHM 2012, 150; JB KHM 2013, 112; KHM, Zl. 52/WB/2012, Zl. 30/WB/2013.

Die Gründung des Monturdepots und die Suche nach einem Ausstellungsstandort

Mit der Sammlung historischer Marstallobjekte ist seit jeher das Monturdepot auf das Engste verbunden.[1] Den Grundstock dieser Sammlung, die etwa gleichzeitig mit den Wagenburg-Objekten in das Kunsthistorische Museum gelangte, bildeten rund 400 Stück Hofmonturen, die zum überwiegenden Teil aus den Beständen des kaiserlichen Marstalls stammten. Hinzu kamen die umfangreiche Garderobe der österreichischen Hausorden sowie eine kleine Gruppe an Leibgarde-Uniformen. Der Konnex zwischen der großen Zahl an Livreen und Uniformen aus dem Stallbereich und Marstallobjekten wie etwa Kutschen legte nahe, das Monturdepot unter dieselbe Verwaltung wie die Wagenburg zu stellen. Gegen Ende des Jahres 1922 war die Übernahme der oben genannten Objekte durch die Waffensammlung des Kunsthistorischen Museums abgeschlossen. Für die Ordensgarderobe kam die Musealisierung gerade noch rechtzeitig, denn die Staatstheater hatten bereits die Ausfolgung dieses Bestandes gefordert, um damit den eigenen Textil- und Kostümfundus zu erweitern.

In der Zwischenkriegszeit hatte das Monturdepot einige Zuwächse, aber auch zahlreiche Abgänge zu verzeichnen. Zum einen gelang es Sammlungsleiter August Grósz in den 1930er Jahren, den Bestand durch zivile Uniformen von Hofwürdenträgern und Staatsbeamten entscheidend zu erweitern und mit dem Erwerb eines Schlafrocks aus dem Besitz des Herzogs von Reichstadt erstmals auch ein Kleidungsstück von einem Mitglied der Familie Habsburg in die Sammlung zu integrieren. Andererseits kam es damals aber auch zum schrittweisen Verkauf einer großen Zahl von Doubletten. Begründet wurden diese Aktionen mit der Angst, die Objekte könnten von Kleidermotten zerstört werden. Ziel von Grósz war es, durch diese Maßnahme eine kleinere, pflegeleichtere Mustersammlung zu erhalten sowie Gelder zu lukrieren. Mit den Einnahmen plante er Ankäufe neuer Objekte beziehungsweise die Anschaffung von Figurinen für eine geplante Monturdepot-Ausstellung. Diese Sammlungsstrategie lässt sich vielleicht vor dem Hintergrund der in der Zwischenkriegszeit vorhandenen Ressourcenknappheit nachvollziehen, aus heutiger Sicht stellt sie jedoch zweifellos einen bedauerlichen Irrweg dar, der dem Monturdepot unwiederbringliche Verluste bescherte und nur wenige Vorteile brachte. Ein weiterer Abgang von größerem Ausmaß war hingegen ausschließlich politisch bedingt: Gemäß einem Übereinkommen mit Ungarn musste im Herbst 1922 die Garderobe des Sankt-Stephan-Ordens, der nach dem Ende der Habsburgermonarchie in Ungarn fortbestand, von der österreichischen Republik an ihr östliches Nachbarland abgegeben werden. Allein sechs Ornate dieses großen Bestandes durften als Musterexemplare im Monturdepot verbleiben.

Während die Wagenburg 1922 ihren Ausstellungsort in Schönbrunn fand, blieb das Monturdepot, dessen Objekte im ehemaligen »Uniformierungsmagazin«, einem Souterrainlokal der Hofburg, aufbewahrt wurden, vorerst ohne eigene Präsentationsmöglichkeit.

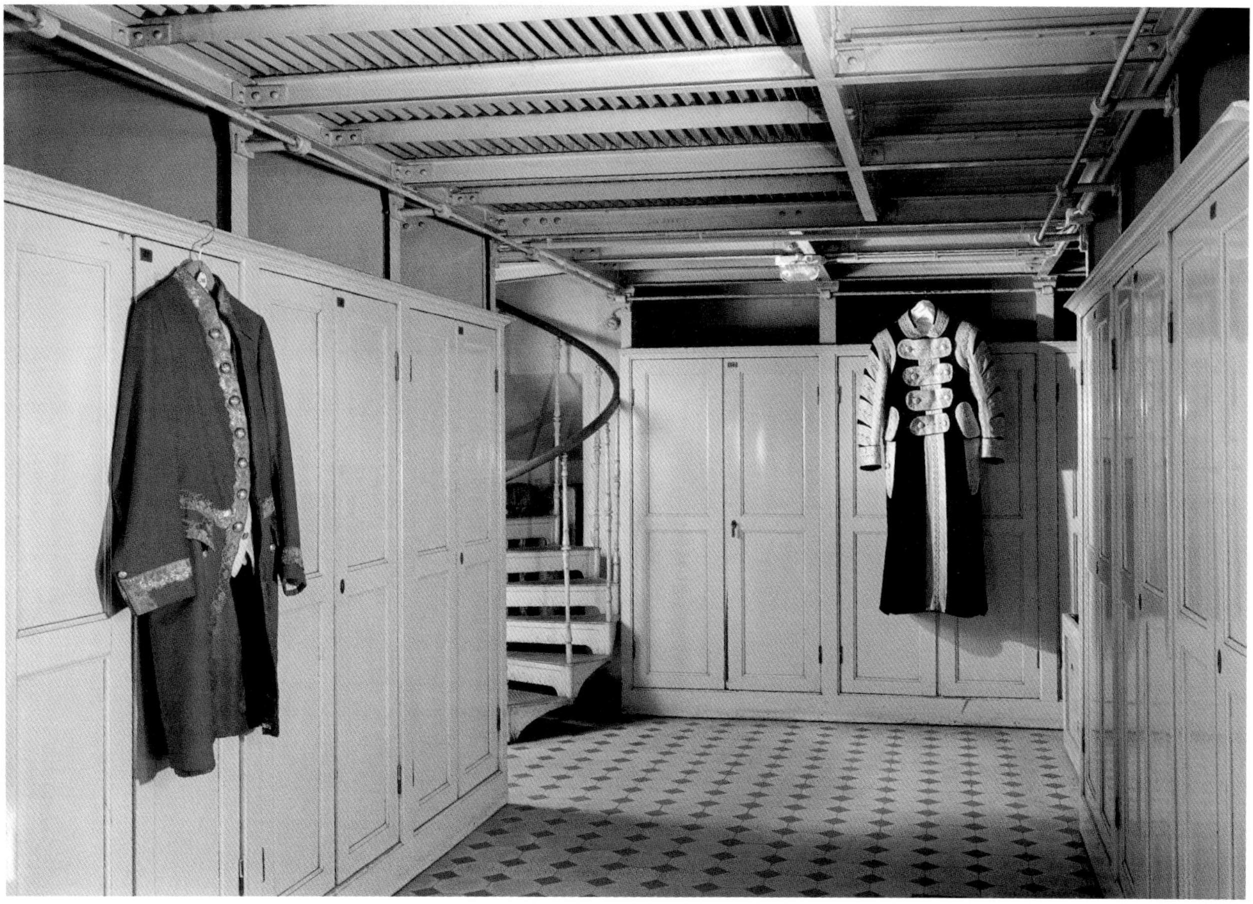

Abb. 37: Einblick in das in der Hofburg gelegene Monturdepot, 1983. Außerhalb der Kästen hängen der Frack vom Galadienstkleid eines Bediensteten des Obersthofmeisteramtes sowie ein Mantel der Galalivree für Kutscher und Lakaien

August Grósz war durchaus bewusst, dass die höfischen Monturen und die Ordensgarderobe Ausstellungsflächen benötigten, um sie in der öffentlichen und wissenschaftlichen Wahrnehmung zu verankern und ihnen so die Bedeutung zu geben, die sie auch verdienten. Auf der Suche nach geeigneten Räumlichkeiten blieb er aber glücklos.

Im Jahr 1924 berichtete Grósz dem Bundesministerium für Unterricht von seiner Idee, das unmittelbar an die Schauhalle der Wagenburg angrenzende Teppichdepot abzusiedeln und dort eine Jagdsammlung, die sich aus Objekten der Hofgewehrkammer zusammensetzen sollte, sowie ein Kostümmuseum mit ausgewählten Stücken des Monturdepots einzurichten.[2] Nachdem dieses Vorhaben gescheitert war, wälzte Grósz 1925 den Plan, die höfischen Monturen und die Ordensgarderobe im Hofburgareal in zwei unterhalb der Schatzkammer gelegenen Räumen zu präsentieren, aber auch dieser Plan sollte sich zerschlagen. Im Jahr 1930 bot sich die Gelegenheit, im sogenannten Kaiser-Josefstöckel im Augarten ausgewählte Objekte des Monturdepots dauerhaft auszustellen. Da dieses Gebäude damals musealen Zwecken gewidmet und erst kurz zuvor saniert worden war, wäre eine Aufstellung von Hofmonturen ohne größere Kosten möglich gewesen. Aus bislang unerfindlichen Gründen sollte allerdings auch dieses Projekt unrealisiert bleiben. Einen neuen Anlauf unternahm 1936 Alfred Stix. Als damaliger Erster Direktor des Kunsthistorischen Museums entwickelte er einen Aktionsplan für die verschiedenen Sammlungen des Hauses, darunter auch für das Monturdepot. Vom Wunsch getragen, die Ausstellung in der Wagenburg attraktiver zu gestalten, schlug er vor, die jüngeren Fahrzeuge der Sammlung in einem freigewordenen Stallgebäude in unmittelbarer Nähe des Museums zu präsentieren. In der Reithalle, dem bis dahin einzigen Schauraum der Wagenburg, plante er nun die Wagen des 18. Jahrhunderts gemeinsam mit Kostümen auszustellen. Zwar sollten einige Elemente dieses Vorhabens 1939 tatsächlich umgesetzt werden, allerdings ohne Zugabe von Objekten des Monturdepots. Diese Sammlung blieb somit für das Publikum vorerst weiterhin unsichtbar. Und daran sollte sich bis in die 1980er Jahre auch nur wenig ändern.

1 Die folgende Darstellung beruht, so nicht anders angegeben, auf Haupt 1989, 76–82.

2 KHM, Zl. 12/WS/1924, Zl. 5/WS/1925.

Die Wagenburg als Annex der Waffensammlung in der Zwischenkriegszeit

Als Camillo List, Leiter der Waffensammlung im Kunsthistorischen Museum, im Sommer 1922 gemeinsam mit seinem Assistenten August Grósz die Wagenburg in Schönbrunn einrichtete, war er bereits schwer krank. In seinem Nachruf auf List erwähnte Grósz einige Jahre später, dass sein Vorgesetzter damals in Schönbrunn zwar noch ein letztes Mal seine »Lieblingsbeschäftigung«, nämlich »die Aufstellung einer Sammlung« ausüben konnte, bei ihm aber zu jener Zeit bereits »Tage fröhlichster jugendfrischer Arbeitsfreudigkeit mit Tagen vollkommener Niedergeschlagenheit« abwechselten. Bereits mit Ende 1922 war List gezwungen, krankheitsbedingt den Dienst zu quittieren und den vorgezogenen Ruhestand anzutreten.[1]

Grósz, der erst im Mai 1921 als Wissenschaftler in den Museumsdienst eingetreten war, blieb in den darauffolgenden Jahren der einzige Akademiker mit fester Anstellung in der Waffensammlung. Erst in den 1930er Jahren wurde ihm eine wissenschaftliche Hilfskraft zugeteilt, nämlich von August 1931 bis Februar 1933 Heinrich Klapsia[2] und ab September 1934 Bruno Thomas.[3] Beide standen zum Zeitpunkt ihres Dienstantritts noch am Beginn ihrer beruflichen Laufbahn. Die damalige Personalsituation war zweifellos unzureichend, um eine derart umfangreiche Abteilung wie die Waffensammlung, die in den Jahren nach Ende des Ersten Weltkriegs mit den Annexen Wagenburg, Monturdepot und Gewehrkammer einen enormen Zuwachs erfahren hatte, in angemessener Weise wissenschaftlich zu betreuen. Hinzu kam, dass in den Jahren 1934 bis 1936 die bis dahin im Hauptgebäude des Kunsthistorischen Museums aufbewahrten Objekte der Waffensammlung in die Neue Burg übersiedelt wurden,[4] was mit einem gewaltigen Planungs- und Arbeitsaufwand verbunden war, der damals alle anderen Sammlungstätigkeiten in den Hintergrund treten ließ. All diese Faktoren führten dazu, dass eine wissenschaftliche Bearbeitung der Wagenburg-Objekte in der bis 1938 währenden Ära Grósz rudimentär blieb. Sie beschränkte sich im Wesentlichen auf ein 1921 angelegtes Karteiinventar mit knappen Objektbeschreibungen,[5] auf in den Jahren 1925 und 1931 verfasste Objektlisten[6] sowie auf die Herausgabe eines Kurzführers im Jahr 1931.[7] Als problematisch sollte sich nach dem Zweiten Weltkrieg herausstellen, dass bei der Übernahme des Bestandes aus den ehemaligen Hofstallungen und auch bei Neuzugängen in den darauffolgenden Jahren verabsäumt worden war, die Objekte mit einer eindeutig zuordenbaren Inventarnummer zu versehen.

In der Zwischenkriegszeit war aufgrund des Platzmangels in der Wagenburg – es existierte nur ein einziger, wenn auch großer Ausstellungssaal – nicht daran zu denken, im Museum Sonderschauen zu Spezialthemen zu veranstalten. Die Wagenburg beteiligte sich damals jedoch mit Leihgaben an mehreren an anderen Orten durchgeführten Sonderausstellungen. Die erste dieser Expositionen, *Wien und die Wiener*, fand 1927 im Messepalast statt.[8] Für diese Großausstellung, die den Versuch unternahm, die Geschichte und Gegenwart der österreichischen Hauptstadt umfassend darzustellen, wurden mehrere hochrangige Objekte der

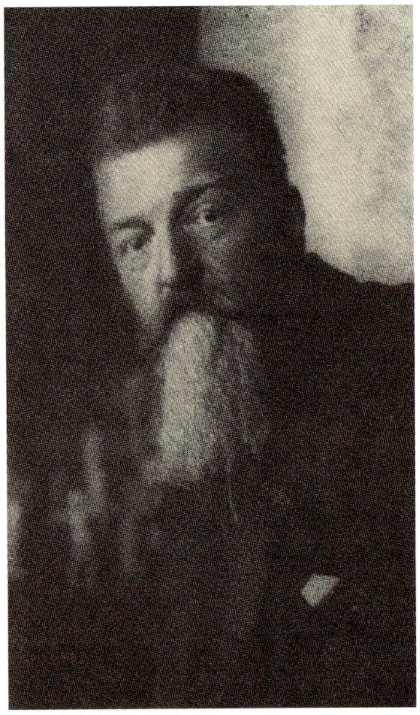

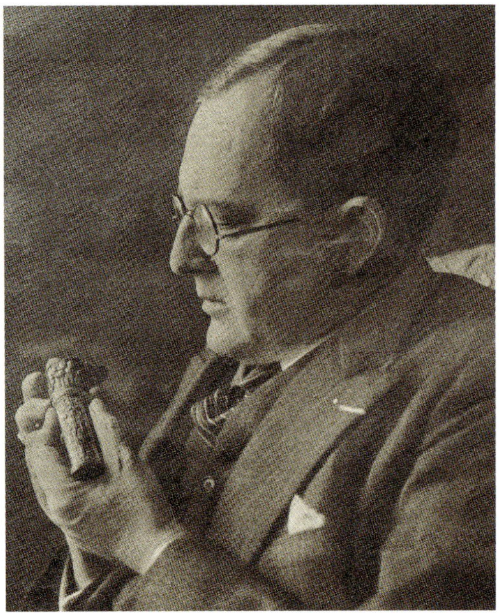

Abb. 38: Camillo List, ab 1892 Wissenschaftler in der Waffensammlung, 1900–1922 deren Leiter (Aufnahme von 1919). Aus: Weixlgärtner 1926

Abb. 39: August Grósz, Kustos (1921/22) und Leiter (1923–1938) der Waffensammlung: Aus: *Das interessante Blatt*, 27. Februar 1936, 22

Wagenburg, darunter ein Prinzengalawagen, ein Barockschlitten und die »Jagdwurst« des Fürsten von Salerno, für etwas mehr als zwei Monate an ihrem einstigen Standort – den ehemaligen Hofstallungen – präsentiert. Als Gegenleistung wurden der Wagenburg nach Ende der Schau, die immerhin rund 600.000 Besucher*innen zählte, vier Pferde aus Pappmaché, die als Ausstellungsbehelfe angefertigt worden waren, kostenlos überlassen.[9] Fünf Jahre später stellte die Wagenburg für die in der Wiener Secession veranstaltete Ausstellung *Türkische Kunst aus sieben Jahrhunderten* ein großes osmanisches Zelt sowie zahlreiche andere orientalische Objekte, wie etwa Reitzeuge, zur Verfügung.[10] Ebenfalls 1932 wurden im Rahmen der Wiener Herbstmesse, bei der auch eine Ausstellung zu historischen Lederarbeiten zu sehen war, mehrere Reit- und Zuggeschirre der Wagenburg gezeigt.[11] Der Kinderwagen von Kaiser Franz Joseph sowie einige andere Objekte aus dessen Kindheitstagen und späteren Jahren wurden 1935 in Schönbrunn[12] beziehungsweise 1937 im Linzer Landhaus[13] in Sonderausstellungen zum Leben des Monarchen präsentiert. Auch ins Ausland wurden in den 1930er Jahren mehrere Objekte verliehen, etwa für eine Sonderausstellung 1932/33 in Paris zum Leben von Napoleons Sohn – dem »König von Rom« – dessen Kinderwagen,[14] ferner mehrere Pferdegeschirre für die historische Ausstellung der Kölner Frühjahrsmesse 1933[15] sowie eine »Jagdwurst« von Kaiser Franz II./I. für die Internationale Jagdausstellung in Berlin 1937.[16]

Sammlungszuwächse durch Ankäufe waren in der Zwischenkriegszeit aufgrund der schwierigen finanziellen Situation nur in Ausnahmefällen möglich. In diesem Zeitraum konnten allein eine Spielwaage samt zwei Dritteln aus dem 18. Jahrhundert,[17] eine Serie von 21 Ölgemälden Wilhelm Richters, die Reitpferde und Hunde aus dem Besitz der kaiserlichen Familie zeigen,[18] sowie ein Album mit Zeichnungen von Hofwagen[19] erworben werden. Kostenlose Übernahmen aus anderen Bundeseinrichtungen brachten ebenfalls einen Sammlungszugewinn, etwa in Form einer Hoffeuerspritze, die bis 1925 im Augarten eingestellt war,[20] oder eines Kindertragsessels, den zuvor wohl das Bundesmobiliendepot verwahrte.[21]

Die wichtigsten Sammlungszuwächse ergaben sich damals aber durch die Übernahme von Dauerleihgaben. August Grósz hatte erkannt, dass der kaiserliche Fuhrpark nur einen Ausschnitt jener Luxusgefährte repräsentierte, die am Wiener Hof verkehrten. Mit Kutschen

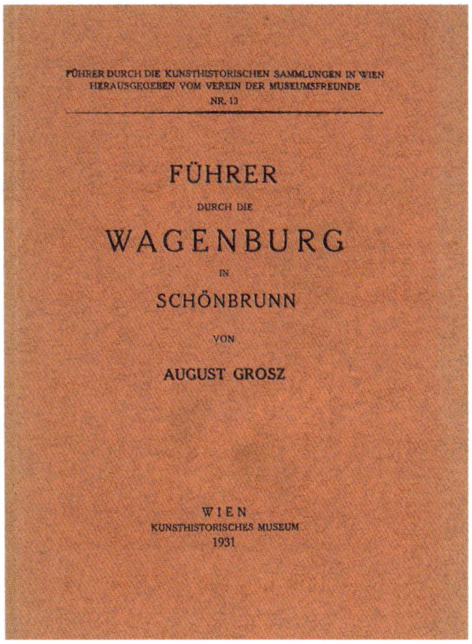

Abb. 40: Titelbild des von August Grósz verfassten Kurzführers durch die Wagenburg von 1931

von Adelsfamilien sollte das im Museum präsentierte Bild vervollständigt werden. Grósz versuchte deshalb, Fahrzeuge aus adeligem Besitz, die eine inhaltliche Bereicherung für die Sammlung darstellten, in die Obhut der Wagenburg zu übernehmen. Durch diese Maßnahme konnte eine größere Zahl von Adelswagen, die schon längst nicht mehr in Betrieb standen, vor der Zerstörung gerettet werden. Die erste derartige Übernahme datiert von 1928. Damals übergab die Familie Schwarzenberg der Wagenburg ein prachtvolles Coupé von 1791 sowie vier Galagefährte als Dauerleihgabe.[22] In den darauffolgenden Jahrzehnten sollten noch zahlreiche weitere Adelsfahrzeuge folgen, von denen einige wenige später auch in das Eigentum des Museums überführt werden konnten, wie etwa ein 1932 als Dauerleihgabe übergebenes Galacoupé des Hauses Sachsen-Coburg und Gotha, das 1972 käuflich erworben wurde.[23] Ankäufe von Fahrzeugen aus Privatsammlungen fanden in der Zwischenkriegszeit keine statt. In den ersten Jahrzehnten nach dem Aufkommen des Automobils existierten auch kaum Sammler, die ihren Fokus auf Pferdekutschen gelegt hätten. Zu nahe stand den meisten Menschen noch das im Untergang begriffene Kutschenzeitalter, als dass sie dessen Relikte als sammlungswürdig erachtet hätten. Aus diesen Gründen war der Markt für historische Fahrzeuge und Pferdegeschirre damals von überschaubarer Größe.

Abb. 41: Einblick in die Ausstellung *Wien und die Wiener* im Messepalast, 1927

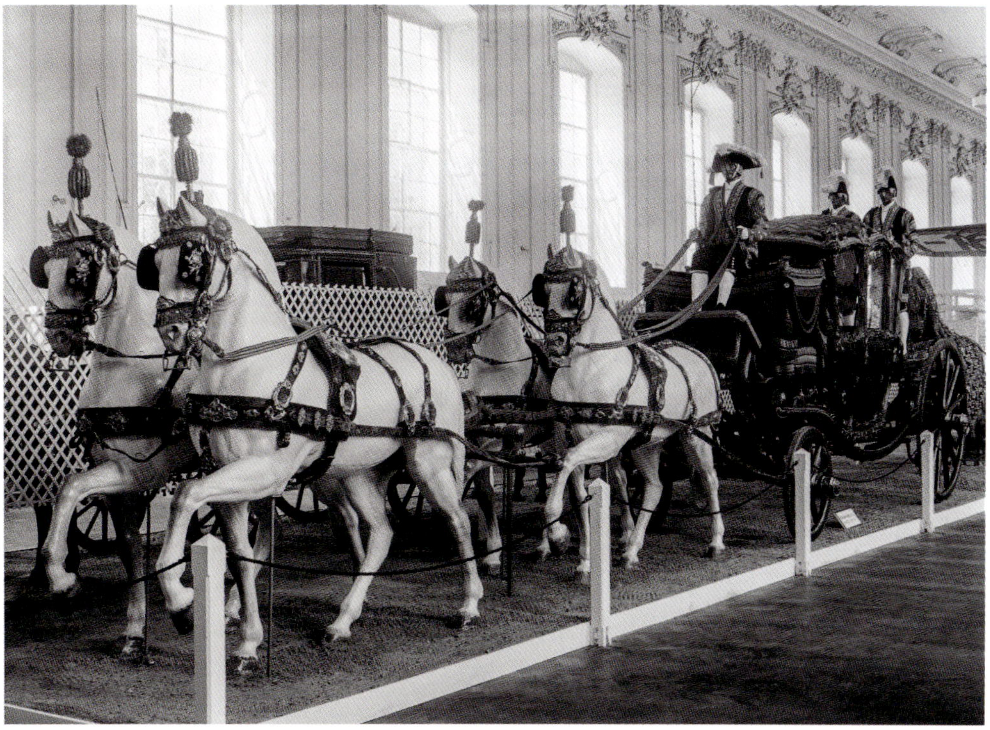

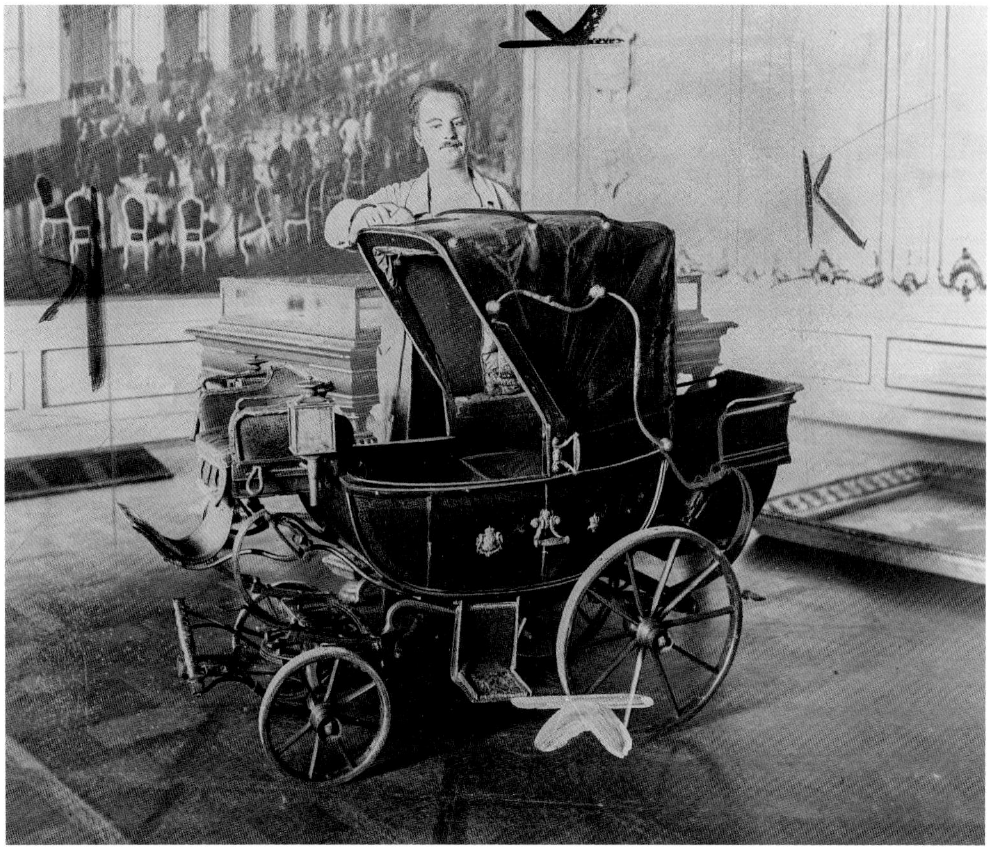

Abb. 42: Die Kinderkutsche von Kaiser Franz Joseph auf der *Kaiser Franz Joseph Ausstellung* in Schloss Schönbrunn, 1935. Mit Markierungen zur Vorbereitung für den Druck. ÖNB Bildarchiv, Inv.-Nr. 462.897 A(B)

In der Wagenburg war die Zwischenkriegszeit leider auch von einer gewissen Leichtfertigkeit im Umgang mit musealen Objekten gekennzeichnet. So versuchte Sammlungsleiter Grósz 1925 einen ehemaligen Leibwagen von Kaiser Franz Joseph und im Jahr darauf einen Galastaatswagen – beide Fahrzeuge mitsamt ihren Geschirren – über Mittelsmänner wie den Künstler und Sammler Carl Leopold Hollitzer oder einen der Chefs der einst im Wagenbau tätigen Fabrik S. Armbruster zu verkaufen. Als Begründung für die vermeintliche Entbehrlichkeit der Objekte führte Grósz an, dass es sich um Depotstücke handle, von denen vergleichbare Exemplare existierten. Der Verkaufserlös sollte dem Erwerb von Objekten für die Waffensammlung beziehungsweise einer musealen Aufstellung der Gewehrkammer dienen. Obwohl das Ministerium einer Veräußerung unter bestimmten Bedingungen bereits zugestimmt hatte, wurde glücklicherweise keiner der beiden Wagen abgegeben, da bereits ausfindig gemachte Interessenten – unter anderem eine Filmfirma – schließlich von einem Erwerb absahen.[24] Der Verkauf von Doubletten beziehungsweise der Tauschhandel mit Objekten blieb in der Zwischenkriegszeit keineswegs nur auf die Waffensammlung beschränkt, sondern war auch in anderen Sammlungen des Kunsthistorischen Museums Usus.[25] Die Erfahrung sollte jedoch zeigen, dass die dadurch erzielten Gewinne die erlittenen Verluste meist nicht aufwiegen konnten.

Bedauerlicherweise war Grósz mit anderen Verkaufsversuchen erfolgreicher. Im Jahr 1927 veräußerte er aus den Hofstallungen stammende Wappen- und Geschirrbeschläge, Kronen und Wagentürschnallen zum Preis von 240 Schilling.[26] Dass diese Objekte, die sich für spätere Restaurierarbeiten als nützlich erweisen hätten können, in den Sammlungsakten als »Altmessing aus der Wagenburg« beschrieben sind,[27] ist bezeichnend für die mangelnde

Wertschätzung, die der Waffenkundler Grósz manchen Wagenburg-Objekten entgegenbrachte.

Für 1929 ist der Abgang eines Zuggeschirrs für sechs Pferde dokumentiert. In seinem schriftlichen Ansuchen beim Unterrichtsministerium um die entsprechende Verkaufserlaubnis, betont Hermann Julius Hermann, der damalige Erste Direktor des Kunsthistorischen Museums, »dass es von grosser Wichtigkeit ist, dass die Geschirre des Depots«, zu denen auch besagtes Objekt gehörte, »bald möglichst verkauft werden, da sie immer schlechter werden (durch Nichtgebrauch) und zu ihrer Konservierung sehr viel Material verwendet werden muss.« Das Geschirr wurde schließlich für 500 Schilling an den ungarischen General Tibor Pettkó-Szandtner abgetreten.[28] Was dem Unterrichtsministerium damals allerdings verschwiegen wurde, war die Tatsache, dass es sich dabei um das einzige in der Wagenburg befindliche Pferdegeschirr aus dem Besitz von Kronprinz Rudolf handelte. Noch dazu war es ein für Ungarn typisches Wildgangzuggeschirr, von dem kein anderes Exemplar in den Museumsbeständen existierte. Dem späteren Sammlungsdirektor der Wagenburg Erwin Auer sollte es 1961 gelingen, das Geschirr aus dem Nachlass des mittlerweile verstorbenen Eigentümers zurückzukaufen. Zu diesem Zeitpunkt war es freilich nicht mehr vollständig und auch die Wappenbeschläge waren inzwischen ausgetauscht worden.[29] Der Verlust von 1929 konnte somit nur unvollständig wiedergutgemacht werden.

Eine weitere Schattenseite jener Jahre, die sich zwar zum Teil durch die in der Zwischenkriegszeit vorherrschende Begeisterung für festliche Umzüge erklären lässt, aus heutiger konservatorischer Perspektive jedoch verantwortungslos erscheint, sind die zahlreichen Entlehnungen von Wagen und Geschirren für Veranstaltungen unter freiem Himmel. Dazu zählten diverse Blumenkorsos, Gewerbefestzüge, Faschingsumzüge und ähnliche Feiern. Für eine Auffahrt im Park des Theresianums anlässlich des 150. Todestags von Maria Theresia etwa wurden aus der Wagenburg zwei Prinzengalawagen aus dem 18. Jahrhundert

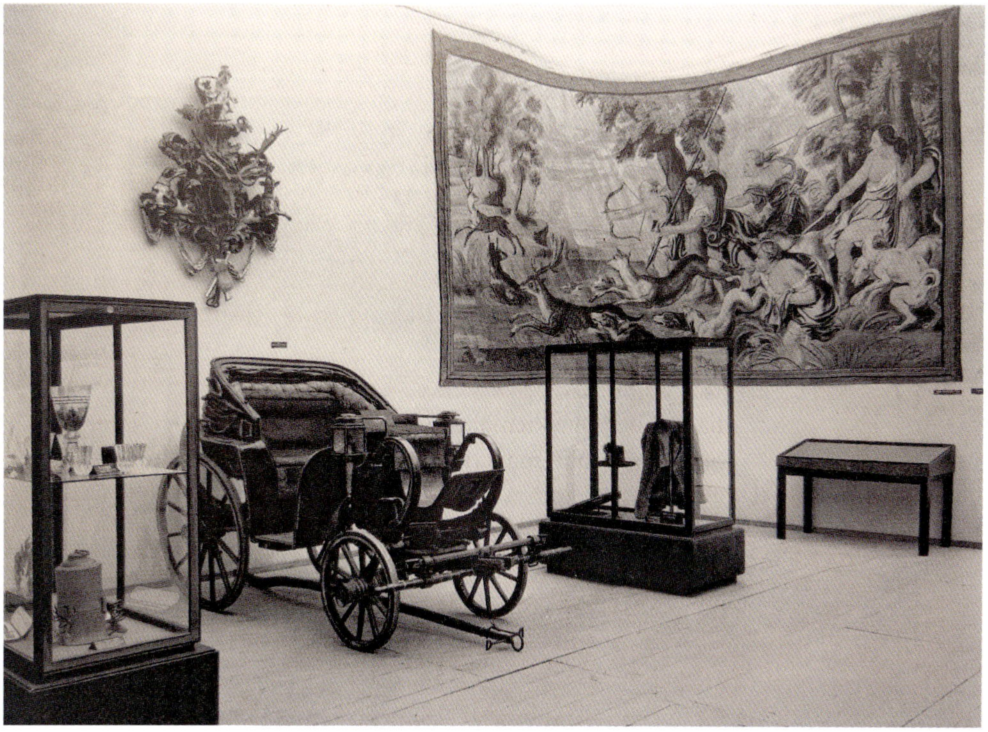

Abb. 43: Die Reiche Jagdwurst von Kaiser Franz II./I. auf der *Internationalen Jagdausstellung* in Berlin, 1937. Aus: AK Berlin 1937, 83

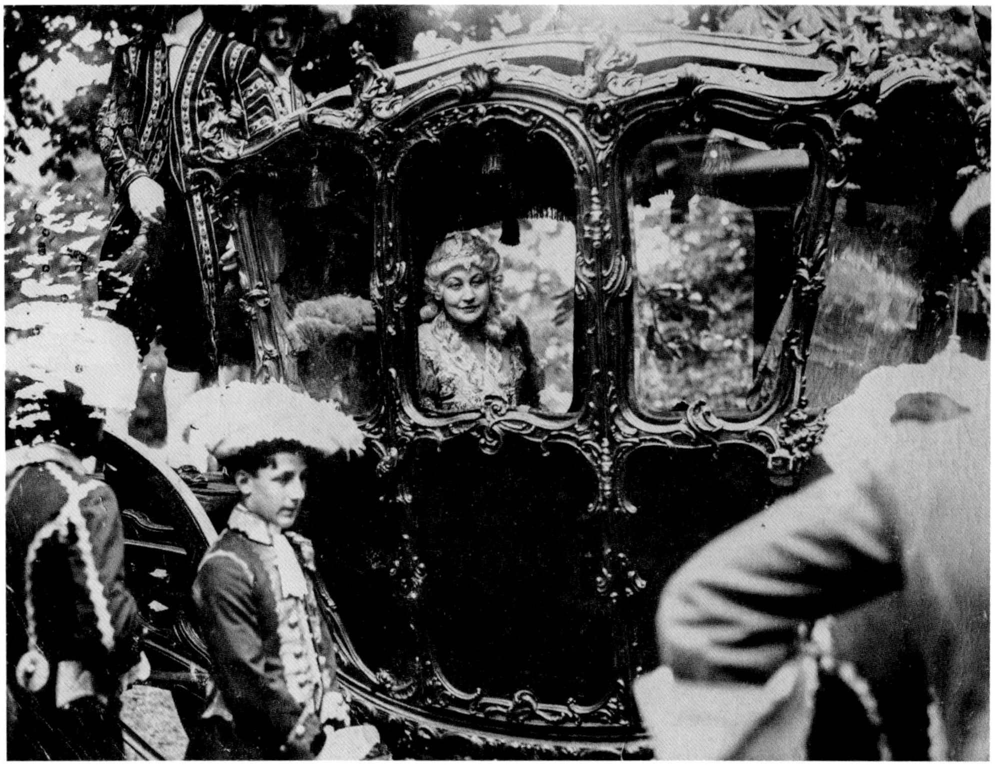

Abb. 44: Ein Prinzengalawagen der Wagenburg (Inv.-Nr. W 11) bei der am 31. Mai 1930 veranstalteten Reinszenierung eines Einzugs von Kaiserin Maria Theresia im Garten des Theresianums. Im Wagen Marizza Liechtenstein als Maria Theresia

samt Zuggeschirren sowie aus dem Monturdepot 22 Leiblakaienlivreen und 30 Edelknabendienstkleider bereitgestellt. In einem der Barockfahrzeuge saß damals Marizza Liechtenstein, die die Monarchin verkörperte.[30] Es war unvermeidlich, dass es bei manchen dieser Veranstaltungen trotz aller getroffenen Sicherheitsmaßnahmen zu Manipulationen und Schäden an den Objekten kam. Beispielsweise wurden bei einem Blumenkorso in Baden 1928 bei zwei von fünf aus der Wagenburg entlehnten Fahrzeugen und Geschirren unerlaubterweise die Wappen und Kronen entfernt und die Goldbeschneidung der Räder überstrichen.[31] Beträchtlich waren die Schäden bei einem 1937 vom Alt-Wiener-Bund veranstalteten Kinder-Märchenfestzug in der Prater Hauptallee, für den aus den Beständen der Wagenburg mehrere Kutschen und aus jenen des Monturdepots einige Livreen zur Verfügung gestellt wurden. Damals brach an einem Wagen die Deichsel; an einem anderen rissen zwei Drittelriemen und vier Lederstränge. Zwar war der entstandene Schaden durch eine Versicherung gedeckt, der Verlust an Originalsubstanz ließ sich dadurch aber natürlich nicht ersetzen. Für diese Veranstaltung hatte übrigens Leopoldine Miklas, die Frau des damals amtierenden Bundespräsidenten, den Ehrenschutz übernommen. In einem Schreiben an August Grósz hatte sie persönlich angefragt, ob er nicht Wagen aus Museumsbeständen für den Festzug bereitstellen könne. Ob die positive Antwort von Grósz letztlich vorauseilendem Gehorsam, politischem Druck oder vielleicht sogar Begeisterung für die Sache zuzuschreiben ist, sei dahingestellt.[32]

In der letzten Phase der Zwischenkriegszeit, in von finanzieller Not und politischen Krisen geprägten Jahren, entstanden Pläne zu einer Neuaufstellung der Wagenburg samt einer räumlichen Erweiterung. Die treibende Kraft dahinter war Alfred Stix, der Anfang 1934 das Amt des Ersten Direktors im Kunsthistorischen Museum übernommen hatte. Mit großem Engagement trieb er die Attraktivierung verschiedener Sammlungen voran und versuchte erfolgreich, mittels volksbildnerischer Maßnahmen die Besuchszahlen zu erhöhen.[33] Im Rahmen eines für die Saison 1936/37 erstellten Aktionsprogramms für das Kunsthistorische Museum rückte er auch die Wagenburg in den Fokus. Aus seinen Worten geht klar hervor, dass mittlerweile die – auch wirtschaftliche – Bedeutung dieser Sammlung erkannt wurde: »Die Wagenburg ist ein beträchtlicher Aktivposten bei den Einnahmen des Museums, da sie sowohl von Fremden wie von Einheimischen, die Schönbrunn besuchen, häufig aufgesucht wird. Es erscheint daher sehr gerechtfertigt, ihr eine erhöhte Aufmerksamkeit zu widmen, zumal die jetzige Aufstellung doch noch sehr verbesserungsfähig ist.«[34] Anstoß dafür gab eine in Aussicht gestellte räumliche Erweiterung. Die Wiener Großfuhrwerksbetrieb G.m.b.H. (WIGRO), die 1924 einige Wagen und Pferde aus den ehemaligen Hofstallungen übernommen hatte und die seit damals den sogenannten Englischen Reitstall – ein in unmittelbarer Nähe der Wagenburg-Schauhalle liegendes dreischiffiges Stallgebäude – belegte, schien damals diesen Raum freizumachen. Der Schönbrunner Schlosshauptmann erklärte sich daraufhin nach anfänglicher Weigerung bereit, der Wagenburg diesen Stall im Tausch gegen kleinere Depoträume zu überlassen.[35] Stix plante im Einvernehmen mit Grósz, in der bis dahin einzigen Schauhalle nur noch die Fahrzeuge des 18. Jahrhunderts, ergänzt durch Kostüme des Monturdepots, zu zeigen, den Englischen Reitstall zu adaptieren und dort die jüngeren Wagen auszustellen.[36] Dieses Konzept ließ sich zwar nicht wie vorgesehen 1936/37 umsetzen, wurde aber schließlich in adaptierter Form nach der Machtergreifung der Nationalsozialisten realisiert.

1 Grosz 1923–1925, 169. Zu List siehe auch Weixlgärtner 1926.
2 KHM, Zl. 4/WS/1931, Zl. 4/WS/1932, Zl. 17/WS/1933; KHM, Archiv, Personalakt Heinrich Klapsia.
3 KHM, Zl. 1/WS/1935, Zl. 18/WS/1938; KHM, Archiv, Personalakt Bruno Thomas; Krenn 1988. Thomas wurde mit 1. November 1936 in den Personalstand der wissenschaftlichen Vertragsangestellten übernommen. KHM, Zl. 1/WS/1937.
4 Haupt 1991, 99–101.
5 KHM, WB, Archiv: Karteiinventar der Wagenburg und Sattelkammer 1921 (ein handschriftliches Exemplar und eines als Typoskript).
6 KHM, WB, Archiv: Wagenburg, Gesamtinventar 1925 und Wageninventar 1931.
7 Grosz 1931.
8 Zur Ausstellung siehe Kniescheck 1998, 100–118.
9 KHM, Zl. 1, 7 und 8/WS/1927; AK Wien 1927, 207 f.
10 KHM, Zl. 16/WS/1931; AK Wien 1932, Kat.-Nrn. 38, 45, 93, 218–221, 223.
11 KHM, Zl. 13/WS/1932.
12 AK Wien 1935, 31, 36, 38. Zur Ausstellung siehe Kniescheck 1998, 196–236.
13 KHM, Zl. 16/WS/37.
14 KHM, Zl. 60/ED/1932 und Zl. 20/WS/1932; AK Paris 1932, 41.
15 KHM, Zl. 6/WS/1933.
16 AK Berlin 1937, 83.
17 Inv.-Nr. W 100; KHM, Zl. 9/WS/1930.
18 Inv.-Nrn. Z 54 bis Z 74; KHM, Zl. 4/WS/1931.
19 Inv.-Nr. Z 8; KHM, Zl. 1/WS/1934.
20 Inv.-Nr. W 75; KHM, Zl. 13/WS/1924.
21 Inv.-Nr. W 95. Die Quellenlage zur Übernahme ist lückenhaft, vgl. Zl. 19/Wgbg/1949-C.
22 Inv.-Nrn. D 2 bis D 6; KHM, Zl. 12/WS/1927 sowie Zl. 21, 22 und 32/WS/1928.
23 KHM, Zl. 10/WS/1926, Zl. 18/WS/1932, Zl. 33/Wgbg/1971, Zl. 7/Wgbg/1972.
24 KHM, Zl. 55/ED/1925, Zl. 9/WS/1925, Zl. 18/ED/1926, Zl. 5 und 13/WS/1926.
25 Vgl. Haupt 1991, 94 f., 103–108; Deiters 2016.
26 Dem entspricht heute ein Betrag von etwas mehr als 1.000 Euro. Vgl. URL: https://www.eurologisch.at/docroot/waehrungsrechner/#/ [letzter Zugriff: 14.6.2023].
27 KHM, Zl. 8/ED/1928.
28 KHM, Zl. 8/WS/1929. Dem entspricht heute ein Betrag von etwas mehr als 2.100 Euro. Vgl. URL: https://www.eurologisch.at/docroot/waehrungsrechner/#/ [letzter Zugriff: 14.6.2023].
29 KHM, Zl. 36/WB/1960, Zl. 10/WB/1961, Zl. 57/WB/1964.
30 KHM, Zl. 30 und 44/ED/1930, Zl. 13 und 22/WS/1930.
31 KHM, Zl. 5/WS/1936.
32 KHM, Zl. 10/WS/1937.
33 Haupt 1991, 117.
34 KHM, ohne Zl./ED/1936.
35 Ebenda; KHM, Zl. 42/WB/1948.
36 KHM, ohne Zl./ED/1936.

Vom Hofmarstall ins Museum: Personelle Kontinuitäten im Bereich Aufsicht und Restaurierung

Als das Kunsthistorische Museum die Objekte der Hofwagenburg übernahm, wurden für den Museumsdienst auch vier neue Stellen geschaffen, nämlich die eines Oberaufsehers sowie drei Aufseherposten. Es lag nahe, diese Positionen mit Handwerkern aus dem ehemaligen Hofmarstall zu besetzen, da diese mit den Objekten bestens vertraut waren. So wurden der Riemer Karl Stöckner als Oberaufseher und die Sattler Adolf Rydl, Robert Pomaisl sowie der Riemer Alois Kaplanek als Aufseher angestellt. Die vier Männer waren zwischen 1896 und 1900 in den Hofdienst eingetreten und wiesen somit eine langjährige Berufserfahrung auf. Als Stöckner und Kaplanek 1925 aus dem Dienst ausschieden, wurden sie durch andere ehemalige Mitarbeiter der Hofstallungen ersetzt, nämlich durch den Sattler Josef Ullsperger, der nun als Oberaufseher das Team leitete, und den Sattler Friedrich Hänel.[1]

Die Aufseher der Wagenburg waren zwar dem Sammlungsleiter August Grósz, dessen Büro am Burgring lag, dienstrechtlich unterstellt, arbeiteten aber an ihrem Dienstort in Schönbrunn weitgehend autonom. Sie leisteten nicht nur Aufsichtsdienst im Museum, sondern kümmerten sich als ausgebildete Fachleute auch um die Pflege und Reparatur der Objekte, wie sie dies bereits zu Zeiten der Monarchie getan hatten. In den Amtsakten werden sie zwar nicht als Restauratoren bezeichnet, jedoch glich ihr Tätigkeitsbereich – abseits des Aufsichtsdienstes – solchen. Darüber hinaus gaben sie auch Führungen für die Museumsbesucher*innen. Sie waren demnach Aufseher, Restauratoren und Museumsführer in Personalunion. Dies war eine Besonderheit, die die Wagenburg von allen anderen Sammlungen des Kunsthistorischen Museums unterschied und die als historisch gewachsene Eigenheit bis in die 1970er Jahre Bestand haben sollte.

Eine der prägenden Persönlichkeiten unter den Aufsehern war der bereits genannte Friedrich Hänel. Es sei an dieser Stelle – auch stellvertretend für die übrigen Aufseher, deren Berufslaufbahn zuvor in den Hofstallungen Halt gemacht hatte – sein Leben in knappen Worten skizziert.[2]

Friedrich Hänel wurde 1878 als Sohn eines Schiffsmüllers in Markt Fischamend geboren. Auf Wunsch seines Vaters ergriff er das Sattlerhandwerk, das er bei Johann Deifel erlernte, der in Wien-Margareten ein Wagenbauunternehmen besaß. Bald nach der 1896 abgelegten Gesellenprüfung wechselte Hänel zur Firma von Ferdinand Keibl, dessen Altgeselle, der längere Zeit in Paris gearbeitet hatte, ihn in die Eigenarten des modernen französischen Wagenbaus einwies. Hänel arbeitete in der Folge für ein Jahr beim Wiener Hofwagenbauer Jacob Lohner & Co. und nach Absolvierung seines Militärdienstes erneut bei Keibl. Im Jahr 1906 erhielt er schließlich eine Anstellung in der Sattlerei des Hofmarstalls. Dort wurde seine »französisch« inspirierte Art, die Wagen weich zu polstern, zunächst kritisch beäugt. Als Kaiser Franz Joseph einen von Hänel tapezierten Jagdwagen aber als äußert bequem empfunden hatte, wurde Hänel nach Bad Ischl berufen, um dort auch die übrigen

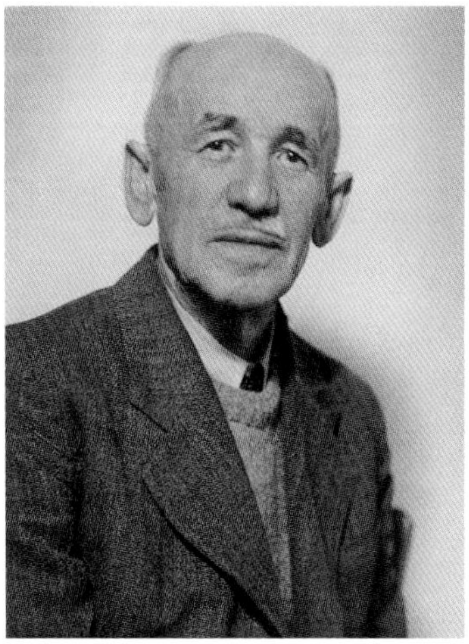

Abb. 45: Porträtfoto zum 70. Geburtstag von Friedrich Hänel, Sattler in der Hofwagenburg und später Aufseher, Oberaufseher und Restaurator im Museum, 1947

für den Monarchen bestimmten Fahrzeuge auf gleiche Weise auszustaffieren. Spätestens von da an hatte er sich endgültig den Respekt seiner erfahreneren Kollegen in der Hofsattlerei erworben. Nach zweijährigem Kriegsdienst wurde Hänel unmittelbar nach dem Tod Franz Josephs am 22. November 1916 vom Militär freigestellt, um in Wien an den Vorbereitungsarbeiten für das Leichenbegängnis mitzuwirken. Wenige Wochen später sollte er den Imperialwagen nach Budapest begleiten, wo Kaiser Karl zum ungarischen König gekrönt wurde.

Hänel verblieb auch nach dem Ende der Monarchie in den – nunmehr ehemaligen – Hofstallungen und wechselte mit 30. Juli 1921, als feststand, dass die Objekte der Hofwagenburg an das Kunsthistorische Museum gelangen sollten, in den Musealdienst. Nachdem er in den ersten Jahren nur aushilfsweise in der Wagenburg tätig sein konnte, wurde er 1925, nach Freiwerden einer Aufseherstelle, definitiv zu »seinen« geliebten Kutschen versetzt.[3] In den darauffolgenden Jahren widmete er sich neben dem Aufsichtsdienst intensiv der Konservierung und Restaurierung der Wagen und Geschirre und wurde aufgrund seiner unbestrittenen Fachkenntnisse, seines Arbeitseifers und seiner Führungsqualitäten 1937 zum Oberaufseher befördert. Angesichts seines fortgeschrittenen Alters wurde er während des Zweiten Weltkriegs nicht zum Wehrdienst eingezogen und verrichtete in jenen Jahren weiterhin Dienst in der Wagenburg. In der unmittelbaren Nachkriegszeit, als einige der kostbarsten Objekte der Sammlung durch ein Bombardement schwer beschädigt waren, beteiligte er sich an ihrer Restaurierung. Nach seiner altersbedingten Pensionierung Ende November 1946 stellte Hänel der Sammlung seine Expertise noch für ein weiteres Jahr zur Verfügung. Sein enormes Fachwissen und seine Zeitzeugenschaft als damals letzter verbliebener Museumsmitarbeiter, der noch in den Hofstallungen gearbeitet hatte, machten Hänel für Erwin Auer, den neuen Leiter der Wagenburg, zum unverzichtbaren Assistenten bei den damals aufgenommenen Inventarisierungsarbeiten. Hänel konnte Auer auch Auskunft über die Organisierung des Arbeitsalltags im Hofmarstall geben und ebenso darüber, welche Fahrzeuge bei welchen Anlässen zum Einsatz gekommen waren. Ferner lieferte er zahlreiche Detailinformationen zu verschiedensten Themen, die Auer für das Archiv der Wagenburg im Sinne einer frühen Oral History protokollartig aufzeichnete.[4] Diese Niederschrift stellt bis heute eine bedeutende Quelle zur Geschichte der Wagenburg-Objekte und der Hofstallungen dar.

Nachdem sich Auer am 30. September 1949 noch ein letztes Mal mit Hänel über Angelegenheiten der Wagenburg ausgetauscht hatte, schloss der damals bereits schwer kranke Hänel in der darauffolgenden Nacht für immer seine Augen. Der Tag des Begräbnisses wurde für die Wagenburg zum Schließtag erklärt und zahlreiche Museumsmitarbeiter gaben Hänel das letzte Geleit.[5] Noch in derselben Woche veröffentlichte Erwin Auer in der *Wiener Zeitung* einen ausführlichen Nachruf auf »Vater Hänel« und das »Leben und Sterben eines Museumoriginals [sic]«.[6]

1 KHM, Zl. 36/WB/1948.
2 Die folgenden Ausführungen folgen, so nicht anders angegeben, Auer 1949.
3 KHM, Zl. 33/WB/1948.
4 Mappe *Gespräche mit Hänel*, KHM, WB, Archiv.
5 KHM, Zl. 42/WB/1949.
6 Auer 1949.

Ein Museumsbesuch in den 1930er Jahren

Ein Besuch in der Wagenburg verlief in den 1930er Jahren in vielerlei Hinsicht anders, als dies heute der Fall ist. Dies machte sich bereits am Eingang bemerkbar. Zwar wurde das Museum wie heute durch das Hauptportal des Reitschulgebäudes betreten, jedoch existierte damals hinter dem Tor kein geräumiges Foyer mit Garderobekästen und Museumsshop, sondern allein ein enger Windfang aus Sperrholzplatten, an den rechter Hand ein Kassenschalter angeschlossen war. Dabei handelte es sich um einen engen Kobel, der zuvor im Hauptgebäude des Kunsthistorischen Museums als Gehäuse der Telefonzentrale gedient hatte. Was wie eine Notlösung anmutet, war immerhin ein Fortschritt gegenüber der Zeit vor 1930, denn bis dahin bestand die Kassa nur aus einem einfachen Tisch mit niedrigem Paravent. Diese frühe Lösung bot für das Kassapersonal im Winter keinerlei Kälteschutz, weshalb der dort Dienst habende Aufseher einen Pelzrock aus dem Monturdepot – also ein museales Objekt! – tragen durfte.[1] An der Kassa konnten Besucher*innen neben den Eintrittskarten ab 1924 auch Postkarten[2] ausgewählter Sammlungsobjekte und ab 1931 einen Kurzführer erwerben.[3]

Nach dem Betreten der Schauhalle – die Wagenburg bestand damals nur aus einem einzigen Saal, dessen Fläche etwa dem vorderen Bereich des heutigen Museums entsprach – gewannen die Besucher*innen sogleich einen ersten Eindruck von der Größe des Raums. Offenbar wirkte er auf so manche Gäste etwas gespenstisch; Zeitungsberichte sprachen von einem großen, kahlen Saal[4] und einer großen, langen und weiten »Geisterhalle«.[5] Ein Journalist, der 1930 die Wagenburg besuchte, schildert, wie verloren er sich plötzlich in der

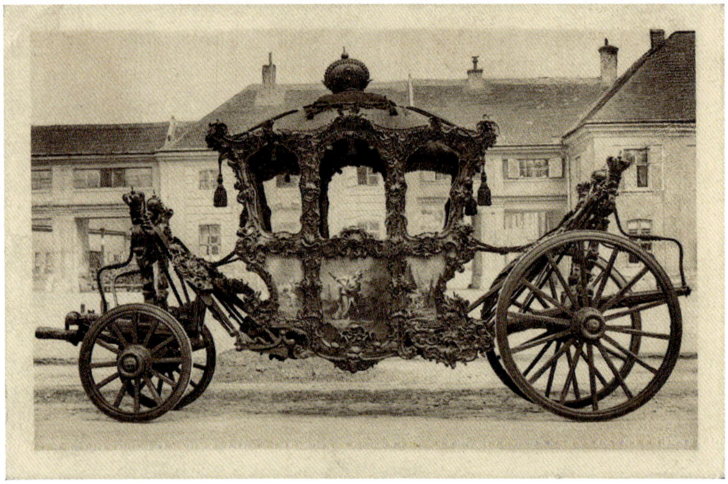

Abb. 46: Eine der ältesten Postkarten der Wagenburg nach einer Aufnahme von 1924

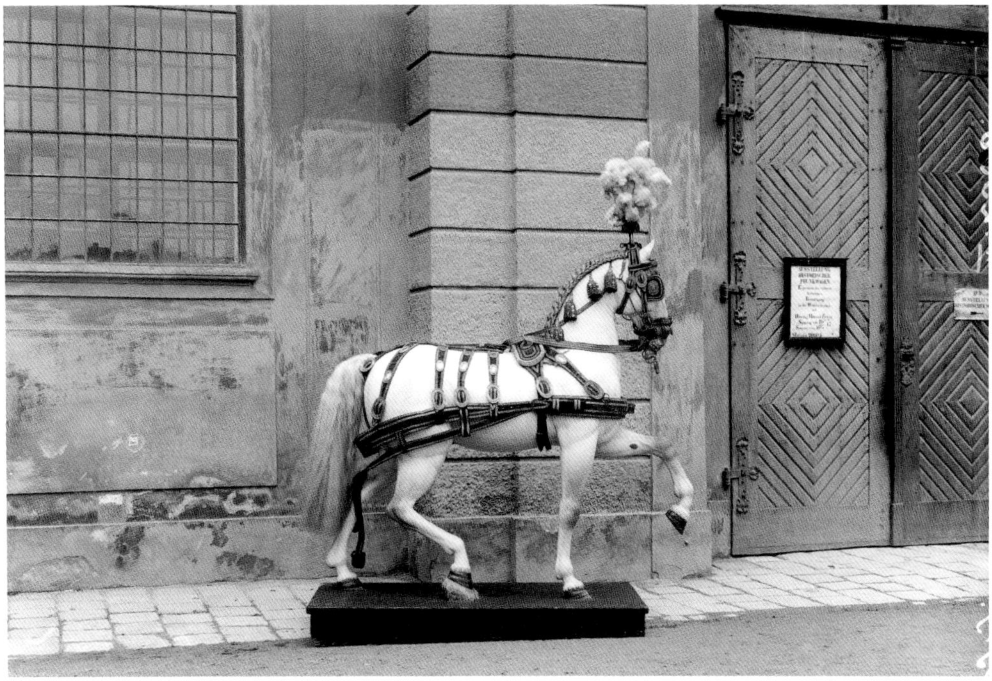

Abb. 47: Das Eingangsportal der Wagenburg im Jahr 1928, abgelichtet bei Fotoaufnahmen eines Pferdegeschirres

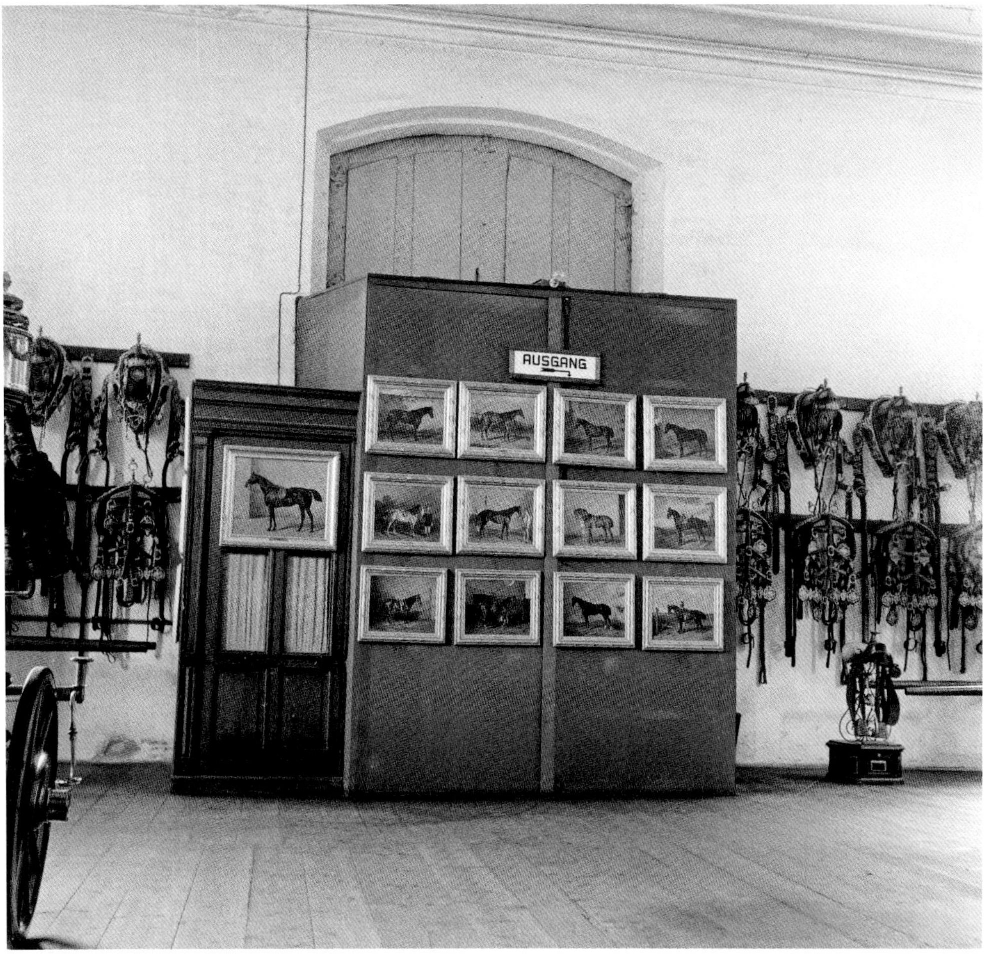

Abb. 48: Der Eingangsbereich der Wagenburg mit Windfang, daran angebrachten Pferdeporträts und an den Wänden hängenden Pferdegeschirren, 1955. Links des Windfangs der Kassenschalter, der früher im Kunsthistorischen Museum als Gehäuse der Telefonzentrale gedient hatte. Diese problematische Eingangssituation bestand im Zeitraum von 1930 bis 1970.

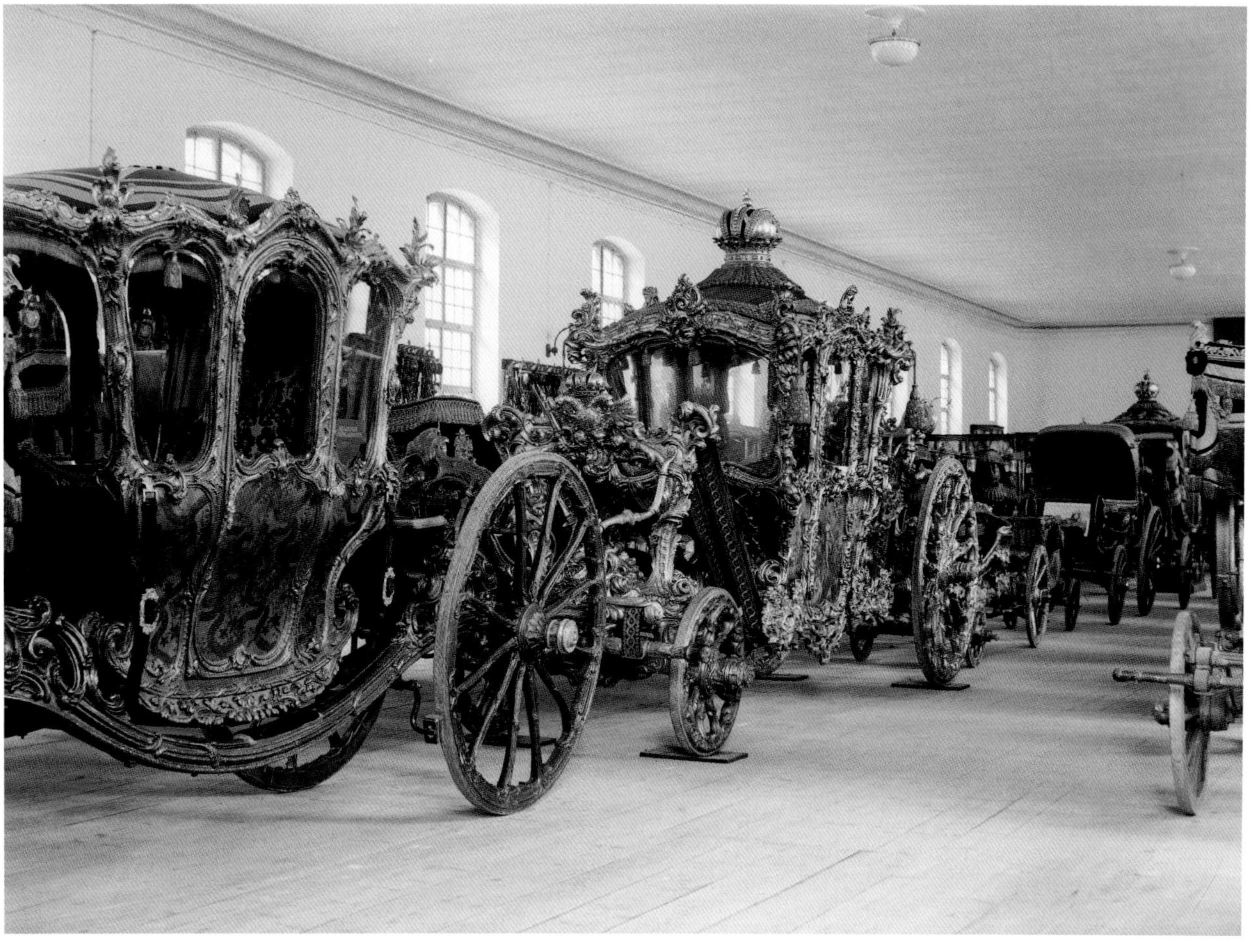

Abb. 49: Einblick in die Schauhalle der Wagenburg, 1928

weiten Halle fühlte: »Da bin ich plötzlich allein. Allein in einem Wagenfriedhof, einem Pharaonengrab von Prunkwagen, die der Wille von Königen mit Gold und Purpur überschüttet hat.«[6] Diese unheimlichen Empfindungen sind wohl in erster Linie der Fülle von Großobjekten einer untergangenen Welt zuzuschreiben, vielleicht aber auch der Tatsache, dass sich Gegenstände, die einst der Fortbewegung dienten, nun stillstehend und wie in einer Zeitkapsel eingefroren präsentierten. Dass zumindest manche Besucher*innen ein Gefühl der Beklemmung beschlich, war aber gewiss auch der weitgehenden Schmucklosigkeit des riesigen Raumes geschuldet. Die kahlen Wände waren weiß gestrichen und die glatte weiße Decke wirkte trotz der beachtlichen Raumhöhe von rund neun Metern aufgrund ihrer großen Spannweite und enormen Fläche drückend.[7] Den Charakter einer »Geisterhalle« beförderte wohl auch die ungenügende Lichtsituation. Der Saal war nämlich mit nur vier Deckenleuchten und zehn Wandlampen ausgestattet. Um einem düsteren Gesamterscheinungsbild entgegenzuwirken und die Objekte nicht vollends in Dunkelheit zu tauchen, blieben die Fenster unverhängt, was im Lauf der Jahrzehnte jedoch an manchen Objekten zu Lichtschäden führte.

Kehren wir nun wieder zu unseren Besucher*innen der 1930er Jahre zurück. Nachdem sie in die Schauhalle eingetreten waren, mussten sie zunächst warten, bis sich eine Gruppe von ausreichender Größe zusammengefunden hatte. Individuelle Besichtigungen des Museums waren nicht vorgesehen, da die Ansicht vorherrschte, dass dies die Objekte

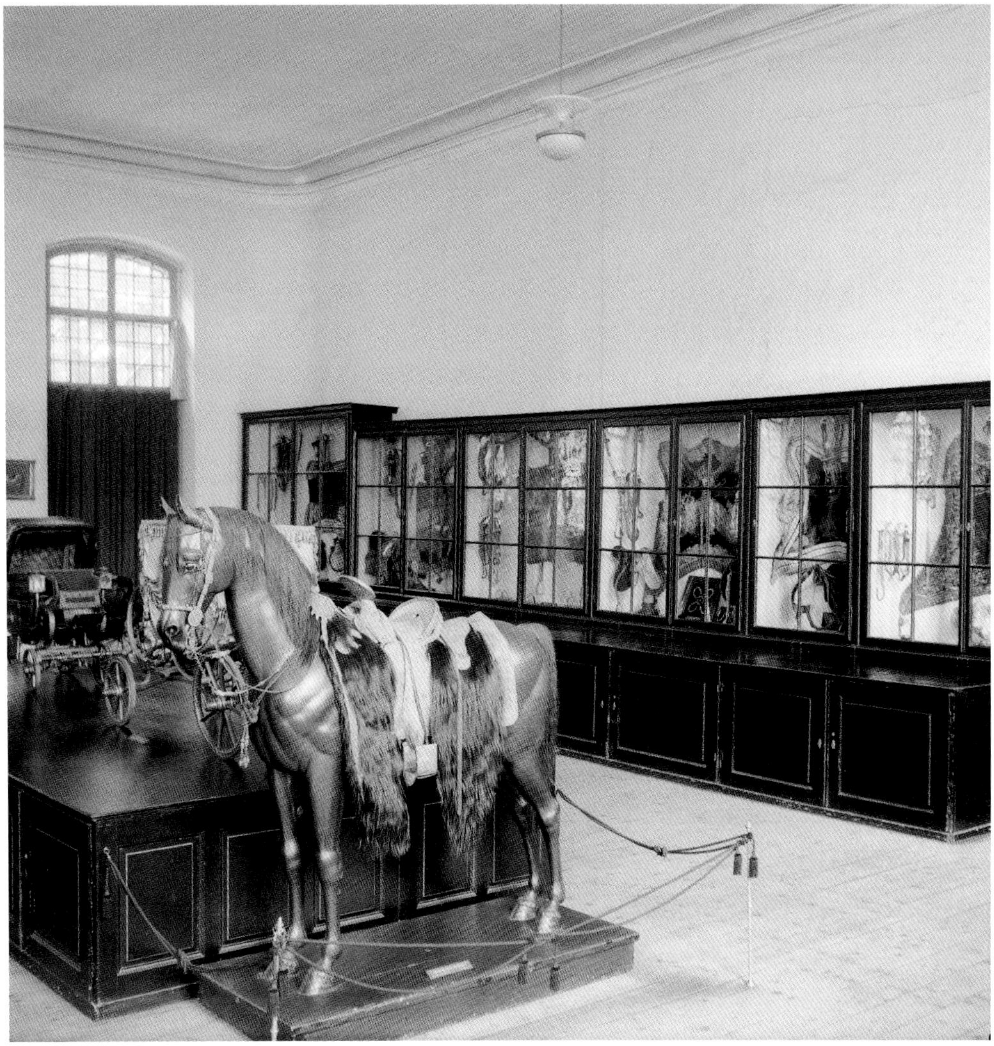

Abb. 50: Der hintere Ausstellungsbereich der Wagenburg, 1955. Im Hintergrund die Reihe mit Vitrinenkästen, die zum Teil noch aus der Reichen Sattelkammer stammten

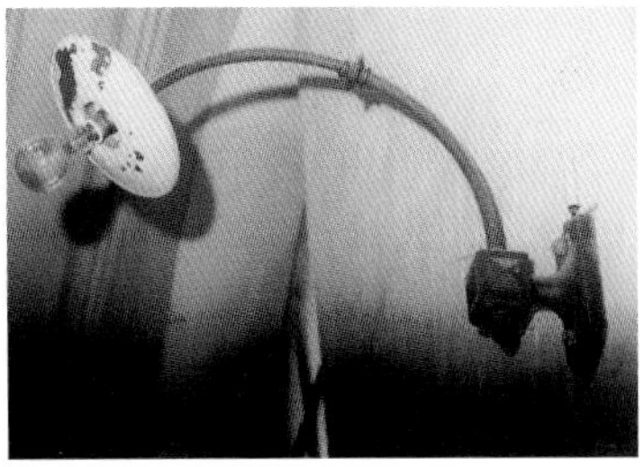

Abb. 51: Einer der zehn bis 1970, das Jahr der Aufnahme, in Betrieb stehenden Wandleuchter

unnötigen Gefahren aussetzen würde. Die Gruppe wurde schließlich von einem der Aufseher durch die gesamte Schauhalle geführt. Im Unterschied zum Aufsichtspersonal an anderen Standorten des Kunsthistorischen Museums – sogenannten Postenaufsehern – wurden die Aufseher der Wagenburg deshalb auch als »Führungsaufseher« bezeichnet. Um auch den der deutschen Sprache unkundigen Gästen Erklärungen zu den Objekten bieten zu können, mussten die Aufseher zumindest eine Fremdsprache beherrschen.[8] Da mehrere der damals tätigen Aufseher noch als Handwerker in der Hofsattlerei gearbeitet hatten, konnten diese aus erster Hand über die Hofstallungen im Allgemeinen sowie über die Herstellung, Reparatur und Verwendung einzelner Objekte zu Zeiten der Monarchie Auskunft geben. Diese Praxis wurde aus dem Hofmarstall übernommen, als die Besucher*innen ebenfalls in Gruppen von Handwerkern geführt worden waren.

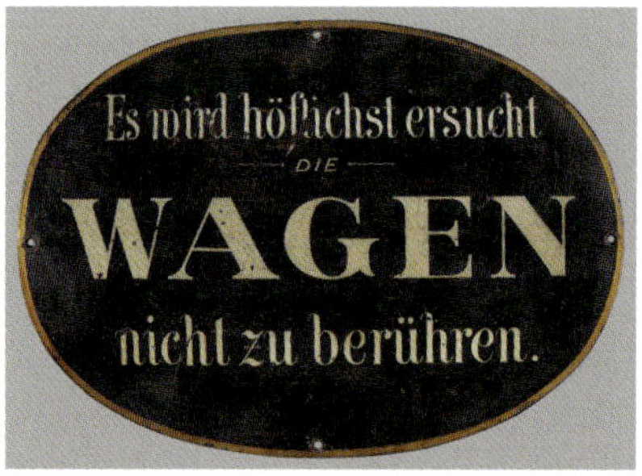

Abb. 52: Hinweisschild für Besucher*innen der Wagenburg (ca. erstes Drittel des 20. Jahrhunderts). Inv.-Nr. Z 329

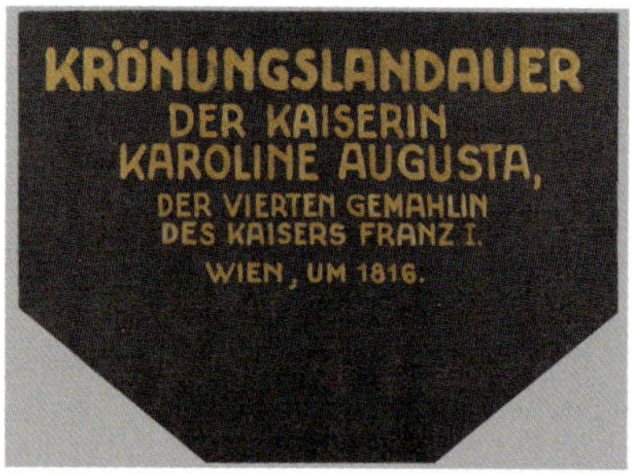

Abb. 53: Eine der 1923 angefertigten und bis 1931 verwendeten handgeschriebenen Objekttafeln, die in die Wagenfenster eingesteckt wurden

Über Jahrzehnte hinweg existierten in der Schauhalle kaum schriftliche Informationen für die Besucher*innen. Offenbar war man der Ansicht, dass diese im Rahmen der Führungen ohnehin Daten und Fakten über die Objekte erfuhren. Allein kleine handgeschriebene Tafeln mit Basisinformationen wurden anfangs in die Türfenster der Fahrzeuge gesteckt. Als 1931 ein kurzer Führer durch die Sammlung erschien, wurden jedoch auch diese Tafeln entfernt und durch an die Bockdecken befestigte Kärtchen ersetzt, die auf die laufenden Nummern im Führer verwiesen.[9]

Die Aufstellung der Objekte blieb zwischen 1922 und 1938 weitgehend unverändert.[10] Dabei standen 52 Transportmittel – von Wagen über Schlitten bis hin zu Sänften und Tragsessel – in fünf Reihen, die nur schmale Durchgänge ließen, dicht gedrängt hintereinander. Weder waren die Objekte durch Absperrseile gesichert, noch standen sie auf Podesten. Die Wände waren mit Zuggeschirren behängt, was dem Raum den Charakter einer Sattelkammer verlieh. Auch zahlreiche Gemälde und Grafiken befanden sich an den Wänden, waren aufgrund der davor befindlichen Fahrzeuge jedoch teilweise verdeckt. Im hinteren Bereich der Schauhalle wurden ausgewählte Reitzeuge und Pferdedecken präsentiert. Einige davon waren in Vitrinenschränken untergebracht, die zum Teil noch aus der Reichen Sattelkammer stammten.[11]

Problematisch wurde es, wenn Besucher*innen während ihres Rundgangs im Museum ein dringendes Bedürfnis verspürten, da man bei der Einrichtung des Museums verabsäumt hatte, es mit einer Klosettanlage auszustatten. Trotz stetiger Interventionen seitens der Museumsverantwortlichen bei der Schlosshauptmannschaft konnte dieser Missstand erst 1953, also 31 Jahre nach Eröffnung der Wagenburg, durch die Installierung einer Herren- und einer Damen-Toilette neben der Schauhalle behoben werden.[12]

Die Schilderung eines Museumsbesuchs in den 1930er Jahren ruft verschiedene Mängel ins Bewusstsein, die unter anderem der ungenügenden finanziellen Ausstattung der Bundesmuseen in der Zwischenkriegszeit zuzuschreiben sind. Dennoch mag der Gedanke faszinieren, dass trotz all der erwähnten Probleme ein Besuch der Wagenburg damals meist mit dem unschätzbaren Privileg verbunden war, von einem Zeitzeugen, der selbst noch dem Personalstand der Hofstallungen angehört hatte und somit über Erinnerungen aus erster Hand und ein umfassendes Fachwissen verfügte, durch die Sammlung geführt zu werden.

1 Gespräch von Sammlungsleiter Erwin Auer mit Oberaufseher Friedrich Hänel, 25. April 1949, KHM, WB, Archiv.
2 KHM, Zl. 16/WB/1947.
3 Grosz 1931.
4 Wiener Kurier, 30. August 1947, 6.
5 Wiener Kurier, 8. April 1950, 11.
6 Die Stunde, 26. Juni 1930, 5.
7 Vgl. Zl. 60/WB/1961.
8 KHM, Zl. 33 und 54/WB/1960. Ein Zeitzeuge sprach in diesem Zusammenhang anlässlich eines Wagenburg-Besuchs vom vertrauten »Wiener-Englisch beamteter Führer«. Die Stunde, 26. Juni 1930, 5.
9 KHM, Zl. 23/WB/1949.
10 KHM, Zl. 43/WB/1949.
11 KHM, Zl. 49/WB/1969.
12 KHM, Zl. 77/WB/1953.

Späte Abgaben an Ungarn *oder*: Die Bedeutung fotografischer Dokumentation

Die 1921 begonnenen Verhandlungen zwischen Österreich und Ungarn über die Aufteilung des materiellen kulturhistorischen Erbes erwiesen sich als besonders schwierig und langwierig. Erst gegen Ende des Jahres 1932 konnte eine Einigung erzielt werden, mit der beide Seiten leben konnten. Das Kunsthistorische Museum musste insgesamt 147 Musealgegenstände an Ungarn abgeben, worunter sich besonders viele Objekte der Waffensammlung befanden.[1] Vier davon entstammten den Sammlungsbereichen der Wagenburg und des Monturdepots: Ein reich ausgestatteter viersitziger Leiblandauer aus den ersten Jahrzehnten des 19. Jahrhunderts mit der Bezeichnung »Staatsgalawagen Franz I., Nr. 3«, ein Leibkutschierwagen Kaiserin Elisabeths, ein Sattel mit gesticktem ungarischen Wappen, den Kaiser Franz Joseph 1857 als Geschenk des Jazigier und Kumanier-Husarenregiments erhalten hatte, sowie ein ungarischer Rock samt Beinkleid.[2]

Die Übergabe an Ungarn erfolgte in der ersten Jahreshälfte 1933. Unverständlicherweise verabsäumte man dabei im Museum, alle abgegebenen Objekte fotografisch zu dokumentieren. Als der spätere Sammlungsdirektor Erwin Auer umfassende Inventarisierungsarbeiten

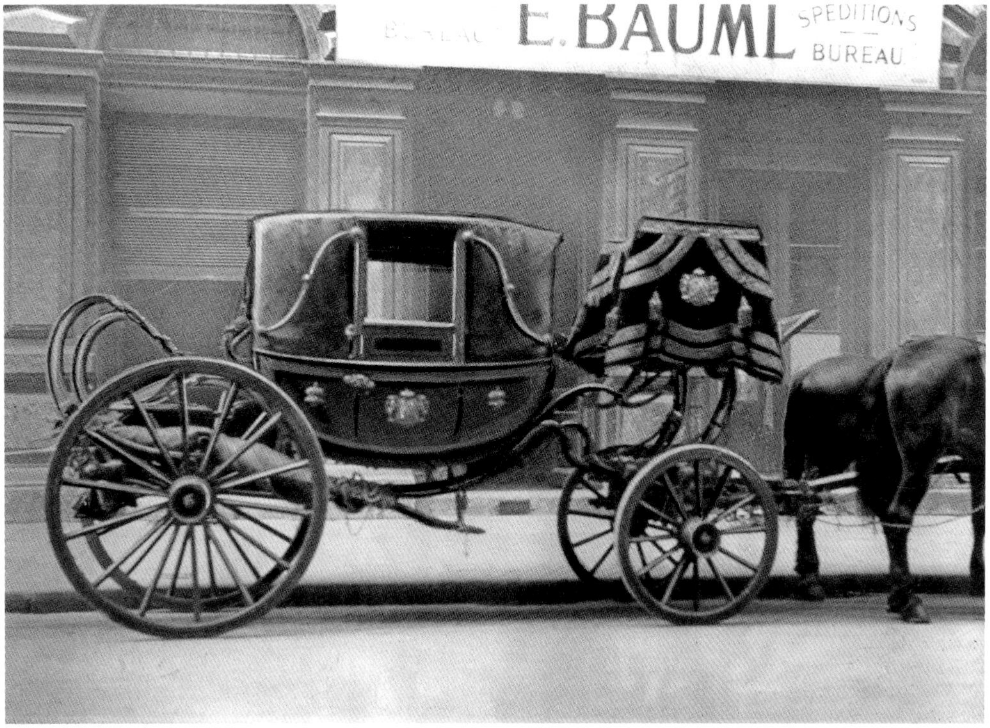

Abb. 54: Der 1933 an Ungarn abgegeben Leiblandauer aus der Regierungszeit von Kaiser Franz II./I.

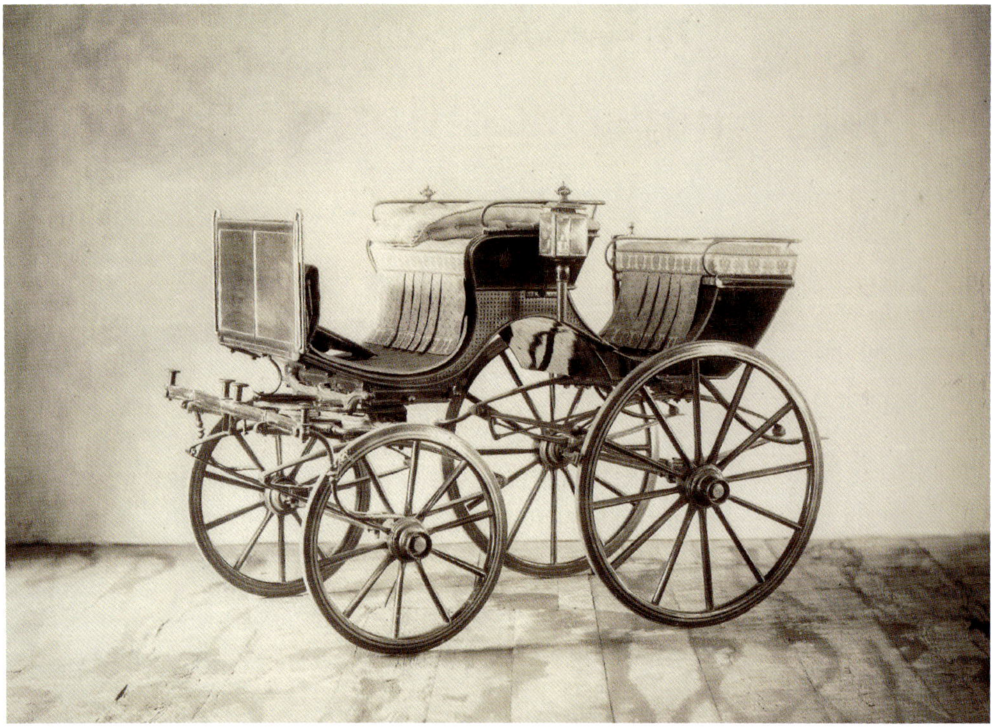

Abb. 55: Der Leibkutschierwagen von Kaiserin Elisabeth, 1933 an Ungarn abgegeben (Aufnahme von 1902). Inv.-Nr. Z 1-1/16

durchführte, bemerkte er 1948, dass im Fotoarchiv des Kunsthistorischen Museums keine Bilder der beiden abgegebenen Kutschen vorhanden waren. Als er im Ungarischen Nationalmuseum um Aufnahmen der Fahrzeuge ersuchte, erhielt er zur Antwort, dass diese 1945 beim Brand der Budapester Burg zerstört worden waren und leider auch keine Fotos davon existierten.[3] Damit waren nicht nur die Wagen unwiederbringlich verloren, sondern es war auch unbekannt, wie sie überhaupt ausgesehen hatten.

Einem Zufall ist es zu verdanken, dass schließlich doch noch eine Aufnahme des Leiblandauers auftauchte. Die auf Kunsttransporte spezialisierte Speditionsfirma E. Bäuml – heute Kunsttrans –, die 1933 für den Transport des Wagens nach Ungarn verantwortlich war, fertigte damals von dem Wagen ein Foto an und publizierte dieses 1962 in einer Festschrift des Unternehmens.[4] Der 1933 abgegebenen Leibkutschierwagen von Kaiserin Elisabeth konnte hingegen in einem vom kaiserlichen Oberststallmeisteramt 1902 in Auftrag gegebenen Fotoalbum identifiziert werden.

Diese Beispiele demonstrieren, wie wichtig die Fotodokumentation musealer Objekte ist. In diesem Zusammenhang sei erwähnt, dass im Jahr 2006 der gesamte Fahrzeugbestand der Wagenburg systematisch in Gesamtaufnahmen und unzähligen Details fotografiert wurde.[5] Die in mehrmonatigen Sitzungen von den beiden KHM-Fotografen Michael Aumüller und Christian Mendez in Zusammenarbeit mit Kutschenrestaurator Ernst Gregor erstellten Aufnahmen stellen bis heute eine unverzichtbare Arbeitsgrundlage für die Sammlungsmitarbeiter*innen dar.

1 Haupt 1991, 68, 70. Zum Vertrag, seiner Vorgeschichte und Beurteilung siehe Huguenin-Bergenat 2010, 166–183.
2 KHM, Zl. 31/ED/1933.
3 KHM, Zl. 32/WB/1948.
4 Skalitzki 1962, o. S.; Zl. 57/WB/1962.
5 KHM, Zl. 5/WB/2006; JB KHM 2006, 130.

Das Publikum der Wagenburg in der Zwischenkriegszeit

Wenn auch über weite Strecken der hundertjährigen Geschichte der Wagenburg keine statistischen Erhebungen zur Herkunft der Besucher*innen durchgeführt wurden, verfestigen doch vereinzelte Informationen den Eindruck, dass Ausländer*innen seit jeher den Großteil der Museumsbesucher*innen ausmachten. So liefert etwa ein Zeitungsartikel von 1937 über »Die Schätze der Wagenburg« folgende Information: »Die drei Aufseher in der Wagenburg in Schönbrunn führen zwar nur die Anzahl und nicht die Nationalität der Gäste in Evidenz, aber ihren Erfahrungen nach sind von den 400 täglichen Besuchern im Sommer, von den 40 bis 60 im Winter zumindest vier Fünftel Ausländer. Da ist also wieder einmal eine Sehenswürdigkeit, die der Wiener kaum kennt.«[1]

In diesem Zusammenhang ist übrigens eine mit Anfang November 1922 nach deutschem Vorbild eingeführte Regelung bemerkenswert. Für Ausländer*innen – mit Ausnahme Deutscher – galt fortan ein fünfmal so hoher Eintrittspreis wie für Einheimische. Nur an Sonntagen zahlten auch ausländische Besucher*innen den für österreichische und deutsche Gäste geltenden niedrigeren Betrag.[2] Diese Regelung wurde für mehrere Jahre beibehalten und scheint erst mit der Einführung der Schillingwährung 1925 ein Ende gefunden zu haben.[3]

Bei Betrachtung der verfügbaren Besuchsstatistiken wird deutlich, dass sich die Wagenburg bereits in den ersten Jahren ihres Bestehens eines großen Publikumszuspruchs erfreute und zu den meistbesuchten Museen des Landes zählte.[4] Von 1924 bis 1929 – für die Zeit davor stehen uns leider keine Zahlen zur Verfügung – lagen die jährlichen Besuchszahlen durchschnittlich bei über 60.000. Im bestbesuchten Jahr dieses Zeitraums, 1927, zählte die Wagenburg fast 72.500 Gäste. Dies entsprach damals knapp 45 Prozent der Besucher*innen im Haupthaus des Kunsthistorischen Museums. Daneben wiesen unter allen anderen Bundesmuseen Österreichs nur das Naturhistorische Museum und das Technische Museum etwas höhere Besuchszahlen als die Wagenburg auf.

Ab 1928 machte sich ein Abwärtstrend bemerkbar, der durch die Weltwirtschaftskrise 1929 noch weiter verschärft wurde und in den Jahren darauf sukzessive für sinkende Besuchszahlen sorgte. Die Talsohle war 1934 erreicht, als in der Wagenburg nur noch knapp 19.500 Besucher*innen gezählt wurden. In den letzten Jahren der Zwischenkriegszeit stiegen die Zahlen erneut und lagen 1937 immerhin wieder bei rund 40.000.

Unter den Besucher*innen der Wagenburg im Jahr 1937 befanden sich mehrere prominente Mitglieder europäischer Königshäuser, etwa der damals bereits exilierte spanische König Alfons XIII., die niederländische Kronprinzessin Juliana mit ihrem frisch angetrauten Ehemann oder die englische Prinzessin Mary. Dies gab Anlass zu Presseberichten über die Kutschensammlung und bedeutete willkommene Werbung für das Museum.[5]

Der wohl eifrigste Besucher der Wagenburg war aber zweifellos der Herzog von Windsor, der als König Edward VIII. von England Ende 1936 abgedankt hatte und sich danach

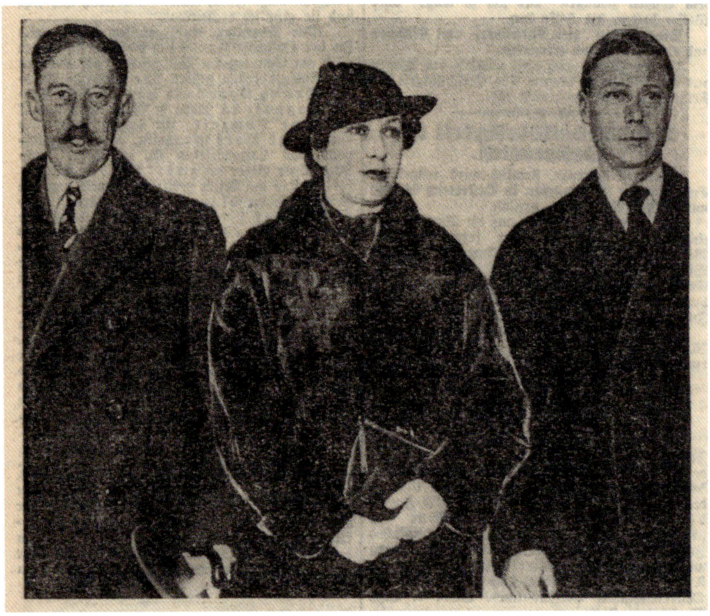

Abb. 56: Prominente Besucher*innen der Wagenburg im Jahr 1937: Der Herzog von Windsor (ehem. König Edward VIII., rechts), seine Schwester Prinzessin Mary (Mitte) und deren Ehemann, der Earl of Harewood (links). Illustration eines Berichts über ihren Besuch im Schloss Schönbrunn, in der Wagenburg und im Schlosstheater. Aus: *Illustrierte Kronen Zeitung*, 9. Februar 1937, 9

für einige Zeit in Österreich aufhielt. In den Sammlungsakten ist festgehalten, dass er im Jahr 1937 die Wagenburg gleich zehn Mal aufsuchte, teilweise in Begleitung, zum Teil aber auch allein.[6] Dabei interessierten ihn laut Zeitungsberichten vor allem die Prunkwagen und Schlitten aus der Zeit Maria Theresias, der Kinderwagen von Kaiser Franz Joseph, der Sattel von Kaiserin Elisabeth sowie die zahlreichen Pferdeporträts.[7] Als der Herzog von Windsor einmal in Begleitung seiner Schwester Prinzessin Mary und deren Ehemann, dem Earl of Harewood, die Wagenburg besuchte und die Gäste dabei eine 45-minütige Führung von Sammlungsleiter August Grósz erhielten, bemerkte der Herzog scherzhaft, er kenne das Museum mittlerweile schon so gut, dass er dort selbst als Fremdenführer arbeiten könnte.[8]

1 Kleine Volks-Zeitung, 21. Februar 1937, 5. Dass vielen Einheimischen unbekannt sei, dass in Wien »eine überaus reichhaltige Sammlung an Prunkwagen« existiere, erwähnt auch: Wiener Bilder. Illustrierte Wochenschrift, 25. April 1937, 2. In der Nachkriegszeit waren ebenfalls ausländische Besucher*innen in der Mehrheit. Vgl. KHM, Zl. 22/WB/1950, Zl. 105/WB/1959.

2 Wiener Zeitung, 20. Oktober 1922, 6; Wiener Zeitung, 4. April 1924, 5.

3 Vgl. Arbeiter-Zeitung, 8. Oktober 1925, 8.

4 Die folgenden Daten sind entnommen: Zl. 3/WB/1947; Jahrbuch Wien 1929, 277; Jahrbuch Wien 1930–1935, 192–193; Jahrbuch Wien 1937, 216.

5 Kleine Volks-Zeitung, 21. Februar 1937, 5; Salzburger Volksblatt, 6. März 1937, 10; Neues Wiener Tagblatt, 14. April 1937 (Mittagsausgabe), 6.

6 KHM, Zl. 1/WS/1938. Österreichische Zeitungen dokumentieren zumindest sechs Besuche, nämlich am 30. Dezember 1936, am 29. Jänner, 8. und 21. Februar, 12. März und unmittelbar vor dem 24. Juni 1937. Neues Wiener Tagblatt, 31. Dezember 1936, 5; Illustrierte Kronen Zeitung, 30. Jänner 1937, 3; Neues Wiener Tagblatt, 9. Februar 1937, 5; Kleine Volks-Zeitung, 21. Februar 1937, 5 (dort findet sich erwähnt, dass der Herzog von Windsor die Wagenburg in den letzten Wochen fünf Mal besuchte); Neues Wiener Tagblatt (Abendblatt), 22. Februar 1937, 5; Neues Wiener Tagblatt, 13. März 1937, 8; Freie Stimmen. Deutsche Kärntner Landeszeitung, 24. Juni 1937, 3.

7 Neues Wiener Tagblatt, 31. Dezember 1936, 5; Wiener Salonblatt. Internationale Gesellschaftsrevue, 7. Februar 1937, 2.

8 Illustrierte Kronen Zeitung, 9. Februar 1937, 9.

Die Wagenburg in der NS-Zeit

Der »Anschluss« Österreichs an das Deutsche Reich bedeutete auf personeller Ebene sowohl für das Kunsthistorische Museum als auch für die wissenschaftliche Betreuung der Wagenburg eine unmittelbare Zäsur. Am 15. März 1938, also bereits wenige Tage nach der nationalsozialistischen Machtergreifung, verdrängte der Kustos des Münzkabinetts, Fritz Dworschak, der mit dem neuen Regime sympathisierte und im Sommer 1938 auch Parteimitglied werden sollte, den bisherigen Ersten Direktor Alfred Stix von dessen Posten. Einige Wochen nach seiner Amtsenthebung reichte Stix schließlich sein erzwungenes Ansuchen auf Frühpensionierung ein.

Neben Stix wurden im Lauf der Jahre 1938 und 1939 auch mehrere andere Museumsbeamte aus politischen Gründen beziehungsweise aufgrund ihrer jüdischen Abstammung oder »Versippung« von ihrem Arbeitsplatz verbannt.[1] Zu ihnen zählte August Grósz, der seit 1923 die Waffensammlung mit den Annexen Wagenburg und Monturdepot leitete und noch mit 1. Jänner 1938 durch Entschließung des österreichischen Bundespräsidenten zum Sammlungsdirektor ernannt worden war.[2] Anstelle von Grósz setzte Fritz Dworschak mit 16. März 1938 Bruno Thomas, den damals erst 28 Jahre alten Kustos der Waffensammlung, als provisorischen Sammlungsleiter ein.[3] Grund für die Entfernung Grósz' aus dem Museumsdienst war, dass seine Ehefrau Elvira den Nationalsozialisten als »Mischling I. Grades« galt – sein Schwiegervater Josef Kende war Jude. Kende wurde noch im März 1938 verhaftet und im Monat darauf nach Dachau und später nach Buchenwald deportiert, wo er im Oktober desselben Jahres ums Leben kam. Grósz selbst sollte nach seinem unfreiwilligen Ausscheiden nicht mehr ans Museum zurückkehren. Nachdem er zunächst eine Anstellung bei einer Firma in der Wiener Piaristengasse gefunden hatte, verstarb er bereits 1943 im Alter von nur 54 Jahren.[4]

Bruno Thomas stand der Waffensammlung damals nur für wenige Monate vor. Schon mit Ende Juni 1938 musste er die provisorische Sammlungsleitung wieder zurücklegen und wurde erneut in den Rang eines Kustos zurückgestuft.

An die Spitze der Waffensammlung wurde mit 1. Juli Leopold Ruprecht bestellt.[5] Ruprecht, ein Altersgenosse von Grósz, hatte in Wien Kunstgeschichte studiert und bereits seine Dissertation einem waffenkundlichen Thema gewidmet. Er diente während des Ersten Weltkriegs als Soldat und geriet 1916 in russische Kriegsgefangenschaft, aus der er erst 1920 wieder zurückkehrte. Im Anschluss daran arbeitete er im Dorotheum und war dort unter anderem Sachverständiger für historische Waffen. Zudem war er von 1924 bis 1927 einer der Geschäftsführer des auf Kunstbücher und -zeitschriften spezialisierten Krystall Verlags. Ruprecht näherte sich schon 1930 der NSDAP an und wurde 1932 Parteimitglied. Nachdem er Mitte des Jahres 1938 die Direktion der Waffensammlung und ihrer Annexe übernommen hatte, entwickelte er sich im Kunsthistorischen Museum binnen kurzer Zeit

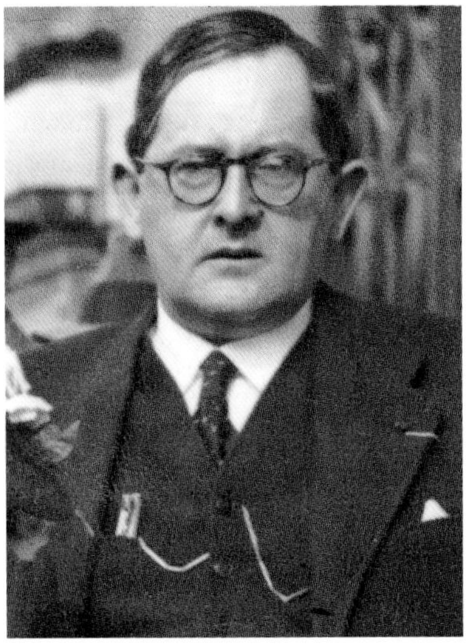 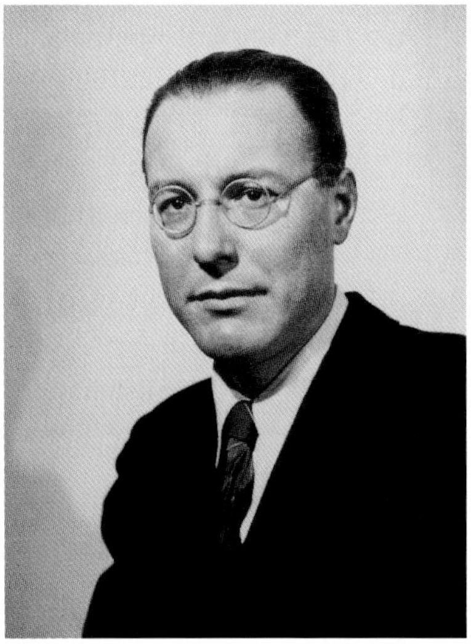 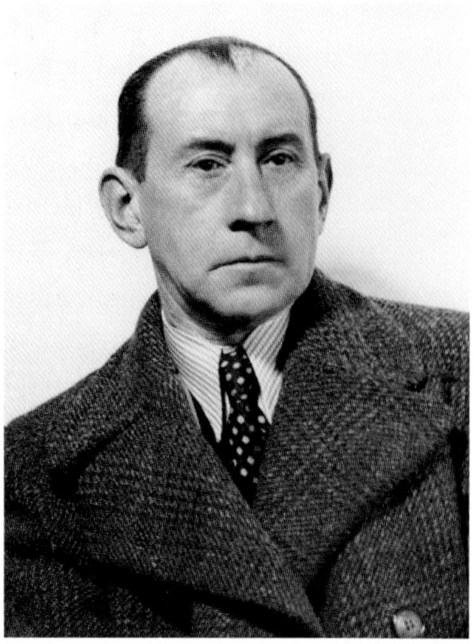

Abb. 57: August Grósz

Abb. 58: Bruno Thomas

Abb. 59: Leopold Ruprecht

zu einer der Schlüsselfiguren rund um die Enteignung und Administration jüdischer Sammlungen. In Vertretung des Kommissarischen Leiters Fritz Dworschak verwaltete er das in der Neuen Burg untergebrachte »Zentraldepot«, in dem die entzogenen Kunstwerke untergebracht waren, und führte dort auch Katalogisierungsarbeiten durch. Ab 1943 war Ruprecht mit der Schaffung einer eigenen Waffenabteilung für das Linzer »Führermuseum« beauftragt und war auch in die Beschlagnahmung historischer Waffensammlungen in der Tschechoslowakei und in Polen involviert.[6] Die hier angeführten Fakten machen deutlich, dass der Waffensammlung und damit auch der Wagenburg in jenen Jahren ein tief in die Machenschaften des NS-Regimes verstrickter, überzeugter Nationalsozialist vorstand.

Bereits kurz nach dem »Anschluss« demonstrierten einige Vertreter des »Dritten Reichs« in aller Deutlichkeit, dass sie das Kunsthistorische Museum als Selbstbedienungsladen betrachteten.[7] Den Wünschen der neuen politischen Machthaber wurde dabei zuweilen in vorauseilendem Gehorsam und ohne zu zögern Folge geleistet, etwa als Generalfeldmarschall Hermann Göring in seiner Funktion als Reichsjägermeister am 15. Mai 1938 den Lainzer Tiergarten besuchte[8] und für diesen Zweck drei Jagdwagen aus der Wagenburg angefordert wurden. Als offizieller Leihnehmer der drei Musealobjekte scheint in den Sammlungsakten das Präsidialbüro der Stadt Wien auf, das auch die Kosten für die im Anschluss an die Ausfahrt notwendig gewordene Reinigung der Gefährte in der Höhe von 60 Reichsmark übernahm.[9] Eine derartige Verwendung ehemaliger Hofwagen durch Politiker hatte es in Österreich weder während der Ersten Republik noch in der Zeit der Dollfuß-Schuschnigg-Diktatur gegeben. Mit der Nutzung kaiserlicher Fahrzeuge war wohl nicht zuletzt das Bestreben Görings verbunden, sich Objekte des Kaiserhauses symbolisch anzueignen und sich derart in die Tradition der alten Herrscherdynastie zu stellen.

Die Machtergreifung durch die Nationalsozialisten weckte im Kunsthistorischen Museum die Hoffnung, langgehegte Projekte, die aufgrund ungünstiger wirtschaftlicher Rahmenbedingungen bislang unrealisierbar erschienen, nun endlich umsetzen zu können. Die hochgesteckten Erwartungen wurden jedoch zum überwiegenden Teil enttäuscht.[10] Zu den wenigen Sammlungsbereichen, für die in jenen Jahren – zumindest kurzzeitig – tatsächlich Verbesserungen erzielt werden konnten, zählte die Wagenburg.

Im April 1938 wurde der bereits 1936 entwickelte Plan, die Ausstellungsfläche der Wagenburg um einen in unmittelbarer Nähe der Schauhalle gelegenen, etwa 80 mal 12 Meter großen Pferdestall, den sogenannten Englischen Reitstall, zu vergrößern, erneut aus der Schublade geholt und von Bruno Thomas überarbeitet. Das adaptierte Konzept erforderte nun zusätzlich die Beschaffung mehrerer Pferde- und Menschenpuppen als Ausstellungsbehelfe für Geschirre und Livreen.[11] Als Fritz Dworschak am 22. Juni dem Ministerium für innere und kulturelle Angelegenheiten den Erweiterungsplan vorstellte, führte er an, dass »die derzeitige Aufstellung in der Wagenburg vollständig überaltet, die Hälfte aller Wagen zudem nicht ausgestellt« sei. »Dabei ist der Besuch ein stets steigender, meist mehrere 100 Personen im Tage umfassender.« Für die angestrebte räumliche Expansion und die Modernisierung der Ausstellung ersuchte er um die Bereitstellung von 20.000 Reichsmark.[12] Das Ministerium stimmte zu und bereits am 14. Juli konnte Leopold Ruprecht, der nunmehrige Leiter der Waffensammlung, vermelden, dass die Arbeiten im Englischen Reitstall mittlerweile in Angriff genommen worden seien.[13] Die Pläne wurden in den Folgemonaten noch mehrmals abgeändert. So manche kurzfristig entwickelte, hochtrabende Projektidee wurde rasch wieder beiseitegelegt, etwa Ruprechts Vorhaben, mit dem Kutschenstall gar noch eine dritte Ausstellungshalle zu schaffen, die ein Jagdmuseum mit Jagdwagen und -gewehren beherbergen hätte sollen.[14]

Um die Umbau- und Adaptierungsmaßnahmen ungestört durchführen zu können, blieb die Wagenburg in den ersten drei Monaten des Jahres 1939 geschlossen.[15] Am 1. April erfolgte unter großem Medienecho die Eröffnung der völlig neu gestalteten Wagenburg.[16] Die nun auf zwei Hallen verteilte Schau ermöglichte neben der Präsentation von Fahrzeugen, die bis dahin aus Platzgründen im Depot hatten bleiben müssen, auch eine weniger gedrängte Aufstellung. Durch die Zurschaustellung mehrerer Zuggeschirre auf Pferdepuppen in Kombination mit den zugehörigen Wagen konnte zudem ein lebendigeres Gesamtbild des Hoffuhrparks als bisher erzielt werden. Auch erlaubte die räumliche Zweiteilung eine stimmigere zeitliche Gliederung: Während im neuen Ausstellungsraum, dem aus dem 18. Jahrhundert stammenden Englischen Reitstall, Objekte aus Barock, Klassizismus und Empire gezeigt wurden, diente die bisher bereits verwendete Reithalle mit ihrer nüchternen Gestaltung der Präsentation jüngerer Objekte aus dem Zeitraum zwischen Biedermeier und dem Ende der Monarchie.[17] Da vom 1931 erschienen Kurzführer noch zahlreiche Restexemplare vorhanden waren, erschien anlässlich der Neueröffnung keine neue Publikation, sondern nur eine von Leopold Ruprecht verfasste zwölfseitige Broschüre mit ergänzenden Informationen, die in den Kurzführer eingelegt werden konnte.[18]

Abb. 60: Hermann Göring besucht am 15. Mai 1938 den Lainzer Tiergarten. Aus: *Neues Wiener Tagblatt*, 17. Mai 1938, 3

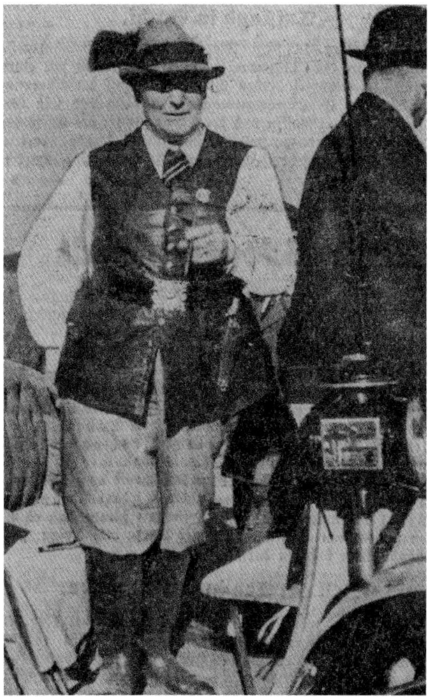

Die Freude über die Erweiterung der Ausstellungsfläche und die verbesserte Präsentation der Objekte währte jedoch nur wenige Monate. Mit Beginn des Zweiten Weltkriegs Anfang September 1939 wurde die Wagenburg für mehrere Monate geschlossen. Militärischen Belangen wurde fortan auch in Schönbrunn Vorrang vor musealen Erfordernissen zugebilligt. Aus diesem Grund erging an die Waffensammlung der überraschende Auftrag, den erst kurz zuvor neu eingerichteten Englischen Reitstall zu räumen. Er wurde zunächst von der Wehrmacht in Beschlag genommen, die ihn für eigene Zwecke benötigte. Die gedeckte Reitschule war von da an wieder der alleinige Ausstellungssaal des Museums, in dem nun abermals eine Auswahl der wichtigsten Sammlungsobjekte versammelt wurde. Als man am 2. Juni 1940 den Besuchsbetrieb wieder aufnahm, war die Aufstellung der Fahrzeuge erneut so dicht gedrängt wie schon vor 1939.[19]

Auch andere Räumlichkeiten kamen damals der Wagenburg abhanden, allen voran der als Fahrzeugdepot genutzte ehemalige Kutschenstall, der der Polizei überlassen werden musste. Ebenso war das Museum gezwungen, einige als Depots verwendete Gewölbe im Reitschulhof sowie das Dienstzimmer abzutreten.[20] Das Fehlen des Dienstzimmers machte sich in den folgenden Jahren für die Museumsaufseher besonders unangenehm bemerkbar, da sie nun in den Wintermonaten über keinen beheizten Raum mehr verfügten, in dem sie sich in den Pausen von der Arbeit in der kalten Schauhalle hätten aufwärmen können. Dies führte zu vermehrten Erkältungskrankheiten unter den Aufsehern, weshalb Ruprecht bei Fritz Dworschak mehrmals das Ansuchen stellte, an kalten Schlechtwettertagen mit geringem Besucheraufkommen die Wagenburg gänzlich geschlossen halten zu dürfen.[21] Ob Ruprecht mit seinen Interventionen erfolgreich war, lässt sich den vorhandenen Akten leider nicht entnehmen.

Der Zweite Weltkrieg bedeutete für das Team der Wagenburg-Aufseher einen gravierenden Einschnitt, da die meisten unter ihnen zum Kriegsdienst einberufen wurden. Karl Wiesinger (Aufseher seit 1928), Leopold Raussal, Josef Sax (beide Aufseher seit 1937), Richard Gerstl, Georg Kellner (beide Aufseher seit 1938) und Franz Enengel (Aufseher seit 1939) rückten im Lauf der Jahre 1939 und 1940 zur Wehrmacht ein. Zwei von ihnen sollten nicht mehr aus dem Krieg zurückkehren: Enengel fiel in den ersten Tagen des Jahres 1943 und Raussal verstarb 1946 in russischer Kriegsgefangenschaft. Die übrigen vier gerieten ebenfalls in Gefangenschaft der Sowjetarmee, wurden jedoch 1945 (Wiesinger, Kellner und Gerstl) beziehungsweise 1947 (Sax) wieder freigelassen.[22]

Aufgrund der zahlreichen Kriegseinberufungen herrschte zwischen 1939 und 1945 eine hohe Personalfluktuation unter den Aufsehern der Wagenburg. Manche von ihnen arbeiteten nur für wenige Wochen oder Monate im Museum, bevor sie wiederum durch neue Aufseher ersetzt wurden. Für Kontinuität im Bereich der Aufsicht und der Restaurierung sorgten allein Friedrich Hänel, der seit 1937 die Funktion des Oberaufsehers ausübte, sowie Adolf Rydl; beide wiesen noch eine Vergangenheit als Hofsattler auf und wurden aus Altersgründen nicht mehr zum Kriegsdienst eingezogen. Nach Rydls Übertritt in den Ruhestand 1942 verblieb von der »alten Garde« der Aufseher nur noch Hänel in der Wagenburg.[23]

Auch im wissenschaftlichen Bereich mussten kriegsbedingte Einschränkungen hingenommen werden. Bruno Thomas, der Kustos der für die Wagenburg zuständigen Waffensammlung, rückte im Februar 1940 zur Wehrmacht ein,[24] sodass die Sammlungsarbeit bis Kriegsende allein auf den Schultern von Direktor Ruprecht lag. An Forschungstätigkeiten war unter diesen Umständen nicht zu denken.

Ungeachtet der geschilderten Schwierigkeiten verzeichnete die Wagenburg in den frühen 1940er Jahren einen erstaunlichen Anstieg der Besuchszahlen. Diese lagen 1941 bei rund 112.000 und erreichten damit einen bisherigen Höchststand in der Geschichte des Museums. Im Jahr darauf stiegen sie weiter auf knapp 134.000 und 1943 – obwohl die Wagenburg damals vier Monate lang geschlossen war – schließlich auf rund 228.000,[25] eine Zahl, die erst in den 1980er Jahren übertroffen werden sollte. Den Menschen bedeutete in den Kriegsjahren ein Besuch in der Wagenburg wohl eine willkommene Ablenkung vom politischen Zeitgeschehen und von bedrückenden Frontnachrichten. Zugleich wirkten museale Ausflüge in die »gute alte Zeit« der Monarchie für das NS-Regime systemstabilisierend und wurden deshalb im Lauf der Zeit zunehmend gefördert. Dies verdeutlicht folgende Gegenüberstellung: Der Anteil der freien Eintritte, die sich zunächst vor allem auf Schüler*innen beschränkten, stieg von circa 3 Prozent im Jahr 1939 auf 49 Prozent im Jahr 1943.[26] Der Personenkreis, dem ein kostenloser Museumsbesuch gewährt wurde, erfuhr demnach im Lauf des Krieges eine

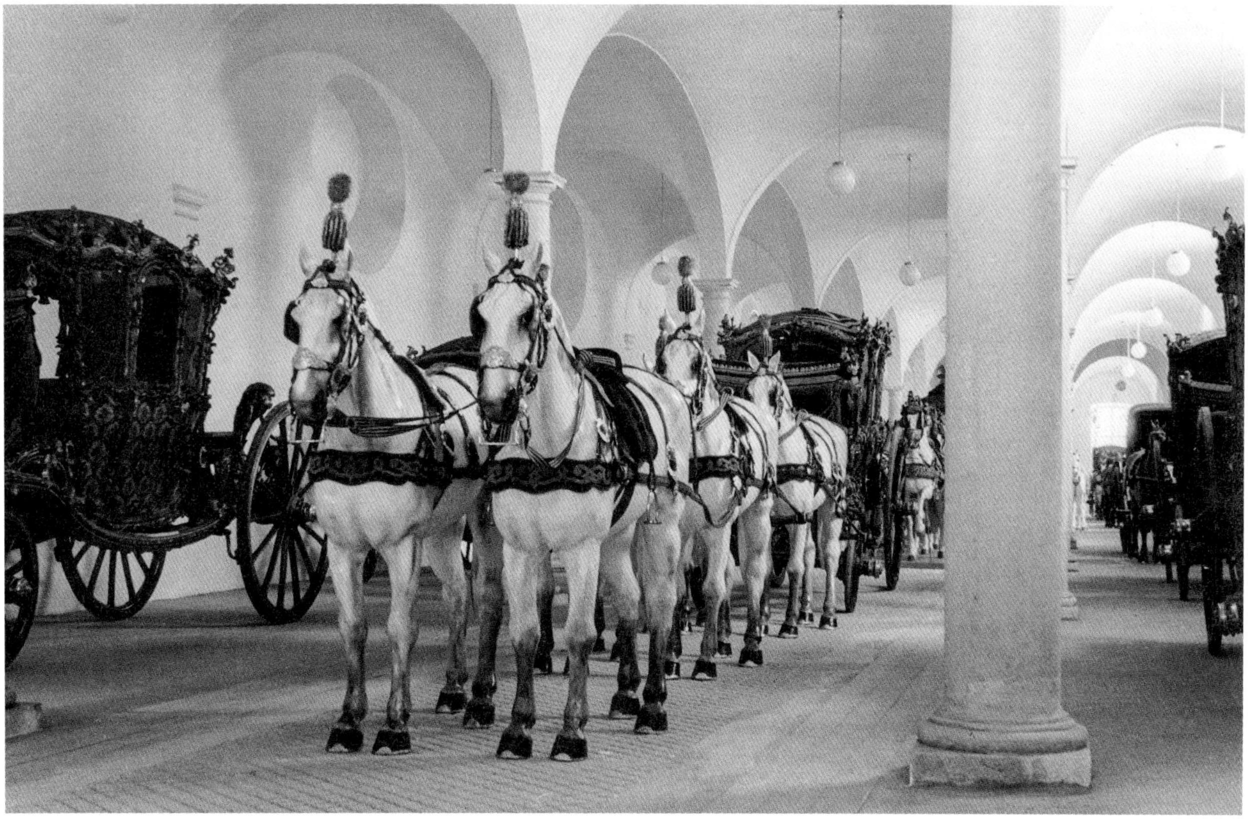

Abb. 61: Neueröffneter Englischer Reitstall, 1939

enorme Ausweitung. Besonders unter Soldaten erfreute sich die Wagenburg außerordentlicher Beliebtheit. Davon zeugt etwa ein Zeitungsartikel vom Sommer 1940, der sich den aktuellen Besuchszahlen in den Wiener Museen widmete: »Den Besucherrekord der Wiener Museen hält auch im heurigen Hochsommer die Wagenburg in Schönbrunn. Auch hier beherrschen die Soldatenuniformen das Bild, die Artilleristen umdrängen mit besonderer Vorliebe die Sechser- und Achterzüge der Prunkwagen, die Männer von der Kavallerie lassen sich von den Museumsaufsehern das Sattel- und Zaumzeug erklären. Der Hauptanziehungspunkt ist aber für alle Besucher immer noch der wundervolle Krönungswagen Karls VI. ›Verwundete Soldaten haben bei uns freien Eintritt!‹ erzählt ein Beamter der Wagenburg in Schönbrunn. ›Auch Soldaten, die mit ihren Offizieren in ganzen Gruppen kommen, brauchen keine Besichtigungskarte zu lösen, und viele von unsern feldgrauen Besuchern sehen sich im Schloß auch gleich die Prunkräume an. [...].‹«[27]

Nicht nur im Museum bekamen die Menschen während des Zweiten Weltkriegs Hoffahrzeuge zu sehen, sondern häufiger als je zuvor auch auf den Kinoleinwänden. In den Kriegsjahren 1939 bis 1944 verlieh die Waffensammlung für gleich zehn Produktionen der NS-Filmindustrie Objekte aus der Wagenburg und dem Monturdepot, nämlich Kutschen, Schlitten, Pferdegeschirre sowie Uniformen und Livreen.[28] Manche der Spielfilme, wie etwa *Wiener Blut*, schwelgten in Alt-Wien-Nostalgie, dienten vorrangig der Unterhaltung und Zerstreuung und bildeten derart ein psychisches Entlastungsventil für die von Alltags- und Zukunftssorgen geplagte Bevölkerung. Andere Laufbilder stellten sich hingegen klar in den Dienst der NS-Ideologie, wie etwa der Streifen *Wien 1910*.[29]

Auch wurden zu jener Zeit mehrmals Fahrzeuge aus dem Museum entnommen, um nationalsozialistische Spendenaktionen attraktiver zu gestalten, beispielsweise das

Winterhilfswerk des Deutschen Volkes in den Jahren 1938, 1939 und 1940, das Kriegshilfswerk des Deutschen Roten Kreuzes 1940 oder die Reichsstraßensammlung der Deutschen Arbeitsfront 1942.[30] Die nicht anders als verantwortungslos zu bezeichnende Bereitschaft, museale Objekte zweckzuentfremden, ging damals sogar so weit, dass alle damals noch vorhandenen Kutscherpelze sowie andere Pelzmäntel des Monturdepots für Personal im Bergungsort Gaming und im Rahmen der »Wollsammlung« des NS-Winterhilfswerks an Soldaten im Kriegseinsatz abgegeben wurden.[31] Freilich kehrte keines dieser Objekte jemals wieder ins Museum zurück, weshalb die prachtvollen Pelzmäntel des Wiener Hofes heute nur noch in Bildquellen überliefert sind.

Nach dem Bombardement Wiener Neustadts am 13. August 1943 wuchs auch für Wien die Gefahr von Luftangriffen durch amerikanische und englische Fliegereinheiten. Aus Sicherheitsgründen schloss die Wagenburg deshalb ab 1. September 1943 ihre Pforten – wie sich noch herausstellen sollte, für die Dauer von fast vier Jahren.[32]

Im Kunsthistorischen Museum waren damals längst Bergungsmaßnahmen zum Schutz der Sammlungsobjekte angelaufen.[33] Von der Wagenburg wurden die meisten textilen Objekte, wie etwa Schabracken, mithilfe eines Lastwagens von Schönbrunn in das im Souterrain der Hofburg befindliche Monturdepot transferiert. Die Pferdegeschirre beließ man im bestehenden Geschirrdepot im Schönbrunner Schlossgebäude, da dieser Ort als sicher galt. Für die großen Kutschen konnte zunächst kein zufriedenstellendes Bergungsquartier gefunden werden. Eine Unterbringung in unterirdischen Räumen oder an Orten außerhalb Wiens galt als ausgeschlossen, zum einen, weil keine ausreichend großen Hallen zur Verfügung standen, die auch die klimatischen Vorgaben hätten erfüllen können, zum anderen aber auch, weil ein Transport der zahlreichen Großobjekte nur unter großen Schwierigkeiten zu bewerkstelligen gewesen wäre. Sammlungsdirektor Ruprecht war deshalb schon seit Kriegsausbruch bemüht, im Areal des Schönbrunner Schlossparks Räumlichkeiten ausfindig zu machen, die einen gewissen Schutz vor Bombenangriffen und Bränden boten, denn die Schauhalle der Wagenburg galt aufgrund ihres in die Jahre gekommenen Dachstuhls und der großen Spannweite der Decke als eminente Gefahrenquelle. Ein Bombentreffer hätte das Dach unweigerlich zum Einsturz gebracht, die Marstallobjekte unter sich begraben und zerstört.

Welche Gebäude des Schlossareals kamen aber für die Fahrzeuge als Bergungsort infrage? Am naheliegendsten schien es, zumindest die kostbarsten Objekte in den in unmittelbarer Nähe befindlichen Englischen Reitstall zu transferieren, der ein gemauertes Gewölbe mit geringer Spannweite aufwies und deshalb im Fall von Bombentreffern größere Sicherheit als die Reithalle versprach. Alle Bemühungen, diesen Raum als Bergungsort für die Wagenburg zurückzugewinnen, blieben jedoch erfolglos. Nachdem der Englische Reitstall 1939 zunächst von der Wehrmacht in Beschlag genommen worden war, wurde er im Lauf des Krieges für unterschiedlichste Zwecke verwendet, nämlich zunächst zur Lagerung von Weizen seitens der Reichsgetreidestelle und später von einer Kraftfahrzeugsabteilung zur Unterbringung von Treibstoff und Motorrädern. Weitere Nutzer waren im Lauf der Jahre die Schutzpolizei, das Deutsche Rote Kreuz sowie neuerlich die Wehrmacht. Die oftmaligen Appelle von Sammlungsdirektor Ruprecht und Fritz Dworschak, den Englischen Reitstall doch wieder an die Wagenburg zurückzustellen, da sie ihn dringend für die Bergung der ältesten und kostbarsten Fahrzeuge benötige, verhallten ungehört. In den erhaltenen Schreiben wird häufig die Fassungslosigkeit der Museumsbeamten angesichts der Ignoranz der NS-Behörden gegenüber musealen Bedürfnissen spürbar. In unmittelbarer Nähe der Sammlungsobjekte wurde nämlich nicht nur unterschiedlichstes Heeresmaterial, sondern auch Sprengstoff gelagert, was die berechtigte Befürchtung wachsen ließ, dieser Teil des

Schlossparks könnte zum Ziel der alliierten Luftstreitkräfte werden. Um zumindest einen gewissen Schutz für die weiterhin in der Ausstellungshalle untergebrachten Objekte zu erreichen, wurde Ende 1943 überlegt, den Saal in gemauerte Zellen zu unterteilen, damit die Splitter- und Sprengwirkung eines Bombentreffers nicht gleich sämtliche Fahrzeuge auf einmal zerstöre. Ruprecht lehnte eine solche Lösung jedoch ab, da sie im Notfall die Bergung der Objekte erschwert hätte.

Um die ältesten und kostbarsten Fahrzeuge nicht länger in der Schauhalle zu belassen, wurden sie schließlich in die ehemalige Hofküche im Meidlinger Trakt des Schlossparks transferiert. Diesen Raum hatte das Museum bereits früher als Depot benutzt. Um einen besseren Schutz vor Bombenangriffen zu gewährleisten, sollten die zwanzig vorhandenen Fenster des nunmehrigen Bergungsraums mit dicken Zementwänden verschlossen werden. Die so erhoffte Sicherheit für die Objekte sollte sich allerdings als trügerisch erweisen. Als besonders problematisch stellte sich später heraus, dass die ursprünglich geplante vollständige Vermauerung der Fenster im Zuge der Arbeiten auf halber Höhe eingestellt wurde.[34]

1 Haupt 1995, 9–12.
2 KHM, Archiv, Personalakt August Grósz.
3 KHM, Zl. 18/WS/1938.
4 Hehenberger 2019.
5 KHM, Zl. 1/WS/1939.
6 Zu Ruprecht siehe Haupt 1995, 11, 17, 28, 61 f.; Löscher 2021.
7 Vgl. Haupt 1995, 30 f.
8 Kleine Volks-Zeitung, 13. Mai 1938, 5.
9 KHM, Zl. 16/WS/1938. Dem entsprechen heute rund 400 Euro. Vgl. URL: https://www.eurologisch.at/docroot/waehrungsrechner/#/ [letzter Zugriff: 14.6.2023].
10 Haupt 1991, 143–155, 238–240.
11 KHM, Zl. 8 und 18/WS/1938; »Stilhistorische Notizen Dr. Thomas' für eine Wagenburgneuaufstellung«. KHM, WB, Archiv. Zur Bestellung der Ausstellungsbehelfe siehe KHM, Zl. 26 und 39/WS/1938, Zl. 212/KL/1939, Zl. 14 und 19/KL/1941.
12 KHM, Zl. 151/KL/1938. Dem entspricht heute ein Betrag von über 130.000 Euro. Vgl. URL: https://www.eurologisch.at/docroot/waehrungsrechner/#/ [letzter Zugriff: 14.6.2023].
13 KHM, Zl. 24/WS/1938.
14 KHM, Zl. 25 und 68/WS/1938.
15 KHM, Zl. 53/WS/1938.
16 KHM, Zl. 110/KL/1939; Das Kleine Blatt, 6. April 1939, 11; Völkischer Beobachter (Wiener Ausgabe), 6. April 1939, o. S. (Beiblatt Wiener Beobachter); Das Kleine Volksblatt, 6. April 1939, 6; Illustrierte Kronen Zeitung, 6. April 1939, 8; Neues Wiener Tagblatt (6-Uhr-Abendblatt), 13. April 1939, 4; Die Wiener Bühne, 21. April 1939, 32.
17 KHM, Zl. 110/KL/1939.
18 KHM, Zl. 43/WB/1949.
19 KHM, Zl. 9/WS/1940, Zl. 127/1/KL/1940, Zl. 18/WS/1941, Zl. 3/WB/1947, Zl. 42/WB/1948.
20 KHM, Zl. 42/WB/1948.
21 KHM, Zl. 53/WS/1941, Zl. 2/WS/1943.
22 KHM, Zl. 36/WB/1948.
23 Ebenda.
24 KHM, Zl. 9/WS/1940.
25 KHM, Zl. 3/WB/1947.
26 Vgl. die Zahlen in KHM, Zl. 3/WB/1947.
27 Neues Wiener Tagblatt, 6. August 1940, 6.
28 Es handelte sich dabei um die Spielfilme *Eine kleine Nachtmusik* (1939; KHM, Zl. 38/WS/1939), *Maria Ilona* (1939; KHM, Zl. 43/WS/1939, Zl. 9/WS/40), *Der Postmeister* (1940; Zl. 7 und 9/WS/1940), *Der liebe Augustin* (1940; KHM, Zl. 42/WS/1940); *Wiener Blut* (1942; KHM, Zl. 35, 41 und 42/WS/1941, Zl. 1/WS/1942), *Die heimliche Gräfin* (1942; KHM, Zl. 5/WS/1942), *Wen die Götter lieben* (1942; KHM, Zl. 23/WS/1942), *Wien 1910* (1943; KHM, Zl. 1/WS/1942), *Symphonie eines Lebens* (1943; KHM, Zl. 11/WS/1942) und *Die goldene Fessel* (1944; KHM, Zl. 14 und 16/WS/1943).
29 *Wien 1910* war der einzige der zehn genannten Filme, für den keine Kutschen, dafür aber zwei Uniformen des Monturdepots zur Verfügung gestellt wurden.
30 KHM, Zl. 56/WS/1938, Zl. 11/WS/1939, Zl. 32 und 49/WS/1940, Zl. 20/WS/1942.
31 KHM, Zl. 2 und 3/WS/1942.
32 KHM, Zl. 3/WB/1947.
33 Siehe dazu Haupt 1995, 48–53, 129–145; Hehenberger – Löscher 2016.
34 KHM, Zl. 192/KL/1940, Zl. 65/1/KL/1941, Zl. 40/WS/1941, Zl. 65/KL/1941, Zl. 63/ED/1944, Zl. 6/WS/1944, Zl. 42/WB/1948, Zl. 38/WB/1952.

Neuerwerbungen während des Nationalsozialismus

Die Waffensammlung übernahm während der NS-Zeit mehrere Fahrzeuge sowie einige andere Objekte, die dem Sammlungsbereich der Wagenburg zuzuordnen sind, in ihre Bestände. Der überwiegende Teil dieser Sammlungszuwächse verfügt – soweit sich das mittels der vorhandenen Quellen nachvollziehen lässt – über eine unbedenkliche Provenienz. Zu dieser Gruppe zählen etwa ein Vis-à-vis-Wagen (Inv.-Nr. W 47), ein Galacoupé der Grafen Pejačević (Inv.-Nr. W 21) sowie der Kasten eines Phaetons im Rohbau, die alle drei im Jahr 1938 als Geschenk des ehemaligen Hofwagenbauers Armbruster an das Museum gelangten.[1] Objekte mit unproblematischer Herkunftsgeschichte sind ferner ein Jagdwagen (Inv.-Nr. W 59) und ein Rennschlitten (Inv.-Nr. W 83), die Georg Voormann, an den diese Fahrzeuge im Erbweg gekommen waren, der Wagenburg 1939 als Schenkung überließ.[2] Wiederum von Armbruster kam 1942 ein sogenannter Sandschneider (Inv.-Nr. W 48) an die Wagenburg, diesmal allerdings nicht als Schenkung, sondern durch Ankauf.[3]

Manche Objekte, die in der NS-Zeit, teilweise aber auch erst Jahre später der Sammlung hinzugefügt wurden, hatten Vorbesitzer*innen, die aus jüdischen Familien stammten. Dazu zählen zwei Gefährte, die ihrem Eigentümer unrechtmäßig entzogen worden waren. Er sollte seine Fahrzeuge erst 1961, nach jahrelangen Kämpfen mit der österreichischen Bürokratie, wieder zurückerhalten. Andere Gegenstände jüdischer Provenienz gelangten hingegen als Schenkungen oder legale Ankäufe an die Wagenburg. Einen Sonderfall stellt

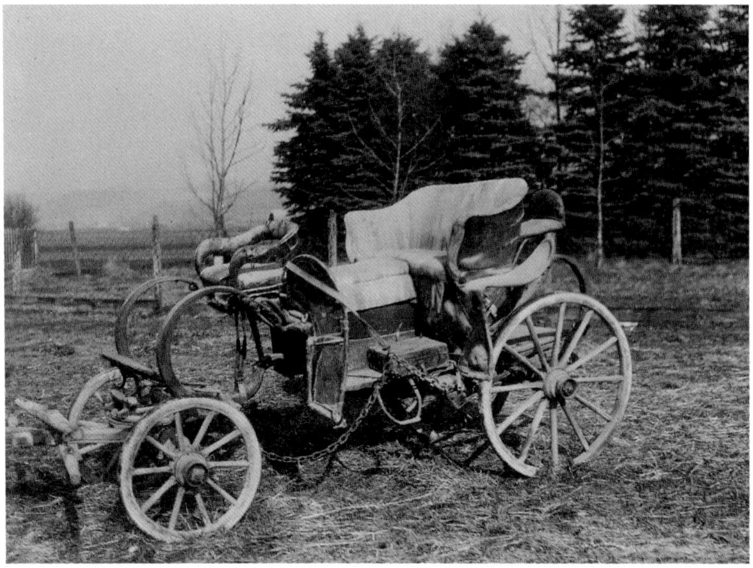

Abb. 62: Aufnahme eines Jagdwagens (Inv.-Nr. W 59) vom Zeitpunkt der Schenkung an die Wagenburg, 1939

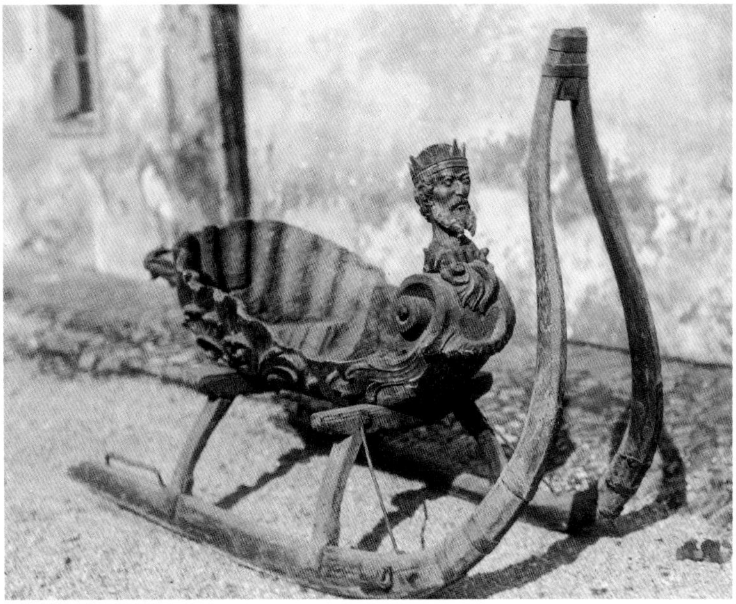

Abb. 63: Foto eines Rennschlittens (Inv.-Nr. W 83) vom Zeitpunkt der Schenkung an die Wagenburg, 1939

hierbei ein Gemälde dar, das 2003 für die Sammlung erworben werden konnte. Im Zuge der Recherchen zur vorliegenden Publikation erhielt der Autor Kenntnis von ihm zuvor unbekanntem Quellenmaterial, das neues Licht auf den bisher als unproblematisch geglaubten Besitz dieses Gemäldes wirft.[4]

Gemeinsam haben all diese Objekte aus jüdischem Eigentum, dass mit ihnen tragische menschliche Schicksale von Enteignung und Vertreibung verbunden sind. Da die Wagenburg den Vorbesitzer*innen ein dauerhaftes Andenken bewahren möchte, stehen im Zentrum der folgenden vier Abschnitten die Geschichten dieser Objekte und der Wege, auf denen sie in die Wagenburg gelangten, sowie biografische Informationen zu ihren einstigen Eigentümer*innen.

1 KHM, Zl. 5/WS/1938, Zl. 1/WS/1939. Der Wagen im Rohbau wurde beim Bombenbangriff 1945 vernichtet.

2 KHM, Zl. 38/WS/1939, Zl. 9/WS/1940.

3 KHM, Zl. 34/WS/1942.

4 Für die Unterstützung bei den Recherchen zur Geschichte des Gemäldes möchte ich mich herzlich bei Monika Löscher bedanken.

Enteignet, im Museum eingestellt und restituiert: Eine Mailcoach und ein Hansom Cab Theodor Schmidts

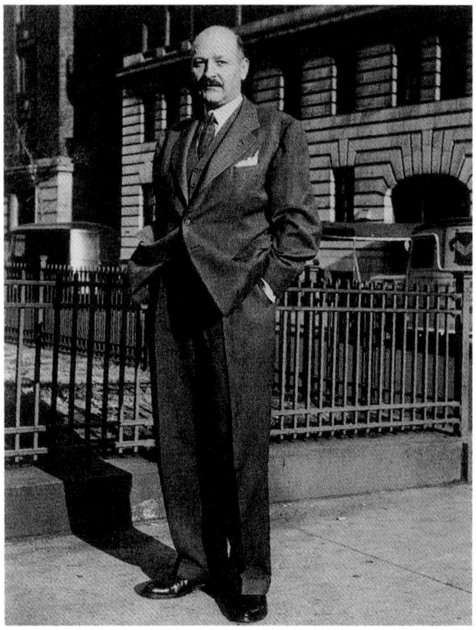

Abb. 64: Theodor Schmidt auf dem Weg ins amerikanische Exil: Aufnahme während eines Zwischenstopps in London, 1940

Als Erwin Auer Ende Mai des Jahres 1947 die Agenden der Wagenburg und des Monturdepots übernahm, versuchte er, sich rasch einen Überblick über die nun unter seiner Verantwortung stehenden Objektbestände zu verschaffen. Offensichtlich war es ihm dabei auch ein Anliegen, Klarheit über Sammlungszuwächse zu gewinnen, die in die NS-Zeit fielen. So kontaktierte er im Sommer 1948 das Technische Museum, um in Erfahrung zu bringen, was es mit zwei Kutschen auf sich hatte, die von dort am 2. Juni 1943 an die Wagenburg gekommen waren. Am 23. August 1948 nahm Auer im Technischen Museum Einsicht in die entsprechenden Karteikarten und notierte die dort zu den beiden Wagen verzeichneten Informationen.[1] Wenige Tage später fertigte er Grundbeschreibungen der beiden Fahrzeuge an und trug sie in das Depositenprotokoll ein. Zusätzlich vermerkte er die im Technischen Museum gewonnenen Erkenntnisse zur Provenienz: Die beiden Wagen stammten ursprünglich »aus dem Besitz des Kommerzialrates Dr. Theodor Schmidt« und seien dem Technischen Museum am 28. März 1941 vom Wiener Wagenbauer August Schweikert geschenkt worden.[2] Wie sich noch herausstellen sollte, waren diese Angaben, die den Eindruck einer legalen Erwerbung erweckten, irreführend.

Am 14. November 1953 erhielt Erwin Auer einen Anruf mit der Mitteilung, Theodor Schmidt, der frühere Besitzer der beiden Wagen, sei aus dem Ausland nach Wien zurückgekehrt und verlange diese nun zurück. Auer erklärte, dass er die Fahrzeuge nur an das Technische Museum zurückstellen könne, da dieses sie in der Wagenburg deponiert habe. Alles Weitere sei deshalb mit dem Technischen Museum zu klären. Rund fünf Wochen später erreichte Auer die Bitte Schmidts, die Wagenburg möge die beiden Leihobjekte vorerst weiter betreuen.[3]

Wer war der 1953 aus dem Exil zurückgekehrte Eigentümer der Fahrzeuge? Der gebürtige Wiener Theodor Schmidt (1891–1973)[4] entstammte einer großbürgerlichen Familie, die es mit der Erzeugung von Süßwaren und Schokolade zu Wohlstand und Ansehen

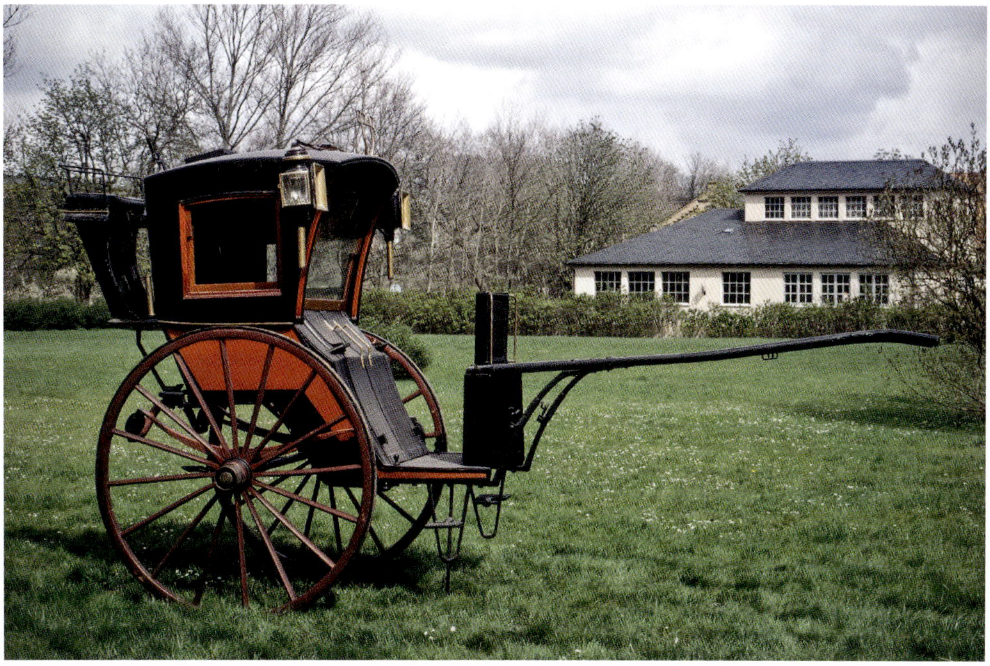

Abb. 65: Hansom Cab, Forder & Co. Limited, Wolverhampton, um 1900. Ursprünglich im Besitz von Theodor Schmidt, nun in Privatbesitz

gebracht hatte. Die 1856 gegründete Firma Victor Schmidt & Söhne war in ihrer Branche Marktführer in der gesamten Donaumonarchie. Der junge Theodor Schmidt erhielt eine hervorragende Ausbildung an österreichischen Eliteschulen. Nach der Matura diente er als Einjährig-Freiwilliger in Enns beim traditionsreichen Dragoner-Regiment Nr. 4, wo wohl auch der Ursprung seiner lebenslangen Liebe zu Pferden lag. Er studierte Rechtswissenschaften in Innsbruck, Oxford und Paris und sprach neben Deutsch fließend Englisch, Französisch und Spanisch. Während des Ersten Weltkriegs kämpfte er als Leutnant und erhielt dabei mehrere militärische Auszeichnungen. Nach Kriegsende trat er als Vierteleigentümer in das Familienunternehmen ein, in dem er jedoch kaum operativ tätig wurde. Die daraus entstandenen Einkünfte boten ihm aber die Möglichkeit, seinen politischen und gesellschaftlichen Interessen nachzugehen. Er war in mehreren national und international agierenden Arbeitgeber- und Industriellengremien tätig und hielt immer wieder Vorträge zu wirtschaftspolitischen Themen. Schmidts Weltbild war streng konservativ-monarchistisch und er verfügte über ein breites Netzwerk, das sich aus hochrangigen Vertretern der katholischen Kirche und des Adels zusammensetzte. Sein Auftreten war das eines weltmännischen Diplomaten und er liebte es, in seiner Hietzinger Villa mondäne Empfänge zu geben. Von 1925 datieren die Anfänge seiner Funktionärstätigkeit in der Welt des Sports. Er war Gründer des firmeneigenen Fußballklubs SC Victor Schmidt & Söhne, wurde 1928 Österreichs Vertreter im Internationalen Olympischen Komitee und im Jahr darauf Präsident des Österreichischen Hauptverbandes für Körpersport. Diese Ämter führten ihn rund um den Globus, wo er zahlreiche Prominenz traf und sogar Privataudienzen bei der Königin der Niederlande und beim japanischen Kaiser erhielt. Schmidts sportpolitisches Engagement und seine Nähe zur christlichsozialen Partei ließen nach deren 1933 erfolgter Machtergreifung sogar das Gerücht aufkommen, er könnte Staatssekretär für Leibesübungen werden. Ab 1936 reduzierte Schmidt seine Tätigkeit als Sportfunktionär und trat etwas aus dem öffentlichen Leben zurück, gab aber weiterhin Gartenpartys, zu denen auch Gäste wie der österreichische Bundespräsident oder der

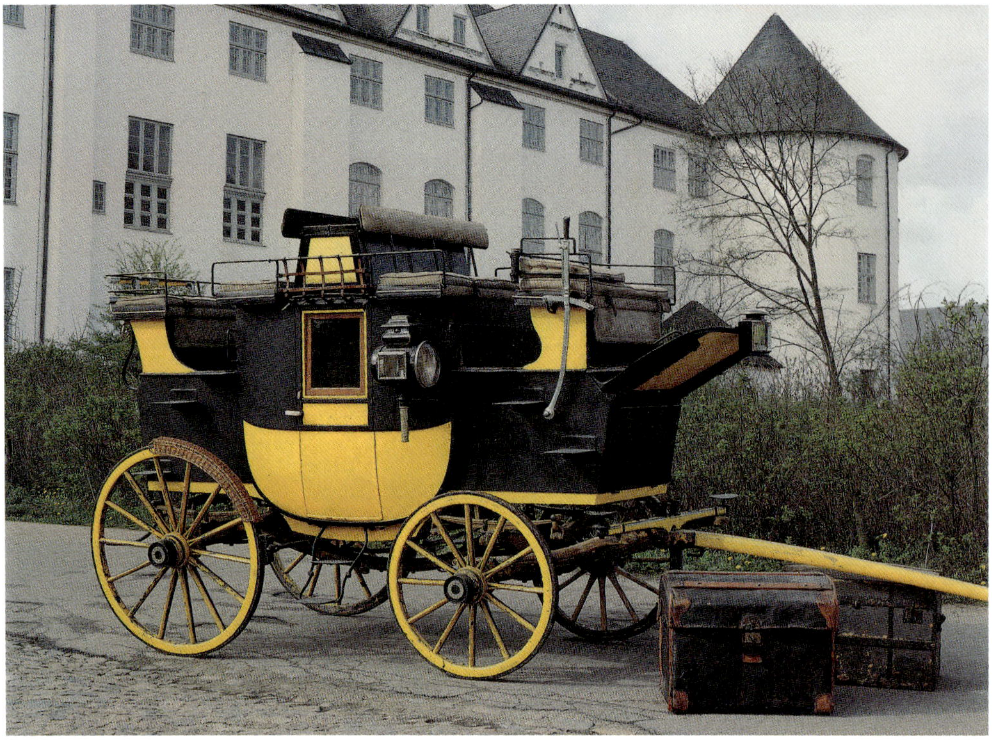

Abb. 66: Mail Coach, S. Armbruster, Ende des 19. Jahrhunderts, ursprünglich im Besitz von Theodor Schmidt, mittlerweile Schleswig-Holsteinisches Landesmuseum, Schloss Gottorf, Inv.-Nr. 1992-570

Erzbischof von Wien geladen waren. Er hielt nun auch öffentliche Vorträge zu Themen der Kunst und widmete sich dem Pferdesport.

Das Jahr 1938 stellte für Theodor Schmidt einen Wendepunkt dar. Sein Leben war mit der NS-Machtergreifung in Österreich in mehrerlei Hinsicht in Gefahr. Schmidt war zwar römisch-katholisch getauft, galt den Nationalsozialisten aber aufgrund der jüdischen Herkunft seiner Mutter – sie war erst nach seiner Geburt aus der Israelitischen Kultusgemeinde ausgetreten – als »Halbjude«. Zudem machten ihn seine Homosexualität und seine politische Punzierung als Parteigänger des autoritären Dollfuß-Schuschnigg-Regimes zur potenziellen Zielscheibe der neuen Machthaber. Im Mai 1938 gelang es ihm, unbehelligt nach Italien auszureisen, wo er für rund ein Jahr in Mailand und Rom lebte, bevor er sich schließlich in die USA in Sicherheit brachte. Mit 16. Februar 1943 wurde Schmidt von den NS-Behörden ausgebürgert und sein gesamtes Vermögen, darunter seine Wiener Villa und seine Firmenbeteiligungen, als dem Deutschen Reich verfallen erklärt. Damals gelangten auch die Kutschen Schmidts über das Technische Museum an die Wagenburg.

Theodor Schmidt verbrachte die Zeit des Zweiten Weltkriegs in verschiedenen amerikanischen Städten sowie in der Dominikanischen Republik. Spätestens ab 1948, als er seine Villa und seine Firmenanteile zurückerhielt, kehrte Schmidt wiederholt nach Österreich zurück und ließ sich 1955 schließlich wieder endgültig in seiner alten Heimat nieder. Im Nachkriegsösterreich sollte es ihm allerdings nur teilweise gelingen, an sein altes Leben anzuknüpfen und den früher genossenen gesellschaftlichen Status wiederzuerlangen.

Kehren wir nun in die Wagenburg und zu den beiden Fahrzeugen zurück, um deren Rückstellung sich Theodor Schmidt ab 1953 bemühte. Es handelte sich dabei um ein sogenanntes Hansom Cab englischer Produktion und um eine Coach der Wiener Wagenfabrik S. Armbruster. Der Hansom Cab genannte zweirädrige Wagentyp mit seinem hinter dem Passagierkasten angebrachten Kutschersitz entstand in der ersten Hälfte des

19. Jahrhunderts als Mietfahrzeug in London und wurde Anfang der 1850er Jahre auch in Wien eingeführt. Ab etwa 1890 kamen Hansom Cabs auch als Privatfahrzeuge in Mode und entwickelten sich zu ausgesprochenen Luxusgefährten.[5] Ähnlich verhielt es sich mit der Mail Coach, die ursprünglich als einfaches Postfahrzeug zum Einsatz kam. Als mit dem Aufkommen der Eisenbahn um die Mitte des 19. Jahrhunderts das ursprüngliche Haupteinsatzgebiet der Coach obsolet wurde, wandelte sie sich zum noblen Fahrzeug, das zum sportlichen Kutschieren mit vier vorgespannten Pferden Verwendung fand.[6] Theodor Schmidt dürfte mit diesen beiden Fahrzeugen demnach einem exklusiven Hobby nachgegangen sein, das in enger Verbindung mit seiner Pferdeleidenschaft stand.

Ende 1960 berichtete Theodor Schmidt in einem Schreiben an die Dienststelle für Vermögenssicherungs- und Rückstellungsangelegenheiten der für Wien zuständigen Finanzlandesdirektion, dass er in den vergangenen Jahren, in denen seine beiden Fahrzeuge in der Wagenburg deponiert waren, immer wieder durch einen Beamten seiner Firma im Museum Nachschau habe halten lassen, um sich zu vergewissern, dass diese auch gut gepflegt würden. Dabei habe Sammlungsdirektor Erwin Auer dem Beamten stets versichert, dass sich die Fahrzeuge in bestem Zustand befänden und ihm stets auf Abruf zur Verfügung stünden.[7]

Insgesamt sieben Jahre lang sollte Schmidts Kampf mit den zuständigen Behörden um Rückstellung seiner ihm unrechtmäßig entzogenen Fahrzeuge dauern. Am 6. Februar 1961 konnte Auer schließlich an Schmidt schreiben, er habe mit »aufrichtiger Befriedigung« erfahren, dass die Behörden keinen Einwand mehr gegen eine Restitution hätten. Nachdem Schmidt seine beiden Fahrzeuge am 17. Februar 1961 aus der Wagenburg hatte abholen lassen, schrieb er an Auer: »Da nunmehr diese Angelegenheit restlos in Ordnung gekommen ist, ist es mir ein aufrichtiges Bedürfnis, Ihnen vielmals für Ihr grosses Entgegenkommen, das Sie mir gegenüber an den Tag gelegt haben, herzlichst zu danken.«[8]

Schmidt sollte die Kutschen später an einen privaten Kutschensammler verkaufen. Während sich die Coach heute in den Beständen der Landesmuseen Schleswig-Holstein befindet, hat das Hansom Cab nach mehreren Besitzerwechseln nun seinen Platz in einer Privatsammlung gefunden.

1 KHM, Zl. 40/WB/1948.
2 Grundbeschreibungen der ausgeschiedenen Inv.-Nrn. D 20 und D 21. KHM, WB, Archiv.
3 KHM, Zl. 67/WB/1953.
4 Die folgenden biografischen Informationen basieren auf Marschik 2018.
5 Furger 2003/04, Bd. 2, 136–147.
6 Ebenda.
7 KHM, Zl. 73/WB/1960.
8 KHM, Zl. 11/WB/1961.

Zwei Reisewagen des Rudolf von Gutmann, ein Ankauf des Jahres 1942

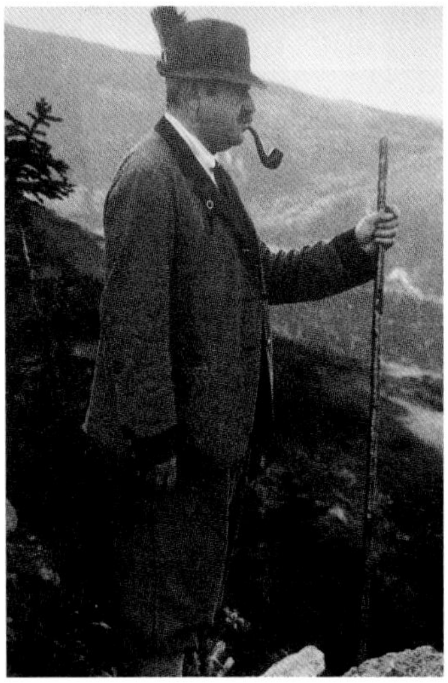

Abb. 67: Rudolf von Gutmann. Aus: Brandl 1979, 189

Rudolf von Gutmann (1880–1966)[1] entstammte einer bedeutenden jüdischen Industriellenfamilie. Sein Vater Wilhelm war Mitte des 19. Jahrhunderts von Mähren nach Wien gezogen und hatte dort gemeinsam mit seinem Bruder David das Unternehmen Gebrüder Gutmann gegründet, das sich auf den Großhandel von Kohle spezialisierte. Kohle war damals unentbehrlich für die im Aufschwung begriffene Industrie sowie den Schienenverkehr: Sie war für die Stahlerzeugung notwendig und trieb als Kraftstoff Dampfmaschinen und Lokomotiven an. Aber auch viele private Haushalte stellten in der zweiten Hälfte des 19. Jahrhunderts ihre Heizsysteme von Holz auf Kohle um. Aufgrund der hohen Nachfrage entwickelte sich die Firma binnen weniger Jahre zu einem der größten Unternehmen des Habsburgerreiches. Der wirtschaftliche Aufstieg der Brüder war von karitativem Wirken, der Förderung sozialer Einrichtungen und Schulen sowie der Finanzierung jüdischer Stiftungen begleitet. Im Jahr 1878 wurden beide Brüder in den Ritterstand erhoben.

Als Wilhelm von Gutmann 1895 starb, war sein jüngster Sohn, Rudolf, noch nicht einmal fünfzehn Jahre alt. Er erbte Geschäftsbeteiligungen sowie das imposante Palais Gutmann am Beethovenplatz in der Wiener Innenstadt. Rudolf von Gutmann sollte später durch seine Tätigkeit als Industrieller und Bankier, durch seine bedeutende Kunstsammlung, mit deren Aufbau er bereits in jungen Jahren begann, sowie durch sein Mäzenatentum Bekanntheit erlangen. Uns soll aber hier vor allem seine Liebe zum Landleben interessieren. Nachdem er 1904 großjährig geworden war und über sein Privatvermögen frei verfügen konnte, kaufte er den Besitz Kalwang in der Steiermark und ließ dort unter anderem eine Villa und ein Gästehaus errichten. Gutmann war begeisterter Waidmann und unternahm zu Jagdzwecken ausgedehnte Expeditionen nach Sibirien und Alaska. In Österreich war Kalwang Ausgangspunkt für seine Pirschgänge. Er konnte dort aber nicht nur jagen, sondern auch seiner großen Pferdeleidenschaft frönen. Rudolf von Gutmann, der zu den Mitbegründern der Wiener Reitervereinigung zählte, installierte zu diesem Zweck auf seinen Ländereien 1905 ein Haflingergestüt und später eine lange Reit- und Fahrbahn sowie eine imposante gedeckte Reitschule. Obwohl er sich wie viele Adelige frühzeitig für den aufkommenden Automobilismus begeisterte und bereits 1902 dem Österreichischen Automobilklub beitrat, besaß er in der Steiermark auch einen gediegenen Fuhrpark von Kutschen und Schlitten.

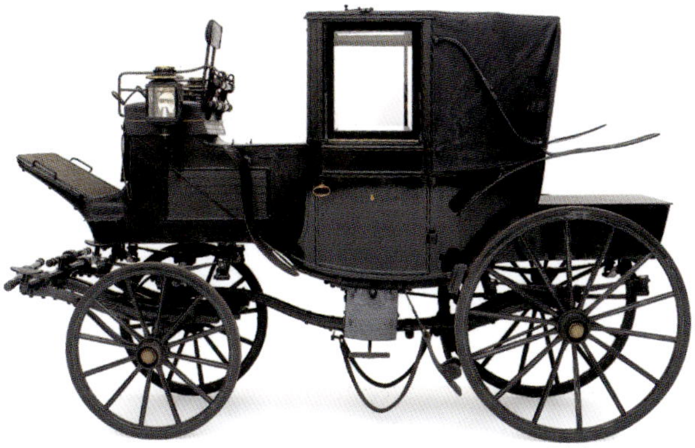

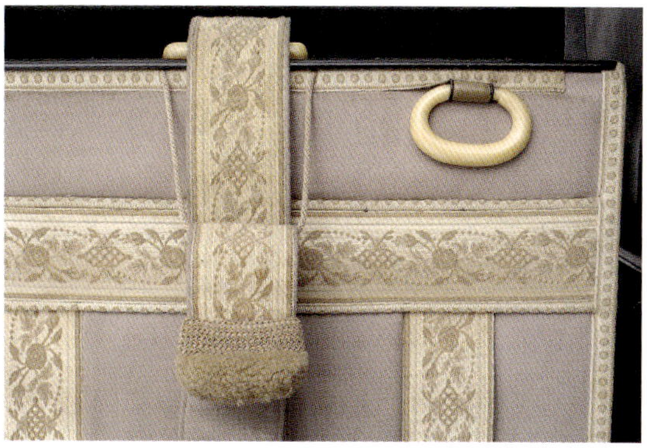

Abb. 68: Reiselandaulett aus dem Besitz von Rudolf von Gutmann. Inv.-Nr. W 53

Abb. 69: Detail der Innenausstattung des Reiselandauletts aus dem Besitz von Rudolf von Gutmann. Inv.-Nr. W 53

Im Jahr 1930 heiratete Gutmann Marianne Ferstel, eine Enkelin des bekannten Ringstraßenarchitekten Heinrich von Ferstel. Nachdem Gutmann sein Gut in Kalwang durch mehrere Grundstücksabgaben bereits verkleinert hatte, verkaufte er es schließlich 1932 zur Gänze an seinen Schwager Fürst Franz I. von und zu Liechtenstein. Dieser hatte 1929 im hohen Alter von 75 Jahren, wenige Monate nachdem er Fürst geworden war, Rudolfs ältere Schwester Elsa (1875–1947) geehelicht.[2]

Hellsichtig erkannte Gutmann, dass mit dem Einmarsch deutscher Truppen in Österreich seinem Leben unmittelbare Gefahr drohte. Nur wenige Tage nach dem »Anschluss« gelang ihm mit seiner Ehefrau Marianne zunächst die Flucht in die Tschechoslowakei und schließlich die Weiterreise nach Kanada. Sein gesamter in Österreich verbliebener Immobilien- und Grundstücksbesitz sowie sein Vermögen wurden beschlagnahmt, zerschlagen und verteilt; seine qualitätvolle Kunstsammlung[3] wurde zugunsten des Deutschen Reiches konfisziert. Nach Kriegsende erhielt er nur einen Teil davon rückerstattet. Im Jahr 1966 verstarb Gutmann in Kanada.

Rudolf Gutmanns Schwager, Franz I. von und zu Liechtenstein, war im Sommer des Jahres 1938 hochbetagt verschieden. Seine Witwe Elsa, die sich aufgrund ihres jüdischen Familienhintergrunds auf ehemals österreichischem, nunmehr aber deutschem Staatsgebiet nicht mehr sicher fühlen konnte, begab sich kurz darauf ins Exil in die Schweiz. Das Gut Kalwang war im direkten Erbweg vom verstorbenen Fürsten an seinen Nachfolger Franz Josef II. übergegangen. In den Stallungen des steirischen Gutes befanden sich damals immer noch die einst im Besitz Rudolf von Gutmanns stehenden Fahrzeuge, die 1932 mit dem gesamten Gut den Eigentümer gewechselt hatten. Da der neue liechtensteinische Landesfürst und die Gutsverwaltung offenbar keine Verwendung mehr für die Fahrzeuge hatten, wurden sie zum Verkauf angeboten. Zwei Reisewagen gelangten auf diesem Weg 1942 an die Wagenburg.[4]

Die beiden Fahrzeuge, ein Zweisitzer und ein Viersitzer (Inv.-Nrn. W 53 und W 54), stammen aus der Werkstätte von S. Armbruster, einem der großen Wiener Wagenbauer der Donaumonarchie[5]. Nicht nur die einheitlich gestaltete Ausstattung, sondern auch die unmittelbar aufeinanderfolgenden Achsnummern der Fahrzeuge legen nahe, dass sie gleichzeitig hergestellt wurden. Sie stammen wohl aus dem letzten Drittel des 19. Jahrhunderts, wobei sich eine genauere Datierung als schwierig erweist, da Reisewagen damals, als sich für längere Reisen längst die Eisenbahn durchgesetzt hatte, nur noch ein Nischenprodukt

Abb. 70: Reisekalesche aus dem Besitz von Rudolf von Gutmann. Inv.-Nr. W 54

Abb. 71: Wappen des Rudolf von Gutmann auf der aus seinem Besitz stammenden Reisekalesche. Inv.-Nr. W 54

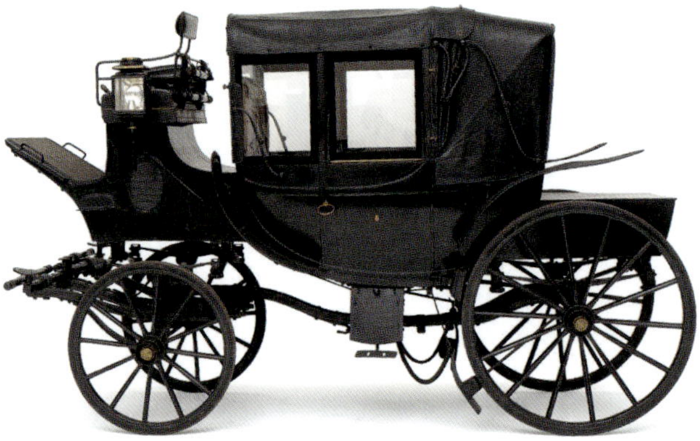

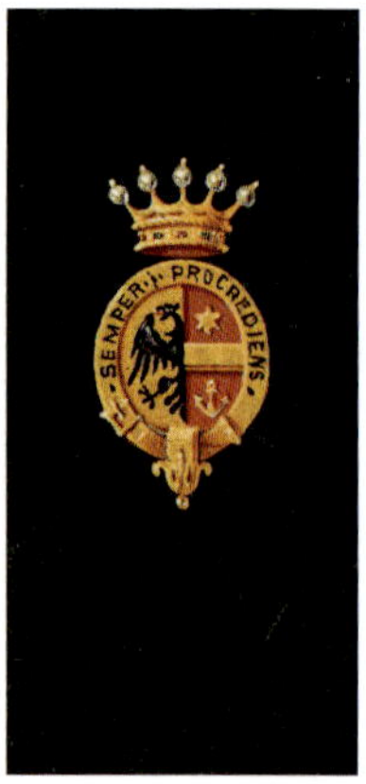

darstellten, das kaum noch wechselnden Moden unterworfen war. Die beiden robusten, mit ausreichend großem Stauraum versehenen Fahrzeuge waren für den Einsatz auf steirischen Landstraßen, in hügeligem Gebiet und wohl auch bei Jagdausfahrten bestens geeignet. Bei günstigen Witterungsverhältnissen ließen sich die Lederverdecke öffnen, um die Fahrt an der frischen Luft zu genießen. Das Dach des kleineren Wagens konnte sogar zur Gänze geöffnet und seine Sitzbank in eine Liegeposition gebracht werden.

Obwohl es sich bei den Gefährten um keine Stadtfahrzeuge handelt, zeugt ihre elegante Innenausstattung dennoch vom gehobenen sozialen Status ihres einstigen Besitzers. Auf ihn – Rudolf von Gutmann – verweist bis heute sein an die Wagentüren gemaltes Wappen. In der Wagenburg sind sie heute die einzigen erhaltenen Wagen[6] aus dem Fuhrpark eines der vielen jüdischen Ringstraßenbarone, die unschätzbar großen Einfluss auf das Wirtschaftsleben, die Kunstentwicklung und die Wissenschaft der Monarchie nahmen. Gleichzeitig sind die Fahrzeuge aber auch Erinnerungsstücke an einen aus »rassischen« Gründen aus seiner Heimatstadt vertriebenen und seiner Besitztümer beraubten Wieners.

1 Die folgende Darstellung folgt Brandl 1979, 185–218; Arnbom 2002, 63–104; Lillie 2003, 439–442; Gaugusch 2011, 1029–1041; Lindner 2021, 696–700.

2 Zu Fürst Franz I. und Elsa, geb. Gutmann, und ihrer Ehe im Spiegel der politischen Ereignisse siehe Geiger 1997, Bd. 1, 501–513, Bd. 2, 223–229; Wakounig 2007, 51–66.

3 Siehe dazu Lillie 2003, 444–465.

4 Zl. 10 und 24/WS/1942.

5 Zu Armbruster siehe Köppen 2002, 46–53. – Beim Verkauf der Fahrzeuge seitens der Familie Liechtenstein an die Wagenburg nahm übrigens eine ohne Vornamen genannte Person namens »Armbruster« – demnach ein Firmen-Nachfahre – eine Mittlerfunktion ein. Zl. 24/WS/1942.

6 Im Jahr 1996 konnte die Wagenburg zwei Wagen und einen Schlitten (Inv.-Nrn. W 144, W 145 und W 146) von Franz Endthaller erwerben. Laut Auskunft Endthallers, der als Forstverwalter in Kalwang gearbeitet hatte, stammten auch diese Fahrzeuge ursprünglich aus dem Kalwanger Besitz Gutmanns. Sein Vater habe sie später von den Liechtensteins gekauft. KHM, Zl. 14 und 64/WB/1996 und telefonische Auskunft von Georg Kugler am 18. Februar 2022. Da eines der drei Fahrzeuge (Inv.-Nr. W 144) das liechtensteinische Wappen trägt, auf den anderen beiden Fahrzeuge aber gar keine Wappen zu sehen sind, scheint es höchst fraglich, ob die Fahrzeuge tatsächlich jemals Rudolf von Gutmann oder nicht doch eher immer schon den Fürsten Liechtenstein gehörten.

Die Geschichte des Rothschild-Schlittens

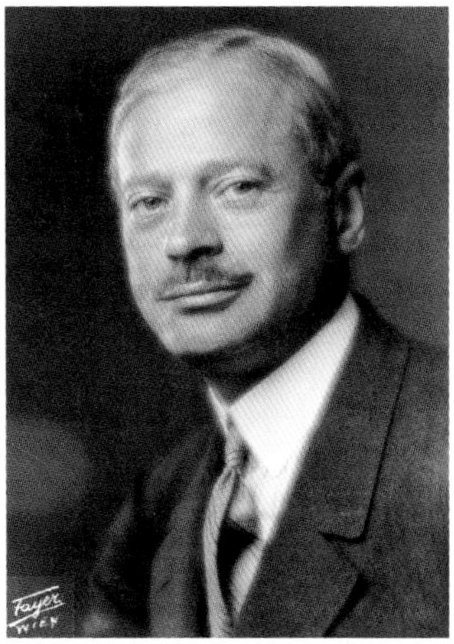

Abb. 72: Louis von Rothschild

Am 1. März 1956 ließ Hilde Rothschild (geb. Auersperg, 1895–1981) über ihren Prokuristen Karl Knauer Sammlungsdirektor Erwin Auer telefonisch darüber informieren, dass sie bereit sei, der Wagenburg einen Schlitten als Geschenk zu überlassen.[1] Als einzige Bedingung nannte sie, es solle vermerkt werden, dass das Objekt aus dem »Besitz des Baron Louis de Rothschild« (1882–1955), ihres im Jahr zuvor verstorbenen Ehemanns, stamme und dass es eine »Widmung der Baronin Hilde von Rothschild« sei. Der in einem Wiener Innenstadtkeller deponierte Schlitten, so die Mitteilung an Auer, könne jederzeit besichtigt werden. Bereits am Morgen des darauffolgenden Tages nahm Auer den Schlitten persönlich in Augenschein und stellte fest, dass das vermutlich im zweiten Drittel des 18. Jahrhunderts in den Niederlanden entstandene Objekt einem Typ entsprach, der in der Wagenburg fehlte und deshalb eine Bereicherung für die Sammlung darstellen würde. Er verständigte Knauer, dass er die Schenkung mit Freude annehmen wolle und begab sich daraufhin in das Hotel Sacher, wo er Hilde Rothschild traf, um ihr im Namen des Museums seinen Dank auszusprechen. Bereits am 3. März 1956 wurde der Schlitten in die Wagenburg überstellt. Im darauffolgenden Winter wurde er in rund 70 Arbeitsstunden in den Werkstätten des Kunsthistorischen Museums umfassend restauriert.

In den Monaten nach der Übernahme des Schlittens versuchte Erwin Auer, die Geschichte des Objekts zu rekonstruieren. Seinen Recherchen zufolge kam der Schlitten 1876 mit der in Paris geborenen Bettina de Rothschild (1858–1892) von Frankreich nach Wien, als diese ihren Cousin Albert von Rothschild (1844–1911) heiratete. Zusammen mit mehreren Hofmarstallobjekten, die sich heute in der Wagenburg befinden, war der Schlitten im Jahr 1888 auf der Maria-Theresia-Ausstellung im Österreichischen Museum für Kunst und Industrie (heute MAK) zu sehen gewesen. Im Ausstellungskatalog ist er als Eigentum von »Baron Albert Rothschild« ausgewiesen.[2] In der Folge gelangte der Schlitten – möglicherweise über den zwischenzeitlichen Besitz von Alberts Bruder, Baron Nathaniel Rothschild (1836–1905) – schließlich an Alberts Sohn, den eingangs erwähnten Louis von Rothschild. Ein Aquarell von Ludwig Rösch von Anfang des 20. Jahrhunderts zeigt den Schlitten im Wiener Rothschild-Palais in der Prinz-Eugen-Straße, wo er im Parterre des Treppenhauses stand. Einem Zeitzeugenbericht zufolge befand er sich während des Ersten Weltkriegs in Louis' Schloss in Waidhofen an der Ybbs. In der Familie galt er fälschlicherweise als Maria-Theresianisches Objekt und wurde wohl auch deshalb in Ehren gehalten.

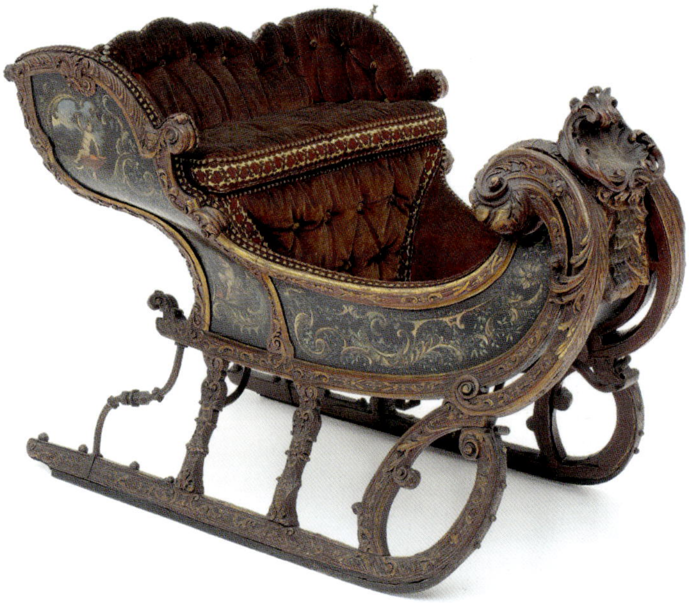

Abb. 73: Bemalter Kastenschlitten aus dem Besitz von Louis von Rothschild, Schenkung seiner Witwe Hilde an die Wagenburg im Jahr 1956. Inv.-Nr. 128

Unmittelbar nach der Machtergreifung der Nationalsozialisten wurde Louis Rothschild, der damalige Eigentümer des Schlittens, aufgrund seiner jüdischen Abstammung verhaftet und für vierzehn Monate im Gestapo-Hauptquartier gefangen gehalten. Erst nachdem er unter Zwang auf seinen gesamten österreichischen Besitz verzichtet hatte, wurde er freigelassen, konnte ausreisen und sich in den USA vor den Nationalsozialisten in Sicherheit bringen.[3]

In einem 1938 erstellten Inventar der beschlagnahmten Kunstgegenstände aus Louis Rothschilds Besitz ist auch der Schlitten aufgelistet, der sich zu diesem Zeitpunkt in dessen Wiener Palais befand. Er wurde zunächst in das »Zentraldepot für beschlagnahmte Sammlungen« aus jüdischem Besitz überstellt, das auf Betreiben des Ersten Direktors des Kunsthistorischen Museums, Fritz Dworschak, in der Neuen Burg eingerichtet worden war und unter der Leitung von Leopold Ruprecht, dem Direktor der Waffensammlung, stand. Am 25. Oktober 1940 wurde der Schlitten vorerst in das Landesmuseum in Linz transferiert.[4]

Erst einige Jahre nach Kriegsende, am 5. April 1949, wurde der Schlitten an einen Bevollmächtigten des rechtmäßigen Eigentümers zurückgestellt.[5] Offenbar wollte Louis Rothschild dieses Objekt damals aber nicht länger behalten, denn er ließ es danach für einige Jahre bei der Wiener Kunsthändlerin Scharnitzer im Bezirk Landstraße zum Verkauf anbieten. Als sich zum geforderten Preis von 50.000 Schilling kein Interessent fand – Auer schätzte den tatsächlichen Wert auf 15.000 Schilling[6] –, übernahm die Häuserverwaltung der Familie Rothschild den Schlitten und bewahrte ihn bis zur Schenkung an die Wagenburg im Jahr 1956 auf.

Angesichts der Niedertracht und der Misshandlungen, die Louis Rothschild in seiner Heimatstadt Wien widerfahren sind, wobei auch die ungerechte Behandlung seitens der Mitarbeiter des Kunsthistorischen Museums, die sich aktiv am Enteignungsprozess beteiligten, nicht vergessen werden soll, ringt die Großzügigkeit seiner Witwe Hilde gegenüber der Wagenburg größten Respekt ab. Denn es handelte sich bei der Widmung des Schlittens tatsächlich um einen freiwillig gesetzten Akt: Während der Familie Rothschild in den

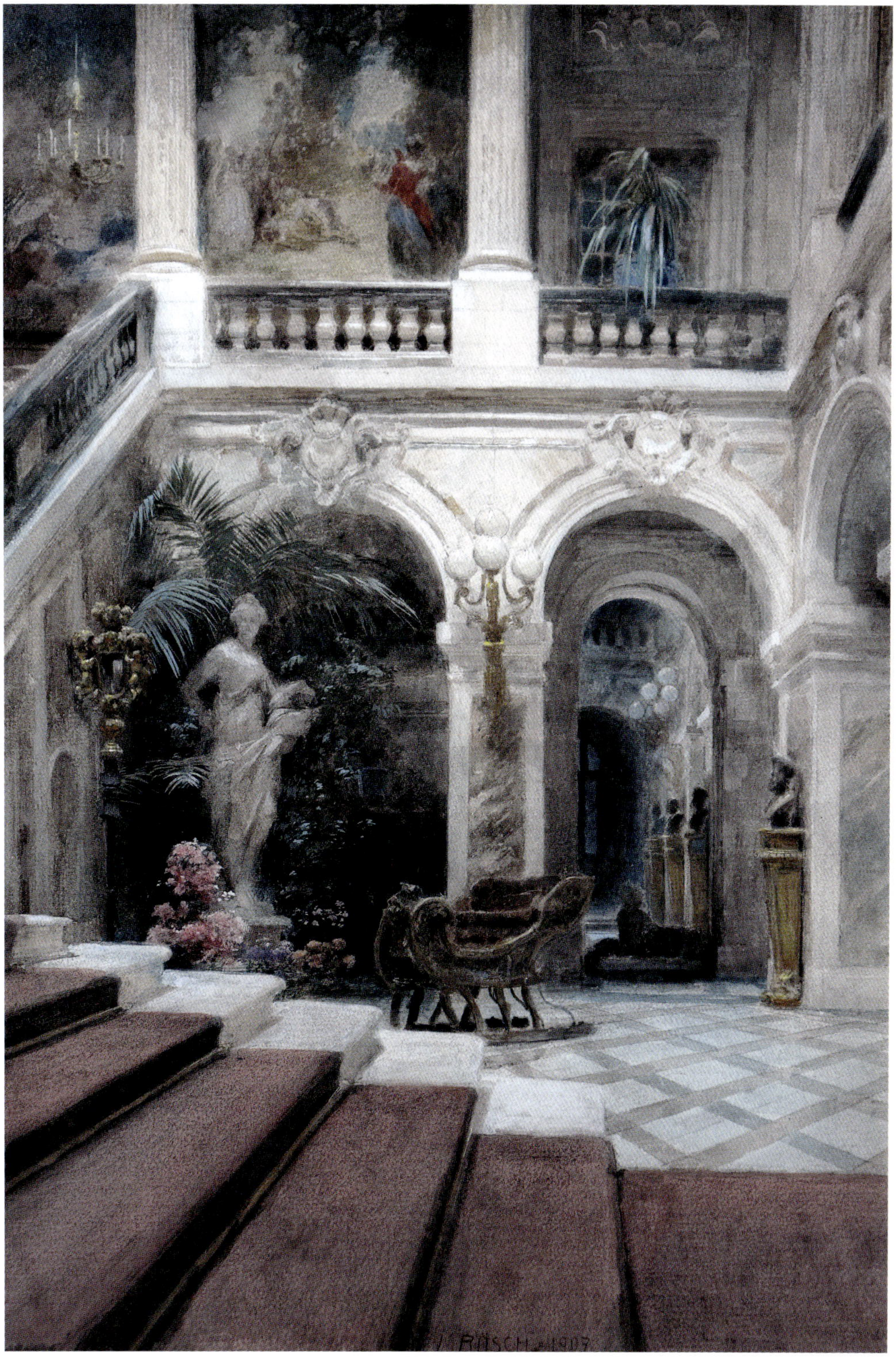

Abb. 74: Der Schlitten im Stiegenhaus des Wiener Palais Alberts von Rothschild. Ludwig Rösch, Aquarell, 1907

unmittelbaren Nachkriegsjahren einzelne aus ihrem Besitz stammende Kunstgegenstände, die sich mittlerweile in Museumsbesitz befanden, unter dem Vorwand von Ausfuhrsperren abgepresst wurden,[7] konnte Louis Rothschilds Witwe 1956 völlig frei über den Schlitten verfügen.

Erwin Auer lud noch im Jahr der Schenkung die unterdessen wieder in die USA zurückgekehrte Hilde Rothschild zu einer Führung durch die Wagenburg ein. Bei dieser Gelegenheit wollte er ihr den bis dahin fertig restaurierten Schlitten vorführen. Hilde Rothschild bedankte sich dafür herzlich und erwiderte, dass sie sich darüber sehr freue und gerne bei ihrem nächsten Wien-Aufenthalt auf die Einladung zurückkommen werde. Ob es tatsächlich jemals zu einer solchen Führung kam, ist den Akten leider nicht zu entnehmen.

1 Die folgende Darstellung basiert, so nicht anders vermerkt, auf Zl. 24/WB/1956 und Zl. 4/WB/1957. Zu Hilde Rothschild siehe Sandgruber 2018, 490–496.

2 AK Wien 1888, 111. In der Ausstellung befand sich auch ein geschlossener Tragsessel aus dem Besitz Albert Rothschilds.

3 Lillie 2003, 1113 f.; Sandgruber 2018, 457–481.

4 Online-Edition der Karteien zum sogenannten Zentraldepot für beschlagnahmte Sammlungen in Wien, Karteikarte LR_257, URL: https://www.zdk-online.org/k/LR_257/ [letzter Zugriff: 14.2.2022]; Lillie 2003, 1121. Einer 1956 getätigten Aussage von H. Schneider von der Rothschildschen Häuseradministration zufolge soll der Schlitten seines Wissens nach für das »Führermuseum« in Linz bestimmt gewesen und in der letzten Kriegsphase gemeinsam mit anderen Kunstgegenständen im Altausseer Salzbergwerk geborgen worden sein. KHM, Zl. 24/WB/1956. Die Stichhaltigkeit dieser Angabe ist jedoch zweifelhaft, da sie von keinen schriftlichen Unterlagen unterstützt wird.

5 Online-Edition der Karteien zum sogenannten Zentraldepot für beschlagnahmte Sammlungen in Wien, Karteikarte LR_257, URL: https://www.zdk-online.org/k/LR_257/ [letzter Zugriff: 14.2.2022].

6 Ein Betrag von 50.000 Schilling im Jahr 1949 entspricht heute rund 56.000 Euro, ein Betrag von 15.000 Schilling circa 17.000 Euro. Vgl. URL: https://www.eurologisch.at/docroot/waehrungsrechner/#/ [letzter Zugriff: 14.6.2023].

7 Siehe dazu Trenkler 1999, 71–119; Weidinger 2021.

Das Gemälde *Nächtliche Schlittenfahrt in der Burg zu Wien*

Im Jahr 1969 wurde Erwin Auer, der damals nicht nur der Wagenburg als Direktor vorstand, sondern auch das Fotoarchiv des Kunsthistorischen Museums leitete, auf eine 1944 für die Waffensammlung angefertigte Reproduktion aufmerksam.[1] Darauf ist ein Gemälde der Barockzeit abgebildet, das eine nächtliche Schlittenfahrt im Inneren Burghof Wiens zeigt. Fasziniert von dieser Bildquelle, die einen lebendigen Eindruck von einer am Kaiserhof abgehaltenen winterlichen Festveranstaltung gibt, versuchte Auer etwas über den Verbleib des Gemäldes in Erfahrung zu bringen. Er wandte sich deshalb an mehrere Kolleg*innen des Kunsthistorischen Museums und anderer Museen Wiens mit der Bitte, ihm mitzuteilen, ob ihnen das Bild bekannt sei. Von allen Befragten konnte ihm allein der damalige Belvedere-Direktor Hans Aurenhammer eine erste Auskunft geben. Er wies Auer darauf hin, dass das Gemälde bereits 1947 in einer Publikation[2] abgebildet worden sei, wo es in der zugehörigen Bildunterschrift mit dem Kunsthistorischen Museum in Verbindung gebracht wurde. Tatsächlich hatte sich das Gemälde damals aber nicht dort befunden.[3]

Bereits wenig später sollte Erwin Auer Kenntnis vom aktuellen Standort des Gemäldes erlangen. Im *Amtsblatt zur Wiener Zeitung* vom 2. September 1969 war das Objekt auf einer »Liste des im Gewahrsam des Bundesdenkmalamtes« befindlichen Kunst- und Kulturgutes angeführt.[4] Es befand sich in der Kartause Mauerbach, wo die Republik Objekte, die großteils aus dem NS-Kunstraub stammten und als »herrenlos« galten, seit 1966 deponierte. Auer kontaktierte daraufhin die Finanzlandesdirektion sowie das Bundesministerium für Wissenschaft und Forschung. Er ersuchte, das Gemälde – im Fall, dass niemand Rechtsansprüche darauf erheben sollte – der Wagenburg zuzuweisen, da es sich inhaltlich gut in die Ausstellung einfügen würde.[5] In den darauffolgenden Jahren geschah in dieser Angelegenheit aber nichts mehr weiter. Erst einige Zeit nach Auers Pensionierung wurde das Kunstwerk 1981 unter Vorbehalt leihweise an die Gemäldegalerie des Kunsthistorischen Museums übergeben. Nach seiner konservatorischen Sicherung und Reinigung wurde es schließlich Ende 1984 an die Wagenburg überstellt, dort als Leihgabe inventarisiert und in der Eingangshalle des Museums ausgestellt.[6]

Gerade zu jener Zeit wurde durch einen Artikel von Andrew Decker in der Kunstzeitschrift *ARTnews*[7] das öffentliche Interesse auf die in Mauerbach gelagerten Kunstwerke und den problematischen Umgang der Republik mit diesem Bestand gelenkt, was schließlich auch in Österreich den Anstoß zu einer breiten Debatte gab. Bereits 1985 Jahr musste die *Nächtliche Schlittenfahrt* wieder von den Wänden der Wagenburg abgenommen werden, da sämtliche aus dem Mauerbach-Bestand stammenden Objekte auf Anordnung der Bundesregierung bis zur endgültigen Klärung der Eigentumsfrage nicht mehr dem Publikum präsentiert werden sollten.[8]

In den darauffolgenden Jahren setzte sich in der Öffentlichkeit immer mehr die Einsicht durch, dass Österreich eine entscheidende Mitverantwortung an den Gräueltaten und dem begangenen Unrecht des NS-Regimes getragen habe. Dies führte zum Beschluss, jene Kunstwerke des Mauerbach-Bestandes, für die sich keine rechtmäßigen Eigentümer*innen beziehungsweise Erb*innen mehr auffinden ließen, der Israelitischen Kultusgemeinde zu übergeben, die sie im Jahr 1996 durch das Auktionshaus Christie's in Wien versteigern ließ. Die Erlöse sollten bedürftigen Holocaust-Überlebenden und Opferverbänden zugutekommen.[9]

Das Gemälde *Nächtliche Schlittenfahrt* konnte damals nicht zur Versteigerung kommen, da dazu noch ein Rückstellungsverfahren lief, das erst 1997 mit einem abschlägigen Urteil endete.[10] Im Jahr darauf wurde es schließlich bei Christie's in London für den oben erwähnten guten Zweck versteigert. Zwar war das Kunsthistorische Museum damals bemüht, das Bild zu erstehen, erhielt aber nicht den Zuschlag.[11] Im Jahr 2001 wurde es bei einer Auktion im Wiener Dorotheum zum Kauf angeboten, fand zum Rufpreis aber keinen Interessenten.[12] Als das Gemälde zwei Jahre später neuerlich im Dorotheum zur Versteigerung kam, konnte es das Kunsthistorische Museum schließlich für die Wagenburg erwerben,[13] wo es heute auch ausgestellt ist.

Der Ankauf fand 2003 zwar im Wissen statt, dass das Objekt in der NS-Zeit einer früheren Eigentümer*in unrechtmäßig entzogen worden war, deren Identität war dem Museum damals aber unbekannt. Gleiches gilt für die Israelitische Kultusgemeinde, die das Bild von der Republik übernommen und 1998 zur Versteigerung gebracht hatte. Man ging damals allgemein davon aus, dass mittlerweile weder die frühere Eigentümer*in des Bildes am Leben war, noch etwaige Erb*innen existierten, die berechtigte Ansprüche auf das Gemälde hätten erheben können. Wenn auch das in der NS-Zeit geschehene Unrecht für immer mit der Geschichte des Bildes verbunden bleibt, war zumindest die Eigentumsfrage seit Ende der 1990er Jahre juristisch geklärt und Rechtsfrieden hergestellt.

Wie sich später herausstellen sollte, war die Versteigerung einiger Werke aus dem Mauerbach-Bestand jedoch voreilig vonstattengegangen. In den darauffolgenden Jahren wurde Forscher*innen der Zugang zu Archivbeständen, die bis dahin unter Verschluss gehalten worden waren, zunehmend erleichtert. So traten Quellen zutage, die manchen bis dahin als anonym geltenden Eigentümer*innen von Kunstwerken Namen gaben. Dies betraf auch die *Nächtliche Schlittenfahrt*.[14]

Eine Aktenzusammenstellung des Bundesdenkmalamts[15] erhellt die Hintergründe zum Entzug des Gemäldes. Am 23. November 1938 hielt der in der Zentralstelle für Denkmalschutz tätige Herbert Seiberl schriftlich fest, dass er mit Leopold Ruprecht telefoniert habe. Der erst seit wenigen Monaten als Direktor der Waffensammlung amtierende Ruprecht habe ihm mündlich mitgeteilt, »daß er auf der Suche nach einem Bilde ist, das eine Schlittenfahrt auf dem inneren Burghof darstellt (Schlitten-Karussell). Das Bild ist datiert 1697 und signiert G. v. Breda«. Ruprecht hatte das Bild, wie der Aktennotiz Seiberls zu entnehmen ist, offenbar 1933 auf der Prinz-Eugen-Ausstellung im Belvedere gesehen und erinnerte sich, dass es »irgendeiner burgenländischen Sammlung« entstammte. Tatsächlich wurde das Gemälde auf der erwähnten Ausstellung gezeigt. Im zugehörigen Katalog ist als Herkunftsort des Gemäldes Deutsch-Brodersdorf angegeben, das zwar in Niederösterreich, aber an der Grenze zum Burgenland liegt.[16] Seiberl fuhr fort: »Allen Ausfuhrbeamten wäre zur Kenntnis zu bringen, daß das oben beschriebene Bild bei Ausfuhransuchen zurückzuhalten ist und unverzüglich Dr. Rupprecht [sic] zu berichten ist, der dasselbe für die Wagenburg erwerben will.«

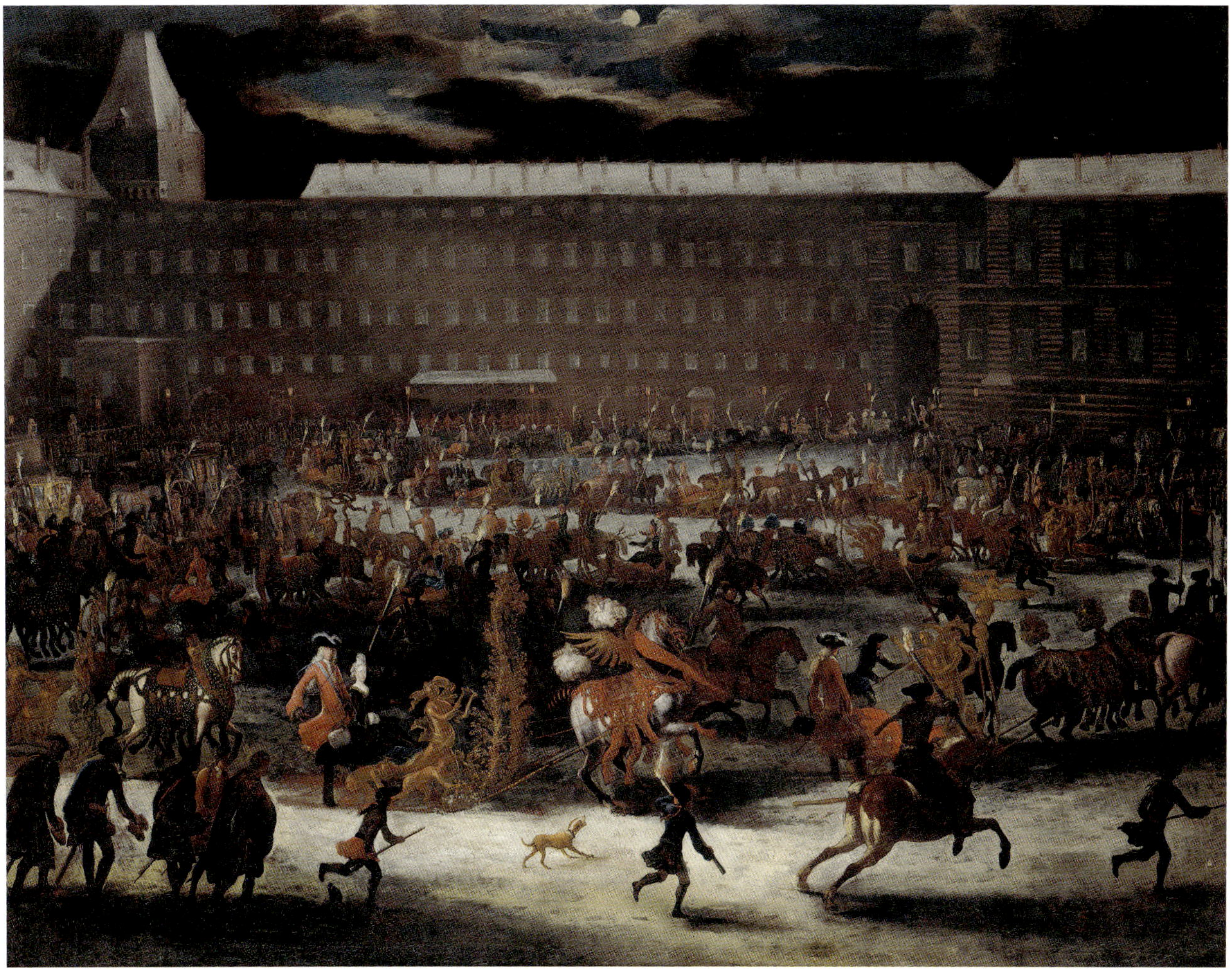

Abb. 75: Nächtliche Schlittenfahrt in der Burg zu Wien. Joris (Georg) van Bredael, 1697, Öl auf Leinwand. Inv.-Nr. Z 249

Im Mai 1939 wurde das Gemälde schließlich im Magazin der Speditionsfirma Eger & Comp. an der Wiener Adresse Berggasse 29 aufgefunden. Es war dort von seiner Eigentümerin, der als Jüdin verfolgten Elisabeth Fischer, die zu diesem Zeitpunkt bereits in die USA emigriert war, gemeinsam mit anderem Übersiedlungsgut eingelagert worden. Um eine Verbringung des Bildes ins Ausland zu verhindern, beantragte die Zentralstelle für Denkmalschutz die kurz darauf auch tatsächlich verfügte Sicherstellung des Gemäldes und die Verhängung eines Ausfuhrverbotes. Leopold Ruprecht wurde telefonisch vom Auffinden des Kunstwerks informiert, woraufhin dieser mündlich angab, »dem Eigentümer« 800 bis 1.000 Reichsmark dafür anbieten zu wollen. Er bemerkte in diesem Zusammenhang erneut, dass das Bild als Ausstellungsstück für die Wagenburg in Betracht komme. Allem Anschein nach wurde mit der Eigentümerin aber niemals Kontakt aufgenommen, weshalb wohl auch ein Kaufangebot unterblieb.

In Sorge, das Bild könnte bei einer längeren Aufbewahrung bei der Spedition Schaden nehmen, wurde es im Februar 1940 an die Zentralstelle für Denkmalschutz überstellt, die es im 1939 von NS-Behörden beschlagnahmten Palais Lanckoroński im Bezirk Landstraße einlagerte. Von diesem Standortwechsel setzte man auch Leopold Ruprecht in Kenntnis, der, auch dies sei hier festgehalten, in den Akten der Waffensammlung das Gemälde in all den Jahren seiner Tätigkeit im Museum mit keinem Wort erwähnte, weshalb seine

Nachfolger weder Kenntnis von der Geschichte des Bildes haben konnten, noch von Ruprechts Bemühungen, es für die Wagenburg zu übernehmen. Im Jahr 1943 befand sich die *Nächtliche Schlittenfahrt* immer noch im Palais Lanckoroński. Eine Transferierung in die Wagenburg kam zu diesem fortgeschrittenen Zeitpunkt des Kriegsverlaufes wohl aus Sicherheitsgründen nicht mehr infrage. Für das Jahr 1948 ist überliefert, dass sich das Bild damals im Gebäude der Bodenkreditanstalt befand, wo die Denkmalschutzbehörde seit 1943 einige Tresorräume zur Unterbringung von Kunstgegenständen angemietet hatte.

Nach dem Krieg unternahm das Bundesdenkmalamt keinerlei Anstrengungen, Kontakt zu Elisabeth Fischer, der rechtmäßigen Eigentümerin des Bildes, aufzunehmen. Vielmehr verhielt sich die Behörde betont passiv und hielt 1948 fest: »Da bisher noch keine Anfrage der Eigentümerin vorliegt, ist vorläufig nichts zu unternehmen.«

Um wen aber handelte es sich bei der Eigentümerin des Gemäldes? Elisabeth Fischer war eine Enkelin des jüdischen Großindustriellen und Grundbesitzers Samuel Geiringer (1862–1928).[17] Seine Tochter Giannina (1888–1936, geb. Geiringer, verh. Wolf, später Fischer, schließlich Kaufmann) erbte das Familienvermögen, das nach ihrem frühzeitigen Tod 1936 an ihre drei Kinder aus zweiter Ehe – Elisabeth (* 3. Februar 1917 in Wien), Hans (* 9. Oktober 1918 in Wien) und Viola (* 20. März 1920 in Wien) Fischer – überging. Zum Vermögen zählte das Gut Deutsch-Brodersdorf samt Schloss und rund 169 Hektar Grundbesitz, das Samuel Geiringer 1921 von der Familie Münch-Bellinghausen erworben hatte, ferner eine Schwerspatmühle in Weißenbach bei Gloggnitz sowie eine Villa im 19. Wiener Gemeindebezirk an der Adresse Fürsanggasse 3, in der die drei Geschwister lebten.[18]

Während das gesamte erwähnte Vermögen zu jeweils einem Drittel den drei Geschwistern gehörte, scheint in den Akten der NS-Zeit als Eigentümerin der *Nächtlichen Schlittenfahrt* nur Elisabeth Fischer auf.[19] Das Gemälde, für das sich – wie bereits erwähnt – 1933 noch der Standort Deutsch-Brodersdorf nachweisen lässt, befand sich 1936, als das Nachlassinventar der Mutter Giannina angelegt wurde, im Wohnzimmer der Döblinger Familienvilla. Es wurde damals als »Oelgemälde aus der Zeit Maria Theresia Schlittenfahrt in braunem Rahmen« aufgelistet und sein Wert auf nur 40 Schilling geschätzt.[20] Die Diskrepanz zwischen diesem niedrigen Betrag und den 800 bis 1.000 Reichsmark, die Ruprecht 1939 als möglichen Kaufpreis angab, lässt sich nicht erklären.[21] Jedoch ist auffällig, dass die einzelnen Posten des umfassenden Wohnungsinventars von 1936 ganz allgemein auffällig niedrig bewertet wurden.

Mit der Machtergreifung der Nationalsozialisten im März 1938 geriet das Leben von Elisabeth, Hans und Viola Fischer in Gefahr. Sie galten den NS-Behörden als Juden, auch wenn ihre Mutter bereits 1912 und ihr Vater[22] 1918 aus dem Judentum ausgetreten waren[23] und sie selbst am Meldeamt als Angehörige der römisch-katholischen beziehungsweise evangelischen (AB) Konfession aufschienen.[24] Den drei jungen Geschwistern – sie waren damals erst zwischen 18 und 21 Jahre alt – gelang es schließlich im Herbst 1938, das Land zu verlassen. Am 3. Oktober meldeten sie sich von ihrem Wohnort ab und gaben als Ziel ihrer Reise »New York« an. Zwar ließen sie sich in den darauffolgenden Jahren vom Ausland aus vor Behörden des Deutschen Reiches von einem in Wien tätigen Anwalt vertreten, um die Ansprüche auf ihr Vermögen nicht zu verlieren, wurden aber schließlich dennoch enteignet und ausgebürgert.

Offenbar gelang es den drei Geschwistern, sich in den ersten Jahren nach ihrer erzwungenen Emigration in den USA eine neue Existenz aufzubauen. In der unmittelbaren Nachkriegszeit waren zumindest Elisabeth und Viola Fischer bereits verheiratet und lebten in New York beziehungsweise Cleveland, Ohio. Der Wohnort ihres Bruders Hans, der als

Leutnant in der US-Armee diente, lag in Virginia.[25] Obwohl die Geschwister in den Nachkriegsjahren das ihnen entzogene Vermögen zurückforderten und ihre diesbezüglichen Bestrebungen in umfangreichen Aktenkonvoluten dokumentiert sind, findet die *Nächtliche Schlittenfahrt* darin keinerlei Erwähnung.

Die nunmehr bekannten Quellen aus der NS-Zeit zeigen deutlich, dass die Wagenburg, der damals Leopold Ruprecht als Direktor der Waffensammlung vorstand, zweifellos eine institutionelle Verantwortung dafür trägt, dass die *Nächtliche Schlittenfahrt* seiner Eigentümerin Elisabeth Fischer entzogen wurde, denn ohne sein Einschreiten wäre das Gemälde 1939 nicht in Wien zurückgehalten worden. In den nachfolgenden Jahrzehnten ging im Museum allerdings das Wissen über Ruprechts Handeln in dieser Angelegenheit verloren und es war nicht mehr vorhanden, als das Gemälde 2003 durch Erwerb im Kunsthandel in den Sammlungsbestand der Wagenburg gelangte.

Das Beispiel der *Nächtlichen Schlittenfahrt* zeigt, wie komplex Fragen rund um Raub, Besitz und Restitution von Kunstwerken zuweilen sein können – Fragen, die in diesem Fall zum Zeitpunkt der Drucklegung des vorliegenden Buches noch keine endgültige Antwort gefunden haben und mit denen sich wohl in näherer Zukunft der Kunstrückgabebeirat auseinanderzusetzen haben wird.

1 KHM, Fotoarchiv, Negativnummer I 13.641. Erwin Auer glaubte, die Aufnahme wäre 1942 entstanden. Tatsächlich belegt ein Eintrag in einem Fotoinventarband des Kunsthistorischen Museums jedoch, dass sie vom 15. Februar 1944 stammt. KHM, Archiv, Inv.-Nr. AR_XIV 1037, o. S., Post. Nr. 50.901.
2 Leitich 1947, Abb. nach Seite 56.
3 KHM, Zl. 54/WB/1969.
4 Amtsblatt zur Wiener Zeitung, Nr. 202, 2. September 1969, Nr. 51; KHM, Zl. 10/WB/1970.
5 KHM, Zl. 10/WB/1970; Zl. 8/WB/1971.
6 KHM, Zl. 47/WB/1984.
7 Decker 1984, 55–76.
8 Vgl. KHM, Zl. 71/WB/1985.
9 Zur Geschichte des Mauerbachbestandes siehe Haslinger 1999. Für eine kritische Nachbetrachtung der Auktion siehe u. a. Lillie 2008/09.
10 KHM, Zl. 52/WB/1997. Leider ist Forscher*innen aufgrund derzeit geltender Schutzfristbestimmungen keine Einsicht in die Prozessakten erlaubt.
11 Christie's 1998, Lot 73; KHM, Zl. 14/WB/2001.
12 Dorotheum 2001, Lot 323; KHM, Zl. 14/WB/2001.
13 Dorotheum 2003, Lot 292; KHM, Zl. 14/WB/2003.
14 Erste Hinweise dazu gab Lillie 2008/09, 214, 222; später auch in Lillie 2020, 195. Die in diesen Artikeln angeführten kurzen biografischen Informationen zur früheren Besitzerin der *Nächtlichen Schlittenfahrt* waren dem Verfasser bis vor kurzem unbekannt.
15 BDA, Archiv, Restitutionsmaterialien, K. 35, PM Elisabeth Fischer. Die folgenden Ausführungen basieren auf dieser Aktenzusammenstellung.
16 AK Wien 1933, 152: »Piroutschade im Innern Burghof (Wien 1697). Ölbild. Gut Deutsch-Brudersdorf«.
17 Gaugusch 2011, 867 f. Zu Samuel Geiringers unternehmerischen Tätigkeiten siehe u. a. Neue Freie Presse, 20. Oktober 1904, 12; Neues Wiener Tagblatt, 25. Dezember 1927, 12.
18 Diese und die folgenden Informationen stammen, so nicht anders angegeben, aus folgenden Akten: ÖStA, AdR, E-uReang, FLD, 15107 und 15365; ÖStA, AdR, E-uReang, VVStA, VA, 4716; ÖStA, AdR, E-uReang, VVStA, Lg, 5608; WStLA, Bezirksgericht Döbling, A4/1-1A: 308/36, Gianna Kaufmann; WStLA, Magistratsabteilung 119, A41-VEAV, 19. Bezirk, 933, und 17. Bezirk, C 85 RK; NÖLA, RStH ND, IVc (OSB), AND Zl. 33 und 320, betr. Geschwister Fischer, Gut Deutsch-Brodersdorf.
19 BDA, Archiv, Restitutionsmaterialien, K. 35, PM Elisabeth Fischer.
20 WStLA, Bezirksgericht Döbling, A4/1-1A: 308/36.
21 Ein Betrag von 40 Schilling im Jahr 1936 entspricht heute rund 170 Euro, während sich 800–1.000 Reichsmark des Jahres 1939 auf etwa 5.000–6.000 Euro umrechnen lassen. Vgl. URL: https://www.eurologisch.at/docroot/waehrungsrechner/#/ [letzter Zugriff: 8.2.2023].
22 Alfred Fischer (1884–1946).
23 Gaugusch 2011, 867 f.
24 ÖStA, AdR, E-uReang, FLD, 15107.
25 Elisabeth Fischer hieß nach ihrer Heirat Schweiger und lebte Anfang 1947 an der Adresse 37 Brompton Rd., Great Neck, New York. Ihre Schwester Viola trug damals den Familiennamen Weinberger und wohnte an der Adresse 1517 Belmar Rd., Cleveland 18, Ohio. Hans Fischer lebte zu jener Zeit in 300 N St. Asaph Street, Alexandria, Virginia.

Das verheerende Bombardement vom 21. Februar 1945

Am 21. Februar 1945, nur wenige Monate vor dem Ende des Zweiten Weltkriegs, trat ein, was Sammlungsdirektor Leopold Ruprecht seit Jahren befürchtet hatte: Im Rahmen eines alliierten Flugzeugangriffs fügte ein Bombentreffer einigen der kostbarsten Objekte der Wagenburg verheerende Schäden zu. Grotesk war dabei, dass eben nicht jenes Gebäude getroffen wurde, das Ruprecht als am gefährdetsten erachtete, nämlich die als Schauhalle verwendete Winterreitschule von Schönbrunn, sondern die ehemalige Hofküche auf der Meidlinger Seite des Schlossparks, die als sicher geltendes Bergungsquartier für die Prunkstücke der Sammlung diente.

Eine Aufnahme der Meidlinger Nebengebäude aus jenen Tagen lässt das Ausmaß an Zerstörung erahnen, das das Bombardement in diesem Bereich des Schlossareals anrichtete. Die Bombe, die das Wagenburg-Depot schwer in Mitleidenschaft zog, war in einen unmittelbar danebenliegenden Gebäudeteil eingeschlagen.[1] Sie entwickelte ihre destruktive Kraft auch im Depot. Herabstürzende Teile des Daches begruben mehrere Fahrzeuge im Schutt. Da die zum Bombenschutz vor den Fenstern errichteten Zementwände nur teilweise fertiggestellt worden waren, fügten sowohl Glassplitter als auch abgesprengtes Mauerwerk an allen übrigen Objekten größere und kleinere Schäden zu.[2] Glück im Unglück

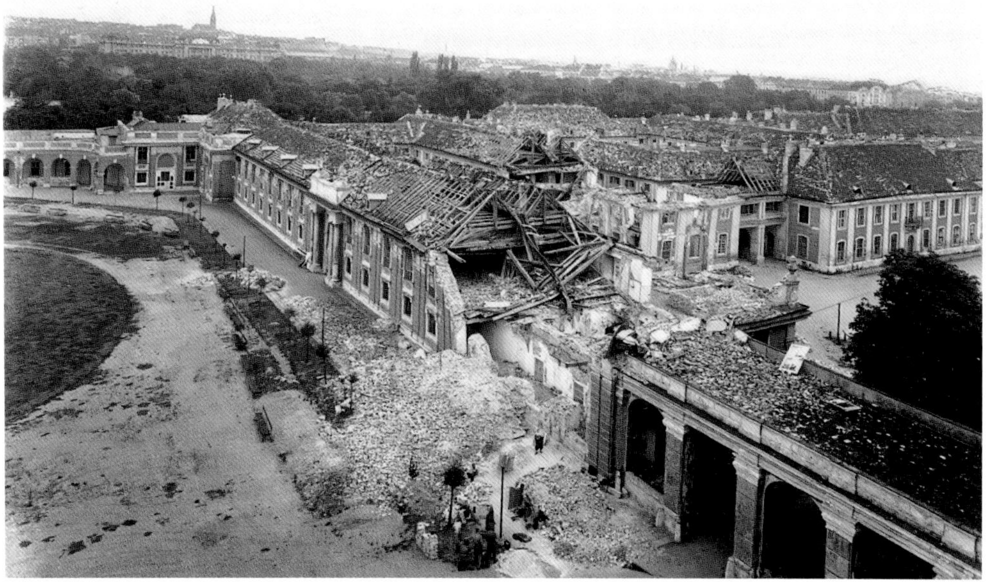

Abb. 76: Zerstörungen an den Meidlinger Seitengebäuden Schönbrunns infolge der Bombentreffer vom Februar 1945. Foto: Bruno Reiffenstein

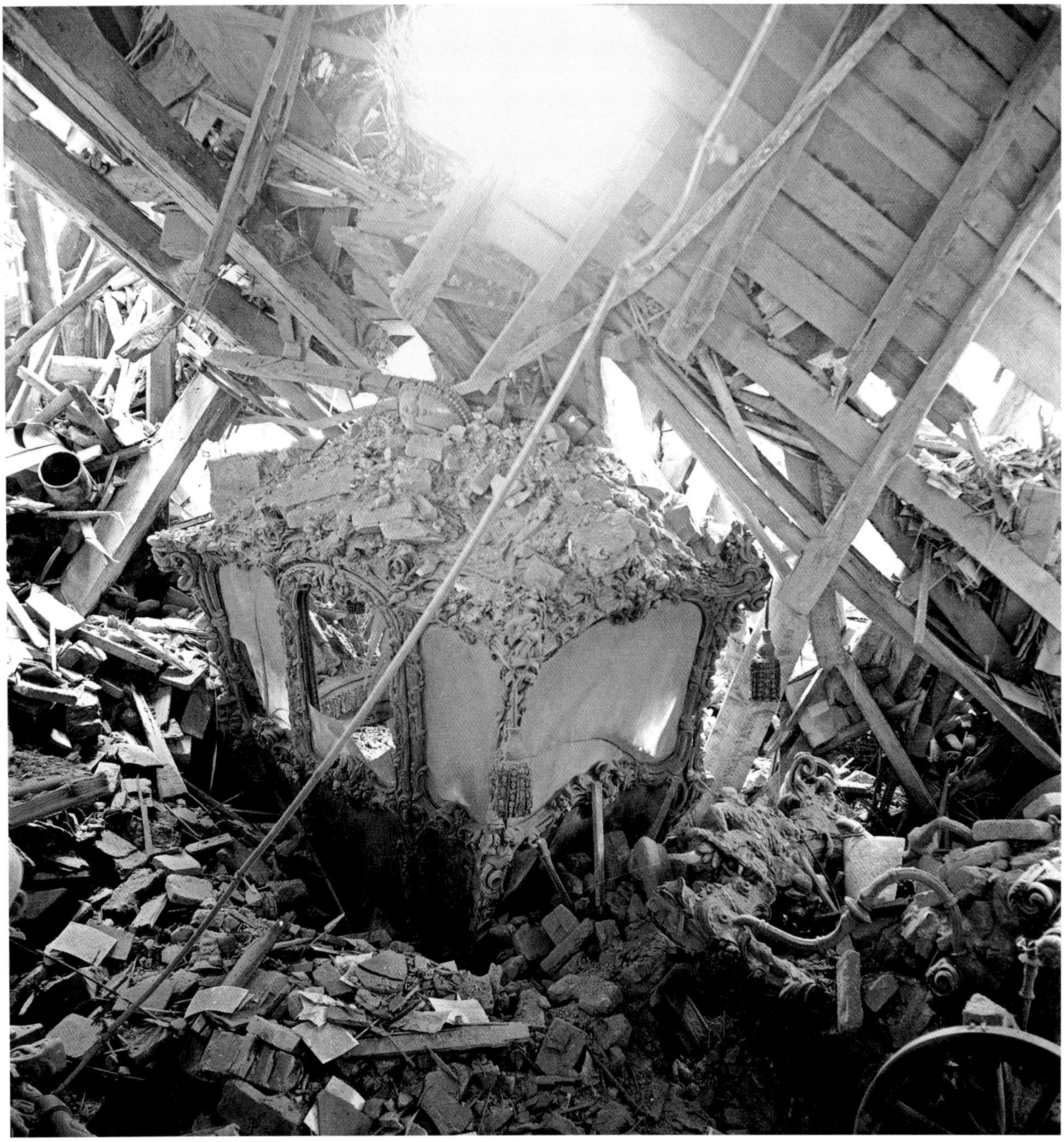

Abb. 77: Der Imperialwagen (Inv.-Nr. W 1) im Bombenschutt. Aufnahme von Elisabeth Schwenk vom 22. Februar 1945

hatte der damals 66-jährige Wagenburg-Oberaufseher Friedrich Hänel, der sich zum Zeitpunkt des Bombardements im Depot aufhielt. Er wurde durch den Luftdruck gegen die Hallendecke geschleudert, blieb dabei jedoch weitgehend unverletzt. Allein sein damals bereits bestehendes Nervenleiden verschlimmerte sich von diesem Tag an merklich.[3]

Am Tag nach dem Bombenangriff begab sich Elisabeth Schwenk, die Fotografin des Kunsthistorischen Museums, nach Schönbrunn, um ihren Vorgesetzten ein Bild von der Situation zu vermitteln. Dabei entstanden Aufnahmen des Imperialwagens, die diesen schwer beschädigt und tief versunken im Bombenschutt zeigen. Am 23. Februar nahm

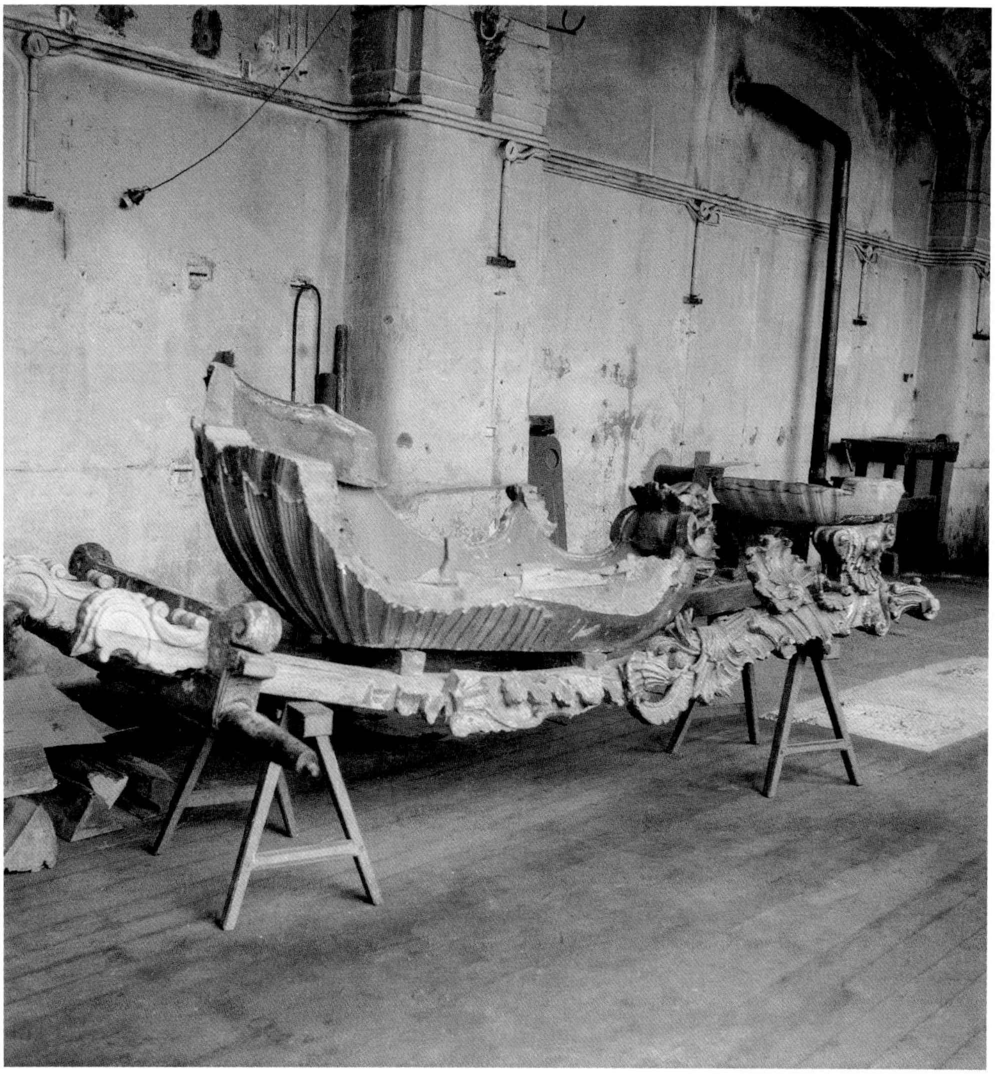

Abb. 78: Der schwer beschädigte Karussellwagen (Inv.-Nr. W 49) während der Restaurierung in der Werkstatt

Sammlungsdirektor Ruprecht selbst die entstandenen Schäden in Augenschein. Seine ersten an seinen Vorgesetzten Dworschak gemeldeten Eindrücke geben eine Vorstellung der Tragödie: »Von den Musealgegenständen ist verschüttet der Karusellwagen der Kaiserin Maria Theresia, vollkommen bedeckt mit Trümmern und Schutt, sodaß über etwaige Beschädigungen gegenwärtig kein Urteil abgegeben werden kann. Schwerst beschädigt der Krönungswagen Franz I. (Fahrgestell, Bruch der Langwied, wahrscheinlich mehrfach, der rückwärtigen Federn, Riß der Gurten, schwere Zerstörungen am Dach des Wagenkastens, der Türen und Achsen). Weniger starke Zerstörungen am Galawagen des Fürsten Kaunitz. Die Fensterverglasung sämtlicher im Raume befindlichen Fahrzeuge sind zertrümmert, alle Gegenstände mehr oder minder dick mit Staub und Bauschutt bedeckt.« Ruprechts resigniert klingendes Resümee thematisiert auch, weshalb das Schlossareal überhaupt zum Ziel der feindlichen Fliegerstaffeln wurde: »Ich habe schon vor Jahren darauf hingewiesen, daß die Verlagerung eines Kraftfahrersatzkörpers der Wehrmacht, dessen tatsächlicher Standort in Kaiser Ebersdorf ist, als Durchgangsstelle nach dem Schloß Schönbrunn nur mit Gefahren für dieses Schloß und die in ihm befindlichen Kunstwerke verbunden sein muß. Die zeitweilige Anhäufung beschlagnahmter Kraftfahrzeuge (bis zu tausend Stück) konnte

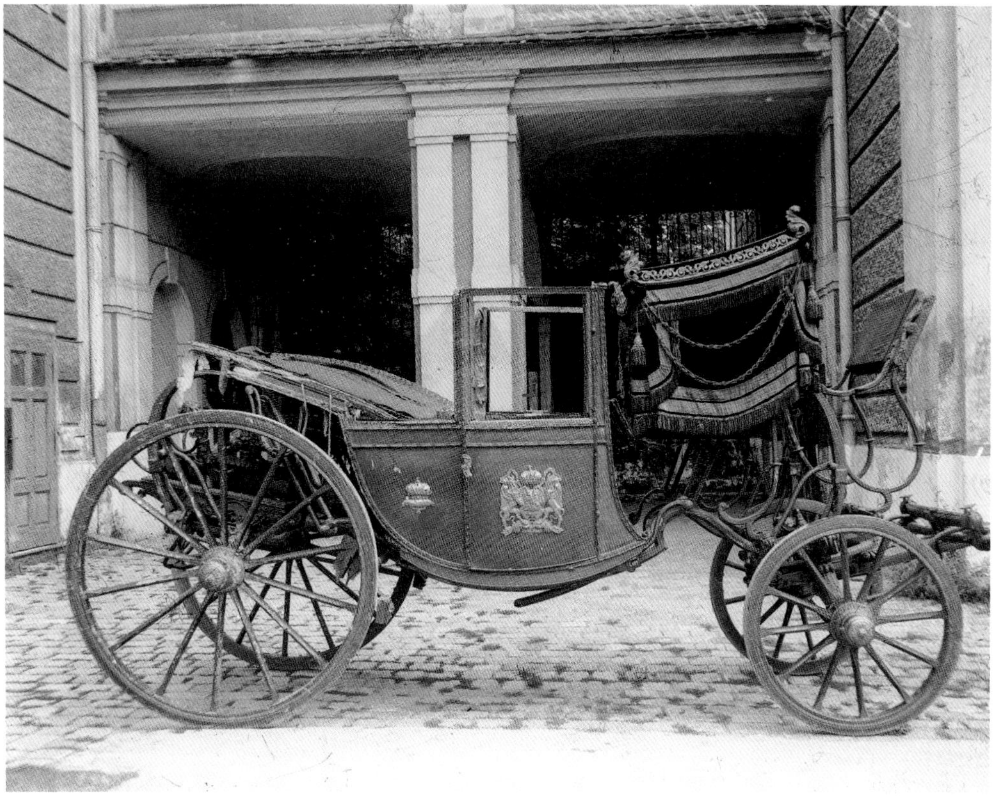

Abb. 79: Das vom Bombentreffer beschädigte Galacoupé des Oberststallmeisters (Inv.-Nr. W 12) vor der Restaurierung

auf die Dauer nicht verborgen bleiben und hat bei der immer mehr sich zuspitzenden Transportlage ein lockendes Ziel für die feindlichen Flieger mit der Zeit darstellen müssen. Abschließend muß leider gesagt werden, daß der schwere Schaden, der das Schloß und die darin befindlichen Bestände der Wagenburg betroffen hat, hätte vermieden werden können, wenn dem seit Jahren voraussehend und immer wieder zäh verfolgten Einwendungen und Warnungen des Kunsthistorischen Museums Gehör und Folge gegeben worden wäre.«[4]

Zwar wurde auch das an der Ringstraße gelegene Gebäude des Kunsthistorischen Museums von Bombentreffern beschädigt, jedoch befanden sich damals die Kunstwerke bereits an sicheren Bergungsorten.[5] Von allen Sammlungsbeständen des Kunsthistorischen Museums erlitten allein die in Schönbrunn untergebrachten Objekte der Wagenburg schwerste Bombenschäden. Die Restaurierungsarbeiten sollten während der ersten Nachkriegsjahre alle Kräfte der Sammlung in Anspruch nehmen und erfolgten aufgrund knapper Geldmittel unter überaus schwierigen Rahmenbedingungen.

1 KHM, Zl. 19/ED/1945.
2 KHM, Zl. 2/WS/1945.
3 Auer 1949.
4 KHM, Zl. 2/WS/1945.
5 Vgl. AK Wien 2005.

Plünderungen und Sachbeschädigungen im April 1945

Während des militärischen Kampfes um Wien, der in den ersten April-Wochen des Jahres 1945 vonstattenging und mit einem Sieg der Sowjetarmee über die deutsche Wehrmacht endete, blieben die Wagenburg und ihre Objekte zeitweise ohne Aufsicht ihrem Schicksal überlassen. Verwaist waren damals vor allem die wissenschaftlichen Leitungsstellen. Leopold Ruprecht, der für die Wagenburg zuständige Direktor der Waffensammlung, hatte sich bereits in der letzten Kriegsphase abgesetzt und wurde im Mai 1945 im Salzkammergut von amerikanischen Militäreinheiten aufgegriffen und in Haft genommen. Als politisch schwer belastetes Mitglied der NSDAP wurde er mit 6. Juni 1945 auf Basis des Verbotsgesetztes aus dem Museumsdienst entlassen. Er sollte fortan bis zu seinem Tod 1967 in Fusch an der Großglocknerstraße leben.[1]

Ebenso abwesend war in den letzten Tagen des Zweiten Weltkriegs Ruprechts wissenschaftlicher Assistent Bruno Thomas, der erst Ende April 1946, nach seiner Entlassung aus der englischen Kriegsgefangenschaft, wieder seinen Dienst im Museum antreten konnte.[2] Oberaufseher Friedrich Hänel war noch vor der Einnahme Wiens durch die Sowjets nach den im Waldviertel gelegenen Orten Göpfritz und Döllersheim geschickt worden, wo er Holz zur Verschalung des durch den Bombentreffer vom 21. Februar schwer beschädigten Wagenburg-Depots beschaffen sollte. Im Mai war er von dort aber immer noch nicht zurückgekehrt.[3]

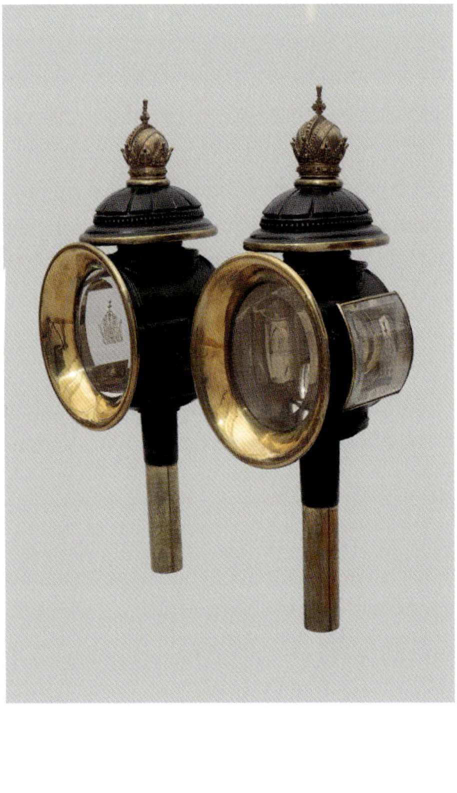

Abb. 80: Die beiden erhaltenen Laternen des 1945 entwendeten sechssitzigen Pony-Phaetons des Wiener Hofes, hergestellt von S. Armbruster. Inv.-Nr. W 99-1

Für die Sicherheit der in der Schauhalle und den Depots untergebrachten Objekte konnten in den letzten Kriegstagen allein einige Wagenburg-Aufseher sorgen. Von ihnen waren am 7. April 1945 Alois Fandl, Johann Hofbauer, Clemens Cargnelli und Rudolf Windhofer zum Dienst in der Wagenburg eingeteilt.[4] An diesem Tag erschien jedoch nur Fandl in Schönbrunn. Als gegen Abend hin keiner seiner Kollegen auftauchte, um ihn vom Dienst abzulösen, und da er die Museumsobjekte während der Gefechte um die Stadt nicht völlig unbeaufsichtigt lassen wollte, verbrachte er auch die Nacht vom 7. auf den 8. April in der Wagenburg. All seine Versuche, telefonischen Kontakt mit dem Kunsthistorischen Museum aufzunehmen, um dort personelle Unterstützung anzufordern,

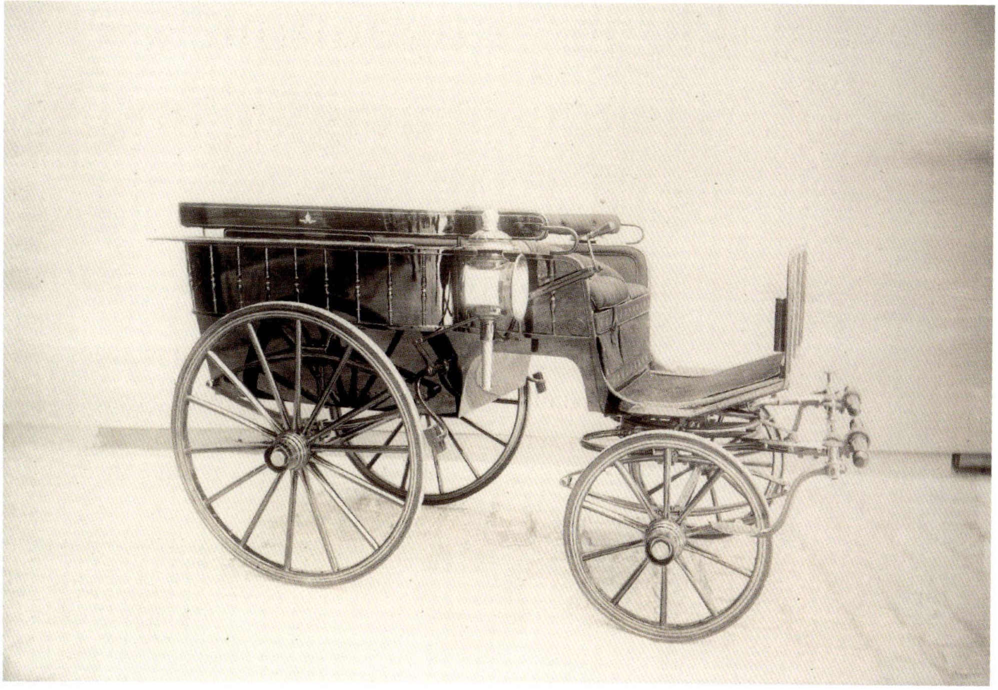

Abb. 81: Aufnahme des 1945 entwendeten und verlorengegangenen sechssitzigen Pony-Phaetons. Foto: F. Eglseer, 1902. Inv.-Nr. Z 1-1/23

blieben erfolglos. Am darauffolgenden Tag, dem 8. April, versperrte er zur Mittagszeit das Tor der Wagenburg und machte sich zu Fuß auf den Weg nach Margareten, wo er einen seiner Aufseher-Kollegen aufsuchen und ihn bitten wollte, in der Wagenburg nach dem Rechten zu sehen. Die nach Margareten führende Straße war jedoch von Militärs abgeriegelt, weshalb er kurzfristig beschloss, sich zu seiner in Ottakring gelegenen Wohnung durchzuschlagen. Ottakring lag am 9. April unter Beschuss, weshalb es Fandl erst am Tag darauf wieder möglich war, sich nach Schönbrunn zu begeben. Wie er dort erfahren musste, hatten sowjetische Truppen bereits am Vortag das gesamte Schlossareal besetzt. Vor dem Eingangstor zur Wagenburg stand nun ein Militärposten, der Fandl den Zutritt verweigerte. Die Sowjetsoldaten selbst konnten hingegen jederzeit das Museum betreten, da sie einem Trafikanten namens Brenner, der als Luftschutzwart einen Zweitschlüssel der Wagenburg besaß, befohlen hatten, ihnen diesen auszuhändigen. Durch ein beschädigtes Seitentor konnte Fandl in die Schauhalle lugen und sah, dass sich darin fahrlässigerweise gestapelte Munition befand. In die Depots und die Restaurierwerkstätte erhielt Fandl ebenfalls keinen Einlass. Ein Blick durch die aufgesprengte Werkstatttür ließ ihn allerdings erkennen, dass sämtliche Kästen aufgerissen waren und ihr Inhalt über den Boden verstreut lag.

Am 11. April erstattete Fandl im Kunsthistorischen Museum Bericht über die Zustände in der Wagenburg und kehrte anschließend wieder nach Schönbrunn zurück, wo er nun auch zwei seiner Kollegen antraf. An diesem und auch an den darauffolgenden Tagen untersagten die Sowjetsoldaten den Wagenburg-Aufsehern jedoch weiterhin das Betreten sämtlicher Sammlungsräumlichkeiten. Die Museumsmitarbeiter verblieben damals dennoch in Schönbrunn, konnten dort aber vorerst nur tatenlos im Freien warten, um die weiteren Entwicklungen zu beobachten.

Als besonders gefährdet mussten in jenen Tagen die Prunkstücke der Sammlung gelten, die sich nach wie vor im schwer beschädigten Depot auf der Meidlinger Seite des Schönbrunner Areals befanden. Eine Gebäudemauer fehlte dort zur Gänze, weshalb sich der Raum auch nicht versperren ließ. Da es den Wagenburg-Aufsehern nicht möglich war, das Depot rund um die Uhr zu bewachen, drangen immer wieder Plünderer in den ungeschützten und von Bombenschutt bedeckten Raum ein, um Objektteile zu entwenden oder mutwillig zu beschädigen. Auch nachdem der Schönbrunner Schlosshauptmann einen Wachposten vor dem beschädigten Depot abgestellt hatte, kam es nach wie vor zu kriminellen Handlungen. Überliefert ist etwa, dass eines Tages die Wache am Meidlinger Tor des Schlossparks einen Zivilisten aufhielt, ihn durchsuchte und in seinem Rucksack die beschädigte Dachbekrönung und drei Vorhänge des Imperialwagens fand. Wie er angab, hatte er geplant, die Krone als Brennholz zu verwenden![5] Nicht immer konnten wie in diesem Fall Diebstähle vereitelt werden. Gestohlen wurden etwa ein Prunkreitzeug aus rotem Samt mit reicher Gold- und Seidenstickerei und eingesetzten Rubinen – ein Geschenk Sultan Abdülhamids II. an Kaiser Franz Joseph von 1905[6] – oder das Kopfgestell eines orientalischen Reitzeugs, das Kaiser Karl 1916 bei seiner ungarischen Königskrönung in Budapest 1916 verwendet hatte.[7]

Skrupellosen Plünderungen – ob seitens Einheimischer oder von Sowjetsoldaten, ließ sich im Nachhinein oft nicht mehr feststellen – war auch das Pferdegeschirr-Depot im Westflügel des Schlosses ausgesetzt. Zu den zahlreichen Objekten, die dort in den letzten Kriegstagen abhandenkamen, zählten unter anderem Zuggeschirre für etwa 77 Pferde – darunter die Prunkgeschirre des Schwarzen Hofleichenwagens –, sämtliche lederne Kutscherleitseile, mehrere Steigbügel, Sporen und Einflechtzeuge, circa 100 Peitschen, fast alle Poststiefel der berittenen Kutscher sowie 15 bis 20 Pferdedecken.[8] Eine genaue Ermittlung der Kriegsverluste war später leider häufig nicht mehr möglich, da die Objekte der Wagenburg erst ab 1947 vollständig und gründlich inventarisiert wurden.

Unmittelbar nachdem sowjetische Armeeeinheiten die Kontrolle über Schönbrunn gewonnen hatten, wurden einige Wagenburg-Objekte von Besatzungssoldaten auch missbräuchlich verwendet und dabei beschädigt. Über die dahinterstehenden Motive lässt sich heute nur noch spekulieren. Es existieren aber mehrere Augenzeugenberichte über die Geschehnisse jener Tage. So erzählte etwa ein Mann namens Lichtenecker dem Wagenburg-Aufseher Fandl, er »habe gesehen, wie einzelne Mitglieder der Besatzungsmacht, nachdem sie sich Zutritt verschafft hatten, mit den historischen Wagen im Hofe spazieren fuhren und mit historischen Satteln ritten. Er selbst habe im Hofe liegengebliebene Geschirrteile für die Wagenburg gesammelt.«[9] Dies bestätigte auch eine andere Person, der zufolge sowjetische Soldaten »mit Karossen im Schloßhof auf und ab« gefahren seien.[10] Erwin Auer schilderte anlässlich der Restaurierung des Kinderwagens von Napoleons Sohn, dem »König von Rom« und späteren Herzogs von Reichstadt, das kleine Fahrzeug sei »in den ersten Nachkriegstagen sehr stark mitgenommen worden, da sich außenstehende Erwachsene in diesem zarten Wagen spazieren führen ließen.«[11] Zwei Bewohnerinnen von Schönbrunn zufolge wurde diesem Fahrzeug auch noch auf andere Weise mutwillig Schaden zugefügt. Sie beobachteten, »wie ein sowjetischer Soldat auf den Wagen des Herzogs von Reichsstadt [...] einschlug und einstach. Als er schließlich fortging und den Wagen stehen ließ, versteckten ihn die beiden Frauen in einer Kammer auf dem Finsteren Gang«.[12] Dieses Objekt, bei dem es sich um ein Prunkstück des Pariser Wagenbaus des frühen 19. Jahrhunderts handelt, konnte nach seiner Rettung durch die beiden mutigen Frauen in das Depot rückgestellt und einige Jahre später in der Restaurierwerkstätte der Wagenburg wieder instand gesetzt werden.

Sieben Fahrzeuge gingen in jenen April-Tagen durch Diebstahl und Beschlagnahmungen unwiederbringlich verloren. Es handelte sich um einen sechssitzigen Leib-Ponywagen, einen Leib-Kutschierwagen, zwei Leib-Victorias, einen viersitzigen Leib-Vis-à-vis-Wagen, einen

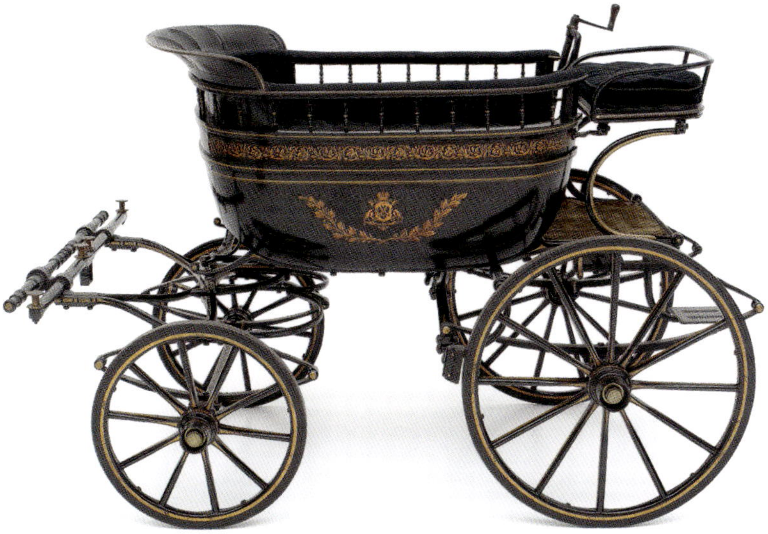

Abb. 82: Viersitziger Pony-Tonneau, gerettet 1945 von Tischlermeister Franz Svitil. S. Armbruster, Wien 1896. Inv.-Nr. W 74

Pferde-Abrichtwagen sowie ein weiteres Fahrzeug, das für den Transport der Sarghebemaschinen diente, die früher die Hofleichenwagen begleiteten.[13] Von erstgenanntem Leib-Ponywagen, der einst in Bad Ischl für die Kinder von Erzherzog Franz Salvator und Erzherzogin Marie Valerie in Verwendung stand, blieben zumindest Reste, nämlich zwei Laternen sowie zwei Deichseln (Inv.-Nr. W 99), zurück.

Einen glücklichen Ausgang nahm hingegen die Geschichte rund um den Diebstahl eines viersitzigen Pony-Tonneaus, der 1896 ebenfalls als Transportmittel und Spielgerät für erzherzogliche Kinder angekauft worden war (Inv.-Nr. W 74). Mitglieder der Sowjetarmee, die unweit von Schönbrunn bei einem Tischlermeister namens Franz Svitil einquartiert waren, hatten das Fahrzeug entwendet und auf dem Lagerplatz der Tischlerei eingestellt. Svitil erkannte anhand des aufgemalten kaiserlichen Wappens, dass es sich hierbei um ein gestohlenes Hoffahrzeug der Wagenburg handelte und entfernte in listiger Weise nach und nach einzelne Bestandteile des Gefährts, bis die Soldaten schließlich das Interesse am verbliebenen Fragment verloren. Erst nachdem die bei ihm untergebrachten Soldaten endgültig sein Haus verlassen hatten und im September 1945 Schönbrunn von englischen Truppen übernommen worden war, veranlasste er die Rückgabe des Fahrzeugs an die Wagenburg. Für sein vorbildliches Verhalten erhielt Franz Svitil ein lobendes Dankschreiben von August Loehr, dem Ersten Direktor des Kunsthistorischen Museums.[14]

1 Haupt 1995, 61; Löscher 2021.
2 KHM, Archiv, Personalakt Bruno Thomas.
3 KHM, Zl. 19/ED/1945.
4 Die folgenden Ausführungen beruhen auf protokollierten Gesprächen, die Sammlungsleiter Erwin Auer am 31. Oktober 1947 mit Alois Fandl und am 29. Jänner 1948 mit Clemens Cargnelli über die Geschehnisse im Jahr 1945 führte. KHM, Zl. 7/WB/1949.
5 KHM, Zl. 11/WB/1947; Auer 1948, 44.
6 KHM, Zl. 30/WB/1970.
7 KHM, Zl. 33/WB/1970.
8 KHM, Zl. 38/WB/1952, Zl. 37/WB/1957, Zl. 30/WB/1971.
9 KHM, Zl. 7/WB/1949.
10 Brocza – Stadelmann 2000, 96.
11 KHM, Zl. 25/WB/1948.
12 Brocza – Stadelmann 2000, 96.
13 KHM, Zl. 2/WB/1949.
14 KHM, Zl. 19/ED/1945, Zl. 2 und 7/WB/1949.

Ein schwieriger Neubeginn

Die Einnahme Wiens durch die sowjetische Armee im April 1945 bedeutete auch für das Kunsthistorische Museum eine Zeitenwende. Der Erste Direktor Fritz Dworschak war durch seine Amtsführung und seine Parteimitgliedschaft bei der NSDAP gänzlich kompromittiert und wurde durch den 1938 zwangspensionierten und nun reaktivierten August Loehr ersetzt.[1] Bereits am 5. Mai 1945 veranlasste der mittlerweile amtierende Loehr, dass Arpád Weixlgärtner mit der Leitung der Wagenburg betraut werde.[2]

Weixlgärtner[3] war zwischen 1906 und 1938 in verschiedenen Funktionen im Kunsthistorischen Museum tätig gewesen, unter anderem als Kustos der Sammlung für Plastik und Kunstgewerbe, als Direktor der Gemäldegalerie und sogar als Erster Direktor des Hauses. Nachdem Weixlgärtner 1938 seine damals innegehabte Funktion als Schatzmeister der Weltlichen und Geistlichen Schatzkammer aufgrund der jüdischen Herkunft seiner Ehefrau Josefine (geb. Neutra) hatte aufgeben müssen, verblieb er die folgenden Jahre ohne weitere Anstellung in Wien, wo er mit seiner von Verfolgung durch die Nationalsozialisten bedrohten Gattin lebte. Am 16. April 1945 brannte Weixlgärtners Wohnung in der Gloriettegasse komplett aus – nach Auskunft seiner Frau infolge eines von Nazis gelegten Feuers. Loehr verschaffte wenige Wochen später seinem langjährigen Kollegen und Freund Arpád Weixlgärtner, der sich damals eigentlich längst im Pensionsalter befand, mit Rücksicht auf dessen persönliche Notlage, aber natürlich auch aufgrund von dessen großer Erfahrung als Museumsbeamter eine bezahlte Beschäftigung als Leiter der Wagenburg.[4] Wie prekär damals die Lebensbedingungen von Weixlgärtner und seiner Frau waren, geht aus einem seiner Briefe an Loehr eindrücklich hervor: »Bitte, stell mir eine amtliche, gestempelte Bescheinigung aus, dass ich an der Wagenburg amtiere. Ich brauch sie, um damit vielleicht in der Schönbrunner Gemeinschaftsküche ein Essen zu bekommen, was für mich u. meine Frau von allergrößter Wichtigkeit wäre [...], da wir alle mitsammen nichts zu nagen [sic] haben.«[5]

Der neu eingesetzte Leiter der Wagenburg versuchte sich zunächst vor Ort in Schönbrunn ein Bild der Lage zu machen. Hatten die Wagenburg-Aufseher zuvor noch vergeblich versucht, Zutritt in die Schauhalle und die Depots zu erhalten, gelang es Weixlgärtner nun, dies kraft seiner Autorität durchzusetzen. In einem ersten Bericht vom 10. Mai erwähnt er, dass immer noch 500 Kisten Munition in der Schauhalle des Museums gelagert seien. Das Gebäude selbst fand er weitgehend unbeschädigt vor. Allein die Decke hatte einen Flaktreffer abbekommen und wies mehrere Wasserschäden auf. Die darin eingestellten Fahrzeuge seien jedoch, so Weixlgärtner, »ziemlich intakt«. Der Englische Reitstall wurde von den sowjetischen Besatzern als Sanitätsdepot verwendet und in der Restaurierwerkstätte des Museums wurden Autos repariert. Sämtliches Werkzeug war verschwunden, laut Weixlgärtner »von den Russen [...] gestohlen.«[6]

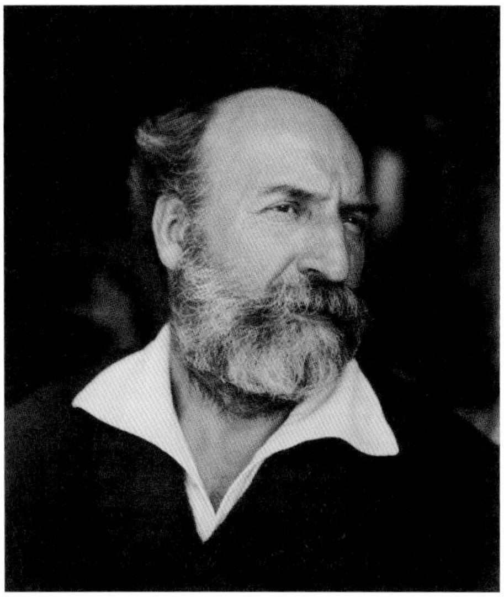

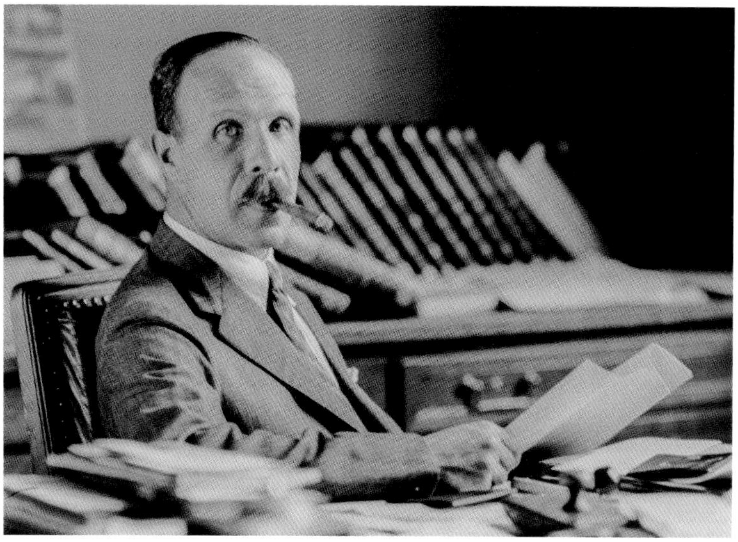

Abb. 83: Arpád Weixlgärtner, Leiter der Wagenburg 1945/46

Abb. 84: Ernst H. Buschbeck, Leiter der Wagenburg 1946/47

Den Wiederaufbau der durch den Bombentreffer eingestürzten Mauer jenes Depots, in dem sich immer noch viele schwerbeschädigte Fahrzeuge der Sammlung befanden, hielt Weixlgärtner für die dringlichste Aufgabe.[7] Bis dahin von den Aufsehern betriebene Versuche, das Depot in provisorischer Weise einbruchssicher zu machen, waren nämlich gescheitert. Zunächst war die Mauer durch einen Bretterverschlag ersetzt worden, jedoch wurden die Holzbretter bereits nach kurzer Zeit von unbekannter Seite gestohlen. Die Errichtung einer zwei Meter hohen Barriere, aufgeschichtet aus losen Ziegeln, blieb ebenso ohne Erfolg, da sie des Nachts einfach niedergestoßen wurde.[8] In Verhandlungen mit unterschiedlichen Behörden versuchte Weixlgärtner die für eine nachhaltige und massive Neuherstellung der Gebäudemauer benötigten Baumaterialien zu organisieren, was sich als langwieriges Unterfangen herausstellen sollte. Am 21. Mai berichtete Weixlgärtner an Loehr, dass in Kürze endlich mit den Bauarbeiten begonnen werden könne. Mit Unterstützung eines Oberleutnants der Polizei und einer Dolmetscherin bemühte sich Weixlgärtner zudem, die sowjetischen Entscheidungsträger dazu zu bewegen, die in der Schauhalle gelagerte Munition entfernen zu lassen, da diese eine eminente Gefahrenquelle für die Museumsobjekte darstellte. Aber auch hier erwies sich die Kommunikation als schwierig. Weixlgärtner bemerkte dazu lapidar: »Der Kommandant ist unzugänglich, weil er nie nüchtern ist.«[9]

Über die Vorkommnisse in der Wagenburg während der darauffolgenden Monate liegen nur bruchstückhafte Informationen vor, da Weixlgärtner damals keine Akten führte. In einem Brief[10] von 1949 schilderte er jedoch, dass in den ersten Nachkriegsmonaten ein großer Teil seiner Zeit und Energien in unergiebige Verhandlungen mit den Sowjets rund um die Reparatur des bombardierten Depots sowie die Rückgabe des Zweitschlüssels zur Schausammlung flossen. Außerdem wurden damals die gröbsten Aufräumarbeiten in den verschiedenen Räumlichkeiten des Museums durchgeführt.

Die Situation sollte sich für die Wagenburg etwas verbessern, als Schönbrunn mit Anfang September 1945 der britischen Besatzungszone zugeteilt wurde und die britische Armee im Schloss ihr Hauptquartier aufschlug. Zwar fand Weixlgärtner mit vielen seiner Anliegen und Beschwerden bei Wing Commander J. W. Goodison – im Zivilberuf selbst ein Museumsmann – ein offenes Ohr, jedoch konnte er nicht verhindern, dass die Wagenburg das Depot auf der Meidlinger Seite Schönbrunns räumen musste, da der Raum als Kantine vorgesehen war. Zudem trennten die Briten damals im Englischen Reitstall, der eigentlich wieder vollständig an die Wagenburg zurückgestellt werden sollte, baulich mehrere Segmente ab, um dort eine anglikanische Kapelle einzurichten. In Weixlgärtners Amtszeit fiel auch noch der Beginn erster, von Friedrich Hänel geleiteter Restaurierarbeiten an den durch den Bombeneinschlag beschädigten Objekten. Da Weixlgärtner im Wien der Nachkriegszeit keine Zukunft mehr für sich sah, gab er im fortgeschrittenen Alter von 74 Jahren im Frühling 1946 die Leitung der Wagenburg ab und emigrierte gemeinsam mit seiner Frau am 18. April nach Schweden, wo bereits ihre gemeinsam Tochter Elisabeth Söderberg lebte.[11]

Mit 1. Juni 1946 ging die Verantwortung für die Wagenburg auf Ernst H. Buschbeck über. Buschbeck, wie Weixlgärtner ein langgedienter Beamter des Kunsthistorischen Museums, hatte sich 1939 aus politischen Motiven und aufgrund der Tatsache, dass er den NS-Machthabern als »Vierteljude« galt und deshalb vor Verfolgung nicht sicher war, nach England abgesetzt und sich im Exil im Rahmen des Free Austrian Movement im Kampf gegen die Nationalsozialisten engagiert.[12] Nach seiner Rückkehr nach Wien im Februar 1946 trat er wieder seine alte Stelle als Kustos der Gemäldegalerie an und übernahm zusätzlich die Agenden der Wagenburg. Wie Buschbeck später selbst angab, bestand seine Tätigkeit für die Kutschensammlung vor allem in Verhandlungen mit Vertretern der britischen Besatzungsmacht hinsichtlich der Rückgabe von Depoträumen und der Wiederaufnahme des Publikumsbetriebs. Letztlich konnte Buschbeck der Wagenburg damals aber nur einen kleinen Teil seiner Arbeitszeit widmen, da er im Rahmen seiner Beschäftigung in der Gemäldegalerie mit der Vorbereitung von Großausstellungen in Zürich und Brüssel betraut war und sich deshalb häufig im Ausland aufhielt. Bereits am 9. Mai 1947 wurde Buschbeck schließlich wieder von der Leitung der Wagenburg entbunden.[13]

1 Haupt 1991, 177–180.
2 KHM, Zl. 27/4/ED/1945, Zl. 27/6/ED/1945.
3 Zu Arpád Weixlgärtner siehe Wendland 1999, Teil 2, 743–748.
4 KHM, Zl. 27/4/ED/1945, Zl. 16/WB/1949.
5 Arpád Weixlgärtner an August Loehr, Wien, 21. Mai 1945. KHM, Zl. 40/WB/1962.
6 Arpád Weixlgärtner an August Loehr, Erster Bericht über die Wagenburg vom 10. Mai 1945. KHM, Zl. 19/ED/1945.
7 Ebenda.
8 Gespräch von Erwin Auer mit Alois Fandl am 31. Oktober 1947. KHM, Zl. 7/WB/1949.
9 Arpád Weixlgärtner an August Loehr, Zweiter Bericht über die Wagenburg vom 21. Mai 1945. KHM, Zl. 40/WB/1962.
10 Arpád Weixlgärtner an Erwin Auer, Stockholm, 21. April 1949. KHM, Zl. 16/WB/1949.
11 Ebenda.
12 Wendland 1999, Teil 1, 83–86; Löscher 2019; KHM, Archiv, Personalakt Ernst Heinrich Buschbeck (mit mehreren einliegenden Nachrufen).
13 KHM, Zl. 1/WB/1947, Zl. 35/WB/1948.

Messen und Hochzeiten in einem zweckentfremdeten Museumsraum

Auf Basis des Potsdamer Abkommens übernahmen Anfang September 1945 die alliierten Besatzungsmächte die Verwaltung der ihnen zugeteilten Wiener Gemeindebezirke.[1] Für Schönbrunn und die im Schlosspark befindliche Wagenburg bedeutete dies, dass anstatt der Roten Armee fortan britische Soldaten das Gelände kontrollierten. Die britische Besatzungsmacht installierte in Schönbrunn sogar ihr Hauptquartier.

Um den Soldaten den Besuch von Gottesdiensten zu ermöglichen, richteten die Briten in der Osthälfte des Englischen Reitstalls, der der Wagenburg 1939 für einige Monate als zweite Schauhalle gedient hatte, eine anglikanische Kapelle ein, die den Namen St. Michael's Church erhielt. Vermutlich war die Wahl unter anderem deshalb auf das ehemalige Stallgebäude gefallen, weil dieses mit seiner dreischiffigen Struktur und seinen zwei Säulenreihen Ähnlichkeiten mit Sakralbauten aufweist. Für den Kirchendienst wurden auch mehrere Nebenräume benötigt, nämlich eine Sakristei und ein Schuppen für Heizmaterial. Dafür wurden der bisherige Dienstraum der Aufseher sowie die Werkstätte der Wagenburg zweckentfremdet. Zusätzlich wurden dem Museum die Hälfte des als Wagendepot

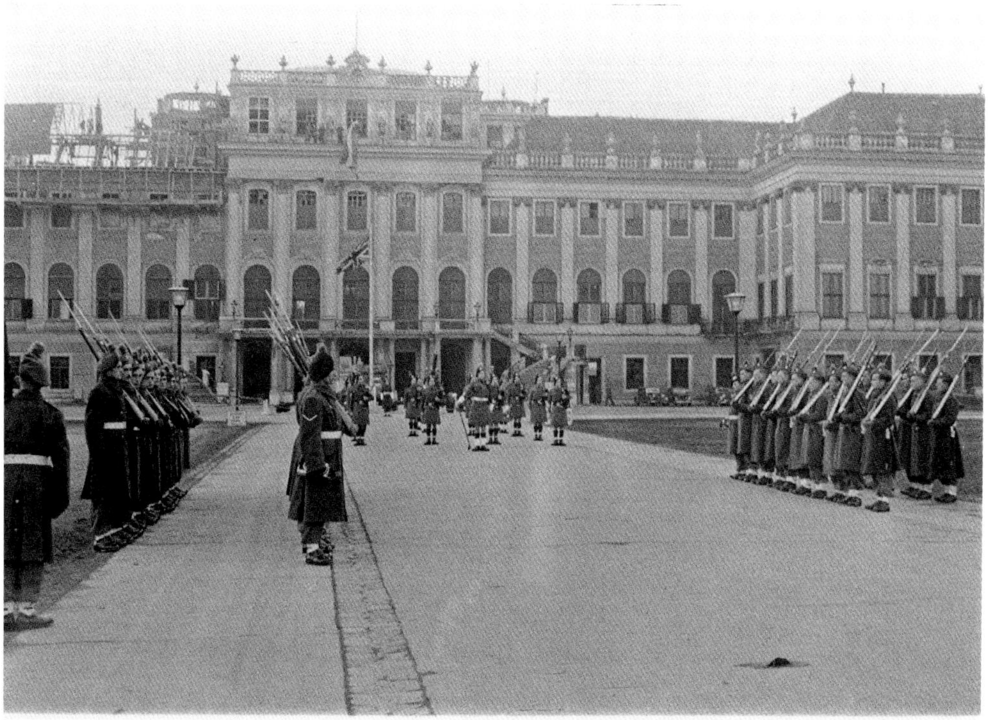

Abb. 85: Die britische Kommandantur in Schönbrunn. Foto: Otto Croy, 1947

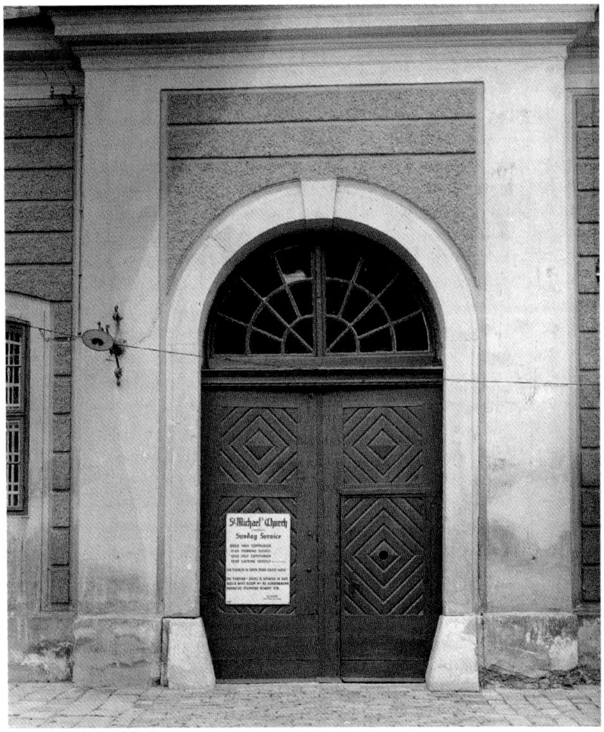

Abb. 86: Eingangstor des Englischen Reitstalls mit Schild »St. Michael's Church«, 1950

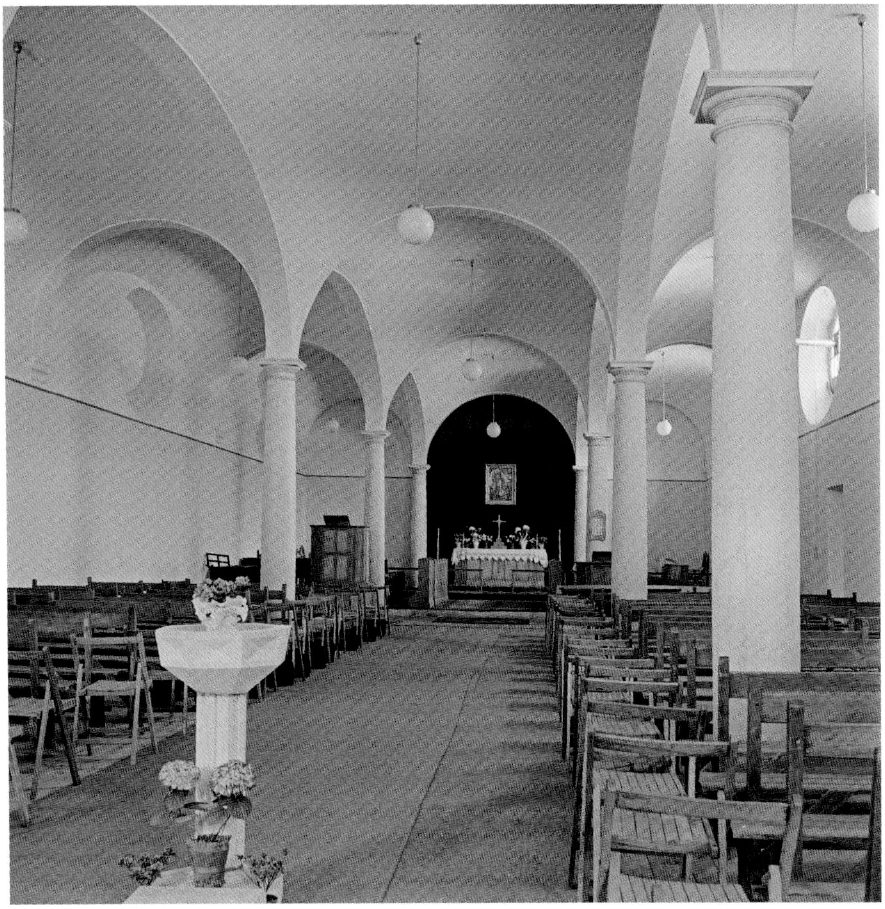

Abb. 87: Östliche Hälfte des Englischen Reitstalls in Verwendung als anglikanische Kapelle, 1952

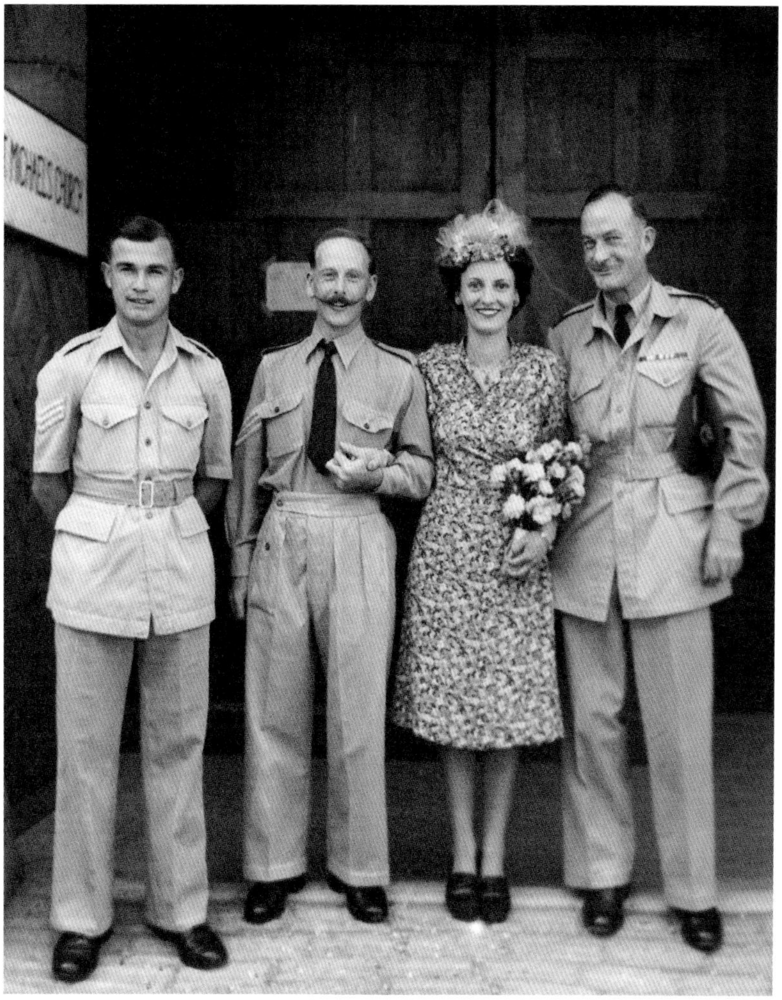

Abb. 88: Hochzeitsfoto von Nigel Gardner Watts und Beryl Evans, aufgenommen am 23. August 1947 vor dem Eingang zur St. Michael's Church

verwendeten Kutschenstalls für Feuerwehrzwecke entzogen und mehrere der Wagenburg zugeteilte Garagen als Holzschuppen benützt. All diese während der Frühphase der Besatzungszeit gesetzten Schritte bedeuteten für die Wagenburg eine erhebliche Verringerung von Depotflächen und anderen Nebenräumen. Diese prekäre Situation sollte sich erst nach und nach verbessern, bis 1952 schließlich sämtliche der von der Wagenburg so dringend benötigten Lokalitäten wieder geräumt waren. Manche von ihnen bedurften vor einer neuerlichen musealen Nutzung jedoch einer Sanierung durch die Schlosshauptmannschaft, da sie während des Zweiten Weltkriegs und den nachfolgenden Jahren stark in Mitleidenschaft gezogen und teilweise auch mit Einbauten versehen worden waren, die nun wieder entfernt werden mussten. So vergingen noch weitere Jahre, bis alle Räumlichkeiten tatsächlich wieder von der Wagenburg benützt werden konnten.[2]

Die jahrelange Verwendung einer Hälfte des Englischen Reitstalls als anglikanische Kapelle brachte für die Wagenburg nicht nur ein Platzproblem, sondern war auch aus einem anderen Grund problematisch. Damit die Messbesucher*innen im Winter beim sonntäglichen Gottesdienst nicht frieren mussten, wurde in der Kapelle bereits am Samstag spätnachmittags ein Ofen befüllt. Er blieb daraufhin über Nacht stets unbeaufsichtigt in Betrieb, was für die rund 42 Fahrzeuge, die sich hinter einer Trennwand aus Holzfaserplatten in der anderen Hälfte des Gebäudes befanden, eine erhebliche Gefahr bedeutete. Ob der

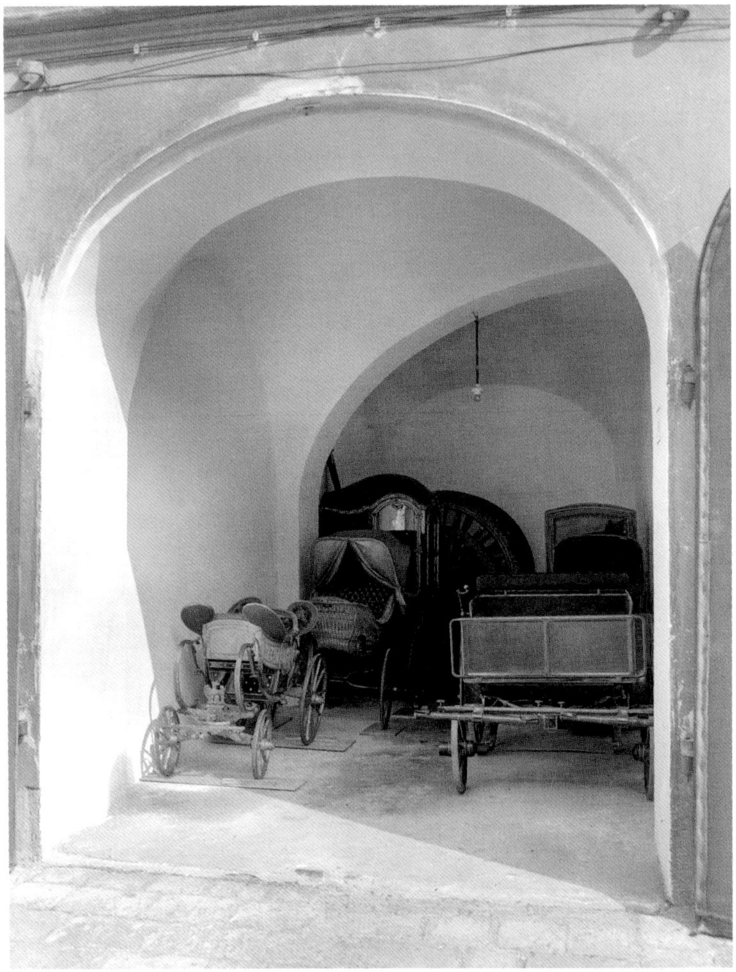

Abb. 89: Fahrzeuge der Wagenburg, die aufgrund mangelnder Depotflächen notdürftig in Garagen untergebracht sind, 1950

Einspruch, den die Wagenburg-Leitung gegen diesen Missstand erhob, auch Folgen hatte, ist nicht überliefert.[3]

Trotz aller Schwierigkeiten, die der Wagenburg durch die Zweckentfremdung der einen Hälfte des Englischen Reitstalls entstanden, soll nicht unerwähnt bleiben, dass die St. Michael's Church in jenen Jahren für manche auch ein Ort war, der ihnen unvergessliche Glücksmomente bescherte. In der Kapelle fanden nämlich während der Besatzungszeit auch Trauungen statt, von denen einige durch Fotos und Urkunden dokumentiert sind. So heiratete etwa am 23. August 1947 die Engländerin Beryl Evans ihren Landsmann Nigel Gardner Watts und am 13. November 1948 war die Kapelle Schauplatz der Hochzeit des britischen Korporals Walter Daniels und der Österreicherin Gertrude Buchhas.[4]

1 Rauchensteiner 1985, 103–114, 342 f.
2 KHM, Zl. 26, 42 und 58/WB/1948, Zl. 43/WB/1949, Zl. 6 und 45/WB/1951, Zl. 14, 31 und 52/WB/1952, Zl. 62/WB/1953, Zl. 91/WB/1959.
3 KHM, Zl. 52/WB/1950.
4 KHM, Zl. 88/WB/2017.

Erwin Auer, der Gründervater der Wagenburg als wissenschaftliche Einrichtung

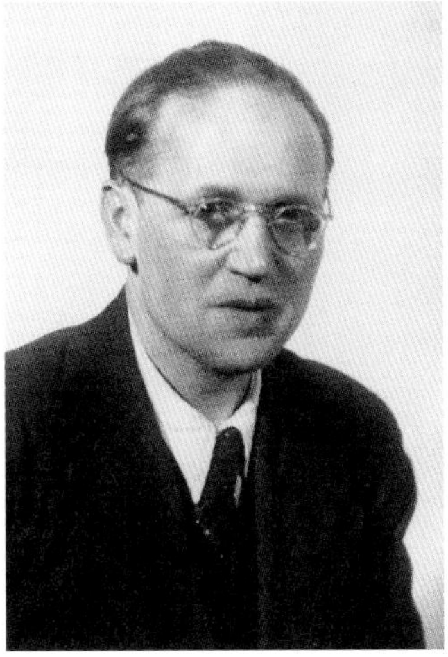

Abb. 90: Erwin Auer, ab 1947 Leiter und von 1958 bis 1972 Direktor der Sammlungen Wagenburg und Monturdepot

Im Jahr 1947 wurden die Geschicke der Wagenburg in die Hände von Erwin Auer gelegt, was sich als außerordentlicher Glücksfall für das Museum herausstellen sollte. Bis dahin schenkten die für die Sammlung zuständigen Kustoden und Direktoren den Objekten nicht das ihnen gebührende Augenmerk und ließen sie wissenschaftlich weitgehend unbearbeitet. Gewiss geschah dies nicht aus Desinteresse, sondern hatte seinen Hauptgrund in mangelnden zeitlichen und personellen Kapazitäten. Als problematisch erwies sich, rückblickend betrachtet, die Tatsache, dass das 1922 gegründete Museum den Beamten der Waffensammlung als »Annex« überantwortet wurde, ohne jedoch den Personalstand in der Sammlung zu erhöhen. So konnte über ein Vierteljahrhundert hinweg im Kunsthistorischen Museum keine ernstzunehmende wissenschaftliche Expertise zu den Objekten der Wagenburg entstehen. Nur daraus ist zu erklären, dass bis 1947 in der Sammlung kein modernes Inventar existierte; ihre Objekte hatten nur behelfsmäßige Inventarnummern erhalten, die nicht immer eine exakte Zuordnung erlauben. Es fehlte an ausführlichen Grundbeschreibungen der Objekte, und auch der Versuch, die Geschichte der einzelnen Wagen, Schlitten, Sänften und Tragsessel zu erforschen und sie stilistisch einzuordnen, blieb aus. Zur Entlastung der Mitarbeiter der Waffensammlung sei erwähnt, dass damals auch die historische Wagenbauforschung noch in den Kinderschuhen steckte. Die 1927 veröffentlichte Dissertation *Prunkwagen und Schlitten*[1] des bayerischen Kunsthistorikers Heinrich Kreisel leistete in diesem Sektor Pionierarbeit und sollte erst mit der 1962 approbierten und vier Jahre später publizierten Dissertation des Schweizers Rudolf Wackernagel über französische Krönungswagen[2] eine kongeniale Fortsetzung finden.

Unmittelbar nachdem Erwin Auer die Leitung der Wagenburg übernommen hatte, führte er in der Marstallsammlung systematisch museologische Standards ein und legte ein solides wissenschaftliches Fundament, auf dem die Sammlungsarbeit heute noch steht. Er kann deshalb zu Recht als der eigentliche Begründer der Wagenburg als wissenschaftliche Institution und international anerkannte Forschungsstätte gelten. Seine profunden historischen Kenntnisse, seine sozialen Kompetenzen, sein Arbeitseifer und seine systematische und konsequente Herangehensweise bei der Lösung anstehender Probleme blieben im Lauf der Jahre natürlich auch an anderen Stellen nicht unbemerkt, weshalb mehrfach Versuche unternommen wurden, ihn aus der Wagenburg abzuwerben. So erhielt er etwa im Jahr 1951 das Angebot, an das Heeresgeschichtliche Museum zu wechseln, mit der Aussicht, dort

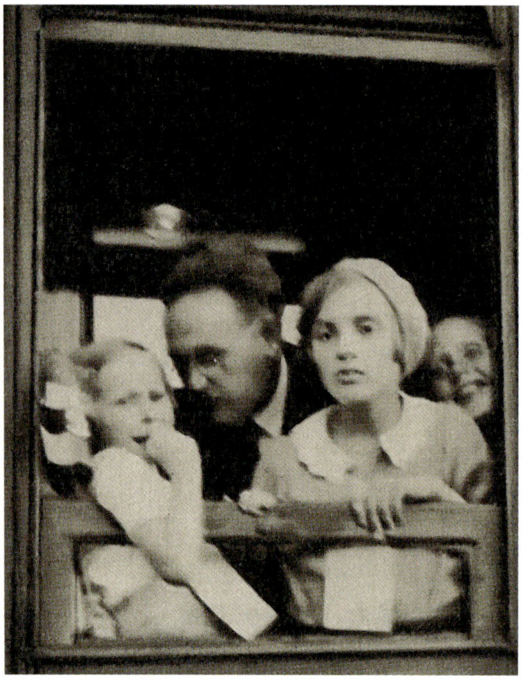

Abb. 91: Eine Aufnahme von Erwin Auer in einer Zeitschrift des Jahres 1934. Der Text zum Foto lautet: »Der Geschäftsführer des Kinderferienwerkes, Dr. Auer, tröstet ein Kind, das sich nicht leicht von seinen Eltern trennt.« Aus: *Österreichische Woche* (Beilage zum *Neuigkeits Welt-Blatt*), 6. September 1934, 3

spätestens 1957 das Direktorenamt zu übernehmen. Er schlug diese mit einem höheren Beamtengehalt verbundene Berufung aber aus und gab zur Antwort, dass er den wissenschaftlichen Dienst im Kunsthistorischen Museum freiwillig gewählt und damit auch bestimmte Aufgaben und Pflichten übernommen habe, »zu deren Erfüllung eine gewisse Zeit, aber auch ein entsprechender Nachwuchsbeamter notwendig sei, der dann die bisher geleistete Aufbauarbeit weiterzuführen imstande wäre.«[3] Da es aber damals für ihn noch keinen passenden Nachfolger in der Wagenburg gab, sagte er ab. Ebenfalls im Jahr 1951 erhielt Auer die ministerielle Anfrage, ob er bereit sei, den damals schwer erkrankten Direktor der Österreichischen Galerie gegebenenfalls zu ersetzen und sich einer Neuaufstellung der Sammlung im Belvedere anzunehmen. Auer lehnte dies mit der Begründung ab, »dass er nur Kunsthistoriker im Nebenfach wäre und daher als Fachfremder einen solchen wissenschaftlichen und fachlich profilierten Posten nicht übernehmen dürfe, ohne als verantwortungslos zu gelten.«[4] Im Jahr 1955 wurde an Auer die Bitte herangetragen, einer Versetzung in die Generaldirektion der Post- und Telegraphenverwaltung zuzustimmen, um sich dort um Museums-, Bibliotheks- und Archivfragen zu kümmern. Aber auch diesmal lehnte er ab.[5] Ebenso abschlägig reagierte er auf den 1957 geäußerten Wunsch von Albertina-Direktor Otto Benesch, zu ihm in die Grafische Sammlung zu wechseln, da er Auer als Nachfolger für die Zeit nach seiner Pensionierung Ende 1961 aufbauen wolle. Benesch hielt Auer mehr als andere für befähigt, »die Albertina als Weltinstitut weiterzuführen.«[6] Auch diese Position wäre nicht nur mit einem Prestigegewinn für Auer, sondern auch mit einem höheren Gehalt einhergegangen. Für Auer aber galt: »Wenn man eine Aufgabe an einem Weltinstitut wie dem Kunsthistorischen Museum übernommen habe, müsse man sie solange betreuen, bis eine geeignete Nachfolge die Weiterführung der Aufgaben sicherstelle. Dies sei jedoch für die Aufgabenbereiche des Gefertigten im Kunsthistorischen Museum noch nicht erreicht.«[7]

Die Geschichte der gescheiterten Abwerbungsversuche wurde an dieser Stelle deshalb so detailliert ausgebreitet, weil darin das Berufsethos und das ausgeprägte Pflichtbewusstsein Auers deutlich zu Tage tritt. Diese Eigenschaften fanden auch in seinem unermüdlichen Wirken für die Wagenburg Niederschlag. Tatsächlich sollte Auer bis zu seiner Pensionierung Ende 1972 der von ihm so hochgeschätzten Wagenburg vorstehen. Die Annahme zahlreicher Zusatzfunktionen, darunter die Präsidentschaft des Vereins für Geschichte der Stadt Wien (1962–1988), das Amt des Ersten Direktors des Kunsthistorischen Museums (1967–1972) sowie Lehraufträge an der Universität[8], schmälerten sein Engagement für die Wagenburg in keiner Weise.

Um dem hier gezeichneten Bild Auers eine Facette hinzuzufügen, sei erwähnt, dass nicht alle seiner Kollegen Sympathien für seine Charaktereigenarten und seine Arbeitsweise hegten. Manche schilderten ihn in vertraulichen Schreiben oder Gesprächen als unkreativen, pedantischen Bürokraten. So etwa der Direktor der Gemäldegalerie und kurzzeitige Leiter der Wagenburg Ernst Buschbeck, der sich 1950 der Museumsdirektion gegenüber wie folgt über Auer äußerte: »Auer ist ein braver, hochanständiger, fleißiger und gewissenhafter Mensch. Aber er ist ein durchaus subalterner Geist. Er gehört zu jenen Leuten, für die die bureaukratische Technik nicht ein Mittel zur reibungslosen Erreichung eines vorher wohl überlegten und als wünschenswert erkannten Zieles ist, sondern ein Selbstzweck, hinter dem das Ziel völlig verschwindet. Er ist, familiär gesprochen, dumm. Er kann unter der Leitung eines intelligenten und weitblickenden Chefs gewiß sehr Gutes leisten. Aber er ist genau die Gattung Mensch, die man nicht auf einen leitenden Posten setzen sollte.«[9] In dieselbe Kerbe wie Buschbeck schlug zwei Jahrzehnte später Victor Luithlen, der vormalige Direktor der Sammlung alter Musikinstrumente. In einem privaten Gespräch mit Sektionschef Karl Haertl charakterisierte er Auer, der damals auch schon das Amt des Ersten Direktors des Kunsthistorischen Museums übernommen hatte, als »reine[n] administrativen Beamten, in [dessen] fantasielose[r] Welt künstlerische Pläne keinen Platz« hätten.[10]

Als Auer 1947 an die Wagenburg kam, war er bereits vierzig Jahre alt. Seine große Bedeutung für die Geschichte der Sammlung rechtfertigt es, einen näheren Blick auf seinen früheren Werdegang zu werfen.[11]

Erwin Auer wurde 1907 in Wien als Sohn eines Bürgerschuldirektors geboren. Nach der Matura am Schottengymnasium belegte er an der Universität Wien Vorlesungen aus den Bereichen Geschichte, Germanistik und Philosophie und promovierte Ende 1931 mit einer unveröffentlicht gebliebenen Arbeit über den Meistersinger Hieronymus Linck.[12] Im Studienjahr 1931/32 arbeitete Auer als Bibliothekar am Seminar für Wirtschafts- und Kulturgeschichte der Universität Wien. Für das darauffolgende Jahr strebte er ebendort die Stelle eines Hilfsassistenten an, die ihm aufgrund von Sparmaßnahmen seitens des Seminars allerdings verwehrt blieb. Wegen fehlender Zukunftsperspektiven an der Universität erwog Auer, eine Schullaufbahn einzuschlagen, und legte 1934 eine Vorprüfung für das Lehramt an Mittelschulen ab.

Im Juni 1933, also zu einer Zeit, als Bundeskanzler Engelbert Dollfuß in Österreich den autoritären »Ständestaat« etablierte und jegliche politische Opposition ausschaltete, eröffnete sich Auer jedoch eine ganz andere Karrieremöglichkeit. Sozialisiert im katholischen Milieu, unter anderem in der Jugendbewegung Neuland, im Sportbereich des Reichsbundes und als freier Mitarbeiter der Tageszeitung *Reichspost*, in der er vor allem Buchrezensionen, Essays und Artikel zu Sportthemen publizierte, fand er offenbar ideologisch Anschluss an das klerikal-diktatorische Regime und erhielt zunächst eine Anstellung als Vertragsbediensteter im Bundeskanzleramt und 1934 im Unterrichtsministerium. Bis zur nationalsozialistischen Machtergreifung war Auer Geschäftsführer des Kinderferienwerks der Vaterländischen Front[13], das im Auftrag der Bundesregierung agierte, und organisierte jährlich drei- bis vierwöchige Sommerferien für Kinder im Alter von acht bis vierzehn Jahren. Er begleitete diese Tätigkeit mit zumindest sechzehn Artikeln, die in diversen Fachzeitschriften erschienen.[14]

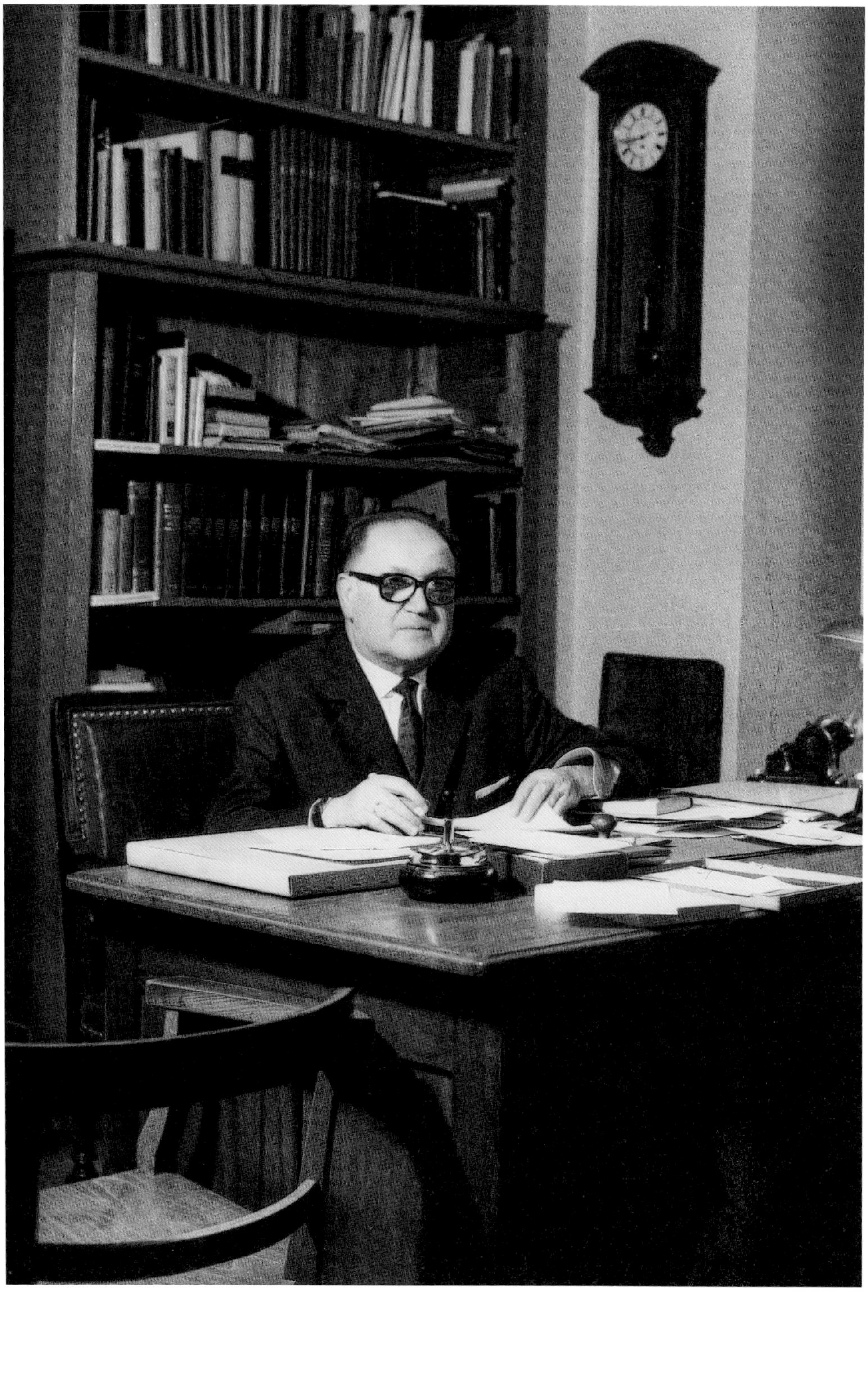

Abb. 92: Erwin Auer an seinem Schreibtisch im Kunsthistorischen Museum (um 1965)

Bis 1937 ermöglichte Auers Wirken im Rahmen des Kinderferienwerks insgesamt etwa 211.000 Kindern,[15] die entweder aus sozial schwachen städtischen Familien stammten oder aber gesundheitlich gefährdet waren, Ferien auf dem Land, meist in Westösterreich, was für die Regierung den erwünschten Nebeneffekt hatte, dass der Tourismus in diesen Regionen gefördert wurde. Während die Parteizugehörigkeit und die Konfession der Eltern bei der Auswahl der Kinder keine Rolle spielten, mussten die Aufsichtspersonen beziehungsweise die Gastfamilien in den Ferienlagern entweder Mitglieder der Vaterländischen Front sein oder wenigstens eine entsprechende politische Gesinnung aufweisen. Hinter dem Kinderferienwerk stand also nicht nur ein – zweifellos vorhandener – Fürsorgeaspekt, sondern auch der Versuch, Kinder aus traditionell sozialdemokratisch gesinnten Arbeiterfamilien frühzeitig mit dem Gedankengut des Regimes vertraut zu machen.[16] Die politische Prägung und der Propagandacharakter der »Sommercamps« gehen deutlich aus der Beschreibung einer Dollfuß-Gedenkfeier während eines Ferienlagers am Achensee hervor, bei der Auer »Grüße des Bundeskanzlers und Frontführers Dr. Schuschnigg und des verhinderten Generalsekretärs der Vaterländischen Front Zernatto« überbrachte und selbst eine Ansprache an die Kinder hielt.[17] Im Jahr 1937 wurde Auer von Schuschnigg »in Anerkennung seines erfolgreichen Wirkens insbesonders bei der Durchführung des Kinderferienwerks das silberne Ehrenkreuz der Vaterländischen Front« verliehen.[18] Bereits während des Studiums und später im Rahmen seiner Tätigkeit im Ministerium und bei der Vaterländischen Front zeigte Auer Interesse an modernen Massenmedien, die er auch während seiner späteren Tätigkeit in der Wagenburg für volksbildnerische Zwecke zu nutzen wusste. So hielt er spätestens seit 1930 Vorträge im Wiener Radio.[19] Auch entwickelte er die Idee für den Film *Fünf Jahre Kinderferienwerk der Vaterländischen Front*, der in den letzten Monaten vor der Machtergreifung durch die Nationalsozialisten in den österreichischen Kinos lief.[20] Darüber hinaus gab Auer ab 1936 die im Rahmen der katholischen Arbeitsgemeinschaft Jung-Österreich entstandene Publikationsreihe *Jungadlerhefte* heraus, die junge Leser von »Schundheften« wegbringen und stattdessen mit qualitätvoller Literatur im Sinne einer »vaterländischen« Erziehung vertraut machen sollte.[21]

Nach dem »Anschluss« Österreichs an das Deutsche Reich im März 1938 wurde gegen Auer eine Untersuchung über seine bisherige berufliche und politische Tätigkeit eingeleitet. Zwar galt er den neuen nationalsozialistischen Machthabern nicht als ausreichend kompromittiert, um ihn aus dem Staatsdienst zu entlassen, doch wurde seine Weiterbeschäftigung im Ministerium für unhaltbar angesehen. Auer akzeptierte deshalb das Angebot, an eine untergeordnete Dienststelle versetzt zu werden. Im Sommer 1939 wechselte er an das Wiener Museum für Volkskunde, wo er die Bibliothekarsstelle annahm. Auer schrieb später, dass ihm damals dringend nahegelegt worden sei, um eine Mitgliedschaft bei der NSDAP, der SA oder SS anzusuchen, er dies jedoch abgelehnt habe und als Kompromiss im Juni 1938 dem Nationalsozialistischen Kraftfahrkorps-Sturm (NSKK) beigetreten sei. Diese vorsichtig ambivalente Haltung, in der sich eine gewisse Distanz zum NS-Regime mit politischer Anpassungsbereitschaft mischte, wird im Wesentlichen auch in einer Dienstbeschreibung aus dem Jahre 1941 bestätigt, die Auer zugutehält, dass er es in »charaktervoller Weise unterlassen hat sofort in den Tagen des Umbruchs 1938 sozusagen stehenden Fusses sich als Nationalsozialist zu gebärden.« Ferner wird Auer darin attestiert, dass er »ein geradliniger und innerlich sauberer Mensch ist, der sich durch Leistungen bewähren will.«[22]

Über Auers wissenschaftliche Arbeit und sonstige Tätigkeiten im Museum für Volkskunde[23] ist kaum etwas bekannt.[24] In seinen Publikationen wandte er sich damals einem politisch opportunen Thema zu und veröffentlichte einige kurze Beiträge aus dem Bereich der »Sippenforschung«.[25] Darin machte er sich durchaus »völkisches« Denken zu eigen und übernahm in moderater Weise auch die mittlerweile vorherrschende Terminologie.

Als Auer 1942 im Museum für Volkskunde zum Kustos ernannt und in ein unbefristetes Beamtendienstverhältnis überstellt wurde, stand er bereits seit zwei Jahren als Unteroffizier der Wehrmacht im Kriegsdienst. Im Zuge seines Militäreinsatzes wurde er am 30. März 1945, also unmittelbar vor Kriegsende, schwer verwundet. Unter Wagenburg-Aufsehern kursierte dazu viele Jahre später die Geschichte, Auer sei verletzt worden, als er sich schützend vor ihm zugeteilte Soldaten gestellt habe.[26] Fest steht, dass er einen Streifschuss am Kopf und einen Schuss in den rechten Oberarm erlitt und daraufhin mehr als ein halbes Jahr lang im Lazarett verbrachte. Als Folge seiner Verletzungen war Auer fortan hochgradig schwerhörig, an Arm, Schulter und Hand nur noch eingeschränkt bewegungsfähig und galt deshalb als 60 Prozent invalide.

Unmittelbar nach seiner Rückkehr in das Museum für Volkskunde stellte Auer am 9. November 1945 einen Antrag auf Überstellung ans Kunsthistorische Museum. Er gab an, seinen bisherigen Dienstposten nur als Übergangslösung betrachtet zu haben und versicherte, aufgrund der kulturhistorischen Spezialisierung während seines Universitätsstudiums »am Kunsthistorischen Museums ertragreiche wissenschaftliche Arbeit leisten zu können.«[27] Die für eine Beschäftigung im wissenschaftlichen Dienst notwendige Prüfung am Institut für Österreichische Geschichtsforschung versprach Auer in angemessener Zeit nachzuholen, was er auch tatsächlich einhalten sollte.[28] Das Bundesministerium für Unterricht – Auers früherer Dienstort – bewilligte sein Ansuchen und überstellte ihn mit 8. März 1946 an das Kunsthistorische Museum.

Am traditionsreichen Haus an der Ringstraße nahm August Loehr den Neuankömmling sogleich unter seine Fittiche und beauftragte ihn zunächst mit dem Aufbau eines »Museums für Österreichische Kultur«, das Loehr erst im Herbst 1945 gegründet hatte und das verwaltungstechnisch unter dem Dach des Kunsthistorischen Museums entstehen sollte. Dabei handelte es sich nur um ein kleines Element im Rahmen eines viel größeren organisatorischen Umbruchs, der damals am Kunsthistorischen Museum vonstattenging. Die eigentliche Ursache dafür lag in erster Linie in einem zeitlich weit zurückreichenden persönlichen Konflikt zwischen August Loehr und Alfred Stix, die beide zu Beginn der NS-Zeit ihre Arbeitsstellen am Kunsthistorischen Museum verloren hatten und nun, nach Kriegsende, Ansprüche auf dessen Leitung erhoben. Um die Auseinandersetzung zu entschärfen, entschied das Ministerium, beiden Kontrahenten den Titel eines Generaldirektors zu verleihen und die Sammlungen unter ihnen aufzuteilen. Am 9. Mai 1947 beschloss Loehr, die Wagenburg und das Monturdepot, die bis dahin offiziell immer noch zur Waffensammlung gehörten, nun dem »Museum für Österreichische Kultur« zuzuschlagen, und betraute Auer damals mit der Leitung des Schönbrunner Kutschenmuseums und der Kostümsammlung.[29] So nahm Auers Ära an der Wagenburg, die ein Vierteljahrhundert währen sollte, ihren Lauf.

1 Kreisel 1927.
2 Wackernagel 1966.
3 KHM, Zl. 72/WB/1957.
4 Ebenda.
5 Ebenda.
6 Ebenda.
7 Ebenda.
8 KHM, Zl. 4 und 82/WB/1970.
9 KHM, Zl. 32/VK/1950.
10 Darmstädter 2020, 243.
11 Die folgenden Ausführungen basieren, so nicht anders angegeben, auf den Dokumenten im Personalakt Auers. KHM, Archiv, Personalakt Erwin M. Auer. Zu Auers familiärer Herkunft siehe auch Auer 1940b.
12 Auer 1931.
13 Auer gab selbst in einem Fragebogen an, seit Oktober 1934 Mitglied der Vaterländischen Front gewesen zu sein. Zu seiner Gruppenzuteilung innerhalb der Organisation siehe Kriechbaumer 2005, 109 f.
14 Siehe dazu die einander ergänzenden Publikationslisten in Fischer 1990, Nrn. 3–15; Publikationsliste Erwin M. Auer, einliegend in KHM, Archiv, Personalakt Erwin M. Auer, Nrn. 4–18.
15 Neues Wiener Tagblatt, 23. Dezember 1937, 10.
16 Tinhof 2009, 121–123; Tinhof 2010, 32 f.
17 Innsbrucker Nachrichten, 28. Juli 1937, 9. Für eindrückliche bildliche Impressionen von den Sommerlagern siehe z. B. Österreichische Woche, 8. Oktober 1936, 6; Österreichische Woche, 15. Juli 1937, 1.
18 Neues Wiener Tagblatt, 6. Februar 1937, 7.
19 U. a. am 11. September 1930 über *Die Winterarbeit der Leichtathleten* (Neues Wiener Tagblatt, 10. September 1930, 9), am 16. Juni 1933 zum Thema *Leichtathletik in unserer Zeit* (Radio Wien, 9. Juni 1933, 56), am 28. Dezember 1936 über *Das Werk der österreichischen Erholungsfürsorge* (Radio Wien, 25. Dezember 1936, 22) oder am 24. August 1937 über *Erlauschtes und Erlebtes im Kinderferienwerk der Vaterländischen Front* (Kleine Volks-Zeitung, 24. August 1937, 16).
20 Der gute Film 233, 1937, 29; Neues Wiener Tagblatt, 23. Dezember 1937, 10.
21 Tiroler Anzeiger, 27. Juni 1936, 8; Kärntner Tagblatt, 15. September 1936, 8. Zu dieser Publikationsreihe siehe Hall 2019, 38 f.
22 Dienstbeschreibung Erwin Auer, Wien, 17. Jänner 1941. Einliegend in KHM, Archiv, Personalakt Erwin M. Auer.
23 Zum Museum für Volkskunde in der NS-Zeit siehe Johler 2008; Johler 2017, 143–197.
24 Zu organisatorischen Aktivitäten siehe knapp Johler 2017, 169 f.
25 Auer 1940a; Auer 1940b; Auer 1941. Außerdem erschienen zahlreiche Buchbesprechungen Auers in der Wiener Zeitschrift für Volkskunde (vormals Zeitschrift für österreichische Volkskunde) 45, 1940, und 46, 1941.
26 Interview mit Margot Halbmayer am 14. November 2022. KHM, Zl. 70/WB/2022-3.
27 Erwin Auer an die Direktion des Kunsthistorischen Museums, Wien, 9. November 1945. KHM, Archiv, Personalakt Erwin M. Auer.
28 Vgl. Auer 1947.
29 Haupt 1991, 117, 177–179, 183, 191–194.

Die ersten Jahre unter Erwin Auer

Zu den dringlichsten Aufgaben, die August Loehr dem am 9. Mai 1947 neu eingesetzten Leiter der Wagenburg Erwin Auer stellte, zählte, das Museum so rasch wie möglich wieder dem Publikum zugänglich zu machen. Auer, der damals gerade erst im Begriff war, sich in sein neues Betätigungsfeld einzuarbeiten, beauftragte Oberaufseher Friedrich Hänel, den erfahrensten Mitarbeiter der Wagenburg, mit der Aufstellung der Schaustücke.[1] Binnen weniger Tage gelang es Hänel und dessen Kollegen, das seit knapp vier Jahren geschlossene Museum in einen präsentablen Zustand zu versetzen und die Objekte wieder an ihren Platz zu bringen. So konnte die Wagenburg am 21. Mai 1947 nach jahrelanger kriegsbedingter Unterbrechung als erster Standort des Kunsthistorischen Museums wieder den Publikumsbetrieb aufnehmen.[2] Auch wenn das Marstallmuseum einige Monate später von 2. November 1947 bis 13. Mai 1948 erneut für einen längeren Zeitraum schließen musste, da die Aufseher für dringend anstehende Restaurierungs-, Konservierungs- und Inventarisierungsarbeiten unabkömmlich waren,[3] hatte man mit der Wiedereröffnung im Frühling 1947 doch einen ersten Schritt in Richtung Normalität gesetzt. Zwar blieben die Besuchszahlen anfangs noch bescheiden und beliefen sich 1947 auf nicht einmal 9.000, jedoch stiegen sie in den darauffolgenden Jahren sukzessive an und lagen bereits 1955 erstmals wieder über 100.000.[4]

Da der Kurzführer von 1931 mittlerweile als überholt galt, verfasste Auer schon bald nach Wiedereröffnung der Wagenburg ein knapp gehaltenes Informationsblatt, das den Besucher*innen Auskünfte zu den Objekten lieferte. Darüber hinaus ließ er neue Beschriftungselemente in Form dreieckiger Holzprismen anfertigen, die zu den Objekten auf den Boden gelegt wurden. Er hielt diese Beschriftungsart für weniger störend als direkt an den Objekten angebrachte Tafeln, die den Blick darauf beeinträchtigten.[5]

Als Problem stellte sich für Auer die in der Wagenburg stattgefundene personelle Zäsur und eine damit einhergehende Unterbrechung der Informationskette dar, gab es doch nur noch wenige Personen, die über frühere Geschehnisse in der Wagenburg Bescheid geben konnten. Der frühere Sammlungsdirektor August Grósz war 1938 aus dem Dienst gedrängt worden und 1943 verstorben, sein nur kurze Zeit amtierender Nachfolger Bruno Thomas war nur am Rande mit den Angelegenheiten der Wagenburg befasst gewesen und der 1945 entlassene Leopold Ruprecht hatte sich ins Privatleben zurückgezogen und stand für Fragen nicht mehr zur Verfügung. Auer ließ deshalb zunächst Abschriften der Akten aus der Waffensammlung und anderen Dienststellen des Kunsthistorischen Museums anfertigen, die für die Wagenburg Relevanz besaßen, und verschaffte sich auf diese Weise einen groben Überblick über die Vorkommnisse vergangener Jahre. Ergänzend dazu führte er mit dem langjährigen Aufseher Friedrich Hänel ausführliche Gespräche zu verschiedensten Themen, die er protokollartig aufzeichnete. Für die Vorkommnisse in der allerfrühesten Phase der

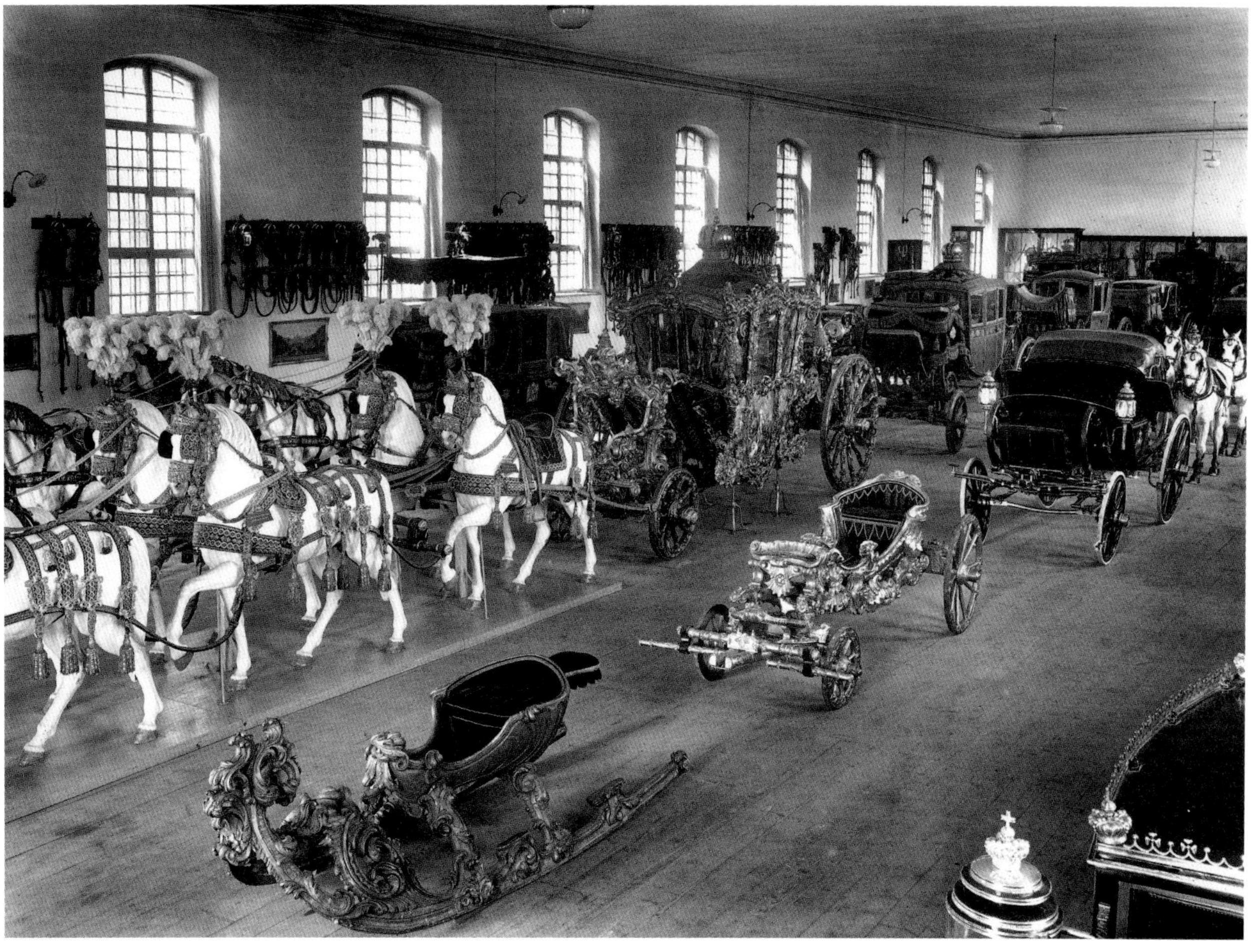

Abb. 93: Einblick in die Wagenburg-Schauhalle 1948, ein Jahr nach ihrer Wiedereröffnung

Nachkriegszeit befragte er auch den mittlerweile in Schweden lebenden Arpád Weixlgärtner. Gleichzeitig legte er selbst Akten für die ihm anvertrauten Sammlungsbereiche an, um seine eigenen Tätigkeiten penibel zu dokumentieren.[6]

Auer versuchte zudem in Erfahrung zu bringen, wie weit eine Inventarisierung der Sammlungsobjekte nach modernen wissenschaftlichen Gesichtspunkten bereits gediehen war. Eine erste Bestandsaufnahme war ernüchternd: Auer musste feststellen, dass für die Pferdegeschirre, Schabracken, Gemälde und Zeichnungen der Sammlung noch gar kein Inventar existierte und für die Fahrzeuge nur mangelhafte Inventare mit ungenauen Angaben. Es fehlten auch Inventare für Werkzeuge, Mobiliar und Sammlungsbehelfe wie etwa Vitrinen. Ebenso wenig lagen Aufzeichnungen über die fotografische Dokumentation der Sammlungsobjekte vor.[7] Sogleich machte sich Auer daran, diese Missstände zu beheben – eine Arbeit, die freilich viele Jahre dauern sollte. Für erste Vorarbeiten zum Geschirr-Inventar stand Auer 1947/48 für knapp ein Jahr der damals noch studierende Ortwin Gamber – der spätere Kustos und Direktor der Waffensammlung – assistierend zur Seite.[8] Die meiste Zeit über konnte Auer bei den Inventarisierungsarbeiten aber nur auf die Unterstützung einzelner Aufseher zählen. Wie langwierig und mühevoll die Inventarisierung war, lässt sich anhand der Tatsache illustrieren, dass die 1947 in Ansätzen begonnenen Beschreibungen der Pferdegeschirre erst unmittelbar vor Auers Pensionierung 1972 fertiggestellt werden konnten.[9]

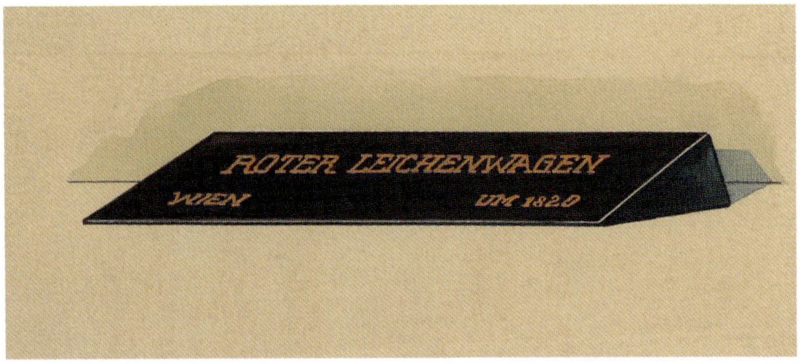

Abb. 94: Entwurf für eine neue Beschriftung der Wagenburg-Objekte, 1949. Zl. 31/WB/1949

Für manche Inventarisierungvorhaben fehlten Auer anfänglich schlicht die nötigen Vorkenntnisse. Zunächst las er sich in die vorhandene wagenbaukundliche Literatur ein. Die Bibliothek des Museums war dabei kaum hilfreich, da diese 1947 nur zwölf facheinschlägige Bücher beinhaltete. Auer musste auch in diesem Bereich Aufbauarbeit leisten und konnte die Fachbibliothek bis 1957 auf immerhin 271 Werke erweitern.[10] Um tiefergehende Kenntnisse auf dem Gebiet des Wagenbaus zu erlangen, scheute Auer auch nicht davor zurück, noch einmal die Schulbank zu drücken. Ende der 1940er Jahre besuchte er fallweise die Zweite Wiener gewerbliche Fortbildungsschule im 15. Wiener Gemeindebezirk, wo er sich von Schmieden und Wagnern instruieren ließ.[11] Sein dort erworbenes Wissen ließ er auch in museumspädagogische Schautafeln einfließen, die den Besucher*innen der Wagenburg technische Entwicklungen im Wagenbau näherbringen sollten.

Auer nahm in jenen Jahren auch Kontakte zu mehreren europäischen Kutschensammlungen auf, um zu erfahren, welche Inventarisierungsrichtlinien dort befolgt würden. Überrascht musste er zur Kenntnis nehmen, dass auch in den internationalen Schwesterinstitutionen der Wagenburg noch keine einheitlichen Grundlagen dafür existierten. Aus diesem Grund begann er, selbst ein System für die grundlegende Beschreibung von Kutschen zu entwickeln.[12]

Bis Mai 1949 sollte es Auer gelingen, die komplexen Grundbeschreibungen aller Fahrzeuge und Tragevehikel abzuschließen.[13] Als Kuriosum sei erwähnt, dass für ihn zu einer umfassenden Inventarisierung auch die Eruierung des exakten Gewichts der Objekte zählte, was bei den großen Gefährten keineswegs einfach zu bewerkstelligen war. Er ließ deshalb die historischen Fahrzeuge einzeln mithilfe eines Lastwagens zur städtischen Brückenwaage in Meidling beziehungsweise zur Brückenwaage der Bundesgärten in Schönbrunn befördern und dort abwiegen.[14] Nach Abschluss der Grundbeschreibungen der Fahrzeuge machte sich Auer an die Inventarisierung sämtlicher Schabracken und anderer Pferdedecken. Diese Arbeit konnte er schließlich 1952 vollenden.[15]

Neben den Inventarisierungsarbeiten war es Auer ein besonderes Anliegen, die Behebung der Bombenschäden an den Wagenburg-Objekten voranzutreiben. Zunächst galt es, sämtliche entstandene Kriegsschäden zu erheben, was bis dahin unterblieben war.[16] Bei der Organisierung der anstehenden Restaurierungen musste Auer zahlreiche Schwierigkeiten überwinden. Es fehlte an Geld, Material, Werkzeugen und Facharbeitern.

Das Geld für die Anschaffung konnte schrittweise durch die Bereitstellung von Sondermitteln seitens des Unterrichtsministeriums sowie in Form von Staatskrediten bereitgestellt werden.[17] Hinsichtlich des Materialmangels sei an dieser Stelle nur erwähnt, dass beim Bombardement von 1945 an 24 Wagen und Sänften insgesamt 77 Glasscheiben zerstört worden waren, die nur langsam, nämlich im Lauf von vier Jahren, neu beschafft werden konnten.[18] Werkzeuge, die seit den Plünderungen von 1945 fehlten, wurden in den darauffolgenden Jahren sukzessive nachgekauft, wobei manche nur im Ausland verfügbar waren.[19] Die Unterstützung externer Facharbeiter wurde benötigt, da die Aufseher der Wagenburg, die als ausgebildete Handwerker ja auch Restaurierungs- und Instandhaltungsarbeiten durchführten, vom Umfang und der Komplexität mancher Arbeiten alleine überfordert gewesen wären. Eine besonders aufwendige Restaurierung betraf den Imperialwagen. Sie

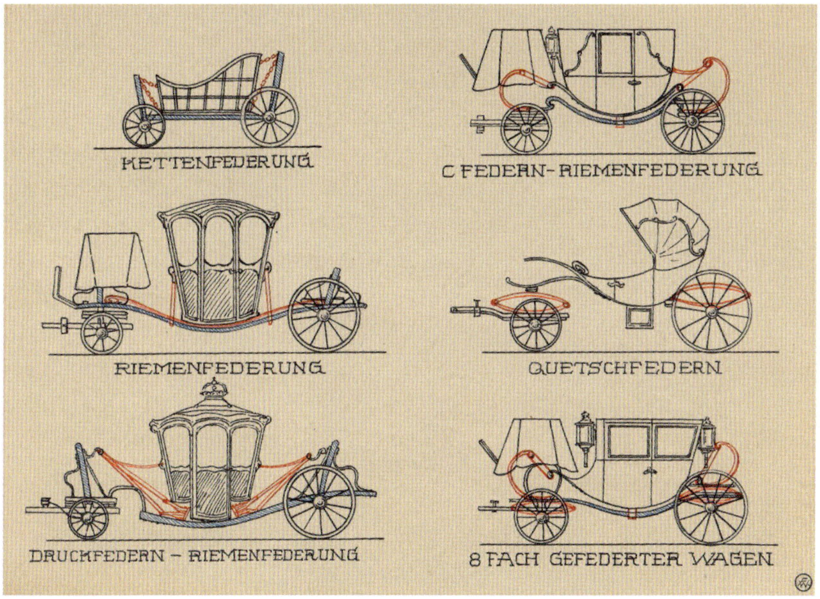

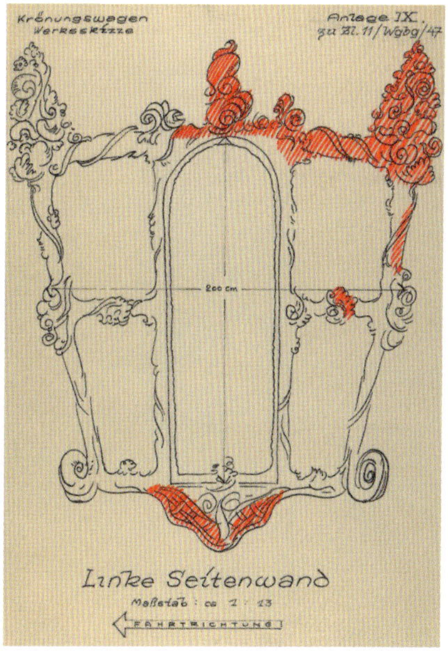

Abb. 95: Museumspädagogische Schautafel zu unterschiedlichen Wagenfederungssystemen, gezeichnet von Franz Wrzesniak, 1951

Abb. 96: Restaurierung des Imperialwagens (Inv.-Nr. W 1). Werkskizze von Franz Wrzesniak mit rot eingezeichneten Schadstellen, 1947. Anlage VIII zu Zl. 11/WB/1947

erforderte die Beteiligung besonders vieler auswärtiger Firmen und Handwerker. Genannt seien hier nur stellvertretend für viele andere das Wiener Unternehmen Josef Wotypka, das die Schweißarbeiten an den gebrochenen schmiedeeisernen Schwanenhälsen des Fahrgestells durchführte, der Bildhauergeselle Hermann Stettinger, der in 1.775 Arbeitsstunden den Großteil der rekonstruierenden Schnitzarbeiten übernahm, oder der Vergolder Karl Sommer, der in 438 Arbeitsstunden die schwer beschädigte Goldfassung des Fahrzeugs wiederherstellte. Insgesamt kostete die Restaurierung des Imperialwagens, die Ende 1947 abgeschlossen werden konnte, rund 66.500 Schilling.[20] Dabei handelte es sich um einen durchaus hohen Betrag. Zum Vergleich: Bei der Wiener Automobilausstellung, die im darauffolgenden Frühling stattfand, wurden verschiedenste Kleinwagen aus Italien, Großbritannien und Frankreich präsentiert, deren Preis jeweils zwischen 13.000 und 25.000 Schilling lag.[21]

Bis Anfang der 1950er Jahre waren die gravierendsten Kriegsschäden an den Wagenburg-Objekten behoben und die Schauhalle glänzte schon bald wieder mit all ihren Prunkstücken.[22] Damit die Wagen auch möglichst lange in gutem Zustand erhalten blieben, setzte Auer zwei Maßnahmen. Aus konservatorischen Gründen versuchte er die Entlehnung von Museumsobjekten für Filmaufnahmen abzustellen. Besonders intensiv war diese missbräuchliche Praxis während der NS-Zeit geübt worden. Zwar traf Auer mit seiner Initiative auf Widerstände seitens der Filmindustrie und auch die Politik übte fallweise Druck auf ihn aus, einzelne historische Wagen oder Geschirre für Aufnahmen zu verleihen. Schließlich hatte er mit seinem Bestreben, ein Bewusstsein dafür zu schaffen, dass die Fahrzeuge und Pferdegeschirre der Wagenburg kulturhistorisch einzigartige Objekte und keine Filmrequisiten sind, jedoch Erfolg und entsprechende Anfragen an die Wagenburg wurden aufgrund der ablehnenden Haltung Auers immer seltener.[23]

Die andere konservatorische Maßnahme zur langfristigen Erhaltung der Objekte bestand in der Einführung einer periodischen »Generalüberholung« der einzelnen Fahrzeuge, die ergänzend zu den alljährlich im Frühjahr und Herbst anberaumten Grundreinigungen stattfinden sollte. Geplant war, jedes Fahrzeug im Zehn-Jahres-Rhythmus für einen Monat gründlich zu untersuchen und zu reinigen. Dabei wurden die Fahrzeuge aufgebockt, die Räder und Beschläge abgenommen und kleinere Reparaturen durchgeführt.[24] Diese

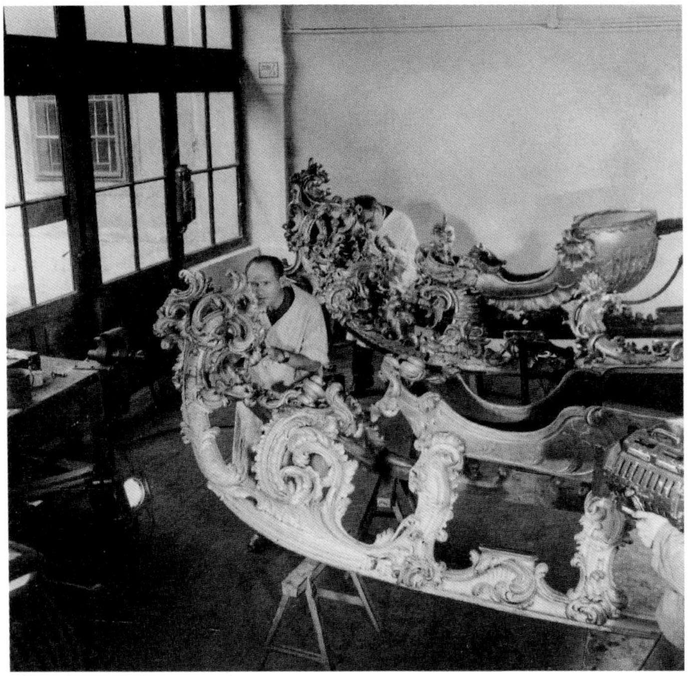

Abb. 97: Restaurierungsarbeiten an zwei Barockschlitten (Inv.-Nrn. W 81 und W 82). Im Vordergrund Wagenburg-Aufseher Johann Denk, im Hintergrund Vergolder Karl Sommer. Foto: Fritz Kern, 1950

Arbeiten konnten von den Aufsehern der Wagenburg bewerkstelligt werden. Sie führten sie entweder außerhalb der Öffnungszeiten des Museums durch oder aber zu Zeiten, in denen sie vom Aufsichtsdienst in der Schauhalle abkömmlich waren.

Ohne die tatkräftige Mithilfe der Aufseher wäre auch die relativ rasche Behebung der Kriegsschäden an den Objekten kaum möglich gewesen. Bei Auers Mitarbeitern im Aufsichtsdienst handelte es sich um fünf ausgebildete Handwerker, nämlich den Sattler und Tapezierer Georg Kellner, den Schlosser Karl Wiesinger, den Sattler Johann Denk, den Riemer und Taschner Hermann Müller sowie den Schuhmacher Eduard Hackl.[25] Auer, der persönlich für die Einstellung von Denk, Müller und Hackl im Jahr 1948 verantwortlich gewesen war, legte nicht nur größten Wert darauf, dass diese das Sattler- oder Riemerhandwerk beziehungsweise einen damit verwandten Beruf erlernt hatten, sondern auch, dass sie das Lackieren und Tapezieren beherrschten, um bei kleineren Restaurierungen nicht von externen Fachleuten abhängig zu sein.[26] Für Auer war die Zuverlässigkeit der Wagenburg-Mitarbeiter von großer Bedeutung, da sein Büro im Stammhaus des Kunsthistorischen Museums am Burgring lag und er sich nur fallweise vor Ort in Schönbrunn aufhielt. Er war nämlich nicht nur für die Leitung des Marstallmuseums und des Monturdepots verantwortlich, sondern stand auch der Museumsbibliothek sowie den Fotografen des Hauses vor, was mit einem ständigen Dienstort in Schönbrunn unvereinbar gewesen wäre.

Durch die 1949 erfolgte Zuteilung eines Assistenten erhielt Erwin Auer auch bei wissenschaftlichen und administrativen Tätigkeiten personelle Unterstützung. Sein erster Assistent war der Archäologe und Althistoriker Wilhelm Hein, der jedoch aufgrund seiner Fachfremdheit nur für Arbeiten in der Auer unterstehenden Museumsbibliothek eingesetzt werden konnte. Im Jahr 1954 wurde Hein von Hubert Adolph abgelöst, der 1957 am Institut für Österreichische Geschichtsforschung eine unpubliziert gebliebene Prüfungsarbeit über die Paneelmalereien des Imperialwagens vorlegte.[27] Da er jedoch den für Sammlungsbeamten obligatorischen Ausbildungskurs am Institut nicht erfolgreich abschließen konnte, wurde auch sein Vertrag am Museum nicht verlängert. Adolph wechselte daraufhin 1959

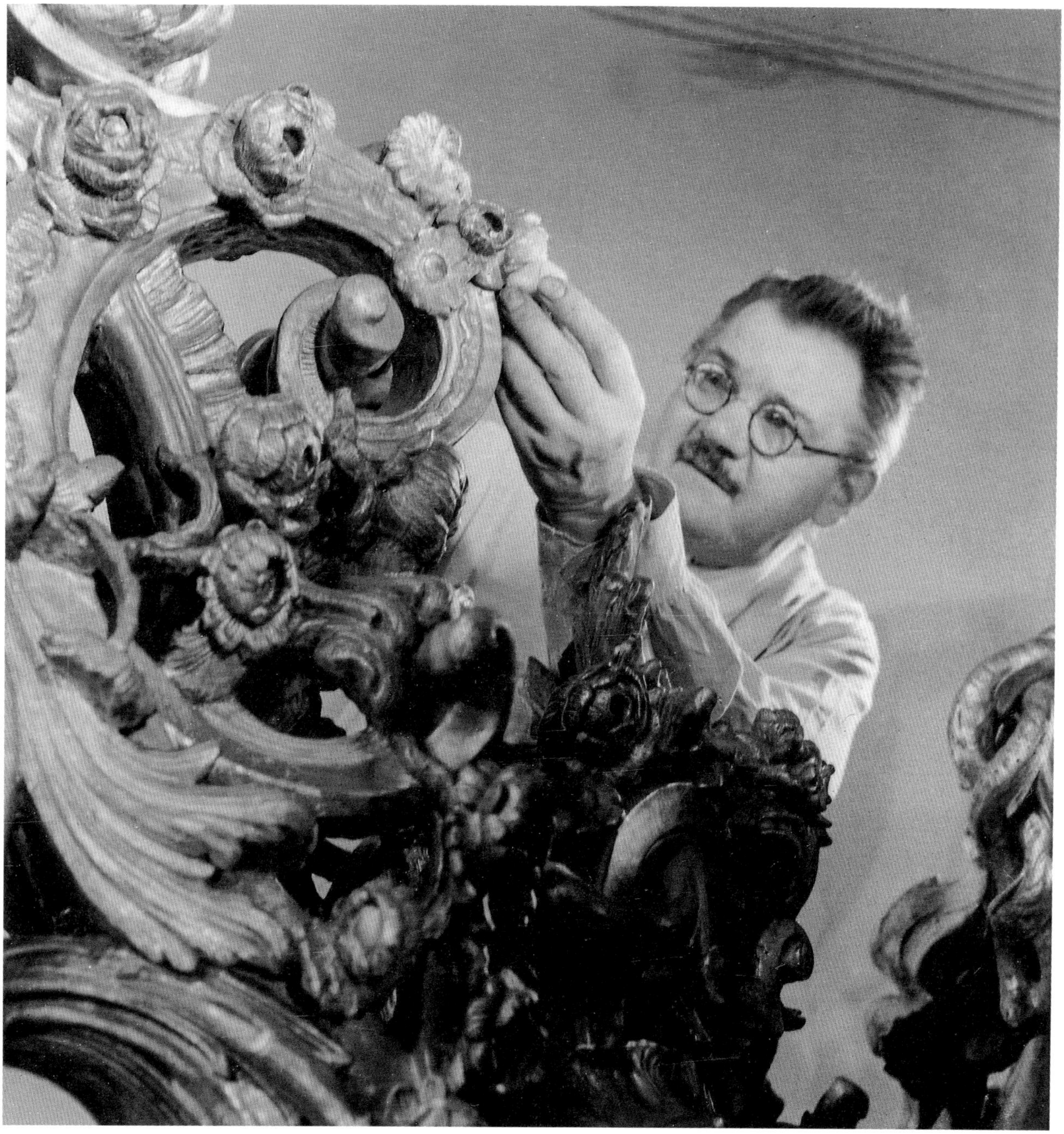

Abb. 98: Restaurierung eines Barockschlittens (Inv.-Nr. W 81), zu sehen Karl Sommer bei Vergoldungsarbeiten. Foto: Fritz Kern, 1950

an die Österreichische Galerie. Die dadurch freigewordene Stelle wurde damals mit Georg Kugler besetzt, der bis 1972 Erwin Auer als Assistent und Kustos zur Seite stand und ihm 1973 als Sammlungsdirektor nachfolgen sollte.[28] Über Kugler wird noch an anderer Stelle ausführlich zu berichten sein.[29]

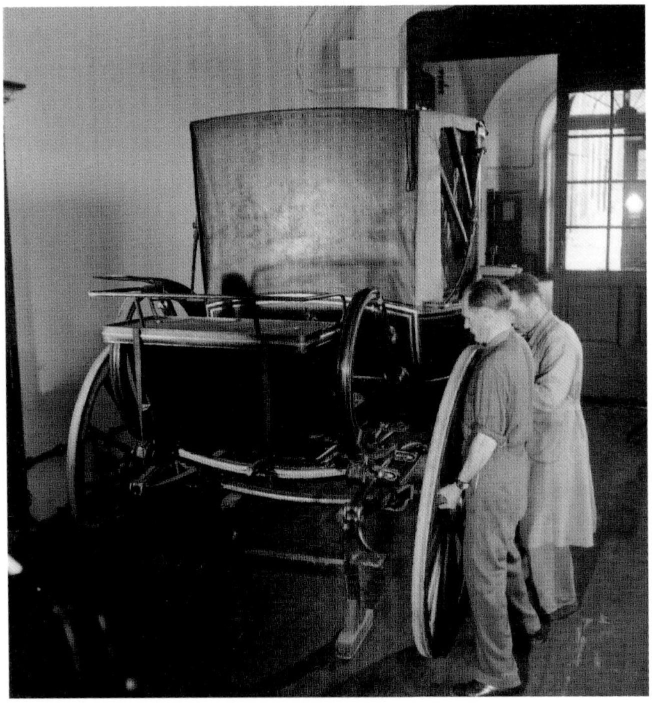

Abb. 99: Zwei Aufseher der Wagenburg führen im Vorraum der Restaurierwerkstätte Wartungsarbeiten am Leib-Landaulett à la Daumont (Inv.-Nr. W 35) durch. Foto: Fritz Kern, 1950

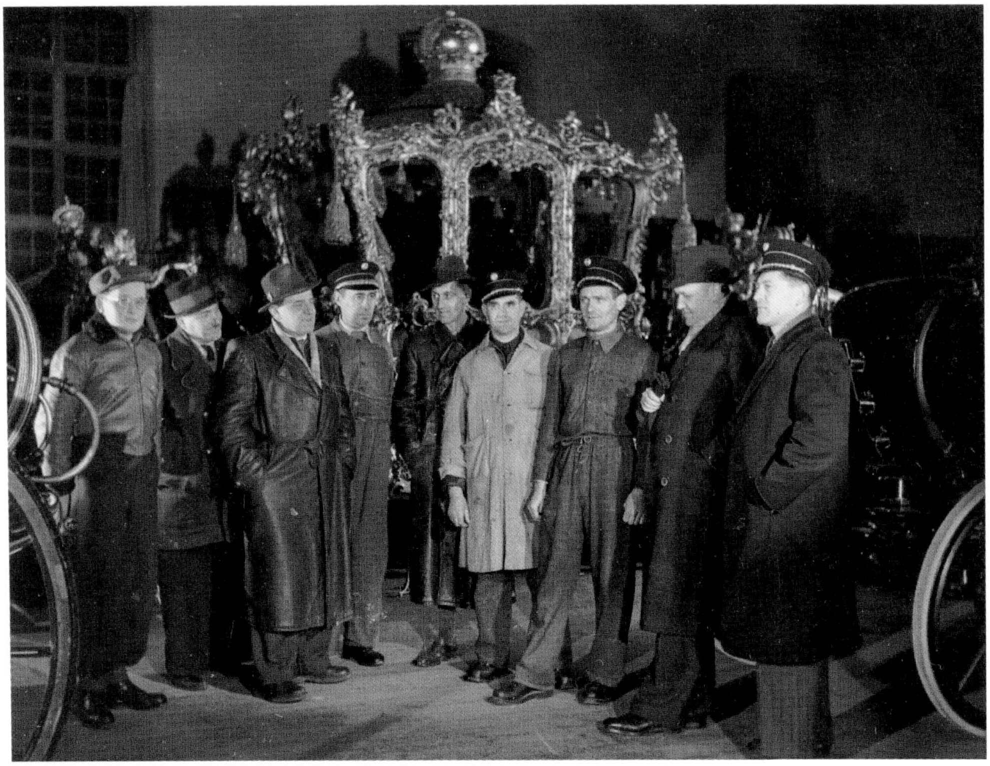

Abb. 100: Erwin Auer (2. v. r.) und das Team der Wagenburg-Aufseher anlässlich der Dreharbeiten für einen Wochenschaubericht im Jahr 1950. Die vier Aufseher-Restauratoren sind an ihren Dienstkappen zu erkennen: Hermann Müller (1. v. r.), Johann Denk (3. v. r.), Karl Wiesinger (4. v. r.) und Oberaufseher Georg Kellner (6. v. r.). Ganz links im Bild ist Erwin Auers Sohn Arno zu sehen. Bei den übrigen Personen handelt es sich um Mitglieder des Filmteams

1 KHM, Zl. 2/WB/1947.
2 KHM, Zl. 8/WB/1947; Haupt 1991, 194.
3 KHM, Zl. 8/WB/1947, Zl. 1/WB/1948.
4 Vgl. KHM, Zl. 22/WB/1950, Zl. 60/WB/1950, Zl. 41/WB/1951, Zl. 72/WB/1952, Zl. 75/WB/1953, Zl. 80/WB/1954, Zl. 98/WB/1955.
5 KHM, Zl. 2/WB/1947, Zl. 23/WB/1948, Zl. 41/WB/1949.
6 KHM, Zl. 22/WB/1947, Zl. 33, 34, 36 und 42/WB/1948, Zl. 16, 37, 42 und 43/WB/1949.
7 KHM, Zl. 16 und 22/WB/1947.
8 KHM, Zl. 37/WB/1948.
9 Vgl. KHM, Zl. 64/WB/1974.
10 Auer 1957.
11 KHM, Zl. 58/WB/1948, Zl. 19/WB/1949.
12 KHM, Zl. 19/WB/1949.
13 Ebenda.
14 KHM, Zl. 54 und 58/WB/1948, Zl. 25/WB/1952.
15 KHM, Zl. 73/WB/1952.
16 KHM, Zl. 22/WB/1947.
17 Vgl. z. B. KHM, Zl. 22/WB/1948, Zl. 20/WB/1949, Zl. 38/WB/1950.
18 KHM, Zl. 18/WB/1949.
19 Vgl. KHM, Zl. 58/WB/1948, Zl. 20/WB/1949.
20 Zur Restaurierung des Imperialwagens siehe KHM, Zl. 11/WB/1947; Auer 1948. Diesem Betrag entsprechen heute rund 163.000 Euro. Vgl. URL: https://www.eurologisch.at/docroot/waehrungsrechner/#/ [letzter Zugriff: 14.6.2023].
21 Neue Zeit. Organ der Sozialistischen Partei Steiermarks, 15. Mai 1948, 3.
22 Zu Restaurierungsarbeiten an einzelnen Objekten siehe z. B. Zl. 15, 19, 20, 21 und 22/WB/1947, Zl. 22, 24, 25, 53 und 58/WB/1948, Zl. 17, 18 und 20/WB/1949, Zl. 37, 38, 42 und 59/WB/1950, Zl. 11, 31, 34 und 35/WB/1951, Zl. 19, 22 und 62/WB/1952, Zl. 45 und 48/WB/1953.
23 Vgl. KHM, Zl. 41/WB/1948, Zl. 45/WB/1951, Zl. 84/WB/1954, Zl. 26 und 100/WB/1955.
24 KHM, Zl. 58/WB/1948.
25 Hier nähere Informationen zu den fünf Wagenburg-Mitarbeitern: Georg Kellner (* 1906, in der Wagenburg 1938–1939, 1945–1966, Oberaufseher 1946–1962, technischer Fachinspektor 1962–1966), Karl Wiesinger (1904–1983, in der Wagenburg 1928–1940, 1945–1964, Oberaufseher seit 1962), Johann Denk (1915–1974, in der Wagenburg 1948–1966, Oberaufseher seit 1965), Hermann Müller (1910–1976, in der Wagenburg 1948–1971, Oberaufseher seit 1966), Eduard Hackl (* 1907, in der Wagenburg 1948–1960, 1960 Übertritt zum Bundesheer). KHM, Zl. 34 und 36/WB/1948; KHM, WB, Archiv, Aktenindex Wagenburg und Monturdepot.
26 KHM, Zl. 12/WB/1948.
27 Adolph 1957.
28 Zu den Sammlungsassistenten siehe KHM, Zl. 61/WB/1954, Zl. 75/WB/1957, Zl. 15/WB/1958, Zl. 54/WB/1959; KHM, Archiv, Personalakt Hubert Adolph.
29 Siehe Kapitel *Übernahme der Sammlungsagenden durch Georg Kugler.*

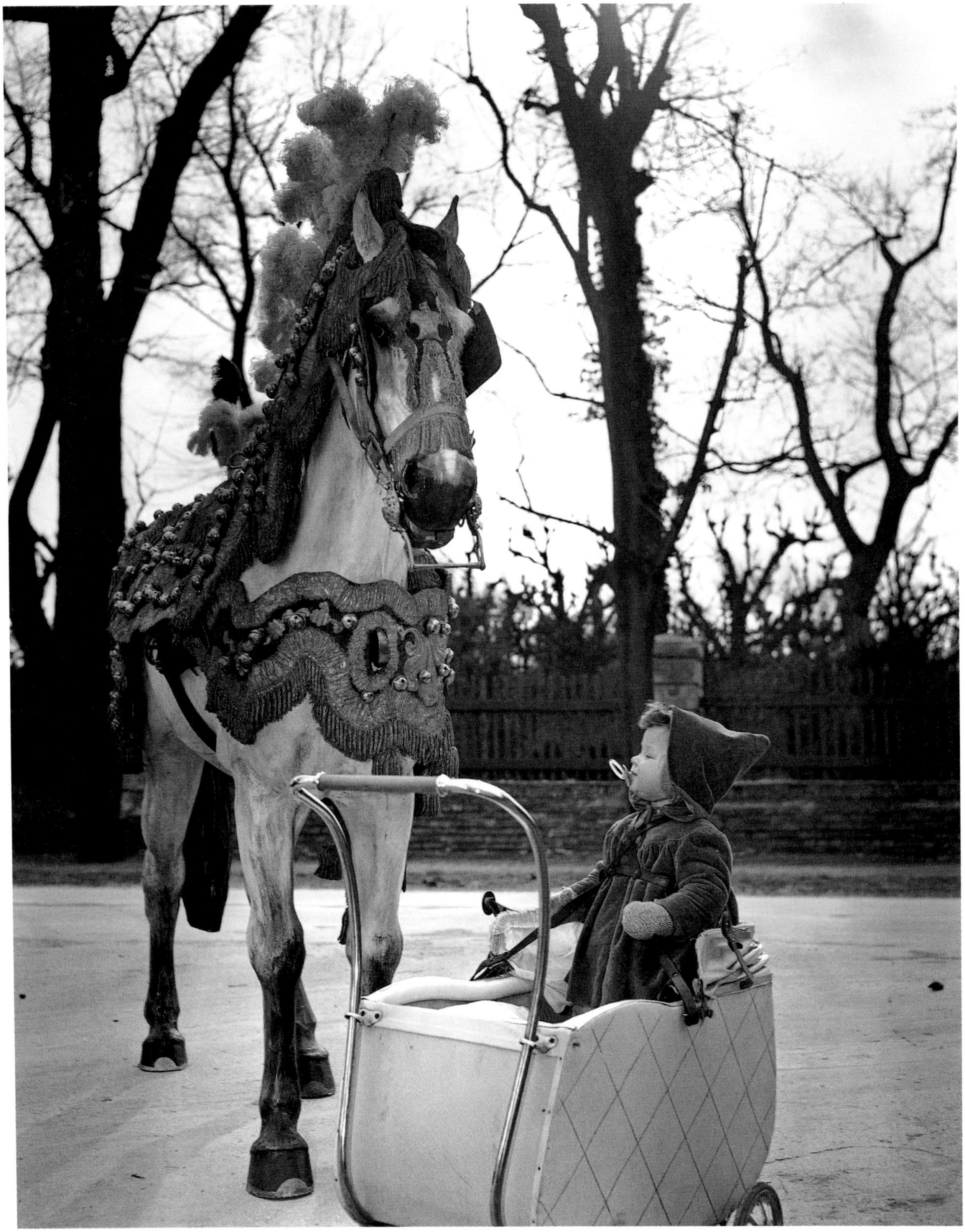

Wagenburg und Monturdepot werden eine eigenständige Sammlung

Abb. 101: Eine vor die Wagenburg gestellte Pferdeattrappe mit Schellengeschirr wird von einem Kleinkind bewundert. Foto: Federico Patellani im Auftrag italienischer Zeitschriften, 1950

Als mit Ende 1949 die beiden Generaldirektoren des Kunsthistorischen Museums August Loehr und Alfred Stix in den Ruhestand traten, stellte sich die Frage, was nun mit der Wagenburg und dem Monturdepot geschehen sollte. Die beiden 1922 der Waffensammlung unterstellten Einheiten waren 1947 dem Museum für Österreichische Kultur zugeordnet worden, einer eng mit der Person Loehrs verbundenen Institution, deren vorrangiges Ziel es war, anhand von Plänen, Bildstatistiken, Modellen und ähnlichen Hilfsmitteln einen Überblick über die Entwicklung des österreichischen Kulturraums zu geben. Die Kutschen und Kostüme waren in diesem Konzept immer ein Fremdkörper geblieben.[1]

Ende 1949 kamen Erwin Auer Pläne zu Gehör, die befürchten ließen, das Museum für Österreichische Kultur samt den ihm zugehörigen Einheiten könnte dem Münzkabinett zugeteilt werden. Die Wagenburg und das Monturdepot wären auf diesem Weg auf den Status von Subannexen gesunken und Auer selbst hätte als Leiter der beiden Sammlungsbestandteile enorm an Gestaltungsmöglichkeiten eingebüßt. Er versuchte deshalb, eine derartige Organisationsreform, die er als abträglich für die Verwaltung und Betreuung der ihm anvertrauten Objektgruppen ansah, mit allen Mitteln zu verhindern. Gleichzeitig lehnte er aber auch eine Wiederherstellung der früheren Verhältnisse, als Wagenburg samt Monturdepot Annexe der Waffensammlung waren, strikt ab. Er befürchtete nämlich, dass Kutschen und Kostüme in diesem Fall neuerlich, wie bereits in den Jahren nach 1922, in den Schatten der Harnische gestellt würden. In einem Promemoria zur Zukunft der Wagenburg plädierte Auer deshalb dafür, Wagenburg samt Monturdepot als selbständige Sammlung innerhalb des Kunsthistorischen Museums zu etablieren.[2]

Im Kunsthistorischen Museum traf Auer damit jedoch auf eine Reihe von Gegner*innen, die argwöhnten, mit einem solchen Schritt könnte ein Präzedenzfall für eine »Atomisierung« der Sammlungsstruktur geschaffen werden. Mit demselben Recht, so die Kritiker*innen, könnte man auch die Tapisserien und die beiden Schatzkammern aus der Sammlung für Plastik und Kunstgewerbe herauslösen und zu selbständigen Sammlungen erklären. Nach Auswertung mehrerer Schreiben, in denen die Sammlungsdirektoren des Kunsthistorischen Museums zu Auers Vorschlag Stellung bezogen hatten,[3] fällte Karl Wisoko-Meytsky, der damalige Generaldirektor der staatlichen Kunst- und Kultursammlungen Österreichs, am 15. Mai 1950 eine Entscheidung zugunsten einer Selbständigwerdung: Wagenburg und Monturdepot wurden damit als achte selbständige Sammlung des Kunsthistorischen Museums etabliert und Auer sollte bis auf weiteres die Agenden der neuen Sammlung übernehmen.[4] Im Jahr 1951 wurde er per Dekret des Unterrichtsministers definitiv zum Leiter und schließlich 1958 zum Direktor der Wagenburg und des Monturdepots ernannt.[5] Mehr als ein Vierteljahrhundert nach Gründung des Marstallmuseums war dieses unabhängig von den anderen Sammlungen geworden und hatte seinen bisherigen Status als »Anhängsel« endgültig hinter sich gelassen.

1 Haupt 1991, 192–194.
2 KHM, Zl. 22/WB/1950.
3 KHM, Zl. 32/VK/1950.
4 KHM, Zl. 22/WB/1950.
5 KHM, Zl. 9/WB/1951, Zl. 49/WB/1958; KHM, Archiv, Personalakt Erwin M. Auer.

Legenden um Hofwagen und ihre Richtigstellung

Im ersten Vierteljahrhundert nach Gründung der Wagenburg fand nahezu keine wissenschaftliche Auseinandersetzung mit den Objekten der Sammlung statt. Es wurden auch keinerlei Versuche unternommen, ihre Geschichte im Rahmen von Archivrecherchen

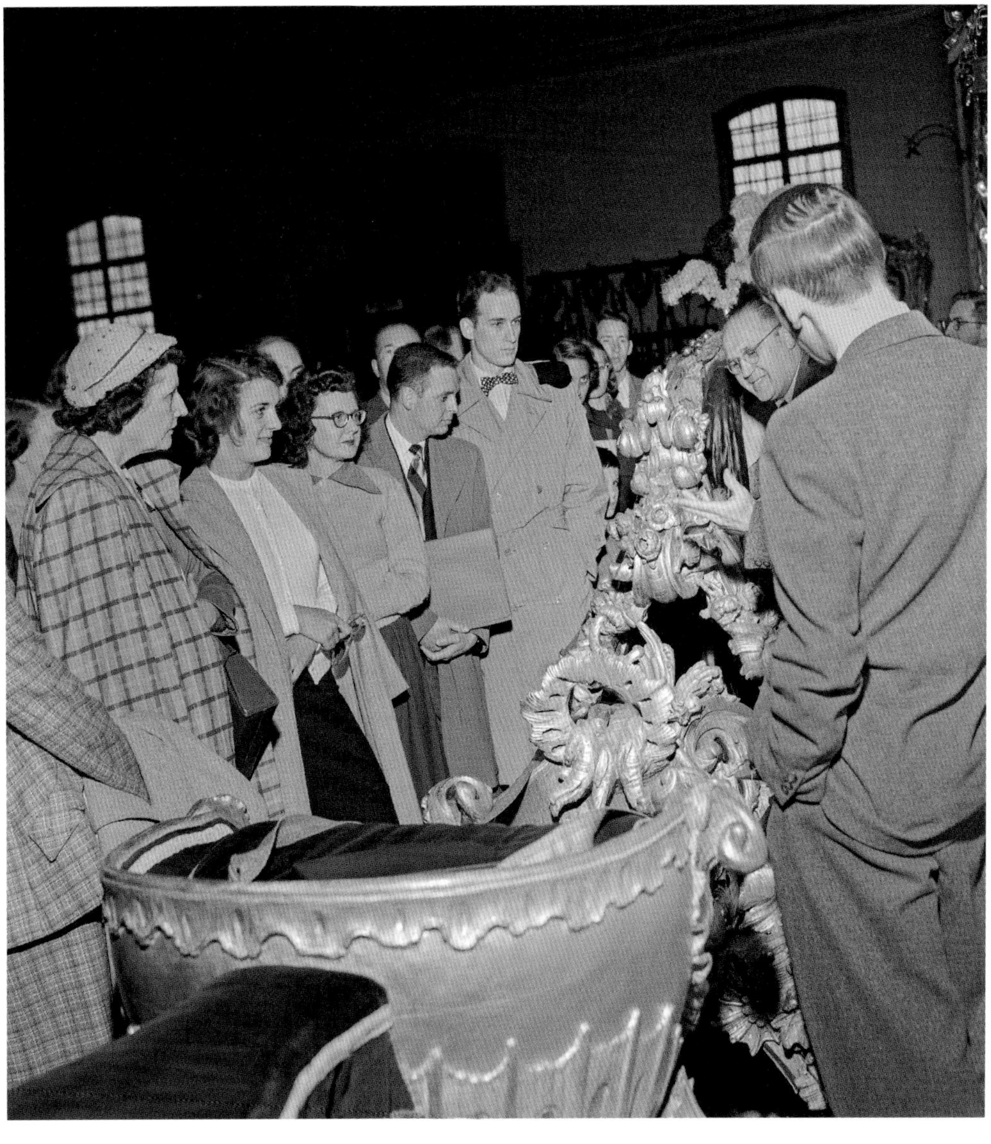

Abb. 102: Amerikanische Gaststudent*innen in der Wagenburg. Die Gruppe und ein Fremdenführer rund um einen Barockschlitten (Inv.-Nr. W 81), 1952

systematisch zu erforschen. Dies änderte sich erst 1947, als Erwin Auer der Wagenburg zugeteilt wurde.

Um den Kenntnisstand zu den Fahrzeugen des Wiener Hofes auf eine solide wissenschaftliche Grundlage zu stellen, begann Auer schon wenige Monate, nachdem er seine Arbeit im Marstallmuseum aufgenommen hatte, mit der – zumindest punktuellen – Durchsicht des viele hunderte Kartons und Bände umfassenden Aktenbestandes des k. k. Oberststallmeisteramts, der im Wiener Haus-, Hof- und Staatsarchiv aufbewahrt wird. Es handelt sich dabei um die zentrale Quelle zur Geschichte des kaiserlichen Fuhrparks, in der unter anderem Informationen zur Anschaffung, Reparatur und Verwendung der einzelnen Hofgefährte zu finden sind. Da das museale Alltagsgeschäft es Auer nicht erlaubte, in seiner Dienstzeit ausgedehnten Archivbesuchen nachzugehen, verlegte er seine Recherchen in die späten Nachmittags- und Abendstunden.[1] Offenbar verfügte er über gute Kontakte zu den Archivbeamt*innen, die ihm seine Quellenstudien außerhalb der regulären Öffnungszeiten ermöglichten.

Als Auer im Rahmen von Führungen in der Wagenburg seine neu gewonnenen Erkenntnisse dem Museumspublikum vorstellte, traf er dabei auf unerwarteten Widerstand. In zahlreichen historischen Romanen und in populärwissenschaftlichen Publikationen zur Geschichte der Monarchie kursierten über einige Wagen unhaltbare Legenden, die sich durch oftmaliges Zitieren und Abschreiben perpetuiert hatten und deshalb kaum aus der Welt schaffen ließen. So musste Auer bei Führungen mehrmals die Erfahrung machen, dass ihm Besucher*innen belehrend entgegenhielten, ein bestimmter Autor stelle in einem Buch die Sache anders dar, weshalb Auer wohl irren müsse.[2]

Dies inspirierte Auer zu seinem 1956 erschienenen Aufsatz *Legenden um historische Wagen*.[3] Anhand von Fallbeispielen legt er darin exemplarisch dar, wo die Ursprünge bestimmter Falschinformationen liegen, auf welchen Wegen sie sich weiterverbreiteten und warum sie sich trotz erfolgter Veröffentlichung des wahren Sachverhalts so lange am Leben hielten. Eines dieser Beispiele betraf die Paneelmalereien am Imperialwagen, dem wohl bekanntesten Objekt der Wagenburg. Auer stellte in seiner Arbeit auf Basis gründlicher Quellenstudien fest, dass die Autorschaft der 1763 von Franz Xaver Wagenschön geschaffenen Malereien in Hofstallkreisen spätestens 1835 vergessen war. Die Legende, die Malereien wären ein Werk Peter Paul Rubens, tauchte nach Auers Recherchen erstmals rund um die ungarische Krönung 1867 in Budapest auf und wurde von da an tradiert.

Zur Verfestigung der Rubens-Legende hatten auch Wagenburg-Aufseher ihren Teil beigetragen, die im Rahmen von Publikumsführungen oftmals ins Anekdotische abschweiften und von Vorgängern und Kollegen Aufgeschnapptes unkritisch wiedergaben.[4] Nicht zuletzt aufgrund solcher Fehlentwicklungen sah Auer es als unabdingbar an, neu eintretende Wagenburg-Aufseher persönlich über rund drei Monate hinweg zu schulen, bevor sie Führungen für Besucher*innen übernehmen durften. Auch im Anschluss daran veranstaltete Auer immer wieder Spezialführungen für die Aufseher, um sie derart mit neuen Forschungsergebnissen vertraut zu machen.[5]

1 KHM, Zl. 22/WB/1947.
2 Auer 1956, 686.
3 Auer 1956.
4 Ebenda, 709.
5 Auer 1955, 61; KHM, Zl. 33/WB/1960.

Die Anfänge der Medienarbeit

In Museen existieren heute eigene Abteilungen, die sich in professioneller Weise um die Bereiche Marketing, Öffentlichkeitsarbeit und Werbung kümmern. In der ersten Hälfte des 20. Jahrhunderts waren mit diesen Aufgabenbereichen in Verbindung stehende Konzepte in der Museumswelt entweder noch gänzlich unbekannt oder erst in Ansätzen entwickelt. Meist wurde es als Bringschuld der Besucher*innen angesehen, sich über die Museen und deren Angebot in Reiseführern oder auf anderen Wegen zu informieren. Aus diesem Grund erschienen bis zum Ende der 1940er Jahre auch nur wenige Zeitungsberichte zur Wagenburg, deren Inhalt über die Bekanntgabe der Öffnungszeiten hinausging.[1] In den seltenen Fällen, wo dies dennoch geschah, stand dahinter wohl häufig das persönliche Engagement einzelner Museumsmitarbeiter.

Auch im Radio wurde anfangs kaum über die Wagenburg berichtet. Hervorzuheben ist in diesem Zusammenhang allerdings Heinrich Klapsia, der von August 1931 bis Februar 1933 der Waffensammlung als Volontär zugeteilt war. In diesem Zeitraum unterstützte er August Grósz bei den Arbeiten zum 1931 erschienenen Wagenburg-Führer, leistete unterschiedliche Ordnungs- und Inventarisierungsarbeiten[2] und machte sich derart mit der Sammlung historischer Fahrzeuge vertraut. Auf Basis der damals erworbenen Kenntnisse hielt er im Sommer 1934 zwei Vorträge über die Schönbrunner Wagensammlung, die von Radio Wien übertragen wurden.[3]

Eine früher Fall koordinierter Pressearbeit lässt sich für das Jahr 1939 anlässlich der Eröffnung der zweiten Wagenburg-Schauhalle feststellen. Den Journalist*innen wurde damals ein Pressetext samt Fotos zur Verfügung gestellt; außerdem wurde eine eigene Presseführung organisiert.[4] Dementsprechend groß war das positive Echo in den Zeitungen. Hinter dieser gelungenen PR-Arbeit steckte vermutlich Alphons Lhotsky, der seit 1938 am Kunsthistorischen Museum arbeitete und unter anderem für die Betreuung von Presse, Rundfunk und Film zuständig war.[5]

Eine Intensivierung der Medienarbeit erfolgte in der Wagenburg erst in der unmittelbaren Nachkriegszeit durch Erwin Auer. Anders als dies bis dahin für die Wagenburg praktiziert wurde, sammelte er systematisch jeden Presseartikel über die von ihm betreute Sammlung und bemühte sich aktiv um das Zustandekommen von Berichten in Zeitungen, im Radio, in Kino-Wochenschauen und später auch im Fernsehen. Dabei stellte er stets die Sache und niemals seine eigene Person in den Vordergrund. Exemplarisch für Auers Bemühungen sei hier sein Aktenvermerk anlässlich einer an ihn gerichteten Anfrage für einen Rundfunkbeitrag angeführt: »Da jede Werbungsmöglichkeit für die Wagenburg genützt werden muß, wurde zugesagt.«[6]

Allein zwischen 1950 und 1954 waren zumindest elf Radiobeiträge über die Wagenburg und das Monturdepot auf unterschiedlichen Sendern wie Rot-Weiß-Rot, Wien I und Wien II

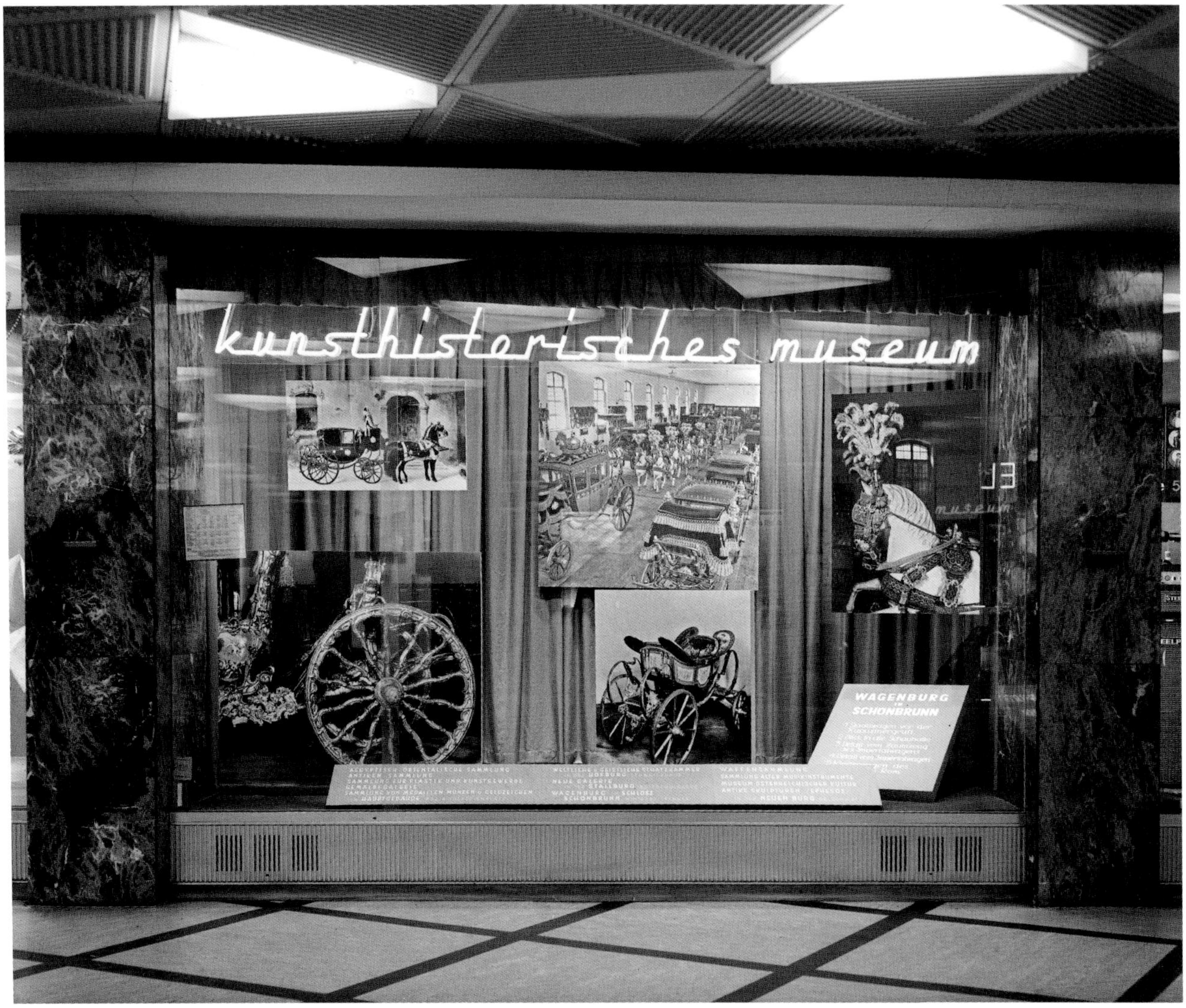

Abb. 103: Werbung für die Wagenburg in der Babenbergerpassage, 1969

zu hören.[7] Teilweise dauerten diese Beiträge nur drei Minuten; andere Male handelte es sich hingegen um rund fünfzehn Minuten lange Reportagen. Die Themen wurden dabei meist von Auer selbst vorgeschlagen. Sie reichten von Berichten über die Restaurierung einzelner Objekte über allgemeine Darstellungen bis hin zu Spezialthemen wie »Wagen und Mode« oder Kostümvitrinen im Museum. Für längere Reportagen arbeitete Auer in mehreren Fällen persönlich die Sendungskonzepte aus und stellte diese den Redakteur*innen zur Verfügung. Offenbar war Auer dabei von der Sorge getrieben, dass ohne sein Zutun ein gewisses Niveau unterschritten und dadurch das Ansehen des Museums geschädigt werden könnte. In diesem Sinne ist auch eine Aktennotiz Auers zu verstehen, die im Zuge der Vorbereitung eines 1950 gesendeten Beitrags über das Monturdepot entstand. Auer hielt darin nicht ohne Sarkasmus fest, er habe das Skript nur deshalb selbst entwickelt, weil sich nach einer Vorbesprechung herausgestellt habe, dass die beiden involvierten Radio-Redakteur*innen von »nicht von allzuviel Sachkenntnis beschwert« gewesen seien.[8]

Mehrere der Radiobeiträge über die Wagenburg und ihre Objekte wurden im Rahmen der 1950 ins Leben gerufenen Sendereihe *Kunstwerk der Woche* ausgestrahlt. Dabei wurde den Zuhörer*innen in wenigen Minuten ein herausragendes Kunstwerk aus den Beständen der Wiener Museen vorgestellt. Nachdem dieses Sendeformat eingestellt worden war, wurde es als Kolumne von der auflagenstarken Tageszeitung *Wiener Kurier* fortgeführt.[9] Auch hierfür leistete Auer zahlreiche Beiträge, so wie er ganz allgemein Presseberichte über die Wagenburg mit großem Erfolg forcierte. Für ihn war die Arbeit mit dem Erscheinen eines Artikels jedoch noch nicht erledigt, denn er versuchte auch, die Publikumsresonanz auf Medienberichte zu analysieren, etwa 1950, als er feststellte, dass ein Artikel im *Wiener Kurier* kurzfristig zu einer Verdoppelung der Besuchszahlen geführt hatte.[10] Insgesamt betrachtet, ist Auers Beitrag zur Etablierung einer professionellen Medienarbeit in der Wagenburg und zur Popularisierung der Marstallsammlung innerhalb der Wiener Museumslandschaft nicht hoch genug einzuschätzen.

1 Eine Ausnahme sind z. B. Artikel über die Wagenburg von Friedrich Oppenheimer im Neuigkeits-Welt-Blatt, 9. Oktober 1928, 8, von Wilhelm Weldin in Die Stunde, 26. Juni 1930, 5, und von Steffy Schaffelhofer in Wiener Bilder, 25. April 1937, 2.

2 KHM, Zl. 4/WS/1931, Zl. 4/WS/1932, Zl. 17/WS/1933; KHM, Archiv, Personalakt Heinrich Klapsia.

3 Radio Wien 10/43, 20. Juli 1934, 8, 16; Salzburger Volksblatt, 11. August 1934, 13.

4 KHM, Zl. 110/KL/1939.

5 Vgl. Haupt 1991, 146.

6 KHM, Zl. 58/WB/1963.

7 KHM, Zl. 37 und 41/WB/1950, Zl. 13/MD/1950, Zl. 12, 22 und 29/WB/1951, Zl. 24/WB/1952, Zl. 54/WB/1953, Zl. 26 und 33/WB/1954. Siehe dazu auch Auer 1954a.

8 KHM, Zl. 13/MD/1950. Vgl. auch KHM, Zl. 24/WB/1952, Zl. 54/WB/1953, Zl. 33/WB/1954.

9 Haupt 1991, 207. Siehe dazu auch Auer 1954b.

10 KHM, Zl. 28/WB/1950.

Der Geruch des Museums

Museumsbesuche sind nicht nur unterhaltsam und lehrreich, sondern auch vielseitig erfahrbare sinnliche Erlebnisse. Im Fall der Wagenburg stehen für die Gäste natürlich visuelle Wahrnehmungen im Vordergrund. Aber auch das Gehör wird angesprochen, etwa beim Abrufen von Audioguide-Texten, beim Vernehmen der eigenen Stimme, die im weitläufigen Ausstellungsraum ein ganz eigener Hall begleitet, oder beim Wahrnehmen von Schritten, die auf dem mittlerweile fast fünf Jahrzehnte alten Parkettboden knarzende Geräusche verursachen.

Manche Museumsbesuche bieten auch eindrückliche olfaktorische Erfahrungen, ausgelöst vom Eigengeruch der Objekte. Dieser ist im Lauf der Zeit Änderungen unterworfen und keineswegs gleichbleibend. Während heutige Besucher*innen der Wagenburg vermutlich keinen ausgeprägten Geruch mehr bemerken, war dies in früheren Jahrzehnten anders.

Zeitungsberichten der Nachkriegszeit ist zu entnehmen, in der Wagenburg habe es »nach Leder, Sattelseife und weiß Gott was« gerochen.[1] Ursache dafür waren vor allem die zahlreichen Pferdegeschirre, die bis 1970 an den Wänden der Schauhalle ausgestellt waren. Damit sollte einerseits die Atmosphäre einer Sattelkammer erzeugt werden, anderseits war diese Präsentationsform aber auch einfach nur dem Mangel an Platz und geeigneten Aufbewahrungssystemen in den Depots geschuldet. Zur Pflege wurden die Geschirre einmal jährlich so lange mit säurefreiem Lederfett eingerieben, bis sie dieses nicht mehr absorbierten.[2] Die Erfahrung sollte jedoch zeigen, dass diese Pflegemaßnahme Geschirrleder, das nicht mehr in Verwendung steht, auf lange Sicht austrocknet und brüchig macht, weshalb man von ihr schließlich wieder abkam. Mit der fachgerechten Unterbringung eines Großteils der Pferdegeschirre im Anfang der 1970er Jahre geschaffenen Dachbodendepot und mit dem Ende des Nachfettens von Lederteilen verschwand auch der bis dahin typische Geruch aus dem Museum.

1 Wiener Kurier, 8. April 1950, 11. Ähnlich formuliert in einem zehn Jahre später erschienenen Artikel: Neues Österreich, 4. Dezember 1960, 16.

2 KHM, Zl. 22/WB/1947; *Die größte Wagenburg der Welt*, Radiosendung der Ravag, Sender Wien I, 31. März 1952, Inhalt transkribiert in KHM, Zl. 24/WB/1952; KHM, Zl. 5/WB/1955.

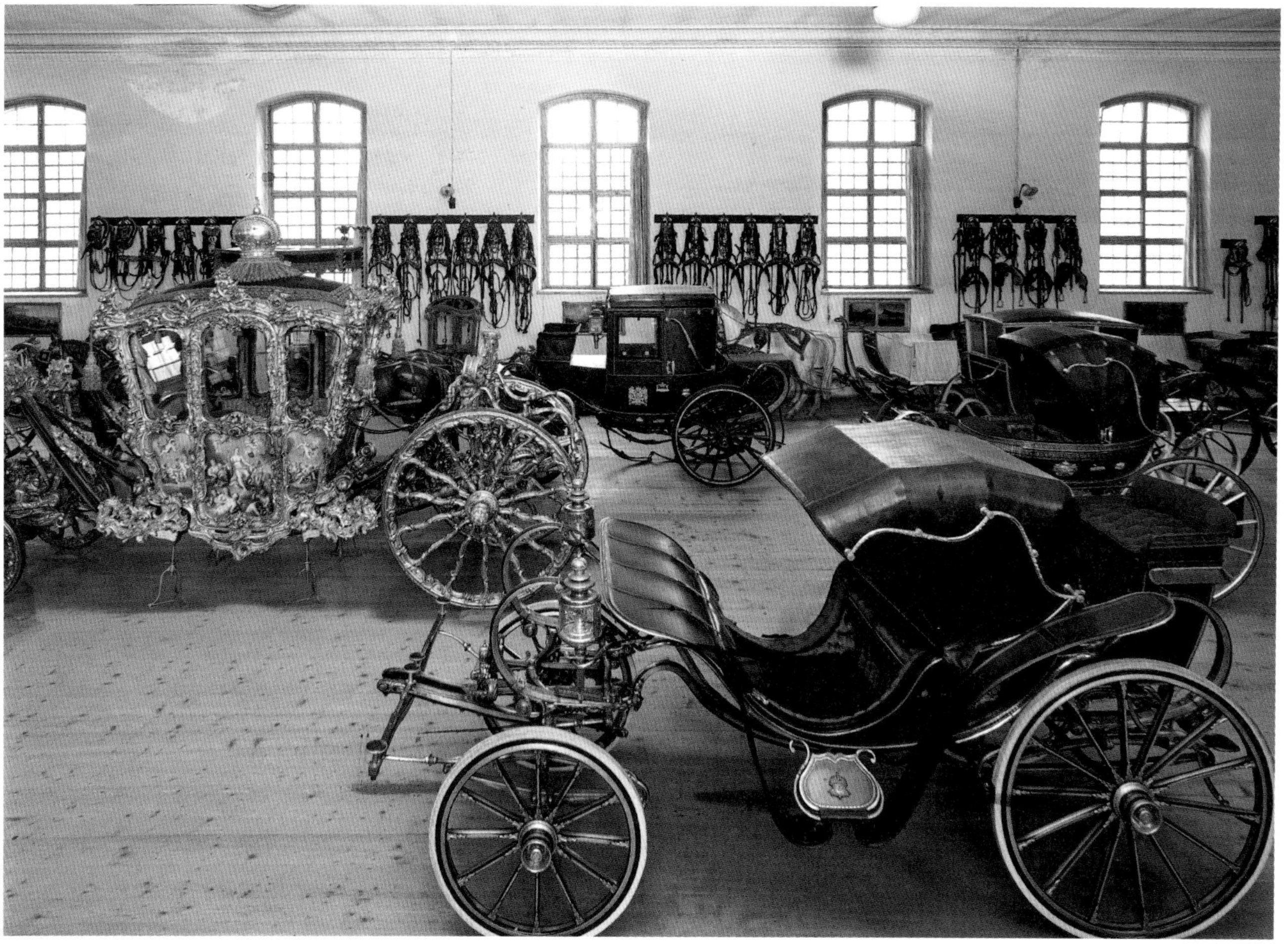

Abb. 104: Blick Richtung Südwand der Wagenburg-Schauhalle, 1968. Im Hintergrund die an den Wänden angebrachten Geschirre

Schulklassen in der Wagenburg

Wie nur wenige andere Museen Wiens ermöglicht die Wagenburg Schüler*innen auf vielfältige und niederschwellige Weise die Auseinandersetzung mit Geschichte und Kultur. Ein Besuch des Schönbrunner Marstallmuseum bietet dabei zahlreiche konkrete Anknüpfungspunkte für den Geschichtsunterricht, da viele seiner Wagen, Schlitten, Sänften, Tragsessel und Gemälde in engem Zusammenhang mit historischen Persönlichkeiten und Ereignissen des Habsburgerreichs stehen. Darüber hinaus lässt sich dort vieles über die Entwicklung der Mobilität und des Reisens erfahren.

In den ersten Jahrzehnten des Bestehens der Wagenburg wurden seitens der Waffensammlung allerdings keine nennenswerten Anstrengungen unternommen, Lehrer*innen und Schulklassen einen Besuch des Schönbrunner Museums schmackhaft zu machen. So betrug der Anteil von Schüler*innen unter allen Museumsbesucher*innen in den Jahren zwischen 1927 und 1929 auch nur rund 3,5 bis 4,5 Prozent.[1] Noch niedriger war dieser Anteil in der NS-Zeit, als er zwischen 0,5 und knapp 2 Prozent lag.

Erst unter der Leitung von Erwin Auer bemühte sich die Wagenburg aktiv um junge Besucher*innen. Dies lag wohl auch daran, dass ihm die Bildung von Kindern ein Herzensanliegen war, was – neben ideologischen Beweggründen – wohl auch sein jahrelanges Engagement für das Kinderferienwerk der Vaterländischen Front in den 1930er Jahren erklärt.

Auer wertete alljährlich penibel die Besuchsstatistiken des Museums aus und notierte die Schultypen und die Herkunft der Klassen, die das Museum besuchten. Im Jahr 1950 vermerkte er beispielsweise mit merkbarer Freude, dass nun »endlich« auch die Hauptschulen begännen, die Wagenburg in ihr Unterrichtsprogramm zu integrieren und die Zahl der Berufsschulklassen weiter gestiegen sei.[2] Vier Jahre später registrierte er, dass erstmals weniger Schüler*innen aus Wien und Niederösterreich die Wagenburg besuchten als solche aus den übrigen Bundesländern.[3] Im Jahr 1957 machten Kinder aus Schulklassen Wiens und Niederösterreichs bereits weniger als ein Drittel aller Schüler*innen aus.[4] Einen entscheidenden Beitrag zu dieser Entwicklung leistete die zwischen 1954 und 1966 bestehende Aktion *Landjugend lernt Wien kennen*,[5] die Jahr für Jahr hunderten Schulklassen einen Besuch in der Wagenburg ermöglichte. Um den Lehrkräften Unterlagen zur Vorbereitung einer Führung zur Verfügung stellen zu können, verfasste Auer auf Anordnung des Unterrichtsministeriums einen auf acht Druckseiten angelegten Führer durch die Wagenburg, der im Jahr darauf gemeinsam mit Kurzführern durch die übrigen Sammlungen des Kunsthistorischen Museums erschien und an Schulbibliotheken und Lehrerbildungsanstalten versendet wurde.[6]

All diese Anstrengungen trugen schließlich Früchte. Der Anteil der Schüler*innen an allen Wagenburg-Besucher*innen machte in den 1950er Jahren 22 Prozent, in den 1960er Jahren 24 Prozent, in den 1970er Jahren 18 Prozent, in den 1980er Jahren 14 Prozent und in

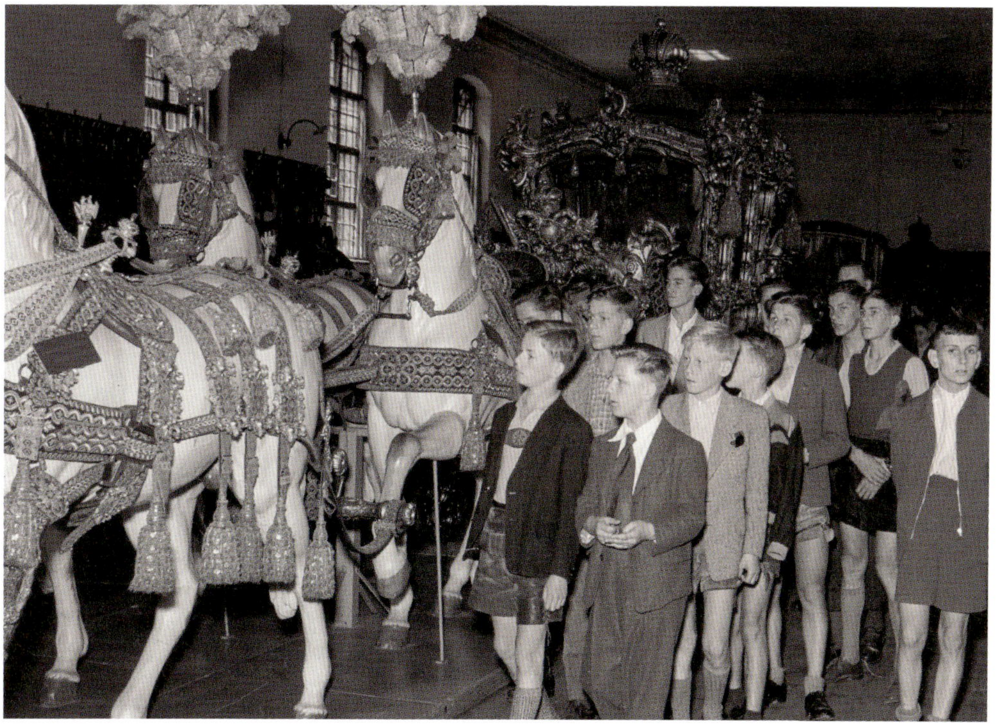

Abb. 105: Eine Schulklasse während eines Besuchs der Wagenburg im Rahmen der Aktion *Landjugend lernt Wien kennen*, 1955

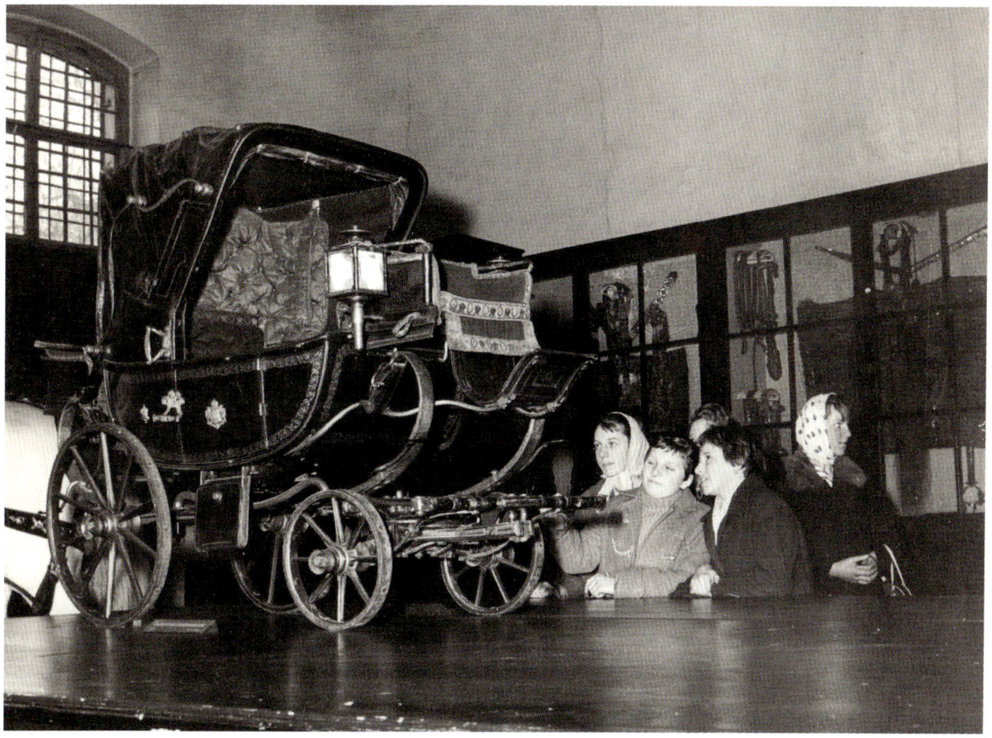

Abb. 106: Schülerinnen besichtigen die Wagenburg im Rahmen der Aktion *Landjugend lernt Wien kennen*, 1960

den 1990er Jahren 11 Prozent aus. Trotz stetig sinkender Anteile an den Gesamtbesuchszahlen verzeichnete die Wagenburg in Absolutwerten während der beiden letzten Jahrzehnte des 20. Jahrhunderts die meisten Besuche von Schüler*innen, wobei die Höchstzahl von 55.808 im Jahr 1989 erreicht wurde.

Abb. 107: Ein Mädchen vor dem Kinderwagen von Napoleons Sohn, dem »König von Rom«, um 1950

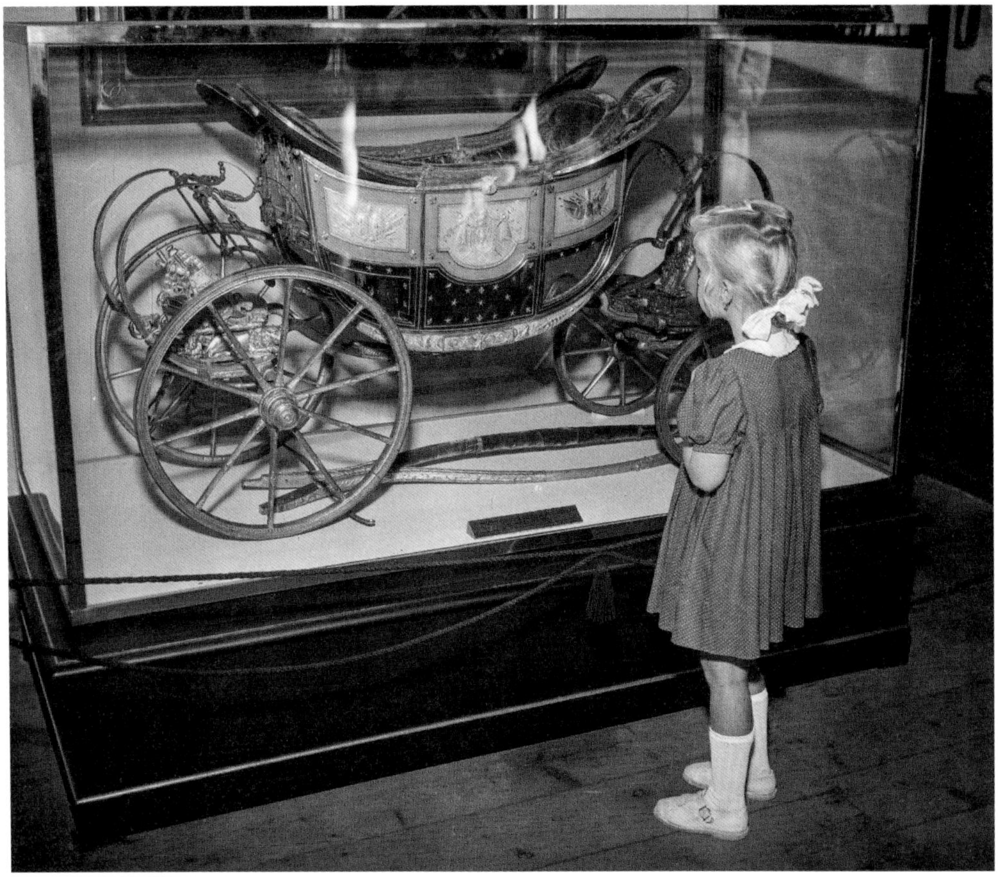

Als das Kunsthistorische Museum 1999 in die Vollrechtsfähigkeit entlassen und damit weitgehend aus der staatlichen Verwaltung ausgegliedert wurde, vergrößerte dies für die Museumsleitung nicht nur Handlungsspielräume, sondern erhöhte auch den ökonomischen Druck. Um die Einnahmensituation zu verbessern, wurde die folgenschwere Entscheidung getroffen, den kostenlosen Eintritt für Schüler*innen im Klassenverband abzuschaffen. So ist zu erklären, dass in der Wagenburg der Anteil der Schulklassen an den Gesamtbesucher*innen von rund 11 Prozent im Jahr 1999 auf rund 5 Prozent im darauffolgenden Jahr sank. Im Jahr 2005 besuchten nur noch 2.383 Kinder im Klassenverband die Wagenburg, was einem Anteil von gerade einmal 3 Prozent entsprach. Als die politischen Verantwortlichen erkannten, dass den Museen mittlerweile zumindest eine ganze Generation von Schüler*innen verloren gegangen war, was nicht nur in volksbildnerischer Hinsicht negative Auswirkungen hatte, sondern auch Schlimmes für die Zukunft der Museen befürchten ließ, rissen sie das Steuer herum und erhöhten das Budget der Bundesmuseen mit der Auflage, dass ab Anfang des Jahres 2010 allen Besucher*innen unter neunzehn Jahren freier Eintritt gewährt würde. Auf diese Weise gelang es auch, wieder mehr Schulklassen zu einem Besuch der Wagenburg zu bewegen.[7] Von 2017 bis 2019, also in den letzten Jahren vor Ausbruch der Corona-Pandemie, die einen drastischen Einbruch der Besuchszahlen verursachte, pendelte sich der Anteil der jungen Wagenburg-Besucher*innen im Klassenverband wieder auf einen Wert von knapp 10 Prozent ein.[8]

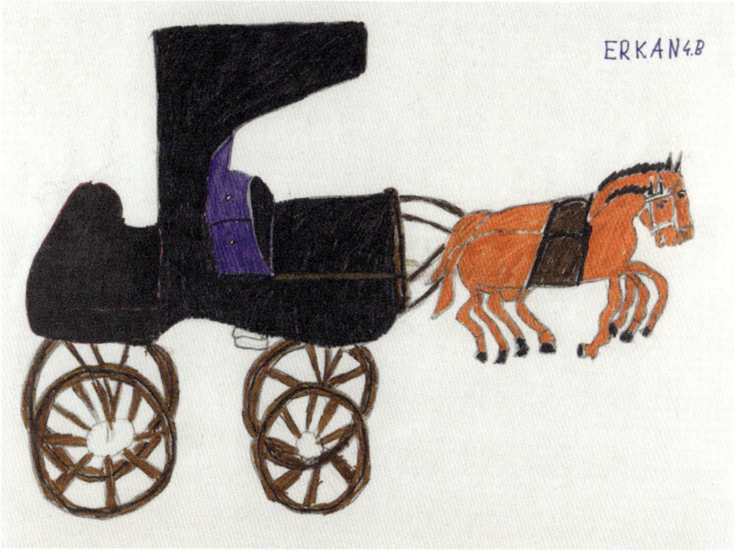

Abb. 108: Erkan, Schüler einer vierten Volksschulklasse in Wien-Brigittenau, schickte 1994 nach einem Museumsbesuch dieses Bild an die Wagenburg-Direktion

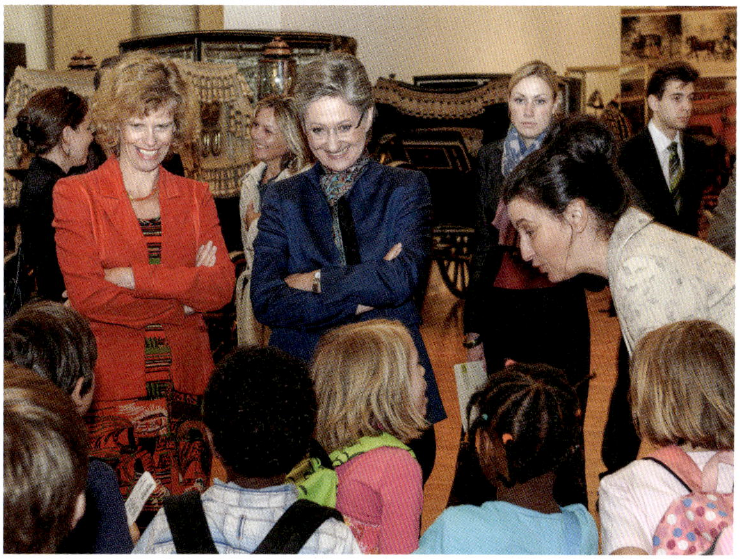

Abb. 109: KHM-Generaldirektorin Sabine Haag, Kulturministerin Claudia Schmied und Wagenburg-Direktorin Monica Kurzel-Runtscheiner (v. l. n. r.) feiern 2011 mit einer Schulklasse die im Jahr zuvor erfolgte Einführung des freien Eintritts in Bundesmuseen für Personen unter neunzehn Jahren

1 Die in diesem Abschnitt angegebenen Zahlen sind Auswertungen von Daten aus dem – mit wenigen Unterbrechungen – jährlich erscheinenden Statistischen Jahrbuch der Stadt Wien sowie aus Besuchsstatistiken der Wagenburg und des Kunsthistorischen Museums.

2 KHM, Zl. 60/WB/1950.

3 KHM, Zl. 84/WB/1954.

4 KHM, Zl. 85/WB/1957.

5 Siehe dazu URL: https://noe.landjugend.at/fileadmin/user_upload/Laender/Niederoesterreich/Service_und_Organisation/Verleihgeraete/Ausstellungstafeln_70_Jahre_LJ_1946-2016.pdf [letzter Zugriff: 7.7.2022].

6 Auer 1958a; Auer 1958b, KHM, Zl. 51/WB/1956, Zl. 52/WB/1957.

7 Vgl. JB KHM 2011, 62.

8 KHM, Zl. 50/WB/2017–2019.

Blindenführungen

In der Wagenburg fand im Jahr 1950 eine der ersten beiden Tastführungen für blinde und sehbehinderte Personen in der Geschichte des Kunsthistorischen Museums statt.[1] Nachdem bereits am 8. Mai 1950 in der Ägyptischen Sammlung mit Erfolg eine erste Führung für Schüler*innen des Döblinger Blindenerziehungsinstituts abgehalten werden konnte, wollte Erwin Auer sehbehinderten Kindern auch eine Führung durch die Wagensammlung in Schönbrunn ermöglichen.

Auer war es ein grundsätzliches Anliegen, die Objekte seiner Sammlung möglichst breiten Bevölkerungskreisen bekannt zu machen. Im konkreten Fall war es ihm aber auch eine persönliche Herzensangelegenheit, bedingt »durch unauslöschbare Kriegserlebnisse mit blinden Soldaten«.[2] Zudem war Auer selbst Kriegsinvalide, was es ihm wohl

Blinde Kinder „sehen" die Wagenburg

Erfolgreiche Führungen durch Sammlungen der Staatsmuseen

Wien, 23. Oktober (Eigenbericht). Die Wagenburg in Schönbrunn hatte kürzlich Besucher besonderer Art: eine Schar blinder Kinder im Alter von zwölf bis vierzehn Jahren. So unglaublich es im ersten Augenblick klingen mag, man führte den Buben und Mädeln die prächtigen Fahrzeuge und reichgeschmückten Pferde vor, die diese einzigartige Sammlung birgt, und die Kinder begriffen auch, um was es sich handelt. Begriffen im wahrsten Sinne des Wortes, denn um einen Eindruck von den Schauobjekten zu bekommen, ist es ihnen gestattet, die Dinge, wie es ihre Gewohnheit ist, mit den Händen abzutasten, damit sie die Form der Gegenstände erkennen können. Für die kleinen Schüler des Blindenerziehungsinstitutes in der Hofzeile war diese Führung ohne Zweifel ein besonderes Erlebnis.

Bereits vor einiger Zeit wurde ein Versuch dieser Art unternommen. Damals führte der Assistent der Aegyptischen Abteilung des Kunsthistorischen Museums, Dr. Komorzynski, gemeinsam mit Frau Professor Janda eine Anzahl blinder Kinder durch die Sammlung ägyptischer Altertümer. Diese Führung ist so gut gelungen, daß damit der Beweis erbracht war, daß Museen nicht nur Schausammlungen für Sehende, sondern auch Bildungsanstalten für Blinde sind. Es sollen daher in Zukunft öfter derartige Führungen von Blinden in staatlichen Sammlungen durchgeführt werden.

Wesentlich bei den Blindenführungen ist, daß nur Dinge gezeigt werden, die man ertasten kann. Bilder scheiden daher aus. Außerdem dürfen niemals Unika zum Tasten freigegeben werden. Es gibt jedoch im Depot eines jeden Museums eine Reihe typischer Gleichstücke, denen kein Schaden zugefügt werden kann. Solche zieht man daher für die Blindenführungen heran, ohne das museale Prinzip, daß nichts berührt werden darf, zu verletzen.

Es war rührend anzusehen, mit welchem Interesse die kleinen Blinden den Ausführungen Dr. Auers vom Kunsthistorischen Museum lauschten. Zunächst wurden sie in die große Schauhalle der Sammlung geführt, wo ihnen in anschaulichen Worten ein Eindruck von der Anzahl und dem Aussehen der hier gezeigten Fahrzeuge vermittelt wurde. Dann ging es ins Depot, wo sie Wagen und Pferde abtasten und schließlich sogar besteigen durften, wozu sie wohl im allgemeinen keine Gelegenheit haben. Die Vorstellungswelt der Kinder wird dadurch ohne Zweifel wesentlich erweitert. Und das ist auch der Zweck derartiger Veranstaltungen.

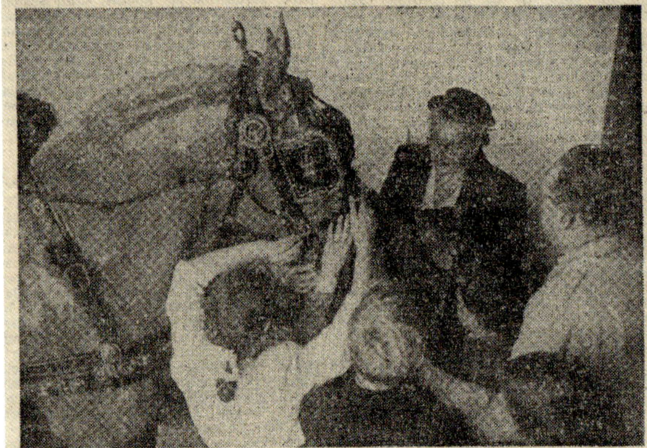

In der Wagenburg in Schönbrunn fand kürzlich die erste Führung blinder Kinder statt

Abb. 110: Zeitungsbericht über die erste Tastführung für blinde und schwer sehbehinderte Schüler*innen in der Wagenburg. Aus: *Neue Wiener Tageszeitung*, 24. Oktober 1950, 3

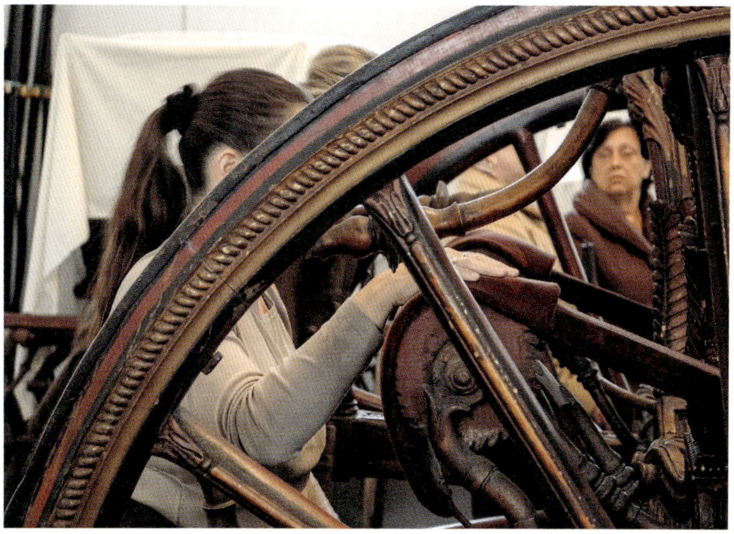

Abb. III: Tastführung für blinde und schwer sehbehinderte Personen, 2010

erleichterte, sich in die Situation behinderter Menschen einzufühlen. Nach gründlicher Vorbereitung empfing der Leiter der Wagenburg am 20. Oktober 1950 21 Kinder und Jugendliche des Blindenerziehungsinstituts im Alter von 12 bis 14 Jahren zu einer ausgedehnten Spezialführung. Dabei ertasteten die Schüler*innen sowohl in der Schauhalle als auch in einer Restaurierwerkstätte ausgewählte Sammlungsobjekte, bei denen ausgeschlossen werden konnte, dass sie durch Berührung Schaden erlitten. Unter begleitenden Erläuterungen erhielten die Schüler*innen auf diese Weise Informationen zum technischen Aufbau und zur Funktionsweise von Fahrzeugen vergangener Zeiten und durften bei einem Wagen sogar auf den Kutschbock und in das Innere klettern, um ein Gefühl für die Federung von Kutschen zu bekommen. Als die Führung nach zweieinhalb Stunden ein Ende fand, waren die Schüler*innen immer noch nicht müde und baten mehrfach, »noch bleiben zu können, und erst das Versprechen, daß sie im nächsten Frühjahr wiederkommen dürften, erleichterte den Abschied für alle Beteiligten.«[3]

Die erste Tastführung in der Wagenburg war demnach ein voller Erfolg und fand auch die Aufmerksamkeit der Tagespresse.[4] Bereits im darauffolgenden Jahr bot Auer eine Führung für im Krieg erblindete Erwachsene an.[5] Damit war eine Tradition begründet, die bis heute nicht abgerissen ist, denn seither wurden immer wieder Führungen für blinde und sehschwache Menschen in der Wagenburg veranstaltet.[6]

1 Zur nachfolgenden Schilderung siehe vor allem Auer 1951; Haupt 1991, 207, 209; Weiss 2011.

2 Auer 1951, 132.

3 Ebenda, 134.

4 Vgl. Neue Wiener Tageszeitung, 24. Oktober 1950, 3; Neue Zeit, 25. Oktober 1950, 5.

5 KHM, Zl. 33/WB/1951; Nachrichten des Verbandes der Kriegsblinden Österreichs 20/11, 1951, 98 f.

6 Vgl. z. B. JB KHM 2003, 81; JB KHM 2010, 83; JB KHM 2016, 64 f.

Eine baufällige Schauhalle

Seitdem Erwin Auer 1947 die Betreuung der Wagenburg übernommen hatte, erachtete er den hölzernen Dachstuhl des ehemaligen Reitschulgebäudes als die größte Bedrohung für das Museum und seine Besucher*innen. Er war besorgt, dass dieser aufgrund seiner Baufälligkeit und seines großen Gewichts eines Tages die Decke einstürzen lassen und Menschen und Objekte unter sich begraben könnte. Diese Befürchtung hatte bereits 1941 bestanden, weshalb damals die Dachziegel abgenommen und durch eine leichtere Schieferdeckung ersetzt worden waren. Ein weiteres unberechenbar hohes Risiko, das von der Holzkonstruktion des Dachbodens ausging, war die Brandgefahr. Immer wieder wies Auer deshalb bei den verantwortlichen Stellen darauf hin, dass der alte Dachstuhl durch eine neue Konstruktion aus

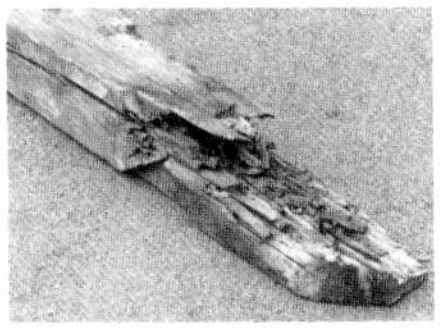

Abb. 112: Ein vermorschter Dachstuhlbalken, 1970

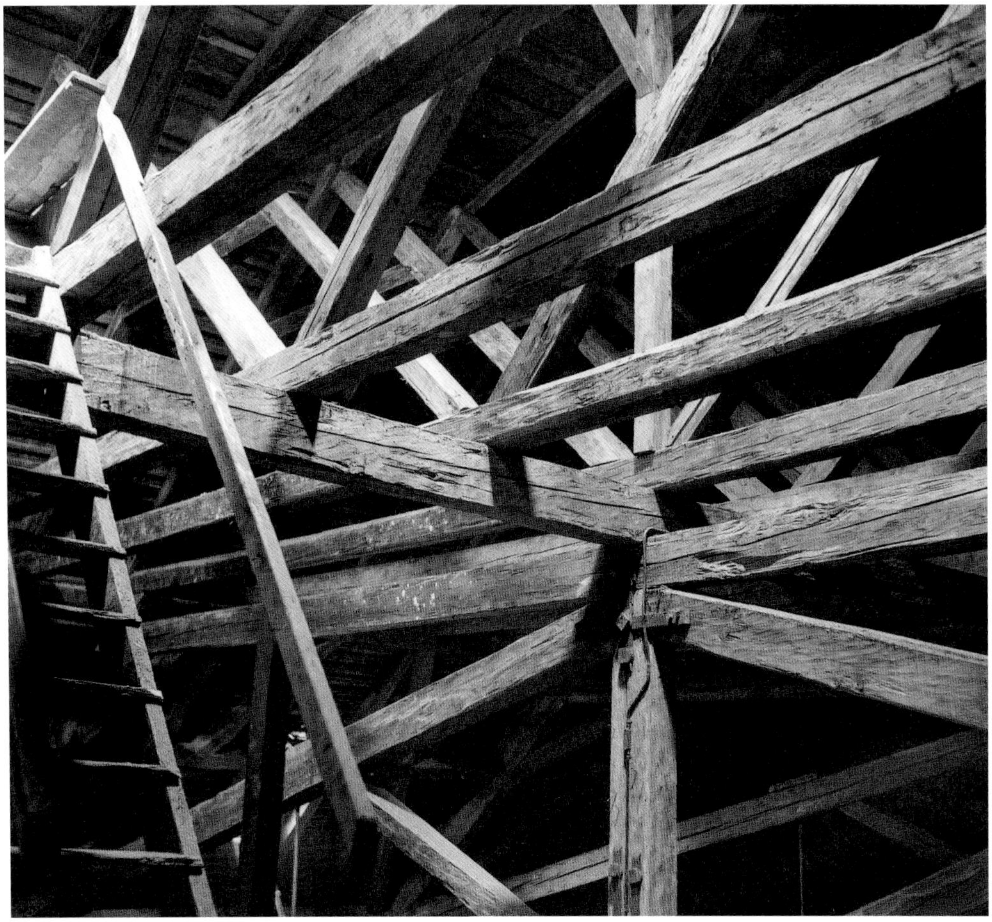

Abb. 113: Der alte Dachboden der Wagenburg, 1955

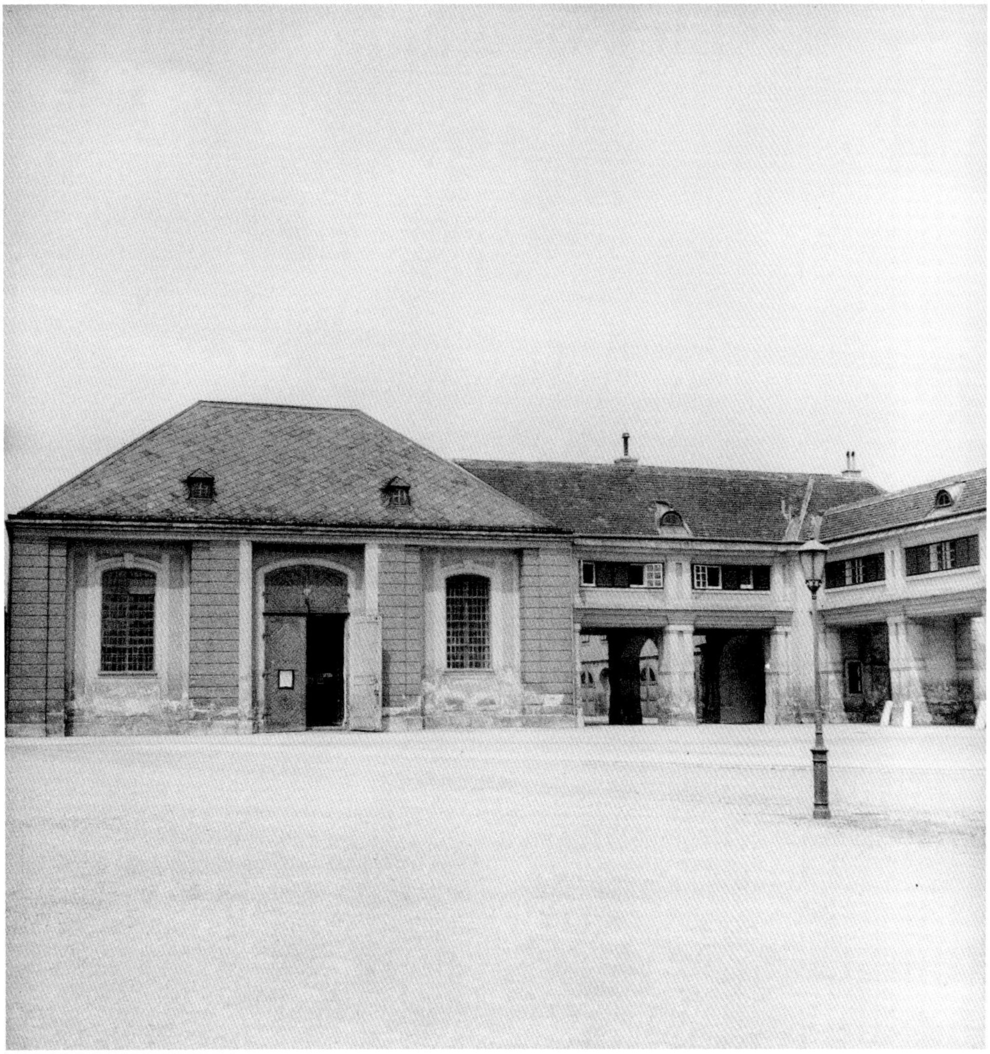

Abb. 114: Ein Blick auf die Frontfassade der Wagenburg, 1955

Leichtmetall ersetzt werden müsse. Ein sanfterer, weniger invasiver Eingriff, der die alte Bausubstanz hätte retten können, stand damals nicht zur Debatte.

Auer konnte in dieser Angelegenheit allerdings nicht mehr tun, als der Schönbrunner Schlosshauptmannschaft, die bei einem solch großen Umbauvorhaben für die Aufbringung der Geldmittel sorgen musste, immer wieder die Dringlichkeit des Problems vor Augen zu führen. Im Österreich der Nachkriegsjahre waren die Budgetmittel jedoch knapp, und der Schlosshauptmann begnügte sich vorerst damit, das Holzgebälk des Dachstuhls mit einer Imprägnierung streichen zu lassen und die Frequenz der Kontrollgänge des Schönbrunner Feuerwächters zu erhöhen.[1]

Da eine Kompletterneuerung des Daches ohnehin unausweichlich schien, witterte Auer darin die Gelegenheit, den Umbau zu einer Generalsanierung der Wagenburg auszuweiten. Ab 1950 entwickelte er dafür ein immer konkreter werdendes Konzept. Fest stand für ihn, dass die ausgestellten Objekte mehr Platz benötigten, da die Sammlung seit 1922 durch Leihgaben und Widmungen gewachsen war. Der Englische Reitstall, der 1939 kurzfristig als zweite Ausstellungshalle gedient hatte, stand der Wagenburg in den ersten Nachkriegsjahren für eine Raumerweiterung nicht zur Verfügung, da die britischen Besatzungstruppen einen

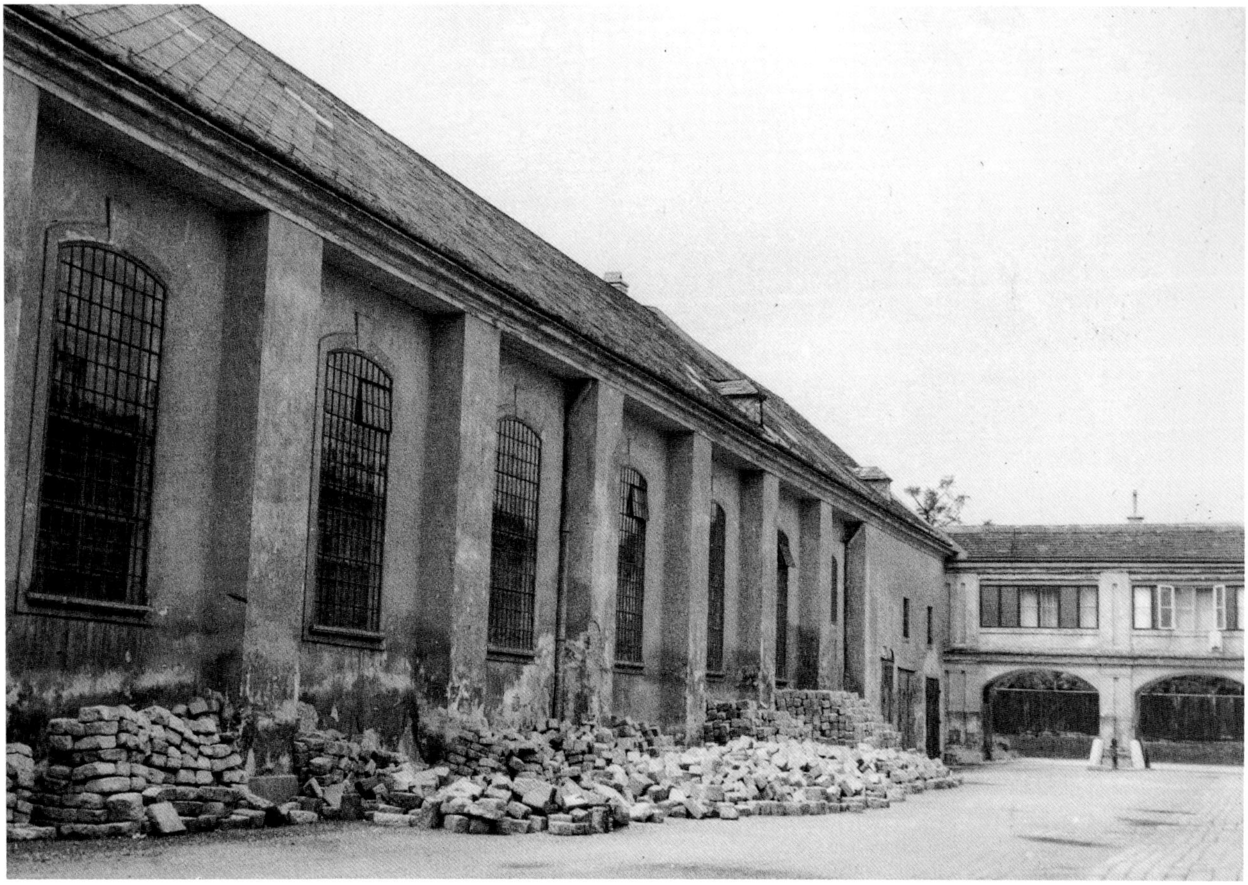

Abb. 115: Die Nordfassade der Wagenburg, 1955

Teil davon als anglikanische Kapelle verwendeten.[2] Auer war aber ohnehin der Ansicht, dass selbst nach einer Räumung dieses Bereiches eine Rückführung des Zustands von 1939 nicht zielführend sei. Der Magistrat hatte nämlich im Jahr 1950 nach einer Begehung festgelegt, dass im Mittelgang der dreischiffigen Halle aus Sicherheitsgründen keine Objekte aufgestellt werden dürften. Der Englische Reitstall hätte somit nur Platz für die Präsentation von rund sechzehn Großobjekten geboten. Zudem sah Auer ein Problem in den sechzehn tragenden Säulen des Raumes, die für die Besucher*innen eine Sichtbehinderung darstellten. Auch hielt er es für höchst unwahrscheinlich, dass die für die Eröffnung einer neuen Schauhalle benötigten zusätzlichen Dienststellen für Aufseher bewilligt würden.

Vielversprechender schien es Auer, eine Verlängerung des bisher bereits zur Verfügung stehenden Schauraums in westlicher Richtung um zusätzliche fünf Fensterachsen zu erwirken. Im hinteren, westlichen Bereich war die ehemalige Reithalle nämlich nur teilweise ausgebaut und wurde vom Mobiliendepot als Teppichlager verwendet. Eine Übernahme und ein Ausbau dieses Gebäudeteils hätten nach den Berechnungen Auers die Ausstellungsfläche um den Stellplatz für etwa weitere zwanzig Wagen vergrößert, ohne dass dabei das Aufsichtspersonal vermehrt hätte werden müssen. Auer setzte daher all seine Energien darauf, diese Erweiterungsvariante zu realisieren.

Im Jahr 1951 stellte Auer sowohl leitenden Beamten im Kunsthistorischen Museum als auch Ministerialrat Frcek vom Bundesministerium für Unterricht seine Umbaupläne vor und fand deren grundsätzliche Zustimmung. Auch der Schönbrunner Schlosshauptmann Josef Glaser befürwortete Auers Erweiterungsvorhaben in Verbindung mit der Errichtung eines neuen Dachstuhls.[3] Die erheblichen Kosten einer derartigen Generalsanierung führten jedoch zu einem fortwährenden Hinausschieben des Projekts,[4] und dies, obwohl auch die Feuerwehr Gefahr im Verzug konstatierte. Im Jahr 1956 bemerkte der zuständige Brandinspektor: »Wenn die Wagenburg brennt, braucht man uns gar nicht mehr zu rufen, da bei diesem Dachstuhl jede Hilfe von vornherein ausgeschlossen ist«.[5] Dennoch wurden vorerst weiterhin nur Geldmittel für kosmetische Eingriffe bereitgestellt, etwa 1956 für eine Restaurierung der Hauptfassade der Wagenburg sowie für eine Umwandlung des vor der Wagenburg liegenden Areals in Rasenflächen.[6]

Dessen ungeachtet trieb Erwin Auer die Planungen für eine Generalsanierung der Schauhalle weiter mit Verve voran. Die Probleme waren mannigfaltig. Der Bretterboden bedurfte einer Erneuerung, da er aufgrund seiner improvisierten Unterkonstruktion von 1922 und des ungünstigen Raumklimas in der Schauhalle an manchen Stellen bereits morsch geworden war. Ebenso wurden neue Vitrinen benötigt, da die bestehenden, die teilweise noch aus der Reichen Hofsattelkammer stammten, durch die Wandfeuchte bereits großen Schaden genommen hatten. Zur Verbesserung des feuchten Klimas in der Schauhalle schien eine Trockenlegung des Mauerwerks nötig, verbunden mit einer Sanierung der Abflusskanäle und des Traufenpflasters. Außerdem dachte Auer an, das Kutschenmuseum an die Heizung des Tiergartens oder der Schlossgärtnerei anzuschließen. Die alten, kleinteilig verglasten Fenster waren undicht und konnten nur unter Schwierigkeiten geöffnet werden. Ein Austausch erschien Auer hierbei zielführender als eine Reparatur. Benötigt wurden zudem leicht zu bedienende, gegen Brand imprägnierte Lichtschutzvorhänge. Auch fehlte

Abb. 116: Die nicht ausgebaute Nordwestecke des Reitschulgebäudes, 1955

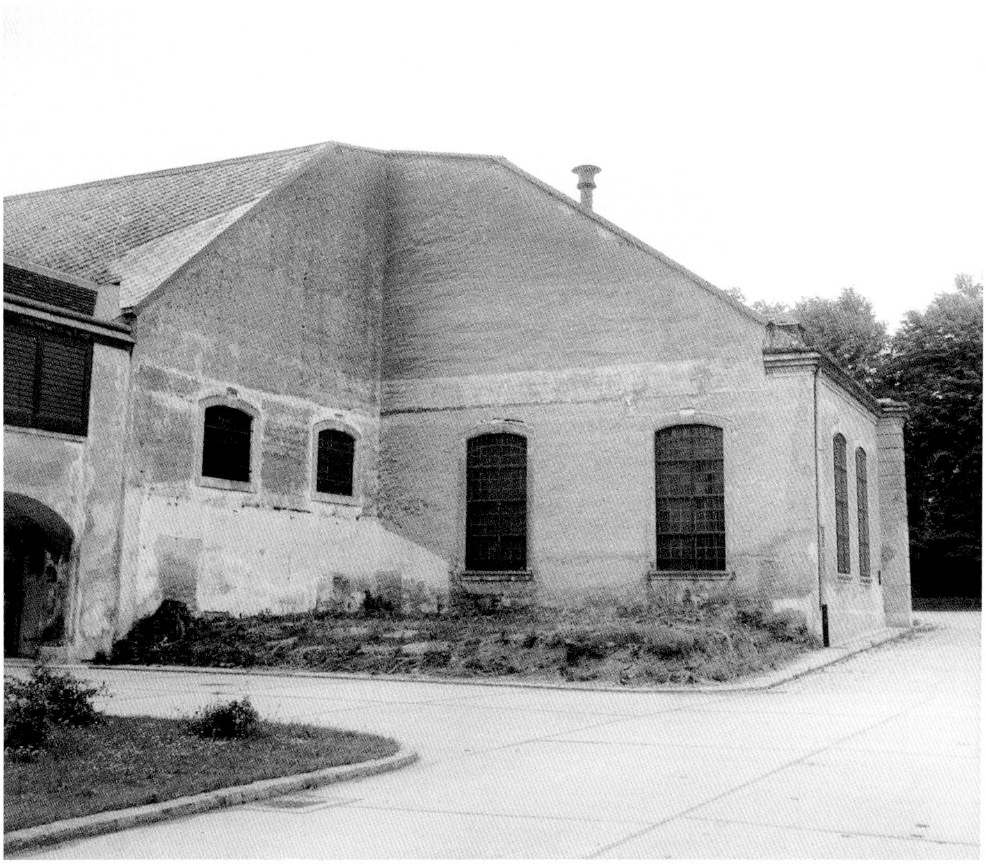

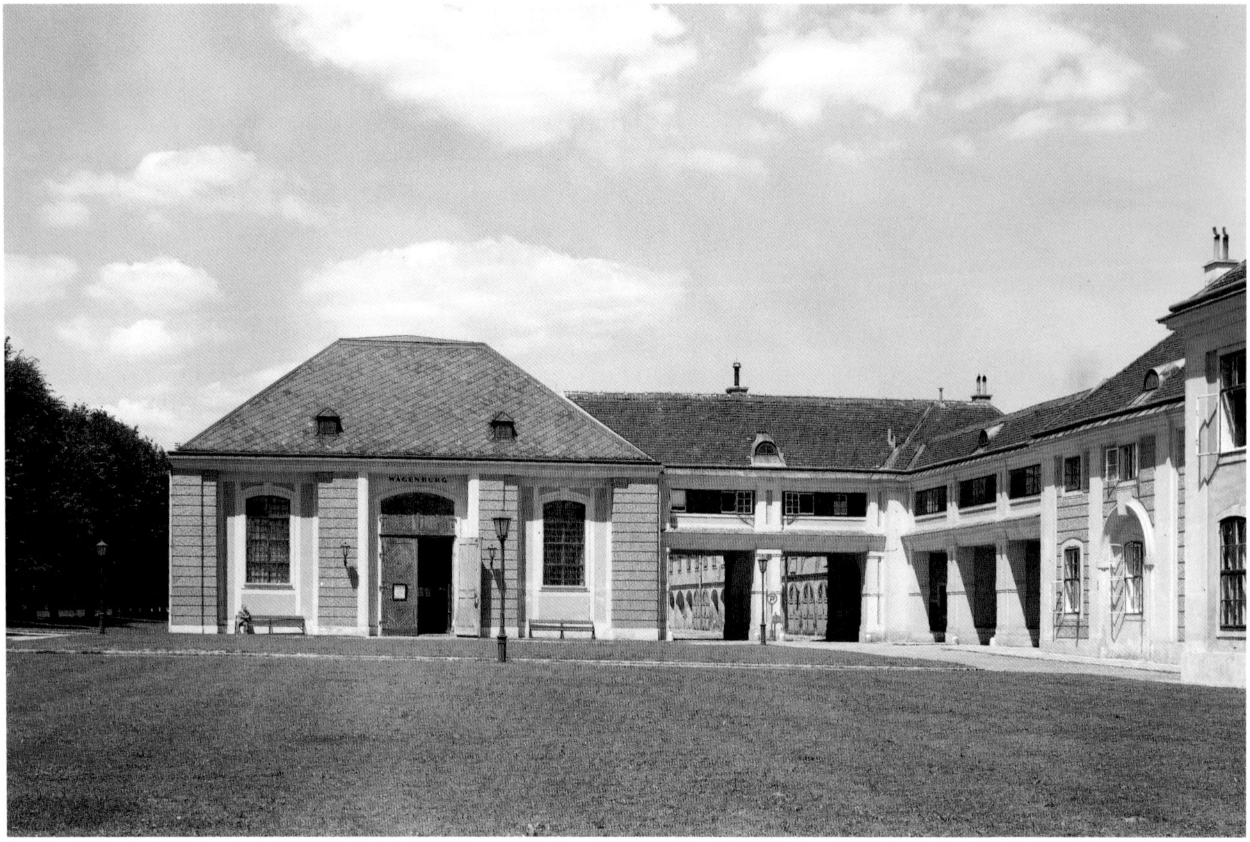

Abb. 117: Die restaurierte Frontfassade nach der 1956 erfolgten Sanierung. Im selben Jahr wurde auch die davorliegende Fläche begrünt, 1959

es an ausreichend breiten Notausgängen, durch die im Bedarfsfall Fahrzeuge geschoben werden konnten. Da kein eigener Warteraum für Besucher*innen existierte, überlegte Auer, ob die Reitschulhalle nicht durch einen dem Eingangstor vorgelagerten Vorbau ergänzt werden sollte, der auch als Windfang dienen und gleichzeitig die Museumskasse aufnehmen konnte. Als dringend nötig erachtete er zudem eine Erneuerung der elektrischen Leitungen, einen Austausch des Jahrzehnte alten Beleuchtungssystems durch eine zeitgemäße, musealen Bedürfnissen entsprechende Lichtanlage sowie die Installation einer modernen Telefonanlage mit mehreren Nebenstellen. Im Lauf der Zeit entwickelte Auer auch den Plan, den neu zu errichtenden Dachboden als Depotraum für Geschirre und Pferdedecken zu nutzen. Für diesen Zweck waren nicht nur Geschirrschragen sowie massive Metallkästen erforderlich, sondern auch der Einbau eines Lastenaufzugs. So wuchs Auers Anforderungsliste für einen Umbau stetig an. Dies war aber nur zu verständlich, gab das Museumsgebäude in der Nachkriegszeit doch in vielerlei Hinsicht ein desolates Bild ab, das der Bedeutung der Sammlung und ihrer Objekte in keiner Weise gerecht wurde.[7]

Bevor mit einer Generalsanierung der Schauhalle begonnen werden konnte, galt es, einen Raum für eine Ausweichausstellung während der Zeit des Umbaus zu finden, damit die Wagenburg nicht für mehrere Jahre komplett zusperren musste. Für diesen Zweck bot sich der bereits 1939 als zweite Ausstellungshalle verwendete Englische Reitstall an. Nachdem die britische Besatzungsmacht 1952 den Ostteil dieses Stallgebäudes geräumt hatte, mussten zunächst die seit der NS-Zeit entstandenen Schäden behoben, Einbauten entfernt, ein neuer Holzboden verlegt und die Beleuchtung erneuert werden.[8] All diese Arbeiten wurden im Zeitraum zwischen 1960 und 1962 durchgeführt.[9]

Abb. 118: Die einsturzgefährdete Decke der Schauhalle mit mehreren sich stetig vergrößernden Rissen, 1968

Im Lauf der 1960er Jahre drückte die Dachkonstruktion immer stärker auf die Decke der Schauhalle, weshalb die Zahl der Risse stetig wuchs und sich manche Sprünge immer weiter öffneten. Die Sorge, der Dachstuhl könnte einstürzen, stieg von Jahr zu Jahr, eine Sanierung schien immer dringlicher. Sogar eine behördliche Sperrung des Museums stand im Raum.[10] Im Jahr 1968 hing die Decke an manchen Stellen bereits bis zu 20 Zentimeter durch.[11] Aufgrund fehlender Finanzierungszusagen sollte bis zur Inangriffnahme der Generalsanierung jedoch noch weitere Zeit verstreichen. Sie wurde schließlich erst im Jahr 1970 begonnen, nur zwei Jahre vor Erwin Auers Pensionierung.

1 KHM, Zl. 38/WB/1951, Zl. 15/WB/1965.
2 Siehe Kapitel *Messen und Hochzeiten in einem zweckentfremdeten Museumsraum.*
3 KHM, Zl. 1/WB/1952.
4 KHM, Zl. 59 und 84/WB/1954, Zl. 105/WB/1959.
5 KHM, Zl. 12/WB/1957.
6 KHM, Zl. 113/WB/1956.
7 KHM, Zl. 12/WB/1957, Zl. 105/WB/1959, Zl. 60 und 62/WB/1961, Zl. 15/WB/1965.
8 KHM, Zl. 38/WB/1955.
9 KHM, Zl. 38/WB/1960, Zl. 2/WB/1961, Zl. 4/WB/1962.
10 KHM, Zl. 15/WB/1965.
11 KHM, Zl. 89/WB/1964, Zl. 3/WB/1970.

Ein kaiserlicher Überraschungsbesuch und andere prominente Gäste

Als Sammlungsdirektor Erwin Auer am Vormittag des 30. November 1954 gemeinsam mit Oberaufseher Georg Kellner in einer der Werkstätten der Wagenburg an der Restaurierung eines Schlittens arbeitete, stürmte Kellners Kollege Karl Wiesinger plötzlich in den Raum und meldete, dass sich eine große Menschentraube auf das Museum zubewege.[1] Der neugierig gewordene Direktor verließ die Werkstätte und eilte in Richtung Schauhalle. Zu seiner Überraschung erblickte er inmitten der Gruppe den äthiopischen Kaiser Haile Selassie.

Erwin Auer war bekannt, dass der in Österreich auf Staatsbesuch weilende Monarch[2] an diesem Tag Schloss Schönbrunn besuchte. Im Vorfeld hatte Auer deshalb bei Ernst Buschbeck, dem damaligen Administrativen Direktor des Kunsthistorischen Museums, angefragt, ob dieser sich nicht dafür einsetzen könnte, eine Besichtigung der Wagenburg in das Besuchsprogramm des Staatsgastes aufzunehmen. Buschbeck hatte jedoch sogleich abgewunken und gemeint, dass Haile Selassies Terminplan so eng getaktet sei, dass er nicht einmal Zeit für einen Besuch der Gemäldegalerie finde. Zudem, so Buschbeck, würde sich der Kaiser wohl kaum für Wagen interessieren. Wie sich noch herausstellte, sollte sich Buschbeck hierin irren.

Da Auer sich mittlerweile damit abgefunden hatte, dass Haile Selassie seiner Sammlung fernbleiben würde, hatte er sich an diesem Tag auch nicht entsprechend gekleidet und trug, wie er selbst schrieb, »kein Jackett, sondern nur einen grauen Anzug«. Als er nun dem Staatsgast entgegenging, zog er seinen Arbeitsmantel aus, wischte seine schmutzigen Hände daran ab und stellte sich dem anwesenden Protokollchef vor. Auer wurde zu verstehen gegeben, dass Haile Selassie eine Führung auf Französisch wünsche und nur an den Kutschen Kaiser Franz Josephs interessiert sei. Der Sammlungsdirektor kam diesem Wunsch gerne nach. Entgegen der anfänglichen Ankündigung ließ sich der hohe Gast von Auer aber schließlich nicht nur Fahrzeuge aus den letzten Jahrzehnten der Monarchie zeigen, sondern auch Gefährte früherer Epochen. Am Ende der Führung überreichte Erwin Auer dem Kaiser zur Erinnerung an den Besuch ein Set von Postkarten mit Wagenburg-Motiven, verpackt in ein schlichtes Briefkuvert. Dieses Geschenk war damals das gängige Präsent für prominente Gäste und entsprach in seiner Bescheidenheit den kärglichen Nachkriegsverhältnissen.

Als der *Neue Kurier* am darauffolgenden Tag über Haile Selassies Besichtigung der kaiserlichen Kutschen berichtete, wurde dabei eigens hervorgehoben, dass diese außerplanmäßig stattgefunden habe und einem plötzlich geäußerten Wunsch des Gastes gefolgt sei.[3] Was aber hatte Haile Selassie zu seiner spontanen Entscheidung bewogen? In diesem Zusammenhang ist von Interesse, dass die äthiopische Regierung bereits im Jahr 1930 in Österreich nachfragen ließ, ob Bereitschaft bestehe, für die bevorstehende Krönung Haile Selassies »einen aus dem 19. Jahrhundert stammenden Staatsgalawagen aus den

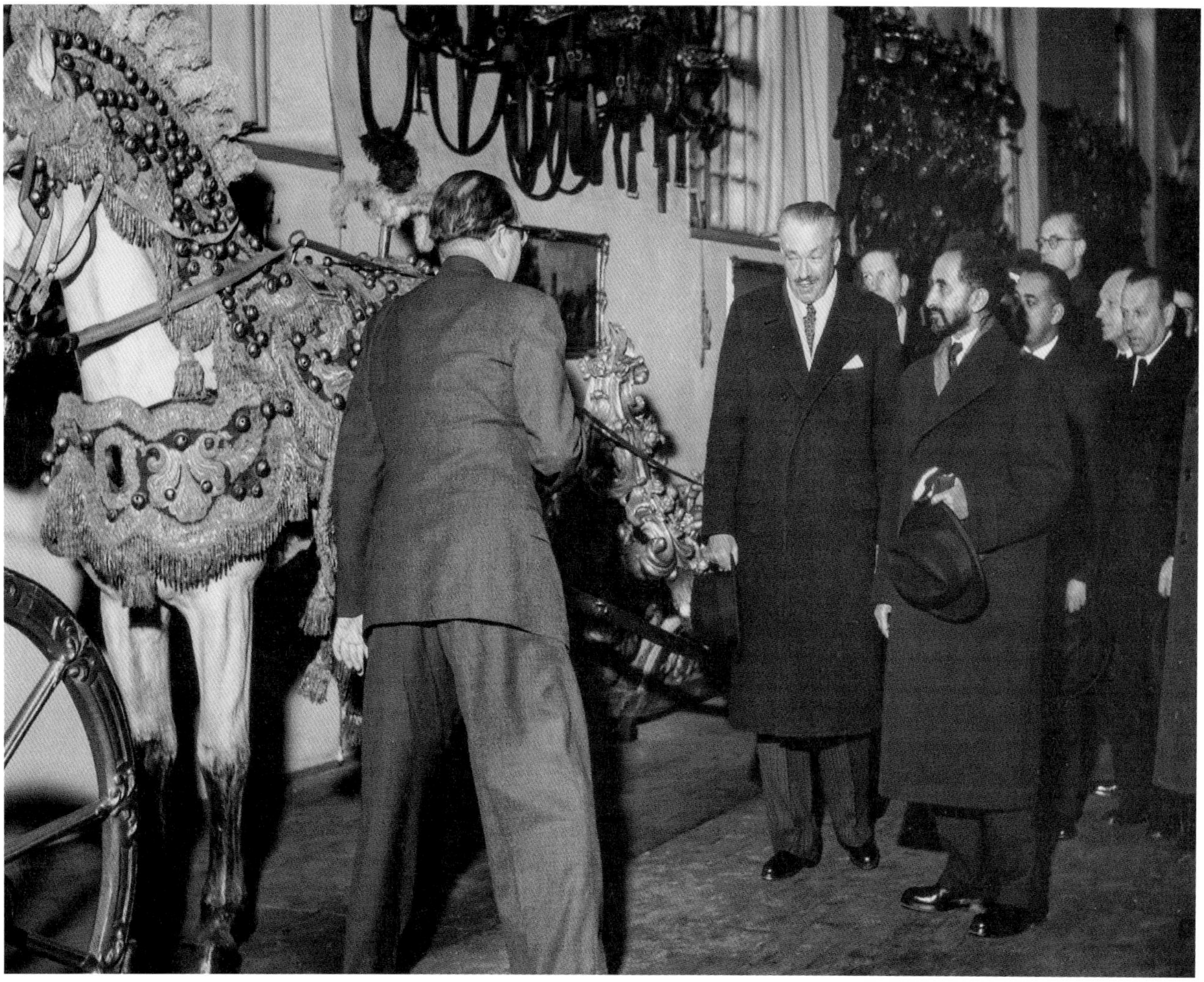

Abb. 119: Sammlungsdirektor Erwin Auer (links) führt den äthiopischen Kaiser Haile Selassie (rechts, mit Vollbart) am 30. November 1954 durch die Wagenburg

Depotbeständen der Wagenburg in Schönbrunn« zu verkaufen. Das Unterrichtsministerium hatte daraufhin die Zusage erteilt, für diesen Zweck ein Fahrzeug der Wagenburg für 500 Pfund Sterling nach Äthiopien abzugeben.[4] Möglicherweise war das Interesse an einem österreichischen Hofgalawagen damals durch Haile Selassies Leibkutscher geweckt worden, der Zeitungsberichten zufolge Österreicher war und zuvor als Kutscher in den Wiener Hofstallungen gedient hatte.[5] Glücklicherweise sollte der bereits bewilligte Ankauf aus den musealen Beständen der Wagenburg aber nicht zustande kommen. Für die Krönungsfeierlichkeiten in Addis Abeba wurde schließlich eine Berliner Prunkkutsche aus dem ehemaligen Marstall Wilhelms II. erworben.[6] Ein anderer Grund für das 1954 manifest gewordene Interesse Haile Selassies an Kutschen könnte auch darin zu finden sein, dass für sein im darauffolgenden Jahr geplantes silbernes Thronjubiläum neue Galawagen benötigt wurden, da die alten äthiopischen Karossen von der italienischen Kolonialmacht aus Addis Abeba nach Europa verschleppt worden waren und als verschollen galten.[7] Der äthiopische Kaiser sollte seine neuen Prachtkutschen schließlich 1955 in Belgien anfertigen lassen.[8]

Die Geschichte rund um den überraschenden Besuch Haile Selassies in der Wagenburg hatte in Erwin Auer die Hoffnung geweckt, er könnte weitere prominente Gäste für das Marstallmuseum begeistern. Nachdem Auer am 13. Mai 1957 Mohammed Daoud Khan, den

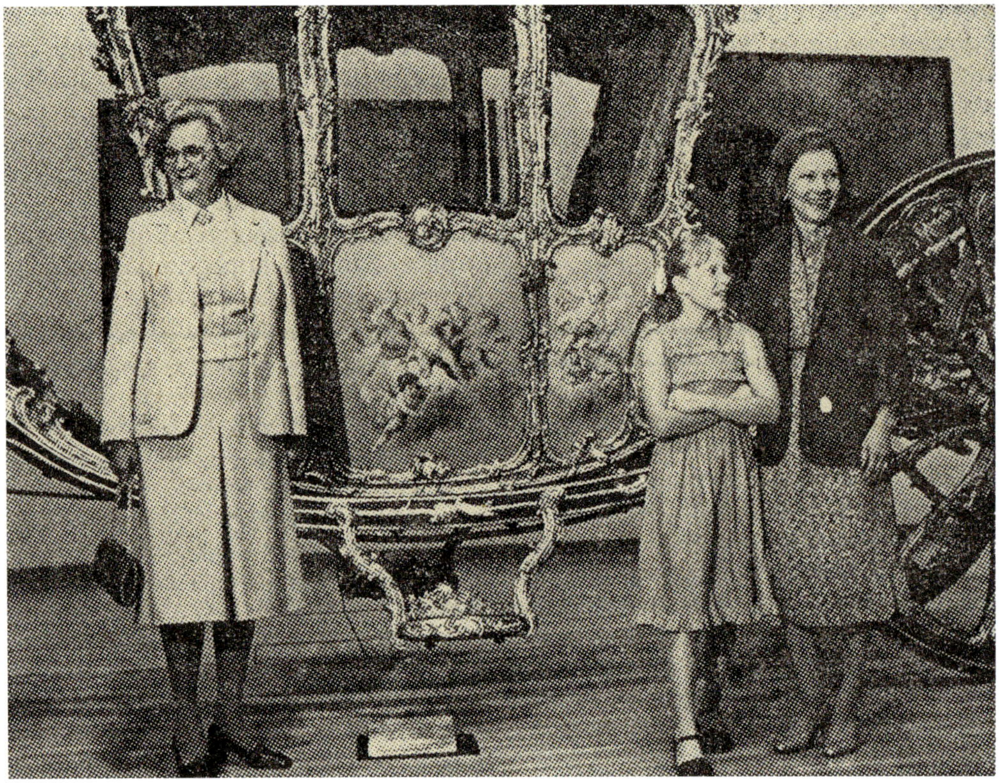

Abb. 120: Besuch der Wagenburg im Jahr 1979 durch die First Lady der USA, Rosalynn Carter (rechts), in Begleitung ihrer Tochter Amy (Mitte) und Herma Kirchschläger, der Frau des österreichischen Bundespräsidenten (links). Aus: *Die Presse*, 19. Juni 1979, 3

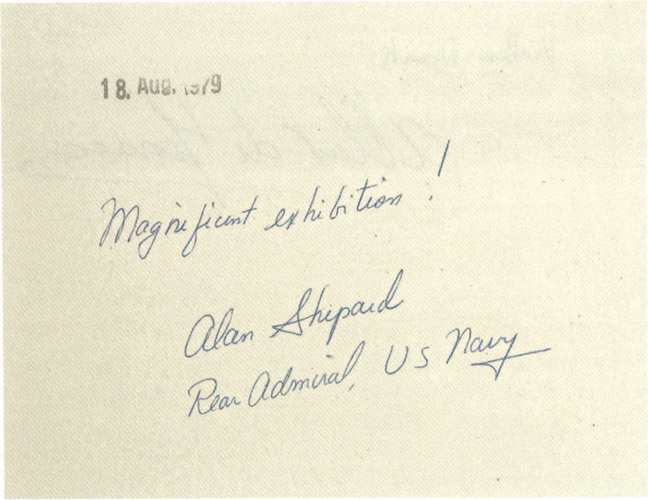

Abb. 121: Gästebuch der Wagenburg: Eintrag vom 18. August 1979 anlässlich des Besuchs von Alan Shepard, dem zweiten Mann im Weltall nach Juri Gagarin und dem fünften Menschen auf dem Mond

damaligen Ministerpräsidenten des Königreichs Afghanistan, durch die Sammlung geführt hatte, setzte er sich in einer Eingabe an das Bundesministerium für Unterricht dafür ein, Besichtigungen der Wagenburg in das standardmäßige Programm für Staatsbesuche aufnehmen zu lassen.[9] Offenbar wurde diesem Wunsch jedoch nicht Folge geleistet. Selbstverständlich war Auer in dieser Angelegenheit nicht nur von Gastfreundschaft bewegt, sondern hatte dabei ebenso aus den Besuchen resultierende Presseberichte und damit kostenlose Werbung für seine Sammlung im Blick.

Die Wagenburg wurde in den darauffolgenden Jahrzehnten aber auch ohne diese Maßnahme immer wieder von Staatsgästen besichtigt. Erwähnt seien an dieser Stelle nur der 1965 erfolgte Besuch des sowjetischen Verteidigungsministers Rodion Jakowlewitsch Malinowskis, über den damals auch die Fernsehnachrichtensendung *Zeit im Bild* einen Beitrag sendete,[10] oder der Besuch der US-Präsidentengattin Rosalynn Carter und ihrer Tochter Amy im Jahr 1979 während des sowjetisch-amerikanischen Gipfeltreffens in Wien,[11] bei dem ein Vertrag zur Begrenzung der Nuklearwaffensysteme unterzeichnet wurde. Das Gästebuch der Wagenburg bietet zahlreiche Zeugnisse prominenter Besucher*innen – auch solcher, die nicht der politischen Sphäre angehörten.

1 Für die folgende Schilderung siehe Zl. 75/WB/1954.
2 Zu diesem Staatsbesuch siehe Agstner 2004a.
3 Neuer Kurier, 1. Dezember 1954.
4 Agstner 2004b, 437, 439.
5 Neues Wiener Journal, 9. November 1930, 19; Wiener Salonblatt, 10. Mai 1931, 12.
6 Volksfreund, 1. November 1930, 2; Neues Wiener Journal, 4. November 1930, 8.
7 KHM, Zl. 14/WB/1957; Gazzetta Ufficiale della Repubblica Italiana 97/172, 12. Juli 1956, 2485.
8 Österreichische Neue Tageszeitung, 13. September 1955, 4; Bild-Telegraf, 4. November 1955.
9 KHM, Zl. 29/WB/1957.
10 KHM, Zl. 71/WB/1965; ORF, Multimediales Archiv, *Zeit im Bild* vom 30. September 1965.
11 KHM, Zl. 8/WB/1979; Die Presse, 19. Juni 1979, 3.

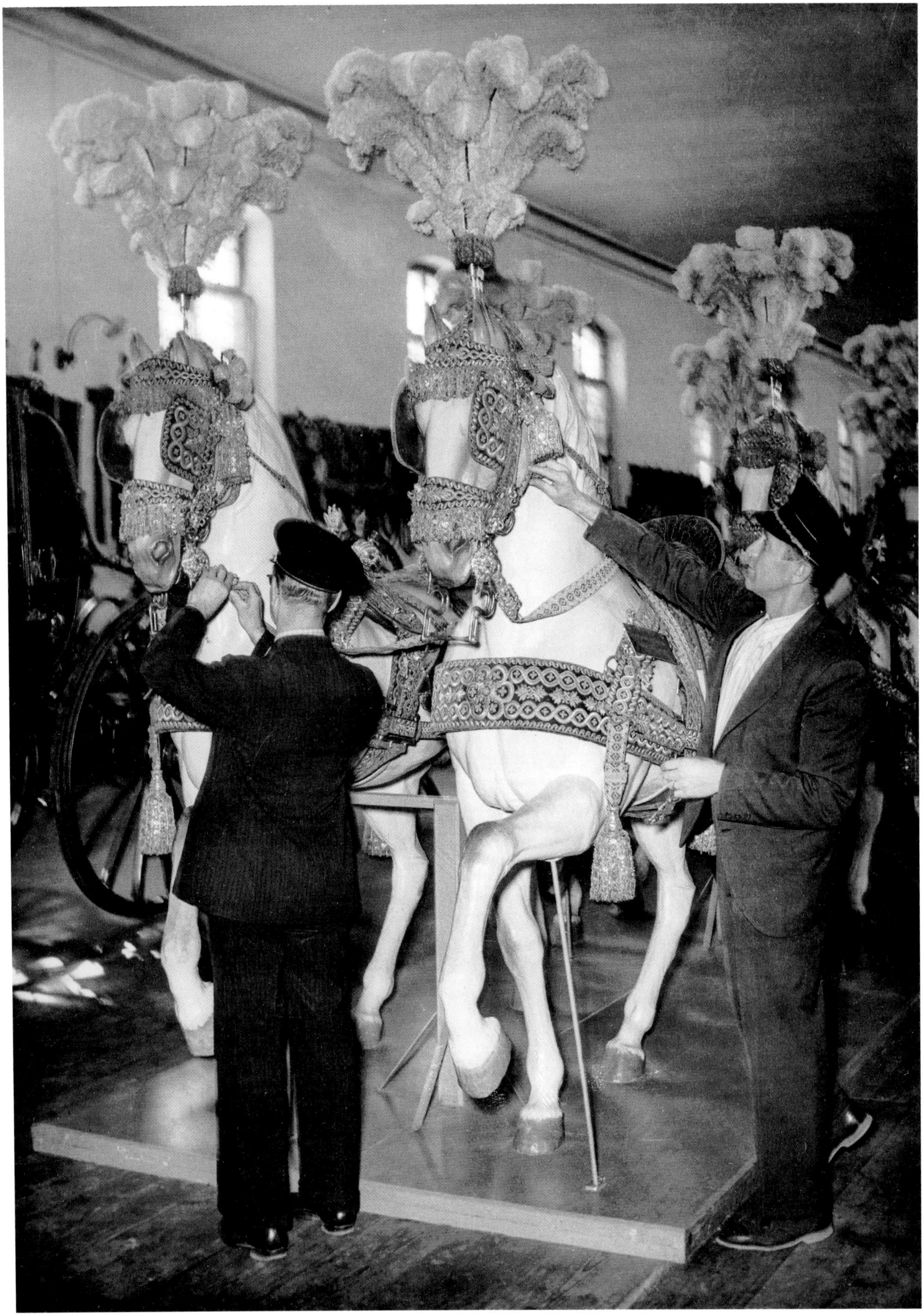

Mentalitäten und Regeln im Wandel

Abb. 122: Zwei Wagenburg-Aufseher beim Ausrichten des Imperial-Zuggeschirrs auf den zugehörigen Pferdepuppen, um 1955

Bei Durchsicht der Sammlungsakten, die die Geschichte der Wagenburg dokumentieren, stößt man zuweilen auf Schriftstücke, die heutigen Leser*innen skurril erscheinen oder gar Befremden hervorrufen. Diese Dokumente lassen antiquiert wirkende Mentalitäten und längst in Vergessenheit geratene Regeln zu Tage treten, die einerseits ihre Wurzeln in der höfischen Tradition des Kunsthistorischen Museums haben mögen, andererseits aber auch früher vorherrschende gesellschaftliche Verhältnisse widerspiegeln.

So erfahren wir aus einem Akt des Jahres 1955, dass es dem Aufsichtspersonal des Kunsthistorischen Museums »seit jeher« verboten sei, die wissenschaftlichen Beamten, also ihre Vorgesetzten, während der Besuchszeiten zu grüßen. Diese Regel rief im Museumsalltag jedoch sowohl für die Aufseher als auch für die Beamten der Wagenburg unangenehme Situationen hervor und verlangte deshalb Präzisierungen, die den zwischenmenschlichen Umgang unter den Museumsmitarbeitern erleichterten.[1]

Auffallend ist auch, dass die Posten von Direktor*innen, Kurator*innen und Restaurator*innen der Wagenburg über weite Strecken ihrer hundertjährigen Geschichte fast ausschließlich von Männern besetzt wurden. Dies war natürlich in einem erheblichen Maß den Zeitumständen geschuldet, da in vielen Familien nur die Männer einer Erwerbsarbeit nachgingen, während die Frauen sich um den Haushalt und die Kinder kümmerten. Ein Schriftstück von 1958 erhellt jedoch, dass in der Wagenburg hinter der Männerdominanz auch andere Gründe steckten: Als damals der Posten eines wissenschaftlichen Sammlungsassistenten zu besetzen war, bewarben sich ein Mann und eine Frau, die beide ausgezeichnete Qualifikationen vorweisen konnten. Vinzenz Oberhammer, der damalige Administrative Direktor des Kunsthistorischen Museums schied die weibliche Bewerberin in einem Schreiben an das Unterrichtsministerium aber unter anderem deshalb aus, da für den »Assistentenposten bei der ›Sammlung historischer Prunk- und Gebrauchswagen (Wagenburg)‹ [...] wegen der Eigenart der musealen Arbeit in dieser Sammlung nur ein männlicher Bewerber der entsprechenden Fachrichtung und Vorbildung in die engere Wahl gezogen werden« könne.[2] Vermutlich spielte Oberhammer auf die Dimensionen von Kutschen an, die ihm offenbar als zu groß und auch zu schwer erschienen, um sich als Forschungsgegenstand für eine Wissenschaftlerin zu eignen. Freilich ist nicht bekannt, dass dieser Umstand in späteren Zeiten ein Problem dargestellt hätte.

Etwas exzentrisch erscheint eine Forderung von Erwin Auer, des späteren Wagenburg-Direktors, der 1950 in einem Memorandum zur Zukunft des Marstallmuseums festhielt, dass dieses nur von einer Person geleitet werden solle, die nicht nur die entsprechenden wissenschaftlichen Qualifikationen aufweise, sondern die »selbst die Wagen noch fahren und auch reiten kann«. Er stieß damit jedoch bei einigen Kolleg*innen auf Unverständnis, die meinten, eine derartige Bedingung sei Mitte des 20. Jahrhunderts nicht mehr zeitgemäß. Fritz Eichler, der damalige Direktor der Antikensammlung, war der Ansicht, diese Einschränkung könnte in Zukunft Probleme bei der Suche nach befähigten Wissenschaftlern hervorrufen: »Und ob sich immer ein Kustos finden wird, der reiten kann?!«[3] Tatsächlich stellte Auer seine Forderung nicht ohne Hintergedanken, da er doch selbst eine militärische Reit- und Fahrschule absolviert hatte[4] und bestrebt war, die Leitung der Wagenburg persönlich zu übernehmen. Die von ihm formulierte Bedingung sollte jedenfalls in späteren Zeiten keine Rolle spielen.

1 KHM, Zl. 11/WB/1955.
2 KHM, Zl. 15/WB/1958.
3 KHM, Zl. 32/VK/1950.
4 Vgl. KHM, Zl. 37/WB/1957.

Kampf gegen Schädlingsbefall, hohe Luftfeuchtigkeit und Lichtschäden

Zu den Kernaufgaben von Museen zählt es, die ihnen anvertrauten Objekte auch für zukünftig Generationen in gutem Zustand zu bewahren. Eine zentrale Rolle spielen hierbei Restaurator*innen. Sie erledigen nicht nur klassische Restaurierungsarbeiten, sondern sind auch bemüht, Schädlinge zu bekämpfen, für ein stabiles und den Objekten zuträgliches Raumklima zu sorgen sowie Lichtschäden vorzubeugen. In all diesen Bereichen wurden in der Wagenburg im Lauf der Zeit unterschiedliche Maßnahmen gesetzt.

Zu den gefährlichsten Schädlingen für Fahrzeuge und insbesondere für deren textile Innenausstaffierung und die Kutschbockdecken zählen seit jeher Kleidermotten. Zur Bekämpfung dieser Insekten wurden in der Wagenburg zunächst dieselben chemischen Mittel eingesetzt, die sich bereits in den Hofstallungen bewährt hatten. So beantragten die Museumsbeamten unmittelbar nach Übernahme der Marstallobjekte 1922 den Ankauf von zwei Kilogramm Naphthalin, um Mottenschäden an den Kutschen hintanzuhalten.[1] Dieser gesundheitsschädigende Wirkstoff wurde noch viele Jahrzehnte lang regelmäßig verwendet,[2] wovon bis heute ein unangenehmer Geruch im Inneren der Wagenkästen zeugt.

Kleidermotten sind jedoch keineswegs die einzigen Schädlinge, die Fahrzeuge heimsuchen. Bereits 1952 berichtete Erwin Auer in einem Artikel vom Auffinden kleiner Löcher und Holzmehl an einigen der ältesten Wagen der Sammlung. Da mehrmonatige Kontrollen ergaben, dass es sich dabei um einen bereits älteren und mittlerweile inaktiven Holzwurmbefall handelte, wurden vorerst auch keine weiteren Maßnahmen ergriffen.[3] Einige Zeit später wurde das Problem allerdings wieder akut. In den Jahren um 1960 wurde die Wagenburg von einem massiven Holzschädlingsbefall heimgesucht, der sowohl einige Objekte als auch Fußböden und Wandverkleidungen betraf. Da das Museum damals noch über keine entsprechende Begasungsanlage verfügte und auch die Suche nach einer derartigen Einrichtung bei den Bundesbahnen und den Wiener Stadtwerken erfolglos geblieben war, entschied man sich, die befallenen Objekte mit Pestiziden mittels Injektions- und Einstreichmethoden zu behandeln; in einige Räumlichkeiten wurde zudem Giftgas eingelassen, um die Insekten abzutöten.[4]

Eine derart kritische Situation in Zusammenhang mit Holzschädlingen trat erst wieder in den Jahren ab 2009 auf. Kutschenrestaurator Ernst Gregor entdeckte damals in der kleinen Schauhalle der Wagenburg mehrere kleine Hügel von Bohrmehlauswurf. Ursache dafür war ein Befall des Parkettbodens durch Splintholzkäfer. Um ein Übergreifen der Schädlinge auf die dort befindlichen Barockfahrzeuge zu vermeiden und die Schädlinge thermisch zu eliminieren, wurde der Boden mehrmals mit Mikrowellen, UV-Lampen und Heizdecken behandelt. Langfristig konnte das Problem damit jedoch nicht behoben werden. Erst nach Flutung der Schauhalle mit dem sich rückstandslos verflüchtigenden Giftgas Sulfuryldifluorid im Jahr 2014 war der Kampf gegen den Splintholzkäfer – zumindest für dieses Mal – gewonnen.[5]

Für die zahlreichen Pferdegeschirre stellt hingegen der Brotkäfer, der sich in manchen mit Rosshaar befüllten Lederelementen einnistet und derart die Objekte beschädigt, eine eminente Gefahr dar. Das Problem wurde erstmals im Jahr 1960 erkannt und daraufhin in zeitintensiver Weise mithilfe von Permethrin bekämpft.[6] Bedauerlicherweise konnte es aber auch in diesem Fall nicht ein für alle Mal aus der Welt geschafft werden. Im Jahr 2007 wurden im Dachbodendepot von Brotkäfern verursachte Schäden an Reit- und Zuggeschirren entdeckt. Diesmal erfolgte die Behandlung der befallenen Objekte mit schadstofffreiem und gesundheitlich unbedenklichem Stickstoff.[7]

Ein vollständiges Aussperren von Schädlingen aus der Wagenburg und ihren Depots ist weder gegenwärtig noch in Zukunft möglich. Erschwerend ist dabei die Tatsache, dass sich das Museum inmitten eines insektenreichen Schlossparks befindet und seine Gebäudehülle sich nicht vollständig abdichten lässt.

In den vergangenen Jahrzehnten erfolgte ein langsames Umdenken hinsichtlich der Bekämpfung von Schädlingen. So ist es beispielsweise dem Betreiben von Textilrestauratorin Anna Schimanko (heute Anna Schiff) zu verdanken, dass 1986 in der Wagenburg Naphthalin durch der Gesundheit zuträglichere Lavendelsäckchen ersetzt wurde.[8] In jenen Jahren wurde auch mit diversen anderen natürlichen Mitteln experimentiert, um den Einsatz industrieller Pestizide zurückzudrängen. Eine weitere Verbesserung brachte die 1998 in Wien-Liesing erfolgte Installierung einer Stickstoff-Begasungsanlage des Kunsthistorischen Museums. Sie ermöglichte eine effiziente, gleichzeitig aber für Mensch und Objekt ungefährliche Methode der Insektenbekämpfung, auch wenn sich der Transport großer Kutschen von Schönbrunn an den Stadtrand als äußerst aufwendig erweisen sollte.

Zu Beginn des 21. Jahrhunderts konnte in der Wagenburg schließlich unter der Federführung des Biologen Pascal Querner und der Textilrestauratorin Michaela Morelli der Einsatz von Pestiziden durch die Einführung einer integrierten Schädlingsbekämpfung (IPM – Integrated Pestmanagement) endgültig beendet werden. Hinter IPM steht ein Konzept, bei dem Fenster und Türen mittels mechanischer Hilfsmittel wie etwa Insektengittern oder Bürstendichtungen so gut wie möglich abgedichtet und den Tieren durch eine regelmäßige gründliche Reinigung von Fensterbänken, Bodenritzen, Schächten usw. organische Nahrungsquellen entzogen werden. Zusätzlich erfolgt eine permanente und flächendeckende Kontrolle vorhandener Schädlinge mithilfe giftfreier Pheromon- und Klebefallen. So lässt sich ein lokal auftretender Insektenbefall rechtzeitig erkennen, lokal einschränken und durch gesundheitlich unbedenkliche Methoden nachhaltig bekämpfen.[9] Dieses Vorgehen erwies sich als wirksame Alternative zum Einsatz toxischer Substanzen und wird beständig weiterentwickelt.

Die alte Bausubstanz und die topografische Lage des Museums und seiner nahegelegenen Depots erleichtern nicht nur das Eindringen von Insekten, sondern bringen auch klimatische Probleme mit sich. Bereits 1921/22 hatten Beamte das feuchte Raumklima der nicht unterkellerten Schönbrunner Reithalle beanstandet und das Gebäude deshalb als ungeeignet für museale Zwecke bezeichnet. Die bauliche Grundsituation hatte sich in den darauffolgenden Jahrzehnten nicht verbessert, wenngleich aus der Anfangszeit des Museums keine Feuchtigkeitsschäden aktenkundig sind. Mit systematischen Klimaaufzeichnungen begann man in der Wagenburg offenbar erst in den 1950er Jahren, als mehrere Thermometer und Hygrografen in der Schauhalle und den Depots installiert wurden.[10] In den 1960er Jahren verschärfte sich die klimatische Situation. So ist für 1962 ein durch hohe Luftfeuchtigkeit verursachtes Aufblühen von Schimmelkulturen an Pferdegeschirren und Lederteilen von Fahrzeugen dokumentiert.[11] Im Frühling des Jahres 1965, als langanhaltende

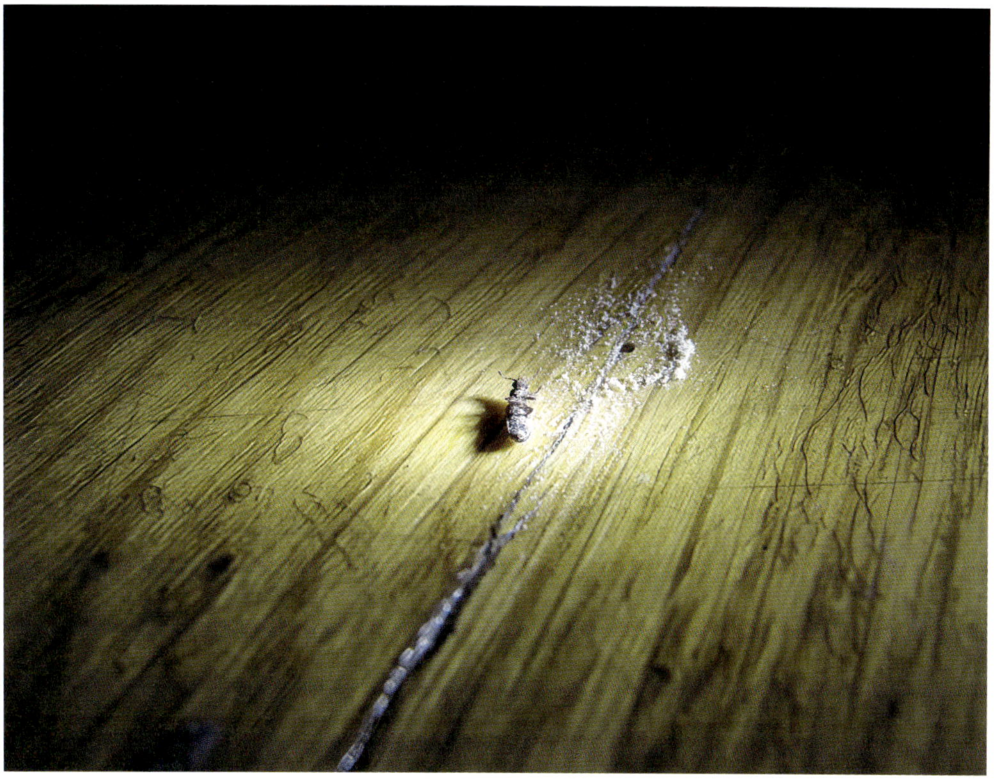

Abb. 123: Bohrmehlauswurf mit totem Splintholzkäfer auf dem Parkettboden der Wagenburg-Schauhalle, 2014

Regenfälle in Österreich zu katastrophalen Überschwemmungen führten, kam es auch im als Depot genutzten Kutschenstall zu Problemen. In diesem nicht unterkellerten Raum, auf dessen Lehmboden nur eine dünne Betonschicht aufgetragen war, drang damals Grundwasser durch den Boden und bildete mehrere Pfützen. Die relative Luftfeuchtigkeit stieg daraufhin auf bis zu 88 Prozent und verursachte an mehreren Galawagen die Bildung einer weißlich-grauen Schimmelschicht, die sich nur durch Feuchtreinigung entfernen ließ. Zwar stellte sich der Pilzbefall nach einer durch das Naturhistorische Museum durchgeführten Untersuchung als für die Objekte ungefährlich heraus, jedoch dauerte es längere Zeit, bis die Fahrzeuge wieder gereinigt waren und der Raum wieder ein trockeneres Klima aufwies. Die Wagenburg-Aufseher erinnerten sich damals, dass ihnen der zu diesem Zeitpunkt bereits verstorbene Oberaufseher Friedrich Hänel von einem altbewährten Mittel erzählt hatte, mit dem bereits im k. k. Hofmarstall mit Schimmel befallene Wagen behandelt worden waren. Die Methode, die einen Schutzfilm auf den betroffenen Stellen entstehen lässt und einen Regenerationseffekt bewirken sollte, wurde »austrankeln« genannt und bestand darin, die befallenen Stellen nach einer gründlichen Reinigung mit einer Mischung aus Firnis, Terpentin und Sikkativ zu bestreichen. Das »Austrankeln« wurde 1965 wieder aufgegriffen und an den betroffenen Fahrzeugen angewandt. Ob diese Methode auch langfristig einen positiven Effekt herbeiführte, lässt sich den Sammlungsakten leider nicht entnehmen.[12]

Erst ab 2005 gelang eine nachhaltige Senkung und Stabilisierung der Luftfeuchtigkeit in der Schauhalle des Museums und in sämtlichen Depoträumen. Zu den seit damals gesetzten Schritten zählen die Entfeuchtung des Mauerwerks durch bauliche Maßnahmen, wie das Abschlagen von feuchtem Putz und den Einbau einer Sockelheizung im Kutschenstall, ferner die Installation einer Klimaampel in der Schauhalle, die ein kontrolliertes

Lüften ermöglicht, vor allem aber der Einsatz mehrerer leistungsstarker Luftentfeuchtungsgeräte. Eine Verbesserung brachte auch der seit 2005 erfolgte Wechsel von analogen Thermohygrografen auf digitale Messgeräte, da nun rascher als davor auf klimatische Änderungen reagiert werden konnte.[13] Im Jahr 2022 erfolgte schließlich die Umstellung auf ein Klimaüberwachungssystem, das die Möglichkeit bietet, Messdaten in Echtzeit und auch aus der Entfernung abzurufen. Dies erlaubt nun ein noch schnelleres Reagieren auf Klimaschwankungen.

Eine dritte Gefahr, die neben Schädlingen und ungünstigen klimatischen Verhältnissen den Museumsobjekten droht, ist Licht. Insbesondere UV-Licht sorgt bei sensiblen Materialien wie etwa Textilien für kumulative Schäden. Leider wurden in der Wagenburg über Jahrzehnte hinweg keine oder nur ungenügende Lichtschutzmaßnahmen getroffen. Auf den meisten erhaltenen Aufnahmen aus der Zeit vor 1970 ist zu sehen, dass Tageslicht ungehindert durch die Fenster in die Schauhalle eindrang. Wenn auf einzelnen Fotos dennoch Vorhänge zu sehen sind, so handelt es sich hierbei nur um partiellen und deshalb ungenügenden Lichtschutz. Der Grund für fehlende Maßnahmen lag wohl einerseits in fehlender Sensibilisierung für drohende Langzeitschäden durch UV-Licht, zum anderen war die bis 1970 vorhandene Lichtanlage des Museums aber auch derart schlecht ausgestattet, dass an einen Publikumsbetrieb mit verhängten Fenstern an den meisten Tagen gar nicht zu denken gewesen wäre. Erst im Zuge der Generalsanierung der Wagenburg in der ersten Hälfte der 1970er Jahre – also rund ein halbes Jahrhundert nach der Eröffnung des Museums! – wurden sämtliche Fenster mit Leichtmetalljalousien versehen. Damit war erstmals ein ernstzunehmender Lichtschutz in der Schauhalle installiert.[14] Die Jalousien brachten zwar eine Verbesserung, aber letztlich keine zufriedenstellende Lösung. Sie waren elektrisch zusammengeschaltet und deshalb nicht einzeln zu bedienen.[15] Darüber hinaus wiesen sie einen zu großen Abstand zur Wand auf, was erst recht wieder den streifenweisen Einfall von Licht ermöglichte, und zuletzt verhedderten sich immer wieder einzelne Lamellen, was die Funktionsfähigkeit des Lichtschutzes stark beeinträchtigte. Eine Lösung für dieses Problem wurde schließlich 2005 mit dem Einbau neuer Rollos aus UV-undurchlässigem Spezialgewebe gefunden, die nur noch in Ausnahmefällen, wie etwa bei jährlichen Fensterreinigungen, mittels Handkurbel aufgerollt werden.[16]

1 KHM, ohne Zl./WS/1922.
2 Vgl. z. B. KHM, Zl. 58/WB/1948.
3 Auer 1952.
4 KHM, Zl. 85/WB/1957, Zl. 7, 50 und 93/WB/1958, Zl. 3 und 19/WB/1961.
5 JB KHM 2009, 76; JB KHM 2010, 84; KHM, Zl. 84/WB/2014.
6 KHM, Zl. 20 und 89/WB/1960, Zl. 90/WB/1961.
7 JB KHM 2007, 149.
8 KHM, Zl. 20/WB/1986.
9 Siehe dazu Querner – Morelli 2010, 237; JB KHM 2004, 106.
10 KHM, Zl. 9 und 84/WB/1954, Zl. 62 und 113/WB/1956.
11 KHM, Zl. 90/WB/1962.
12 KHM, Zl. 90/WB/1962, Zl. 48 und 94/WB/1965; Auer 1965.
13 Vgl. JB KHM 2005, 109; JB KHM 2006, 136; JB KHM 2007, 150.
14 KHM, Zl. 2/WB/1972, Zl. 2/WB/1975.
15 KHM, Zl. 3/WB/1983.
16 JB KHM 2005, 108.

Die Herstellung der Krönungskutsche des letzten Schahs von Persien

Vor mehr als einem halben Jahrhundert beschäftigte sich der damalige Direktor der Wagenburg Erwin Auer über mehrere Monate hinweg mit einer für einen Museumsbeamten ungewöhnlichen Aufgabe.[1] Auer, der sich in seinem Arbeitsalltag gemeinhin mit Hoffahrzeugen vergangener Epochen auseinandersetzte, wirkte 1966/67 beratend und organisatorisch an der Herstellung einer neuen Krönungskutsche für den letzten Schah von Persien Mohammad Reza Pahlavi und seine Frau Farah mit.

Die öffentliche Meinung über den persischen Herrscher und seine Gemahlin ging damals weit auseinander. Sie bildeten einerseits ein Traumpaar der Regenbogenpresse, waren andererseits aber unter Kritiker*innen des repressiven iranischen Herrschaftssystems verhasst. Auer bewegte sich mit seiner Tätigkeit im Rahmen des Krönungswagenprojekts also durchaus in einem heiklen politischen Spannungsfeld. Da die Unternehmung jedoch auch von staatlichen Stellen Österreichs mit Wohlwollen betrachtet wurde, sah er es als seine Beamtenpflicht an, den Bau des Fahrzeugs zu unterstützen. Darüber hinaus war es für ihn vermutlich reizvoll, sein profundes Fachwissen über historische Galawagen wenigstens ein einziges Mal in seinem Berufsleben in den Bau eines neuen Fahrzeugs einbringen zu können.

Abb. 124: Ein Mitarbeiter Josef Klicmanns vor dem im Bau befindlichen Wagenkasten, 1967

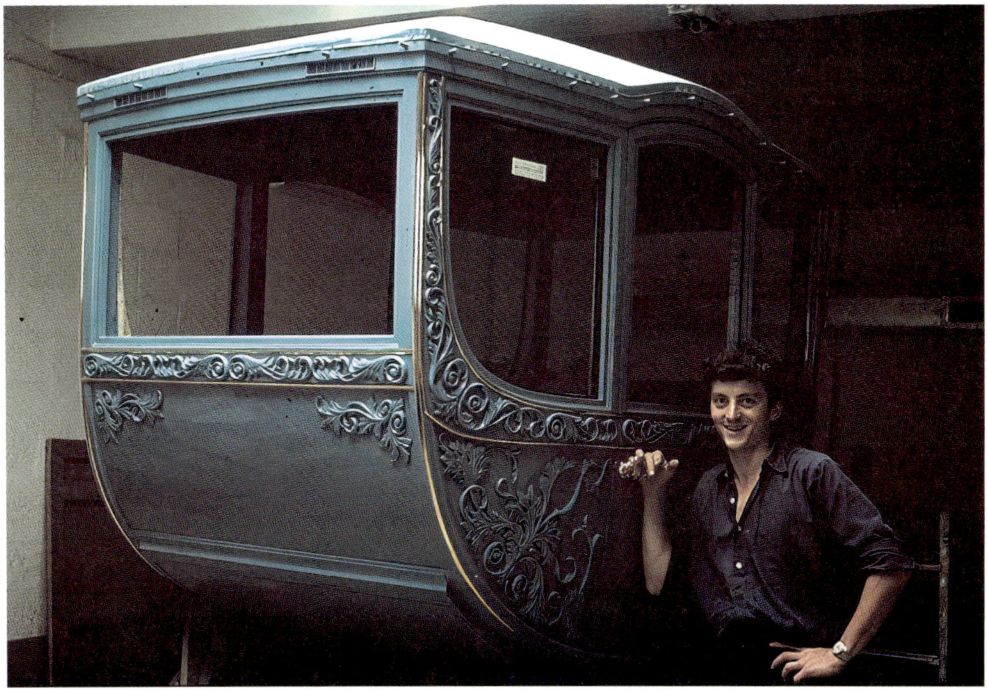

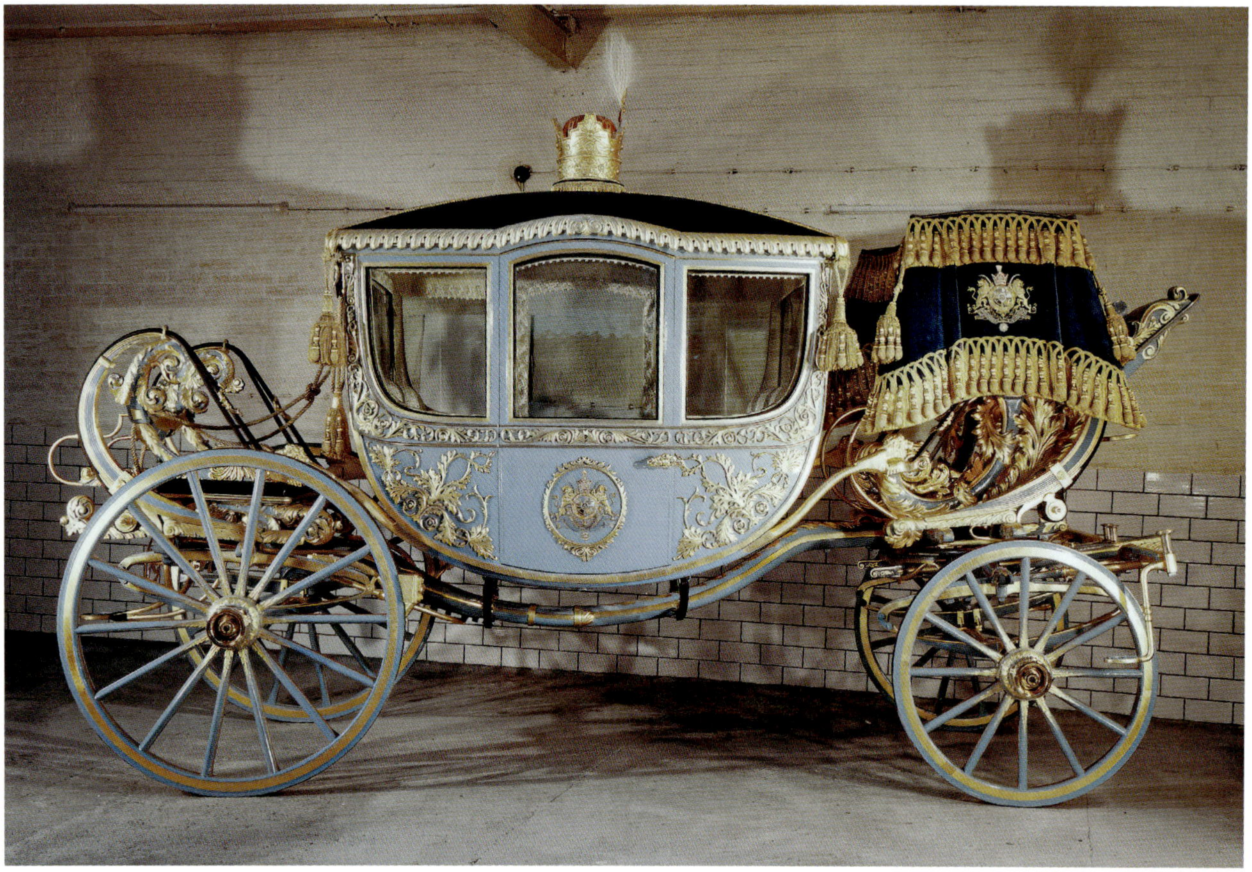

Abb. 125: Der fertiggestellte persische Krönungswagen in der Werkstatt des Wiener Wagenbauers Josef Klicmann, September 1967

Am Anfang stand ein in den ersten Novembertagen des Jahres 1966 stattgefundener Wien-Besuch des iranischen Zentralbankgouverneurs Mehdi Samii. Als Bevollmächtigter des Schahs von Persien war er auf der Suche nach einem geeigneten Prunkwagen für die auf den 26. Oktober 1967 festgesetzte Krönung des Herrscherpaars. Beim Besuch des Schönbrunner Kutschenmuseums fiel sein begehrlicher Blick auf das Prunkstück der Sammlung – den Imperialwagen. Erwin Auer musste ihm unmissverständlich zu verstehen geben, dass weder der Imperialwagen noch eine andere Kutsche des Museums zum Verkauf stünden, egal wie viel der Schah dafür zu zahlen bereit sei. Mehdi Samii ging schließlich auf Auers Vorschlag ein, ein gänzlich neues Fahrzeug nach dem Vorbild einer anderen prachtvollen Kutsche der Wiener Wagensammlung bauen zu lassen. Dabei handelte es sich um eine achtfedrige Galaberline, die die Firma Carl Marius 1865 für Kaiser Franz Joseph hergestellt hatte.[2]

Den Auftrag für den Bau des Prunkfahrzeugs erhielt auf Vermittlung Auers hin Josef Klicmann, einer der letzten damals noch aktiven Wiener Wagenbauer, dessen Werkstatt im 15. Wiener Gemeindebezirk lag. Da das Regime des Schahs in jenen Jahren bereits auf wackeligen Beinen stand und ein Anschlag während der Krönung befürchtet wurde, verpflichtete sich Klicmann, beim Bau der Kutsche verschiedene Sicherheitsvorkehrungen zu berücksichtigen. So musste etwa der Wagenkasten kugelsicher ausgeführt werden, was die Verwendung von Panzerglas und eine Metallarmierung der Kastenpaneele notwendig machte. Beauftragte des Schahs vergewisserten sich in einem der Kutschendepots der Wagenburg mittels Schussproben auf Musterstücke von der Widerstandsfähigkeit der eingesetzten Materialien. Die Sonderwünsche führten zu erheblichen statischen Problemen,

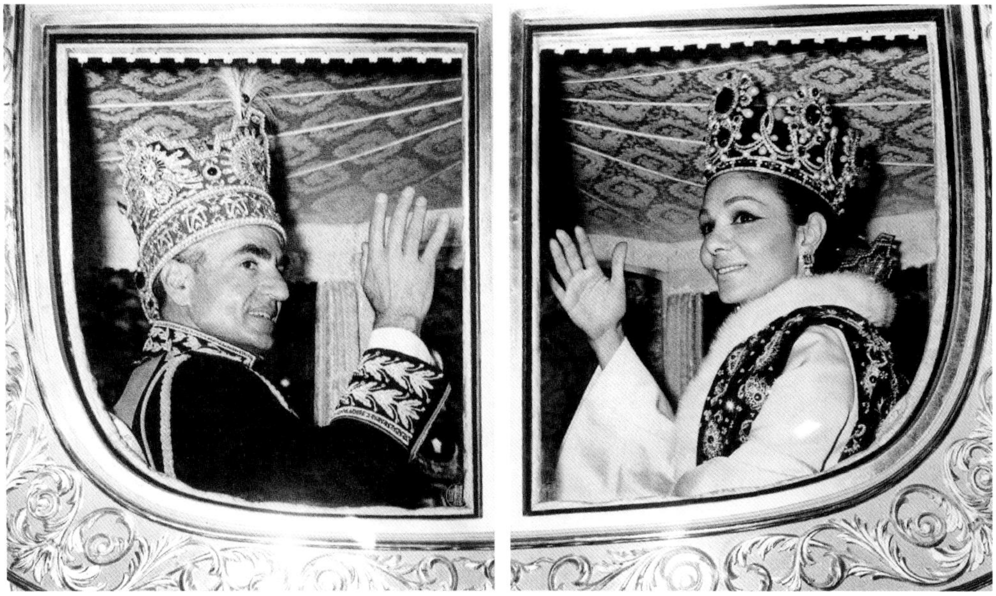

Abb. 126: Schah Mohammad Reza Pahlavi und seine Frau Farah in Klicmanns Wagen am 26. Oktober 1967, dem Tag der Krönung, in Teheran. Fotomontage

brachte der Wagen mit 2.200 Kilogramm doch eine halbe Tonne mehr als die als Modell dienende Kutsche des österreichischen Kaiserhofs auf die Waage.

Auf Wunsch des Auftraggebers sollte der Bau des Krönungswagens unter strenger Geheimhaltung verlaufen, da man Proteste österreichischer und oppositioneller iranischer Student*innen befürchtete. Dass die Angst vor der Eskalation politischer Unruhen keinesfalls unbegründet war, zeigte die am 2. Juni 1967 in West-Berlin stattgefundene Demonstrationen gegen einen Deutschland-Besuch des Schahs. Dabei erschoss ein Polizist den Studenten Benno Ohnesorg, was wiederum eine massive Protestwelle in der BRD zur Folge hatte.

Natürlich ließ sich die Fertigung des Fahrzeugs nicht vollständig vor der Öffentlichkeit verbergen und so fanden immer wieder Nachrichten über das Prunkgefährt ihren Weg in Zeitungen und Zeitschriften.[3] Um an exklusive Hintergrundinformationen zu gelangen, bedrängten einzelne Journalisten nicht nur Klicmann, sondern auch den Direktor der Wagenburg, der den Bau überwachte und monatliche Berichte über den Fortschritt an den persischen Hof übermittelte. Aufgrund seiner gegenüber der Presse geübten Diskretion musste Auer sich gar der »ehrenamtlichen Geheimniskrämerei« und des »pragmatisierten Byzantinismus« bezichtigen lassen.[4]

Nach rund neun Monaten Bauzeit und mehr als 20.000 Arbeitsstunden konnte das außen mit goldbeschnittener, hellblauer Lackierung versehene und innen mit Silber- und Goldbrokat tapezierte Galafahrzeug schließlich termingerecht zur Krönung nach Teheran geliefert werden. Es kostete den für damalige Zeiten enormen Betrag von 5.660.000 Schilling.[5] Der Wagen überstand unbeschädigt die Islamische Revolution, die 1979 zum Sturz des Pahlavi-Regimes führte, und ist heute im iranischen Nationalmuseum für Automobile ausgestellt.

1 Die folgenden Ausführungen beruhen auf KHM, Zl. 83/WB/1966, Zl. 2/WB/1967; Auer 1974/75. Zur politischen Einordnung der Krönung siehe Steele 2021.
2 Inv.-Nr. W 18.
3 Siehe z. B. AZ, 6. Jänner 1967, 1, 5; Kronen-Zeitung, 18. Jänner 1967, 10; Der Spiegel, 14. Mai 1967, 130; Die Presse, 19. Mai 1967, 10.
4 Wiener Montag, 19. Juni 1967, 3 f.
5 Dem entspricht heute ein Betrag von etwas mehr als 2,5 Millionen Euro. Vgl. URL: https://www.eurologisch.at/docroot/waehrungsrechner/#/ [letzter Zugriff: 14.6.2023].

Anfänge der Textilrestaurierung in der Wagenburg

Die Wagenburg verfügt über eine Vielzahl an textilen Einzelobjekten und Fahrzeugen mit textilen Bestandteilen. Dazu zählen etwa verschiedenste Pferdedecken, die Innenausstaffierung und die Galabockdecken von Kutschen sowie anderes mehr. Lange Zeit fehlte in der Wagenburg jedoch das Personal, das sich um diese Objekte auch fachkundig hätte kümmern können. Nachdem sie 25 Jahre lang unbetreut geblieben waren und sich zahlreiche Schäden an Stoffen, Stickereien und Posamentrieelementen angesammelt hatten, gelang es Erwin Auer 1947, zwei Fachkräfte der Gobelin-Restaurieranstalt des Kunsthistorischen Museums für knapp ein Jahr leihweise an seine Sammlung zu binden. Es handelte sich hierbei um Anna Brezina und Helene Wolfram, die in dieser Zeit die dringendsten Sicherungs- und Ausbesserungsarbeiten an den textilen Objekten der Wagenburg durchführten.[1]

Helene Wolfram (1900–1981) konnte auch später noch, nämlich bis zu ihrer Pensionierung 1965,[2] regelmäßig für Arbeiten in der Wagenburg herangezogen werden. Auch wenn sie in all den Jahren formell der Gobelin-Restaurieranstalt zugeteilt blieb und niemals dem festen Personalstand der Wagenburg angehörte, kann sie für die Wagenburg ohne Übertreibung als Pionierin auf dem Sektor der Textilrestaurierung gelten.[3]

Die Arbeitsbedingungen, die Wolfram in der Wagenburg vorfand, entsprachen anfangs keineswegs musealen Standards. Sie verfügte über keinen eigenen Arbeitsraum und musste sich im Sommer die Wagnerwerkstätte mit den dort restaurierenden Wagenburg-Mitarbeitern teilen. Im Winter arbeitete sie hingegen im dunklen Aufenthaltsraum der Aufseher, der zumindest den Vorteil hatte, dass er sich beheizen ließ.[4] Erst im Jahr 1960 wurde für Wolfram eine eigene kleine Restaurierwerkstätte nach damals modernen Gesichtspunkten eingerichtet.[5]

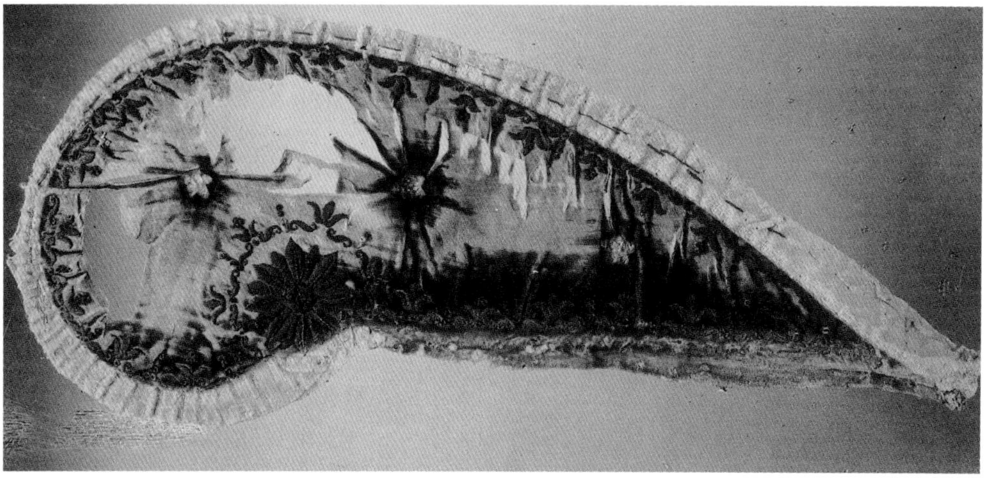

Abb. 127: Kotflügelbezug vom Kinderwagen des »Königs von Rom« (Inv.-Nr. W 71) vor der Restaurierung durch Anna Brezina und Helene Wolfram, 1948 (Reproduktion gespiegelt)

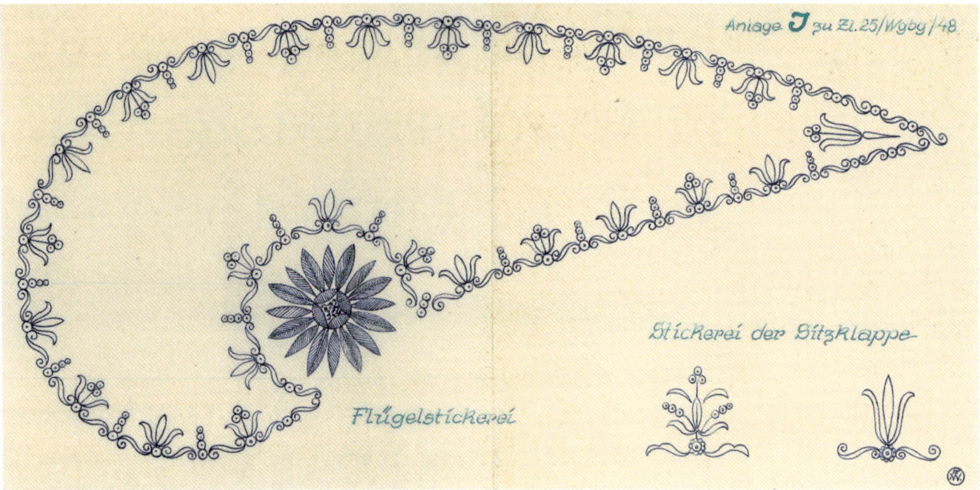

Abb. 128: Werkskizze von Franz Wrzesniak für die Restaurierung der Kotflügel, 1948

Sammlungsdirektor Auer war ab 1959 bemüht, eine Planstelle für eine eigene Textilrestauratorin der Wagenburg bewilligt zu bekommen. Diese sollte so rasch wie möglich ihren Dienst antreten, damit Helene Wolfram über ausreichend Zeit verfüge, sie in ihr Arbeitsfeld einzuführen. In gewohnt akribischer Weise schrieb Auer zunächst Kolleg*innen anderer Museen an, um ihre Meinung über mitzubringende Qualifikationen einer Textilrestauratorin einzuholen. Auf Basis dieser Antworten sowie von Vorschlägen Wolframs erstellte Auer ein ausführliches Anforderungsprofil für den zu schaffenden Posten.[6] Da damals in Österreich noch keine akademische Ausbildung für Textilrestaurierung existierte, musste sich Auer an eine einschlägige Fachschule wenden. So kontaktierte er schließlich im Jahr 1962 die Direktorin der Höheren Bundeslehranstalt für gewerbliche Frauenberufe in Ottakring (heute KunstModeDesign Herbststrasse), um sich bei ihr über eine geeignete Schülerin zu erkundigen. Sie empfahl ihm die bestens qualifizierte Margot Barteys, die jedoch erst im darauffolgenden Sommer ihre Ausbildung abschließen sollte. Sie wurde mit 1. September 1963 im Alter von nur sechzehn Jahren im Museum angestellt und war nicht nur die erste ausschließlich der Wagenburg und dem Monturdepot zugeteilte Textilrestauratorin, sondern überhaupt die erste Frau, die eine Anstellung im Schönbrunner Marstallmuseum fand.[7]

1 KHM, Zl. 47/WB/1948. Das eng mit der Wagenburg verbundene Monturdepot und dessen textile Objekte wurden zwischen 1922 und 1948 von Thomas Schneider (1883–1950) mitbetreut. Er war ausgebildeter Schneider und arbeitete ab 1908 im kaiserlichen Oberststallmeisteramt, zuletzt als Vorstand der Livreeschneiderei. Nach seinem Übertritt ins Kunsthistorische Museum war er der Sammlung für Plastik und Kunstgewerbe als Aufseher zugeteilt, kümmerte sich jedoch auch um das Monturdepot. KHM, Archiv, Personalakt Thomas Schneider; KHM, Zl. 11/MD/1950. Nach der Pensionierung Schneiders Ende 1948 übernahm der ebenfalls in der Sammlung für Plastik und Kunstgewerbe wirkende Rupert Helmreich (1913–1990) für längere Zeit dessen Aufgaben im Monturdepot. Diese beschränkten sich hauptsächlich darauf, die Objekte einmal pro Jahr zu reinigen, auszulüften und mit Mottenschutzmittel zu behandeln. KHM, Archiv, Personalakt Rupert Helmreich; KHM, Zl. 11/MD/1949. Restaurierungen im eigentlichen Sinn führten weder Schneider noch Helmreich im Monturdepot durch.

2 Anlässlich ihres Übertritts in den Ruhestand wurde Wolfram mit der Goldenen Medaille für Verdienste um die Republik Österreich ausgezeichnet. KHM, Zl. 14/MD/1965.

3 Ein Lebenslauf Helene Wolframs und ein Überblick über ihre Arbeiten für die Sammlungen Wagenburg und Monturdepot bis 1955 liegen ein in KHM, Zl. 50/WB/1955.

4 KHM, Zl. 92/WB/1959.

5 KHM, Zl. 38/WB/1960.

6 KHM, Zl. 21/MD/1959.

7 KHM, Zl. 1/MD/1962–1963.

Erinnerungen der Textilrestauratorin Margot Halbmayer an ihre Zeit in der Wagenburg

Zunächst einige Angaben zu Ihrer Person: Sie wurden 1946 als Margot Barteys geboren und wuchsen in Wien auf. Nach der Pflichtschule absolvierten Sie die Höhere Bundeslehranstalt für gewerbliche Frauenberufe in Ottakring – heute trägt die Schule den Namen KunstModeDesign Herbststrasse. Dort besuchten Sie eine zweijährige Fachklasse für Weißnähen und traten dann in die Kunststickereiklasse über. Unmittelbar nach Beendigung Ihrer Ausbildung wurden Sie im September 1963 im Alter von nur sechzehn Jahren als Textilrestauratorin in der Wagenburg eingestellt. Sie arbeiteten dann bis zum Beginn Ihres Mutterschutzes 1974 im Museum und kehrten später nur noch aushilfsweise ans Museum zurück, etwa 1983 für die Vorbereitung einer Sonderausstellung in Halbturn. Wie kamen Sie eigentlich auf die Idee, eine Ausbildung an der Höheren Bundeslehranstalt für gewerbliche Frauenberufe zu machen? War Nähen bereits in frühen Jahren eines Ihrer Hobbys?

Nein, gar nicht. Es war damals so, dass ich zwar eine Schule besuchen durfte, sie sollte aber nicht lange dauern und mit einer Berufsausbildung verbunden sein. Ausschlaggebend für die Schulwahl war schließlich meine Schwester, die eine sehr begabte Schneiderin war. Um sicherzugehen, aufgenommen zu werden, habe ich daheim geübt, Knopflöcher zu nähen. Und dann ist es einfach weitergegangen. Man ist da hineingewachsen.

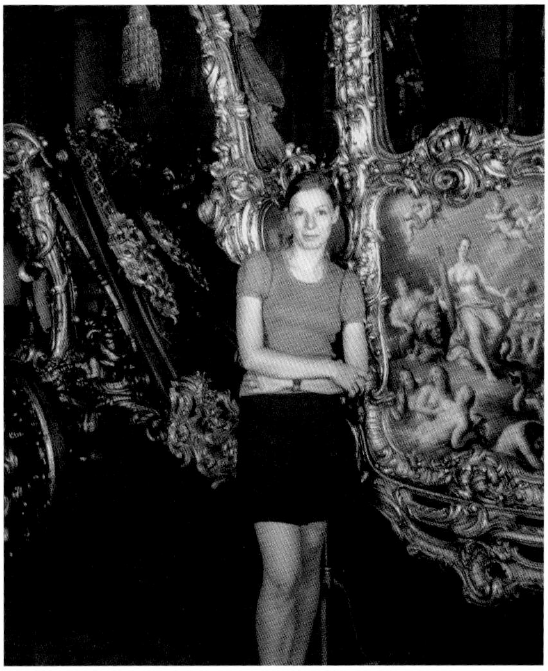

Abb. 129: Margot Barteys (verh. Halbmayer) vor dem Imperialwagen, 1972

Fühlten Sie sich durch Ihre Ausbildung gut für die Arbeit im Museum vorbereitet?

Ja, ich möchte meiner damaligen Schule ein Kompliment aussprechen, man war wirklich gut vorbereitet auf einen Beruf der einen oder anderen Art. Die Herbststraße hat in fundierter Weise die nötigen Techniken vermittelt.

Wie kamen Sie eigentlich 1963 an die Wagenburg, unmittelbar nach dem Abschluss Ihrer Ausbildung? Den Sammlungsakten habe ich entnommen, dass Sie von einer Ihrer Lehrerinnen dem damaligen Sammlungsdirektor Erwin Auer vorgeschlagen wurden?

Das weiß ich gar nicht so genau. Ich weiß nur, dass angefragt wurde, ob jemand fürs Museum arbeiten würde. Und dass ich auch Unterricht in Kunststicken hatte – nach Abschluss der Wäscheklasse habe ich das als einzige gelernt –, war sicher auch ein Grund, warum man auf mich gekommen ist.

Dr. Auer ist dann in die Schule gekommen und hat mit mir gesprochen und meine Mutter wurde gefragt, ob sie damit einverstanden sei, wenn ich im Museum arbeite. Die Frage, ob ich im Museum tätig sein möchte, stellte sich für mich aber gar nicht, denn wenn man mit seiner Ausbildung fertig war, ging man damals arbeiten und nahm, was sich angeboten hat.

Sie waren zum Zeitpunkt Ihrer Einstellung erst sechzehn Jahre alt, also noch ein Teenager. Gleichzeitig waren Sie auch die erste weibliche Mitarbeiterin mit fester Anstellung in der Wagenburg. Wie haben Sie als junge Frau die Arbeitsatmosphäre mit vielen männlichen Kollegen empfunden und wie sind Sie damals vom Wagenburg-Personal aufgenommen worden?

Ich bin sehr herzlich aufgenommen worden. Und es hat wirklich keinerlei Probleme gegeben. Beim ersten Vorstellen ist noch meine Mutter mitgekommen. Direktor Auer hat den Herren gesagt, sie sollen sich ein bisschen zurückhalten mit ihren Ausdrucksweisen und, ich zitiere: »Sonst holt sie uns ihre Mutti weg.«

Ich würde Sie nun gerne zu Ihren Erinnerungen an verschiedene Personen befragen, die damals in der Wagenburg beziehungsweise für die Sammlung tätig waren. Zunächst zu Sammlungsdirektor Erwin Auer: Wie haben Sie ihn als Vorgesetzten und als Mensch erlebt?

Einfach wunderbar. Er ist auf jeden von uns sehr eingegangen und hat uns Verständnis entgegengebracht. Er versuchte immer, Schwierigkeiten aus dem Weg zu räumen. Und wenn es bei der Arbeit einmal nicht weitergegangen ist, hat er gesagt – »Fräulein, gehn's ein bissl raus, lüften's den Kopf, dann geht's schon wieder weiter.«

Auers Büro war ja am Burgring. Ist er oft nach Schönbrunn gekommen?

Anfangs, als die Geschirre inventarisiert wurden, war er fast täglich da. Und ansonsten war er etwa einmal in der Woche in Schönbrunn.

Eine andere wichtige Person für die Wagenburg war damals Helene Wolfram. Sie arbeitete seit 1943 im Kunsthistorischen Museum und war dort der Gobelinrestaurieranstalt zugeteilt, führte aber ab 1946 fallweise und schon bald darauf regelmäßig Arbeiten für die Sammlungen Wagenburg und Monturdepot durch. Welche Erinnerungen haben Sie an Frau Wolfram?

Sie erzählte mir, dass damals in der Gobelinwerkstätte eine gewisse »Neidgenossenschaft« herrschte. Da sie in der Wagenburg arbeitete, wurde sie in der Gobelinwerkstätte ausgegrenzt und vom Informationsfluss abgeschnitten. Und da sagte sie, das würde sie selbst niemals tun, ich solle sie alles fragen, was ich wolle, sie würde mir immer alles darlegen, was sie weiß und was sie kann. Gelernt habe ich von ihr Gobelin und Teppichweben.

Haben Sie auch noch Erinnerungen an die damaligen Aufseher, die ja auch als Restauratoren gearbeitet haben?

Herr [Georg] Kellner war immer der »Chef«, der alles sehr bedächtig gehandhabt hat. Herr [Johann] Denk war oft in der Werkstätte, ebenso Herr [Roland] Neuwirth und Herr [Karl] Wiesinger. Herr Wiesinger war vielfach beschäftigt mit Polsterungen der Kutscheninnenausstattungen.

*Die Aufseher hatten zusätzlich auch noch die Aufgabe, Besucher*innen in Gruppen durch die Schauhalle zu führen. Haben Sie das selbst auch gemacht?*

Ja. Ich konnte das insofern, weil ich ja oft in der Halle gearbeitet habe. Und da hört man ja, was die Kollegen sprechen.

*Es gab ja damals – so wie heute – einen Überhang an ausländischen Besucher*innen. Beherrschten die Aufseher alle so gut Fremdsprachen?*

Ja. Englisch und Französisch. Herr [Heinz] Laa dann Portugiesisch. Er war nach dem Krieg in Portugal, wie eben die Kriegskinder auf Erholung waren, und daher konnte er Portugiesisch.

Also, das waren auch sprachlich begabte Leute?

Das ist gut gegangen. Wenn ich da gleich anfügen darf: Es gab auch Trinkgeld für die Führungen und das wurde geteilt. Die ausländischen Münzen waren das einzige, was sich jeder selbst behalten konnte.

Jetzt hätte ich ein paar technische Fragen zu Ihrem Arbeitsalltag. Wie kann man sich den Ablauf Ihrer Arbeitstage vorstellen?

Normalerweise haben wir von 8 bis 16 Uhr gearbeitet. Und nie länger, weil ja um 16 Uhr, vor allem im Winter, das Licht abgedreht wurde.

Das heißt, da sind alle nach Hause gegangen.

Ja.

Die Werkstätte war im Winter aber schon beheizt, oder?

Herrn Dr. Auer verdanken wir, dass eine Gasheizung gekommen ist, ein Gaskonvektor. Denn die erste Zeit war im großen Raum noch ein sogenannter Kanonenofen, der mit Holz befeuert wurde. Und um drei Uhr Nachmittag ließen wir ihn ausgehen, wegen der Brandgefahr. Also es war schon immer ein bisschen frisch.

Wenn man in der Früh gekommen ist, war es also eiskalt und man musste den Ofen wieder anmachen?

Ja, aber dann ist der Gaskonvektor gekommen und das war dann schon sehr viel angenehmer.

Hatten Sie regelmäßig Besprechungen mit dem Sammlungsdirektor, bei denen die nächsten Arbeiten diskutiert wurden, oder haben Sie das alles ganz eigenständig organisiert?

Es wurde immer ein Objekt nach dem anderen in Angriff genommen. Das wurde von Dr. Auer festgelegt, und dann wurde gemeinsam besprochen, wie es angegangen wird, und das wurde dann Dr. Auer mitgeteilt. Es ist also gemeinschaftlich besprochen worden und wir haben uns

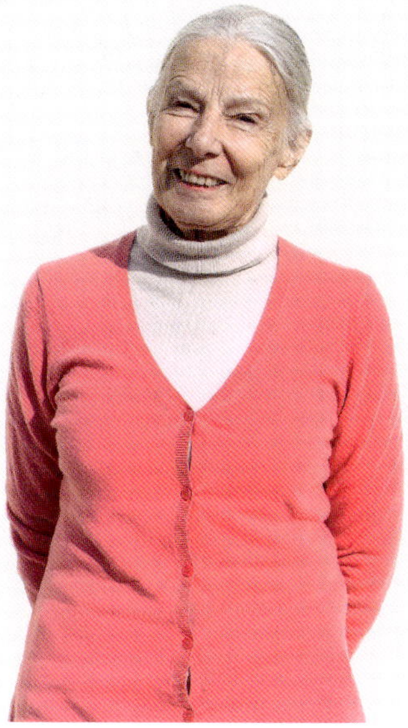

Abb. 130: Margot Halbmayer in Schönbrunn, 2022

vieles gemeinsam erarbeitet. Man hat gearbeitet, war froh, wenn etwas weitergegangen ist, aber wir haben uns alle nicht so wichtig genommen. Man hat sich gefreut, wenn etwas geglückt ist. Und dann wurden die fertigen Arbeiten vorgeführt und Dr. Auer meinte: »Ja, herrlich, wunderbar« – er war ja – wie soll ich sagen – er war ja für alles dankbar. Und glücklich, wenn man was weitergebracht hat. Und wenn etwas länger gedauert hat, dann sagte er »Machen Sie sich keine Sorgen, dann dauert's halt ein bissl länger.« Also er hat mich nie unter Druck gesetzt. Wir haben aber immer sehr fleißig gearbeitet. Also es gab hier keinen Kirtag.

Darf ich Sie zu Ihrer damaligen Bezahlung als Restauratorin in der Wagenburg befragen? War der Lohn ausreichend, um damit über die Runden zu kommen?

Ich habe damals noch daheim gewohnt. Ich konnte meiner Mutter 500 Schilling als Lebenszuschuss geben.[1] Und das war's. Also allein leben hätte ich wahrscheinlich nur sehr bescheiden können. Aber das war ja für mich kein Thema.

Im Jahr 1972 haben Sie geheiratet. Wenige Wochen vor der Wiedereröffnung der Wagenburg im Sommer 1974 haben Sie dann Ihren Mutterschaftsurlaub, wie das damals hieß, angetreten. Nach der Geburt Ihres ersten Kindes sind Sie schließlich nicht mehr ans Museum zurückgekehrt. War es damals für Sie überhaupt vorstellbar, Ihre Arbeit in der Wagenburg wieder aufzunehmen, als Sie bereits Mutter waren? Oder ließen das die Zeitumstände, die fehlende Möglichkeit, Teilzeit zu arbeiten, und die Kinderbetreuungsangebote gar nicht zu?

Teilzeit wäre für mich kein Problem gewesen. Aber es gab keine Teilzeit. Und somit war das hinfällig. Also mit den Kindern wäre das schon gut gegangen, weil jemand für sie da gewesen wäre, aber es gab keine Möglichkeit, halbtags zu arbeiten, und daher war's halt nicht. Und später, wie es halt so ist, habe ich dann gemeinsam mit meiner Schwester meine Großeltern und meine Eltern betreut. Und daher hat sich eine Rückkehr ans Museum gar nicht mehr ergeben.[2]

1 Ein Betrag von 500 Schilling im Zeitraum von 1963 bis 1972 entspricht heute zwischen 155 und 260 Euro. Vgl. URL: https://www.eurologisch.at/docroot/waehrungsrechner/#/ [letzter Zugriff: 14.6.2023].

2 Das Gespräch mit Frau Margot Halbmayer führte der Verfasser am 14. November 2022. Es wurde für die Drucklegung gekürzt und geringfügig sprachlich überarbeitet.

Die Generalsanierung

Die Umsetzung des von Erwin Auer seit den späten 1940er Jahren betriebenen Projekts einer Generalsanierung der Wagenburg sollte sich aufgrund fehlender Finanzmittel um mehr als zwei Jahrzehnte verzögern. Erst Ende der 1960er Jahre, als sich die 1922 nur notdürftig adaptierte Winterreitschule nach einem knappen halben Jahrhundert Museumsbetrieb bereits in einem beklagenswerten Zustand befand, konkretisierte sich das Großprojekt, da nun auch endlich die benötigten Gelder zugesichert waren.

Zu Beginn des Jahres 1969, rund ein Jahr vor Beginn der Bauarbeiten, versuchte der in die Planungen involvierte Architekt Karl Heinz Lawugger Wagenburg-Direktor Erwin Auer noch von einer »großen« Umbaulösung zu überzeugen. Dabei war nicht nur ein Ausbau

Abb. 131: Das Ausweichquartier der Wagenburg im Englischen Reitstall während der Generalsanierung der Schauhalle, 1970

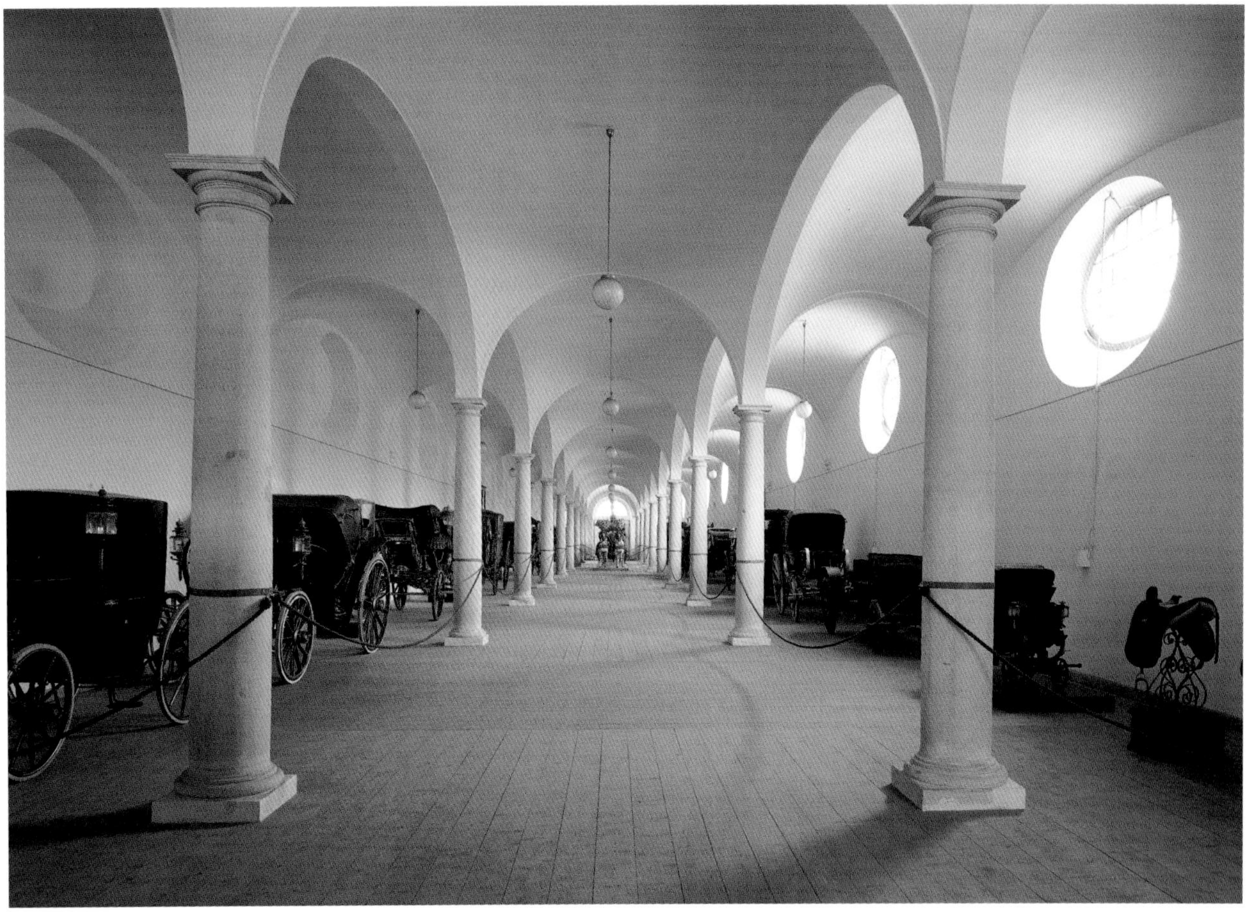

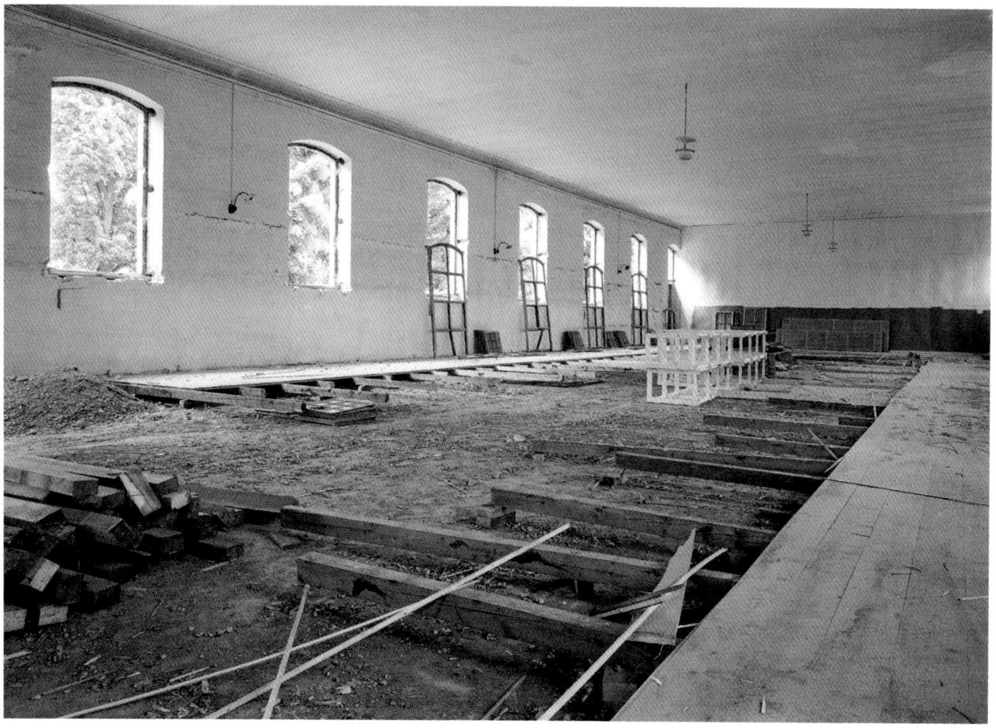

Abb. 132: Abbrucharbeiten in der Schauhalle der Wagenburg, Juni 1970. Der zum Teil morsche Fußboden ist hier schon partiell aufgebrochen, die Fenster sind bereits entfernt

der bisherigen Schauhalle im hinteren Bereich, in dem sich damals noch ein Teppichlager des Mobiliendepots befand, geplant, sondern es sollte auch der Englische Reitstall, der bereits 1939 als zweite Schauhalle gedient hatte, als Ausstellungsraum miteinbezogen werden. Als Verbindung zwischen den beiden Hallen hatte Lawugger zwei Gänge vorgesehen, die einen Rundgang ermöglichen sollten. Auer lehnte diesen Vorschlag jedoch überraschenderweise ab, obwohl die Umsetzung von Lawuggers Konzept eine erhebliche Erweiterung der Ausstellungsfläche mit sich gebracht und damit auch eine lockerere Aufstellung ermöglicht hätte. Der Sammlungsdirektor meinte, dass im Fall der Umwidmung des zu Depotzwecken genutzten Englischen Reitstalls in eine Schauhalle neue Depotflächen im Schlossareal gefunden werden müssten, was er jedoch für aussichtslos hielt. Zudem, so Auer, würde bei Einbeziehung einer zweiten Schauhalle eine Publikumsführung rund sechzig statt wie bisher vierzig Minuten dauern, was Schönbrunn-Besucher*innen, die zuvor zumeist schon an einer Schlossführung teilgenommen hätten, nicht zuzumuten sei. Auer verwies dabei auf – in den Akten nicht dokumentierten – Erfahrungen aus dem Jahr 1939, als 95 Prozent der Besucher*innen nach Besichtigung der großen Schauhalle gemeint hätten, sie seien bereits zu müde, um den Museumsbesuch im Englischen Reitstall fortzusetzen.[1] Nicht zuletzt hätte für eine erhebliche räumliche Erweiterung auch mehr Aufsichtspersonal eingestellt werden müssen, was Auer damals für unrealisierbar hielt.[2] Seine Einwände wurden schließlich von allen Beteiligten akzeptiert. Die weitere Planung basierte daher auf einer »kleinen« Lösung, die lediglich eine Vergrößerung der bisherigen Schauhalle um einen zweiten, für Sonderausstellungen vorgesehenen Raum sowie eine zwischen den beiden Abschnitten gelegene Galerie beinhaltete.

Nach Abschluss der Planungsarbeiten stellte die Wagenburg mit 3. Mai 1970 für einige Wochen den Besuchsbetrieb ein.[3] Um Platz für den Umbau zu schaffen, wurden in aller Eile 57 Fahrzeuge und 33 Pferdepuppen in ein zuvor adaptiertes Gebäude der Rennwegkaserne im Bezirk Landstraße überführt, das für mehrere Jahre als zwischenzeitliches

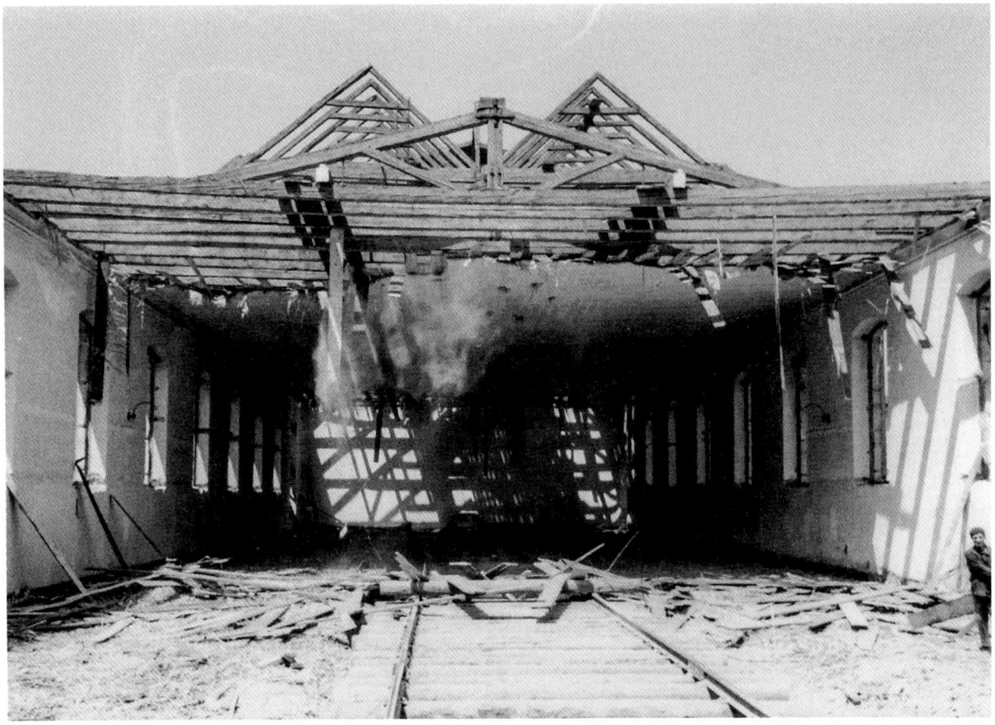

Abb. 133: Die Entfernung des alten Dachstuhls der Wagenburg-Schauhalle, Juni 1970

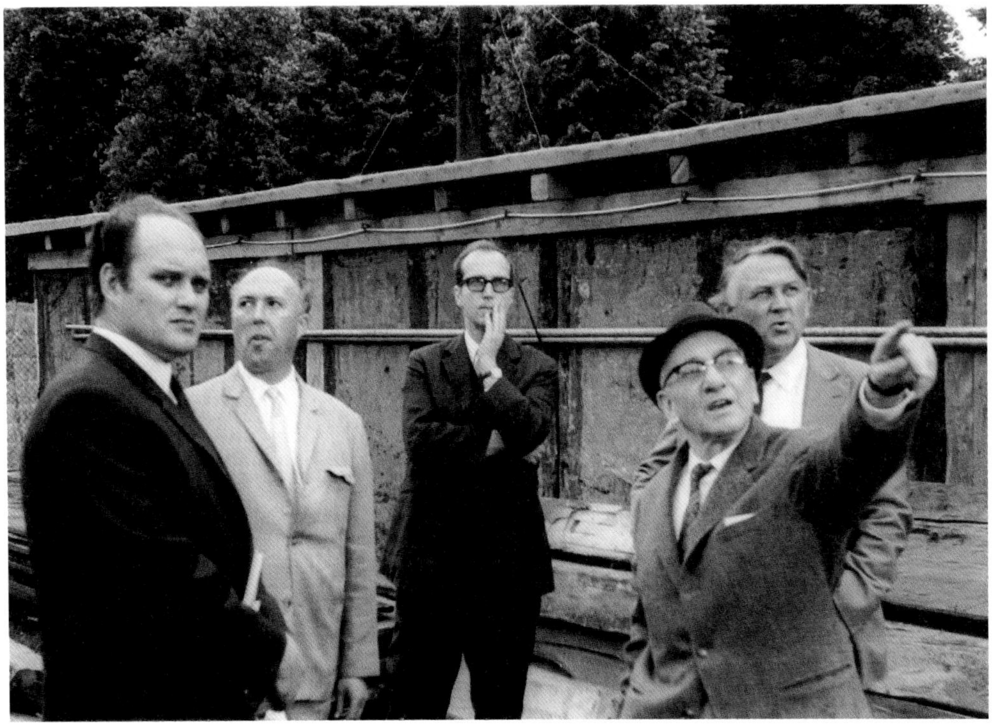

Abb. 134: Baubesprechung mit Vertretern der Schlosshauptmannschaft und dem für die Innengestaltung zuständigen Architekten Karl Heinz Lawugger (Mitte), Juni 1970

Depot dienen sollte.[4] Im Englischen Reitstall wurde binnen weniger Wochen eine provisorische Ausweichausstellung eingerichtet, die bereits am 1. Juni 1970 ihre Pforten öffnen konnte und in der während der Umbauzeit Highlights der Sammlung präsentiert wurden.[5]

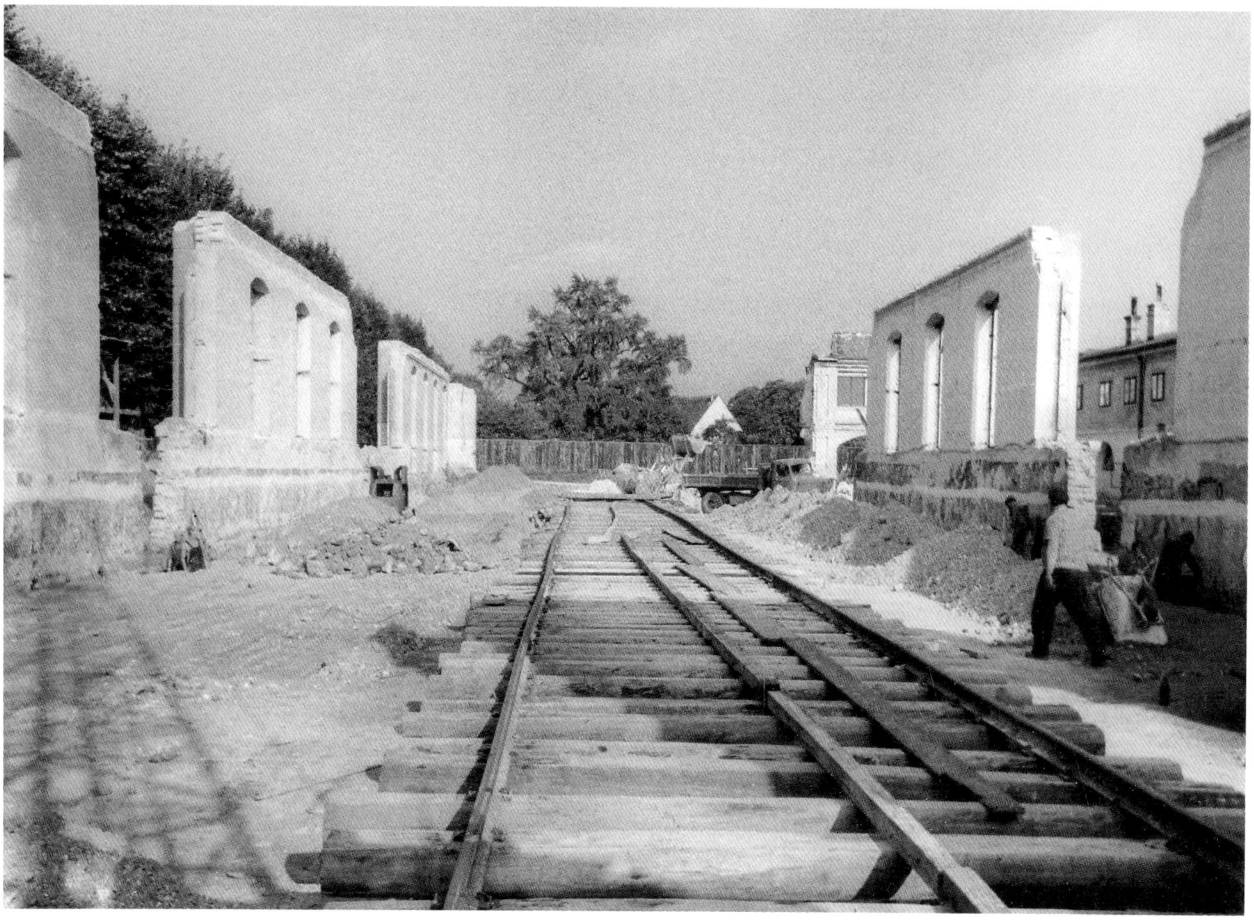

Abb. 135: Abschluss der Abbrucharbeiten, Juli 1970: Von der originalen Bausubstanz blieben nur Teile der Außenmauern erhalten

Ende Mai 1970 übergab Erwin Auer die vollständig geräumte Winterreitschule zur Sanierung. Mit der Leitung der Bauarbeiten waren Beamte der Schlosshauptmannschaft betraut. Architekt Karl Heinz Lawugger, der die erwähnte »große« Umbaulösung für die Wagenburg forciert hatte, war für die Innengestaltung zuständig.[6] Wie dringend notwendig die im Juni begonnene Sanierung war, trat gleich zu Beginn der Abbrucharbeiten zu Tage. Nicht nur der 1922 verlegte Fußboden und mehrere Vitrinen, sondern auch zahlreiche Balken des Dachbodens waren bereits stark vermorscht. Die Arbeiten schritten rasch voran. Wie Aufnahmen vom Sommer 1970 zeigen, war damals von der originalen Bausubstanz bis auf Teile der Außenmauern nichts mehr übrig. Die Sanierung entsprach somit weitgehend einer Neuerrichtung, die großteils in Stahlbetonbauweise ausgeführt wurde.

Wie so oft bei großen Bauprojekten kam es auch in diesem Fall zu unvorhergesehenen Verzögerungen. Die Arbeiten, deren Fertigstellung ursprünglich für Mitte 1972 anvisiert worden war,[7] sollten schließlich rund zwei Jahre länger dauern als geplant. Verschiedene Baufirmen hielten vereinbarte Termine nicht ein und eine Baufirma ging sogar in Konkurs. Darüber hinaus wurden beim Brand in einer am Umbau beteiligten Zimmerei mehrere bereits fertiggestellte Tore vernichtet.[8] Diese unvorhersehbaren Ereignisse hatten zur Folge, dass Sammlungsdirektor Auer zu seinem Pensionsantritt Ende 1972 nicht, wie ursprünglich geplant, seinem Nachfolger Georg Kugler ein fertig saniertes und neu eingerichtetes Museum übergeben konnte, sondern dieser die Sammlungsleitung inmitten der langen Bauphase übernehmen musste.

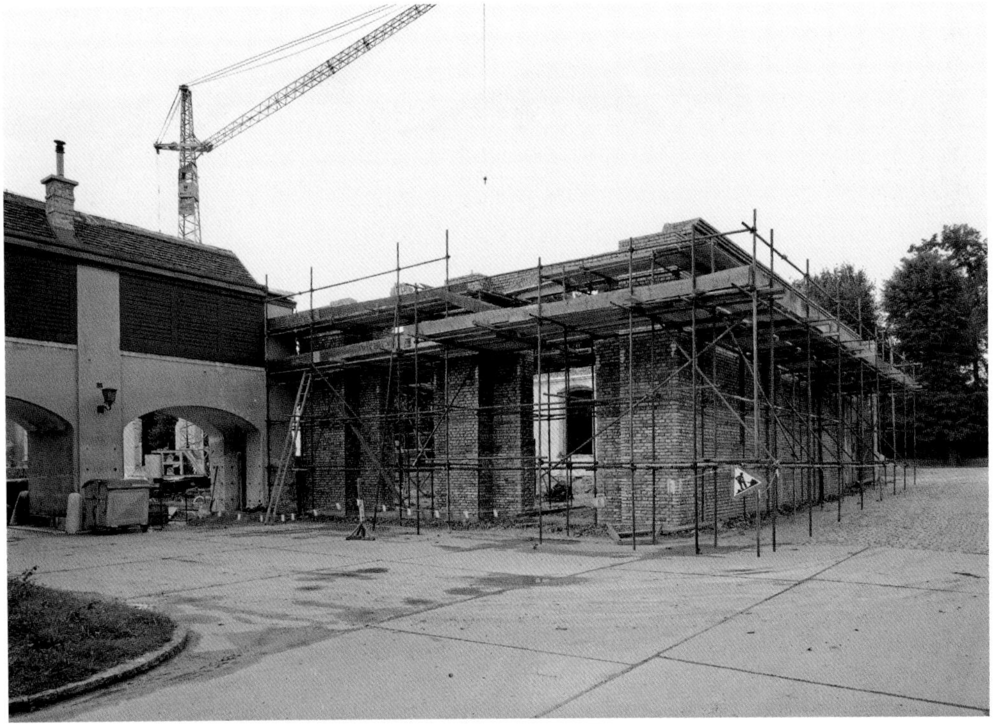

Abb. 136: Ausbau im hinteren Bereich der Wagenburg-Schauhalle, der Platz für eine zweite Schauhalle schuf, August 1970

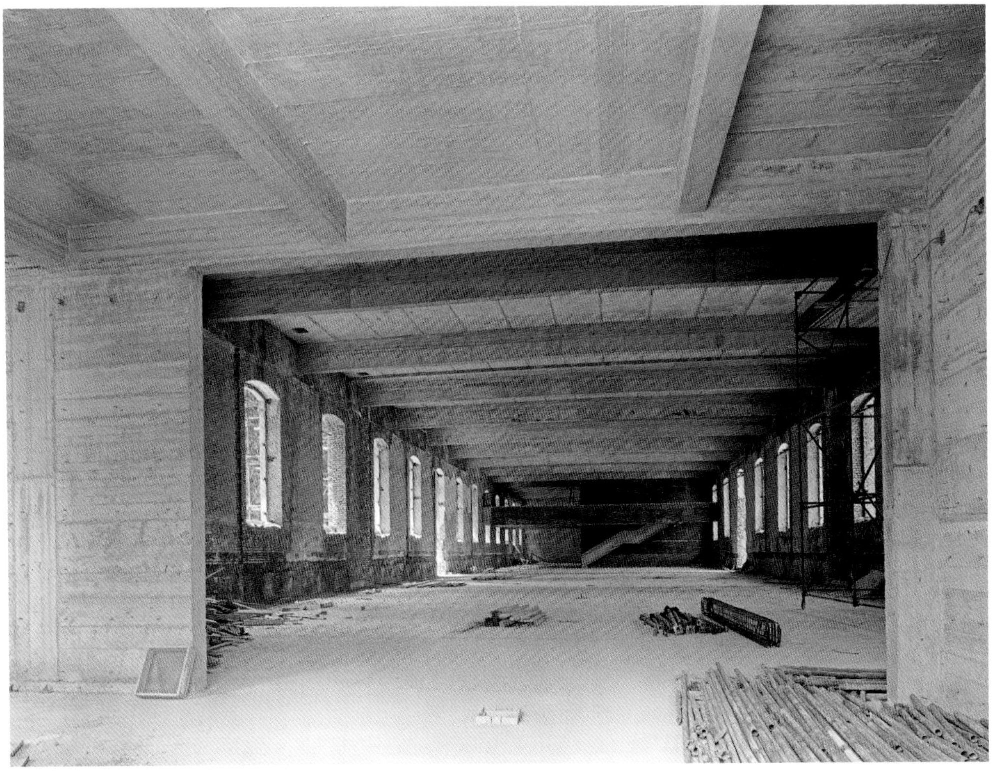

Abb. 137: Einblick in die Schauhalle im Rohbau, mit neuer Decke aus Stahlbeton, Juli 1971. Im Vordergrund das neue Foyer, im Hintergrund die neue Galerie

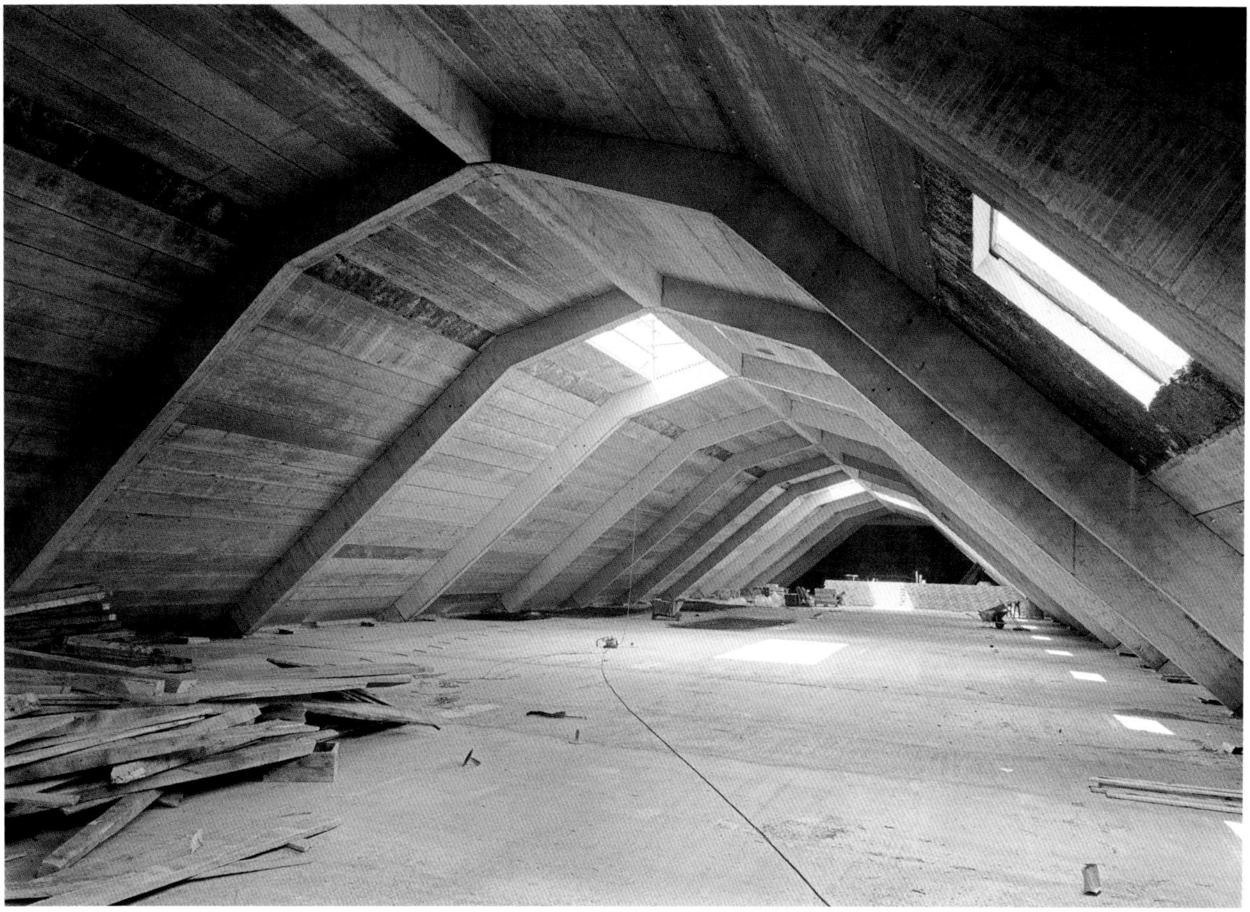

Abb. 138: Einblick in den neuen Dachboden im Rohbau, Juli 1971. Dieser Raum war für Depotzwecke geplant

In manchen Bereichen mussten aus finanziellen Gründen Abstriche gemacht werden. So wurde etwa auf die ursprünglich geplante Heizung zur Gänze verzichtet,[9] und auch eine aufwendige Lichtanlage fiel dem Sparstift zum Opfer und konnte nur in bescheidenerem Maß realisiert werden.[10] Abgegangen wurde ebenso von einer gläsernen Trennwand zwischen dem Eingangsbereich und der dahinterliegenden Schauhalle. Diese Raumtrennung wurde schließlich in Stahlbeton und Holz ausgeführt.[11] Eine Planänderung, die nachträglich große Probleme bereitete, betraf den Fußboden im Ausstellungsbereich. Im Vorfeld ging man davon aus, dass für diesen Zweck ein Holzstöckel-Pflaster am geeignetsten sei; später wurden auch ein Bretterboden aus Weichholz, ein Stein- oder Kunststoffboden beziehungsweise ein Rieselbelag aus Quarzsand, der eine straßenartige Atmosphäre erzeugen sollte, in Erwägung gezogen. Schließlich fiel die Entscheidung aber relativ kurzfristig auf einen Eichenparkettboden. Dieser Boden zeigte sich jedoch nicht nur empfindlich gegenüber Kratzern, die die Räder der schweren Kutschen verursachten, sondern er nahm in den darauffolgenden Jahren immer wieder ein Übermaß an Feuchtigkeit auf, was zu Wellenbildungen führte. Zur Behebung dieser Schäden musste das Museum mehrmals für längere Zeit geschlossen bleiben, um Dehnungsfugen in den Boden einzuschneiden.[12]

Trotz aller geschilderten Probleme brachte die Generalsanierung des Museums in vielen Bereichen substantielle Verbesserungen. Die Wagenburg verfügte nun erstmals über einen baulich vom Ausstellungsbereich getrennten Eingangsbereich samt abgeschlossenem Kassenraum, ferner über eine zeitgemäße Sicherheitseinrichtung,[13] über eine neue Lichtanlage,

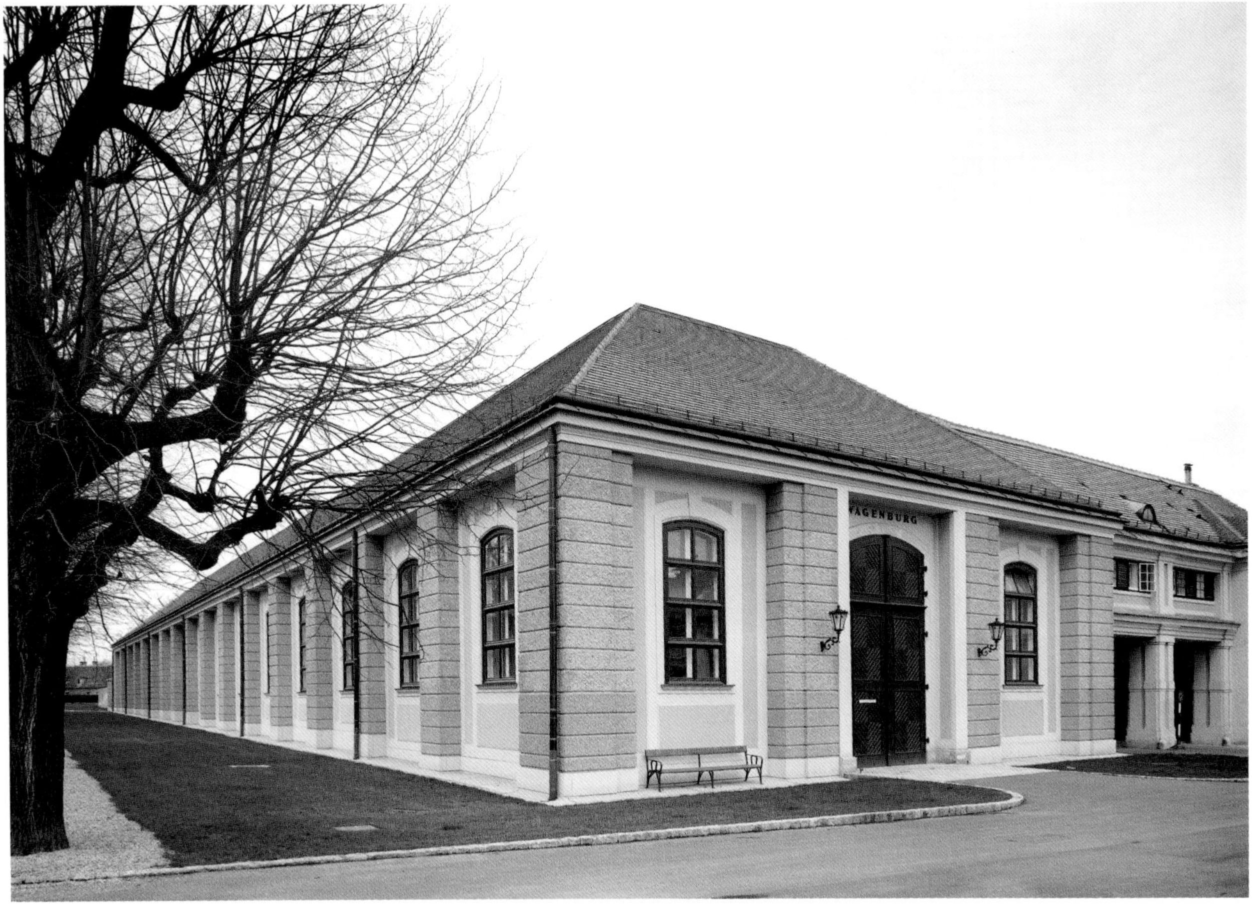

Abb. 139: Außenansicht der fertig sanierten Wagenburg, März 1974

Abb. 140: Planungen für eine Neuaufstellung der Wagenburg mithilfe von maßstabsgetreuen Holzklötzen, 1968

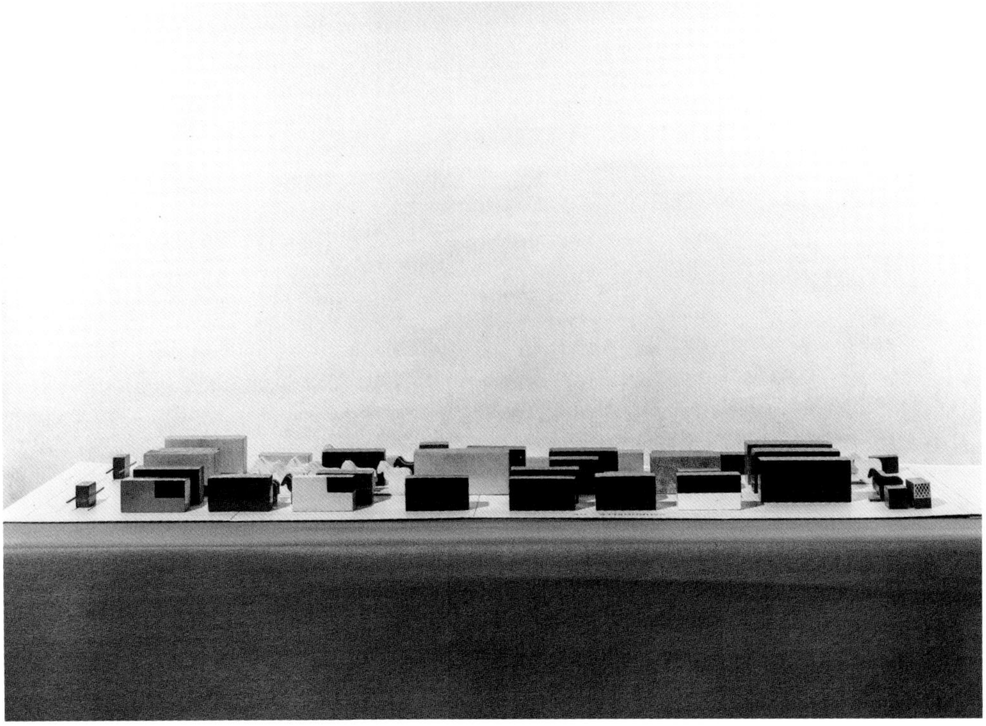

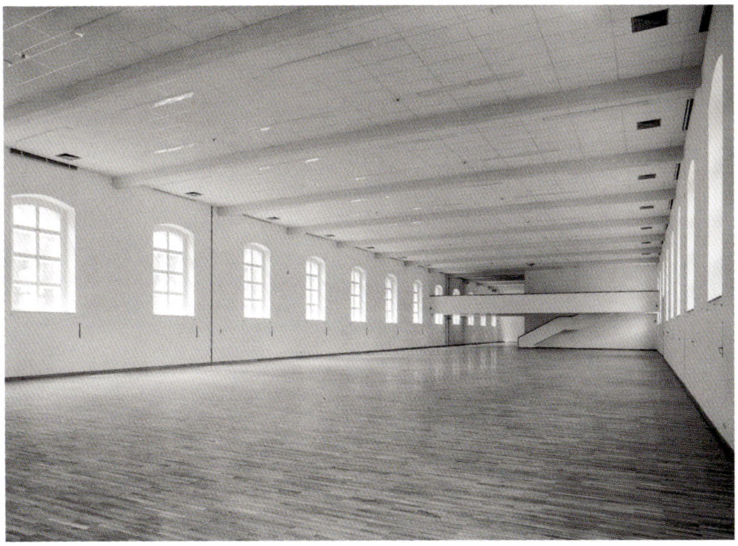

Abb. 141: Einblick in die noch leere vordere Schauhalle nach abgeschlossener Sanierung, Juni 1974

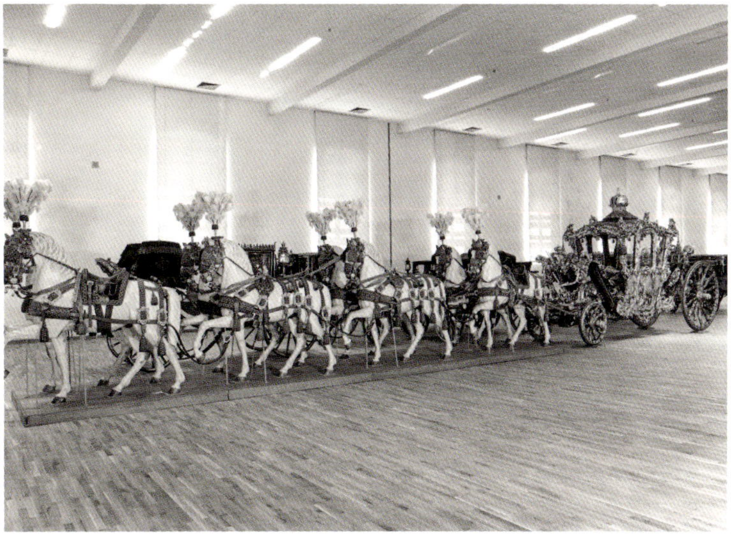

Abb. 142: Einblick in die Schauhalle während der Neuaufstellung, Juni 1974. Zu sehen sind der neue Lichtschutz und die neue Deckenbeleuchtung

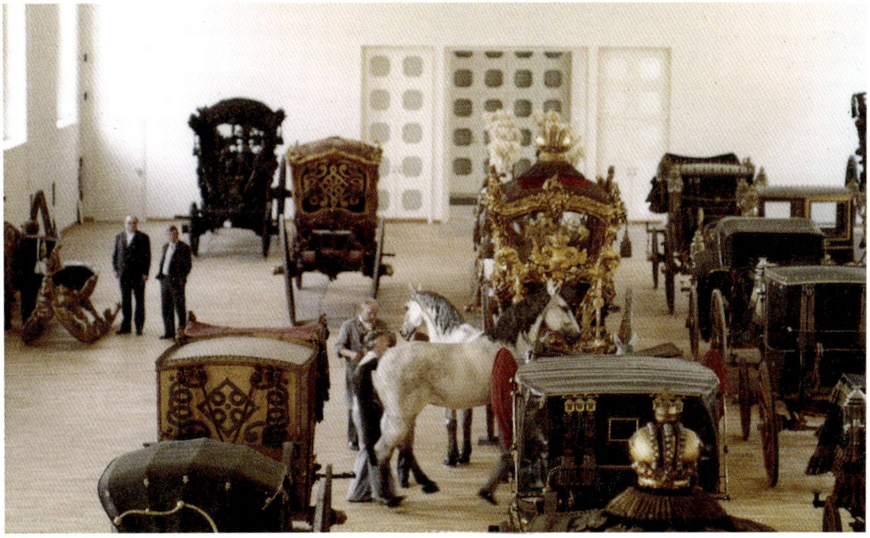

Abb. 143: Arbeiten in der Schauhalle während der Neuaufstellung, Juni/Juli 1974

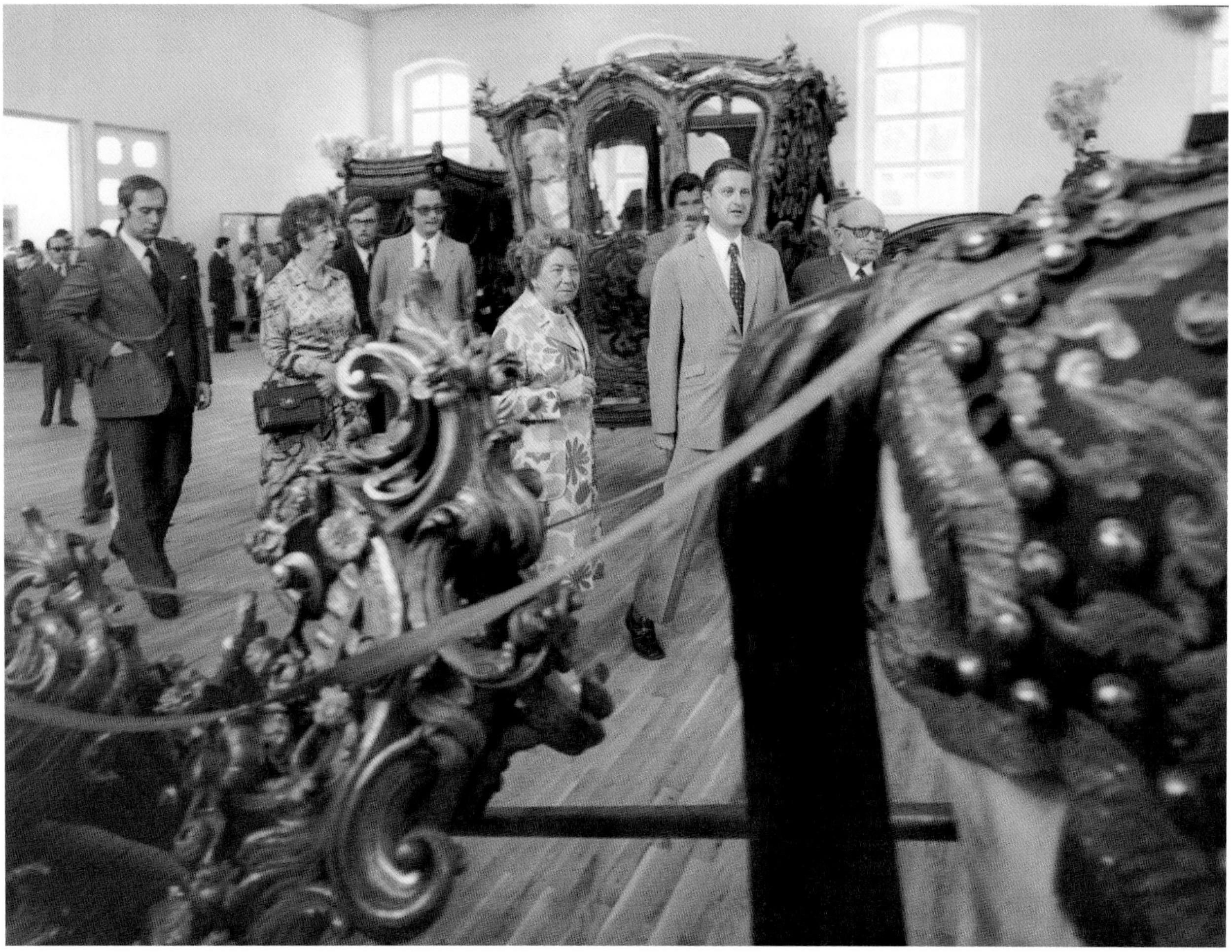

Abb. 144: Neueröffnung der Wagenburg am 17. Juli 1974. In der Mitte führt Sammlungsdirektor Georg Kugler Wissenschaftsministerin Hertha Firnberg durch die Wagenburg. Links Friederike Klauner, Erste Direktorin des Kunsthistorischen Museums, und Wolf Früauf, Sekretär von Firnberg, rechts Sektionschef Leopold Obermann

die aus in die abgehängte Decke integrierten Leuchtstoffröhren und schwenkbaren Punktstrahlern bestand,[14] sowie über einen – wenn auch mangelhaften – Lichtschutz in Form von Jalousien.[15] Der alte Holzdachstuhl, der die Sicherheit von Objekten und Besucher*innen bereits in erheblichem Maß bedroht hatte, war einem aus Stahlbeton errichteten Dachboden mit hoher Tragelast gewichen, der durch zwei neue Stiegenhäuser und einen Lastenaufzug erschlossen wurde. Dieser Dachstuhl war nicht nur für Depotzwecke geeignet, sondern bot auch Platz für eine neue Lederrestaurierwerkstätte.[16] Nach Beschaffung großer Holzschragen[17] und geräumiger Stahlschränke[18] konnten nun alle Zuggeschirre, Reitzeuge, Schabracken und andere Pferdedecken fachgerecht auf dem Dachboden untergebracht werden. Als Wermutstropfen blieb, dass ein Abschnitt des Dachbodens sowie das hinterste Fensterjoch der Schauhalle dem Bundesmobiliendepot überlassen werden mussten, das darauf bestand, weiterhin Teppiche in einem Teil der Schönbrunner Winterreitschule einzulagern.[19] Neue Möglichkeiten der Ausstellungsgestaltung boten nun eine zweite, kleine Schauhalle, die durch den Ausbau im hinteren Bereich des Gebäudes realisiert werden konnte, ferner zwei Wandvitrinen sowie eine zwischen den beiden Schauhallen errichtete balkonartige Galerie, die zusätzlichen Platz für die Präsentation von Kleinobjekten schuf und den Besucher*innen erstmals auch einen Blick auf die häufig kunstvoll gestalteten Wagendächer erlaubte.

Für die Neuaufstellung der Objekte, die im Frühsommer des Jahres 1974 vonstattenging, war der neue Wagenburg-Direktor Georg Kugler zuständig. Im Wesentlichen folgte Kugler dabei einer chronologischen Ordnung, beginnend mit den jüngsten Objekten, wobei die Fahrzeuge, wie schon in früheren Zeiten, in mehreren Reihen dicht hintereinanderstehend angeordnet wurden. Diese Art der Aufstellung sollte den Eindruck einer Wagenauffahrt geben. Im Unterschied zur Zeit vor dem Umbau sorgten nun zumindest in manchen Bereichen über Ständer laufende Kordeln für eine physische Barriere zwischen Besucher*innen und Ausstellungsobjekten. Die hinten gelegene kleine Schauhalle bildete einen Sonderbereich, der zunächst der Präsentation von Jagdwagen, Reisewagen und Kinderwagen diente, die im Bedarfsfall jedoch deponiert werden sollten, um Platz für Sonderausstellungen zu schaffen.[20]

Die Eröffnung der neuen Wagenburg wurde kurzfristig anberaumt und fand am 17. Juli 1974 in Anwesenheit von Wissenschaftsministerin Hertha Firnberg statt. Am Tag darauf konnten auch die Besucher*innen das sanierte Gebäude samt neuer Dauerausstellung erstmals besichtigen.[21]

1 KHM, Zl. 3/WB/1969.
2 Kugler 1974a, 102 f.
3 KHM, Zl. 82/WB/1970.
4 KHM, Zl. 8/WB/1970.
5 KHM, Zl. 3/WB/1970.
6 Ebenda; KHM, Zl. 37/WB/1973.
7 KHM, Zl. 3/WB/1969.
8 KHM, Zl. 2/WB/1971, Zl. 60/WB/1972.
9 KHM, Zl. 4/WB/1968, Zl. 3/WB/1969, Zl. 2/WB/1971.
10 KHM, Zl. 3/WB/1969, Zl. 2/WB/1971, Zl. 2/WB/1972, Zl. 2/WB/1974.
11 KHM, Zl. 3/WB/1970.
12 KHM, Zl. 3/WB/1969, Zl. 2/WB/1972, Zl. 37 und 48/WB/1973, Zl. 2 und 48/WB/1974, Zl. 34/WB/1975, Zl. 28/WB/1976.
13 KHM, Zl. 2/WB/1971.
14 KHM, Zl. 2/WB/1972, Zl. 2/WB/1974.
15 KHM, Zl. 3/WB/1969, Zl. 2/WB/1972.
16 Zur Planung siehe KHM, Zl. 4/WB/1968.
17 KHM, Zl. 22/WB/1968, Zl. 12/WB/1969, Zl. 3/WB/1970, Zl. 33/WB/1975.
18 KHM, Zl. 46/WB/1970, Zl. 4/WB/1971, Zl. 4/WB/1972.
19 KHM, Zl. 3/WB/1969, Zl. 3/WB/1970.
20 Kugler 1974a, 103 f.; Kugler 1978a, 11.
21 Kugler 1974a, 101.

Übernahme der Sammlungsagenden durch Georg Kugler

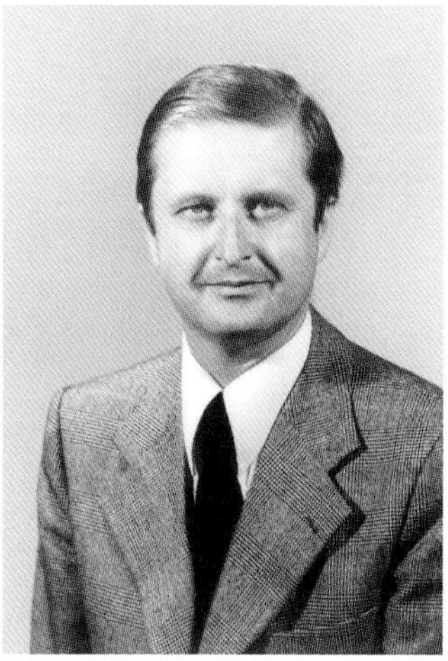

Abb. 145: Georg J. Kugler, Wagenburg-Direktor 1973–2000

Als Georg Kugler mit Beginn des Jahres 1973 zum Direktor der Wagenburg ernannt wurde,[1] war er mit der Sammlung bereits bestens vertraut. Kugler hatte nach juristischen Studien und der Absolvierung des Ausbildungskurses am Institut für Österreichische Geschichtsforschung 1959 im Alter von nur 24 Jahren in der Wagenburg als Erwin Auers Assistent zu arbeiten begonnen,[2] 1960 promoviert[3] und in der Folgezeit die Museumsarbeit von Grund auf erlernt.

Einen besonderen Schwerpunkt legte Kugler von Anfang an auf die Kunstvermittlung. Allein bis 1972 hielt er in der Wagenburg rund 700 Führungen.[4] Gleichzeitig mit der Wiedereröffnung des Museums im Jahr 1974 publizierte er einen illustrierten Führer durch die Wagenburg,[5] der Besucher*innen zum ersten Mal nach vielen Jahrzehnten wieder eine zeitgemäße Begleitpublikation für einen Rundgang durch die Sammlung zur Hand gab. In den darauffolgenden Jahren sollten Übersetzungen in englischer, italienischer und französischer Sprache folgen.[6] Es handelte sich hierbei um die ersten Museumsführer durch die Wagenburg für fremdsprachige Gäste. Für sie, die in der Wagenburg seit jeher einen wesentlichen, wenn nicht gar den größten Teil der Besucher*innen stellten, bedeutete dies ein deutlich verbessertes Vermittlungsangebot. Eine umfassende und tiefgehende Auseinandersetzung mit den Objekten der Wagenburg und ihrer Geschichte bot Kuglers 1977 erschienener Band *Die Wagenburg in Schönbrunn* – die erste Monografie überhaupt, die sich diesem Thema widmete.[7]

In den ersten Jahren der Direktion von Georg Kugler fand auch ein Paradigmenwechsel in den Bereichen Restaurierung und Aufsicht statt. Wie bereits mehrfach erwähnt, waren seit Gründung der Wagenburg die Aufseher ausgebildete Handwerker, die auch Restaurierdienste verrichteten und Führungen für die Besucher*innen abhielten. Als im Lauf der 1960er Jahre jene altgedienten Aufseher, die seit der frühen Nachkriegszeit gemeinsam mit Erwin Auer den Betrieb in der Wagenburg am Laufen gehalten hatten, aus dem Dienst schieden, zeichnete sich ab, dass es immer schwieriger werden würde, ebenso qualifizierte Nachfolger mit entsprechenden handwerklichen Kenntnissen zu rekrutieren.[8] Ausgebildete Wagner oder Sattler waren damals immer seltener zu finden. Zudem waren gute Handwerker allerorts gesucht und ihre Gehaltsansprüche lagen meist deutlich über den Löhnen von Museumsaufsehern. Auch die im Museum üblichen Wochenenddienste galten vielen potenziellen Aufsehern als unattraktiv. Die Suche nach geeigneten Kandidaten blieb deshalb jahrelang erfolglos. Stelleninserate, die in Zeitungen geschaltet wurden, blieben ohne

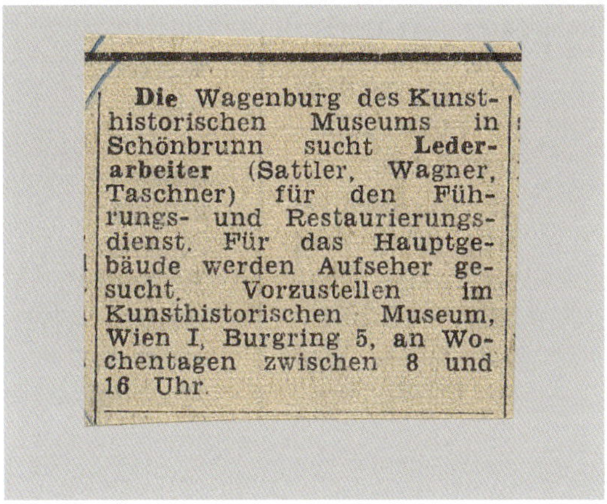

Die Wagenburg des Kunsthistorischen Museums in Schönbrunn sucht **Lederarbeiter** (Sattler, Wagner, Taschner) für den Führungs- und Restaurierungsdienst. Für das Hauptgebäude werden Aufseher gesucht. Vorzustellen im Kunsthistorischen Museum, Wien I, Burgring 5, an Wochentagen zwischen 8 und 16 Uhr.

Abb. 146: Zeitungsannonce von 1966: Suche nach Handwerkern für den Führungs- und Restaurierdienst in der Wagenburg. Aus: *Volksblatt*, 26. November 1966

Resonanz.[9] Die Situation verschärfte sich zunehmend in den 1970er Jahren, einem Jahrzehnt des wirtschaftlichen Aufschwungs und der Vollbeschäftigung in Österreich. So mussten gezwungenermaßen immer mehr Aufseher in der Wagenburg ohne die bis dahin übliche facheinschlägige Handwerksausbildung eingestellt werden. Aus diesem Grund führte Georg Kugler 1973 – also bereits im ersten Jahr seiner Direktion – eine Funktionstrennung herbei.

Der erste Aufseher der Wagenburg, der damals ausschließlich für Restaurierarbeiten abgestellt wurde, war Roland Neuwirth (1919–1983) – übrigens der Vater des gleichnamigen Musikers und Erneuerers des Wiener Lieds. Neuwirth hatte in den Nachkriegsjahren eine Ausbildung zum Bildhauer absolviert und sich autodidaktisch Kenntnisse im Restaurieren von Gemälden und Skulpturen angeeignet. Er war 1956 zunächst als Urlaubsaushilfe in den Aufsichtsdienst der Wagenburg eingetreten und erhielt 1960 eine feste Anstellung.[10] Seine Tätigkeit als Restaurator, der er

Abb. 147: Roland Neuwirth beim Restaurieren einer Prunkberline des Hauses Liechtenstein, 1975

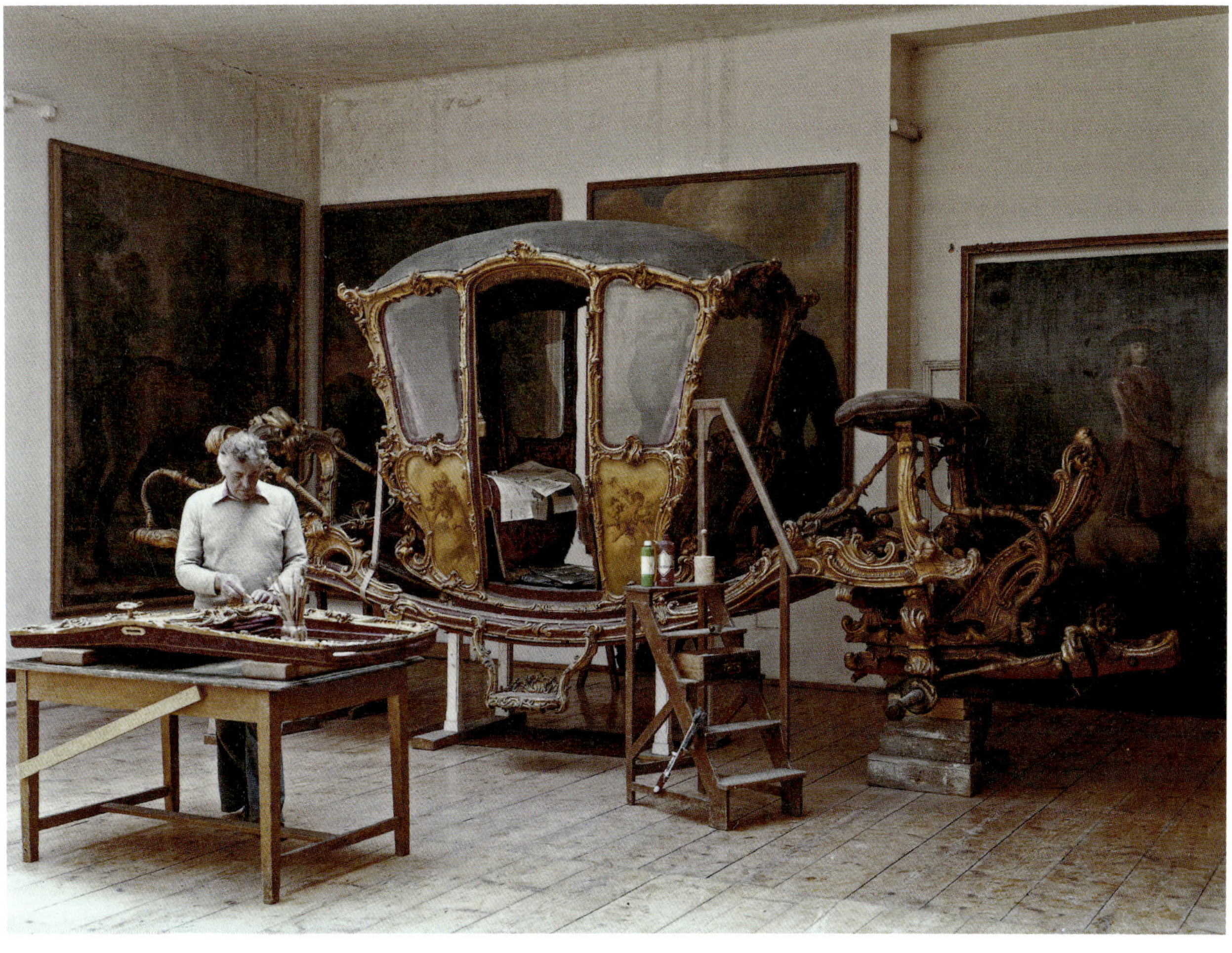

anfangs, wie all seine damaligen Kollegen, nur einen Teil seiner Arbeitszeit widmen konnte, wurde allseits geschätzt. Aus diesem Grund wurde er 1973 zum alleinigen Kutschenrestaurator ernannt.[11] Im Jahr 1975 erhielt er den Titel »Oberrestaurator« zugesprochen, was mit einer Vorrückung in eine höhere Dienstklasse verbunden war.[12]

Die übrigen Aufseher konzentrierten sich ab 1973 auf den Dienst in der Schauhalle, der weiterhin nicht nur darauf beschränkt war, die Sicherheit der Objekte zu gewährleisten, sondern auch die Abhaltung von Führungen für Besuchergruppen beinhaltete. Im Jahr 1977 stellte die Verwaltungskanzlei des Kunsthistorischen Museums allerdings fest, dass die Gesetzeslage Führungen durch Aufsichtspersonal – verbunden mit der Annahme von Trinkgeld – nicht erlaube und forderte deshalb eine Änderung in diesem Bereich ein. Die Aufseher durften Besucher*innen fortan auf Fragen hin nur noch knappe Auskünfte erteilen und mussten sie auf den gedruckten Museumsführer hinweisen, der an der Museumskasse erworben werden konnte. Das Abhalten regelrechter Führungen wurde den Aufsehern damals ausdrücklich untersagt.[13] Damit endete eine jahrzehntelange Tradition, die bis in die Monarchie zurückreichte.

Als Neuwirth sich dem Pensionsalter näherte, wurde ihm ab 1977 fallweise der junge Vergolder Ernst Gregor zur Einschulung zur Seite gestellt. Gregor arbeitete bereits seit 1974 als Aufseher in der Wagenburg und brachte durch seine Berufsausbildung Fachkenntnisse hinsichtlich des Aufbaus und der Restaurierung von Fassungen an historischen Fahrzeugen mit. Nachdem Roland Neuwirth Ende 1979 in den Ruhestand übergetreten war, folgte ihm Gregor im Jahr 1980 als Kutschenrestaurator nach. Er sollte diese Stelle bis zu seiner Pensionierung 2019 bekleiden.[14]

1 KHM, Zl. 20/WB/1972.
2 KHM, Zl. 54/WB/1959.
3 KHM, Zl. 48/WB/1960.
4 KHM, Zl. 20/WB/1972.
5 Kugler 1974b.
6 Kugler 1975; Kugler 1977a; Kugler 1978b.
7 Kugler 1977b.
8 Erste diesbezügliche Sorgen äußerte Erwin Auer bereits in der Reportage *Die größte Wagenburg der Welt*, die am 31. März 1952 vom Radiosender Wien I ausgestrahlt wurde. Auf die Bemerkung des Redakteurs, dass die wertvollsten Museumsobjekte wohl nur Spezialisten zur Betreuung anvertraut würden, antwortete Auer: »Richtig, zumeist aber Spezialisten aus Gewerben, die heute aussterben. Wo wird denn heute noch ein Wagensattler im Zeitalter des Autos gebraucht? – Aber nicht nur Spezialisten, sondern auch Idealisten sind meine Aufseher, denn die Sorge und Mühe, die sie mit ›ihren‹ Objekten haben, kann durch das Gehalt nicht abgegolten werden.« KHM, Zl. 24/WB/1952.
9 Vgl. KHM, Zl. 88/WB/1963, Zl. 98/WB/1966, Zl. 28/WB/1967, Zl. 75/WB/1969.
10 KHM, Zl. 39/WB/1956 (mit Lebenslauf von Roland Neuwirth), Zl. 33/WB/1960.
11 KHM, Zl. 9 und 30/WB/1973.
12 KHM, Zl. 13/WB/1975.
13 KHM, Zl. 46/WB/1977.
14 KHM, Zl. 40/WB/1974, Zl. 45/WB/1977, Zl. 50/WB/1979, Zl. 50/WB/1980, Zl. 31/WB/2019.

Kutschenrestaurator Ernst Gregor: Ein knappes halbes Jahrhundert im Dienst der Wagenburg

Ich möchte Dich zunächst vorstellen: Du wurdest 1954 in Wien geboren, machtest nach der Pflichtschulzeit eine Lehre als Vergolder und Staffierer und hast auch nach Deinem Lehrabschluss in dieser Branche gearbeitet. Als der Inhaber der Firma, bei der Du angestellt warst, 1974 in Pension ging, satteltest Du um und kamst noch im selben Jahr in die Wagenburg, zunächst im Bereich der Aufsicht und im Führungsdienst. Ab 1977 arbeitetest Du fallweise, vor allem in den Wintermonaten, in der Restaurierwerkstätte bei Roland Neuwirth mit und wurdest nach dessen Pensionierung – das war Ende 1979 – sein Nachfolger. Bis zum Antritt Deines Ruhestands im Jahr 2019, also über beinahe 45 Jahre hinweg, warst Du in der Wagenburg tätig. In dieser langen Zeit konntest Du Dir in Deinem Arbeitsgebiet eine umfassende Expertise erarbeiten und warst in dieser Zeit nicht nur fachlich, sondern auch menschlich ein geschätzter Kollege, auf den man sich immer verlassen konnte. Wenn Du zurückschaust – welche markanten Veränderungen ergaben sich im Lauf der Zeit für Dein Arbeitsgebiet? Und was veränderte sich für Dich durch die Einrichtung des Naturwissenschaftlichen Labors im Kunsthistorischen Museum?

Also markante Änderungen … schwer zu sagen. Die Dinge änderten sich natürlich fließend. Wenn Du nur an die Heizung der Werkstatt denkst, die früher noch mit einem Holzofen beheizt wurde, später kam dann ein Koksofen – das Brennmaterial musste man damals noch mit einer Scheibtruhe über den Hof in die Werkstatt führen –, dann eine Nachtspeicherheizung und schließlich ein Fernwärmeanschluss. Das ist ja nicht von heute auf morgen passiert, sondern da gab es viele Zwischenschritte, und genauso war es auch in vielen anderen Bereichen. Weil Du die Installation unseres Naturwissenschaftlichen Labors mit Dr. [Martina] Grießer angesprochen hast: Ja, das machte natürlich vieles einfacher, aber ich konnte mir auch schon davor im Labor des Bundesdenkmalamts meine Schichtanalysen machen lassen und die Zusammensetzung meiner Lösungsmittel erarbeiten. Also, wenn es einen großen Umbruch gegeben hat, dann war das erstens der Wechsel der Direktion von Hofrat Dr. [Georg] Kugler zu Dr. [Monica] Kurzel-Runtscheiner. Das war schon tiefgreifend. Denn Hofrat Kugler hatte ja neben der Wagenburg noch viele andere Ämter und Aufgaben gehabt, etwa die Leitung der Reproabteilung und der Bibliothek. Und Dr. Kurzel war dann ausschließlich für die Wagenburg und das Monturdepot da. Und dann gab es da natürlich auch einen Generationensprung. Frau Dr. Kurzel hat dadurch zu manchen Themen natürlich ganz andere Ansichten gehabt als Hofrat Kugler. Und zweitens natürlich die Einführung des Computers im Museum: Digitale Fotografie, digitale Mikroskopie, das Vernetzen mit anderen Abteilungen, die Einführung einer zentralen Datenbank … also das waren wirklich einschneidende Veränderungen in kurzer Zeit.

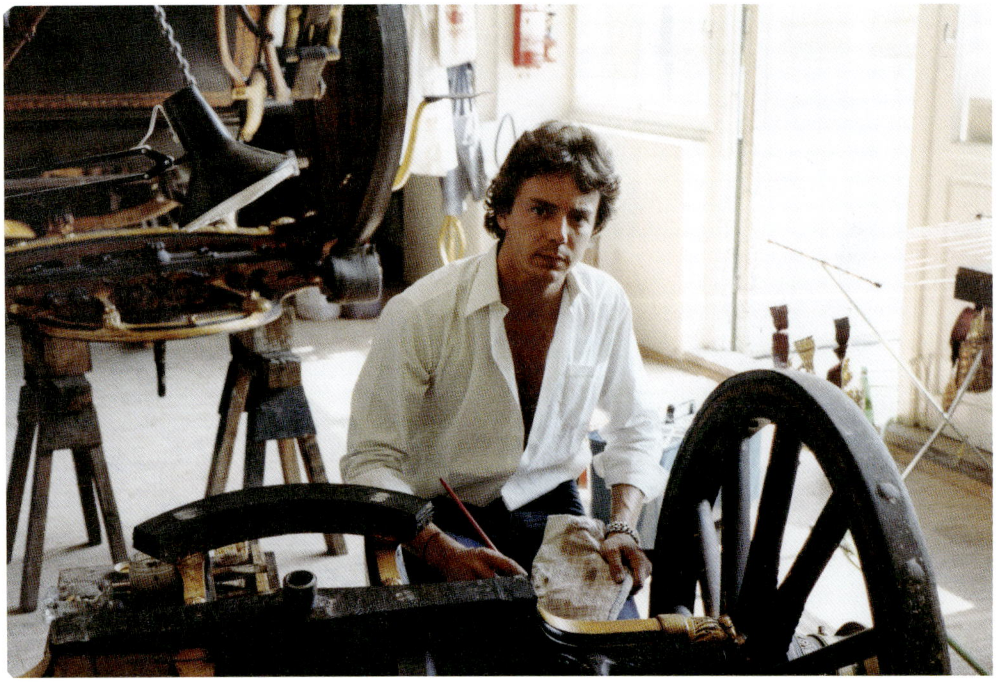

Abb. 148: Ernst Gregor, Kutschenrestaurator der Wagenburg 1977/80–2019, beim Restaurieren eines Leiblandauers, Anfang der 1980er Jahre

Kannst Du erzählen, wie es damals in den 1970er Jahren eigentlich dazu kam, dass Du zum Nachfolger von Roland Neuwirth als Kutschenrestaurator der Wagenburg bestellt wurdest?

In die Wagenburg bin ich ja ursprünglich gekommen, weil ich damals mit Abendkursen an einer Maturaschule begonnen habe. Ich suchte einfach irgendeine Arbeit, von der ich dachte, ich könnte die Schule nebenbei machen. Ich glaubte, dass der Dienst in der Wagenburg wenig fordernd ist … naja, aber es war dann doch nicht so. Das heißt, das war der eigentliche Grund, warum ich überhaupt in die Wagenburg gekommen bin, zunächst als Führungsaufseher. Eines Tages war ich dann mit meinem Kollegen Herbert Uhlir, der so wie ich gelernter Vergolder war, in der Werkstatt bei Roland Neuwirth und wir haben gesehen, wie er ein Objekt vergoldete. Uhlir und ich, wir haben ja jahrelang in unserem Beruf unzählige Goldplättchen verarbeitet. Aber wenn man sich das nur theoretisch aneignet, dann ist das eine Katastrophe. Man atmet auf das Gold, das vor einem liegt, und bläst es weg. Wir sehen da also, wie Herr Neuwirth sich plagte, ja fast schweißgebadet war. Man konnte richtig seine Gedanken lesen: »Nur nicht da hineinatmen. Vorsichtig durch die Nase ausatmen« – aber dann flog das Gold erst recht wieder weg. Wir haben gelacht und er hat dann gesagt, »Es bled'n Buam, mochts'as bessa, wauns'as kennts.«

Er hat aber nicht gewusst, dass ihr Vergolder seid?

Nein. Wir haben es aber wirklich so viel besser gekonnt als er, dass er ehrlich erstaunt war und fragte: »Wo hobts'n des g'lernt?« Als wir es ihm gesagt haben, setzte er sich beim damaligen Oberaufseher [Michael] Pimpel dafür ein, dass wir entweder beide oder zumindest einer von uns in der besucherarmen Zeit bei ihm mitarbeiten konnten. Als nach einiger Zeit Uhlir aus der Wagenburg ausgeschieden ist, weil er sich mit einem der Aufseher gar nicht verstanden hat, bin dann nur noch ich mit Herrn Neuwirth in der Werkstätte

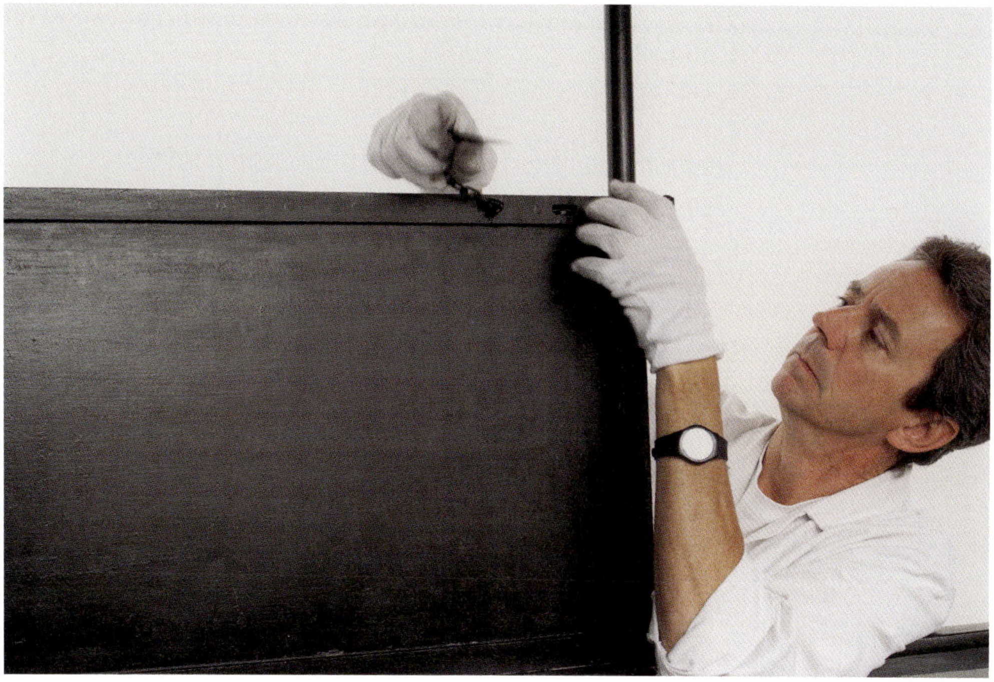

Abb. 149: Ernst Gregor bei der Arbeit, 2006

geblieben. Und dann wurde ich sein Nachfolger. Also heute würde das so nicht mehr gehen. Heute würde ich – selbst mit meinem erworbenen Wissen – nicht einmal mehr zu einem Vorstellungsgespräch eingeladen werden. Ohne akademischen Titel ist es heute unmöglich, so eine Stelle zu übernehmen. Es war halt eine andere Zeit.

Hat Dir das Museum dann Möglichkeiten zur fachlichen Weiterbildung geboten? Konntest Du entsprechende Spezialkurse belegen?

Ja, ich war fast ein Jahr im Bundesdenkmalamt tätig. Das hat Hofrat Kugler arrangiert, sozusagen als praktische Erfahrung vor Ort. Da war ich freigestellt vom Museum. Das erste Mal war ich, glaube ich, sechs Monate dort, und im darauffolgenden Jahr noch einmal drei oder vier Monate. Permanent, die ganze Woche. Ich habe ein Objekt zur Restaurierung bekommen und das wurde dann vom Bundesdenkmalamt begleitet. Und ich konnte mir alles anschauen. Ich habe das Labor und die Chemiker kennengelernt, konnte mit den Fotografen zusammenarbeiten und habe die Zeit auch genutzt, um alle Werkstätten zu besuchen und mit den Restauratoren zu reden. Später habe ich auch einen Lederrestaurierkurs in Offenbach besucht, dann einen Fotokurs an der Akademie der bildenden Künste. Aber das war im Grunde ohnehin selbsterklärend, wenn Du bereits im Bundesdenkmalamt gesehen hast, wie die Fotografen ein Werk begleiten. Ich habe dann auch mit der Restaurierfotografie begonnen, das heißt, die Objekte vorher, während und nach dem Restaurieren dokumentiert – etwas, das heute selbstverständlich ist. Bei uns im Haus hat es ja anfangs nur zwei Fotografen gegeben, die nie Zeit hatten, schon gar nicht für eine Außenstelle wie die Wagenburg. Natürlich konnte man auch selbst fotografieren. Aber es gab im ganzen Kunsthistorischen Museum, glaube ich, nur einen einzigen Fotoapparat für alle Restaurierwerkstätten und den hatte natürlich die Gemäldegalerie.

Und da war es schwierig für Dich, an den heranzukommen.

Das war unmöglich. Ich habe deshalb mit meinem eigenen privaten Fotoapparat, einer für damalige Zeiten sehr modernen Spiegelreflexkamera, Fotos geschossen, zuerst in Schwarz-Weiß und später dann in Farbe.

*Da Dein Wohnort seit vielen Jahrzehnten in Schönbrunn liegt, war die Bindung an die Wagenburg auch räumlich stärker als bei den meisten Kolleg*innen.*

Ja, das stimmt, besonders in Alarmsituationen. Das hat schon früh begonnen mit den ersten Pagern. Wenn in der Wagenburg ein Alarm ausgelöst wurde, dann wurde ich über einen Pager verständigt. Später wurde das dann direkt auf das Handy geleitet.

War das oft der Fall?

Ganz unterschiedlich. Manchmal aber auch mehrmals in einer Nacht.

Das war sicher nicht angenehm, wenn man dann am nächsten Tag wieder früh aufstehen musste.

Ja, aber ich habe mich auch nicht dagegen gewehrt, die Alarmbereitschaft zu übernehmen, denn ich wohne ja gleich nebenan und es wäre mir unkollegial vorgekommen, in der Nacht jemanden in die Wagenburg kommen zu lassen, der dafür quer durch Wien fahren muss.

Kannst Du über denkwürdige Augenblicke aus Deinem langen Berufsleben berichten?

Denkwürdig ist auf alle Fälle die Restaurierung des Kinderwagens von Kaiser Franz Joseph,[1] den ich komplett zerlegen musste, weil unter anderem das Dach und die Spritzdecke ziemlich kaputt waren. Ich habe dann auch die Tapezierung und den Teppich abgenommen und am Fußteil kam eine bis dahin unbekannte Urkunde zum Vorschein, mit vielen Informationen zum Bau des Fahrzeugs. Also das war schon eine große Freude, als ich das entdeckte.

Gab es auch schwierige Momente?

Schwierige Momente hat es sicherlich eine ganze Menge gegeben. Es ist grundsätzlich schwierig, über viele Jahre hinweg alleine an Großobjekten zu arbeiten. Bei Kleinobjekten ist man schnell mit einer Seite fertig, aber bei einem großen Wagen braucht es noch einmal mehr Geduld. Und dazu kommt noch, dass viele Fahrzeuge des 19. Jahrhunderts ja eigentlich monochrom sind. Das macht es nicht leichter. Es ist wirklich schwierig, in einer einheitlich farbigen, glänzenden Fläche eine Retusche so anzubringen, dass diese nicht gleich ins Auge sticht. Also da sind auch akademische Restauratoren mehr als gefordert.

Zum Abschluss: Was machte für Dich das Besondere an der Arbeit in der Wagenburg aus?

Es war nicht so, dass mich die Kutschen so fasziniert hätten, dass ich nichts anderes hätte werden wollen als Kutschenrestaurator. Aber ich habe den Beruf des Restaurators immer schon faszinierend gefunden, lange schon bevor ich noch in der Wagenburg tätig war, bereits als Fünfzehn-, Sechszehnjähriger, und vielleicht bin ich auch deswegen Vergolder geworden, weil das dem irgendwie nahe war. In die Wagenburg bin ich gekommen, um die Abendschule in Ruhe machen zu können. Und dann hat sich für mich diese Tür geöffnet. Ich habe in der Werkstatt mitgearbeitet und es hat mir Spaß gemacht.

Aber dass das eine Lebensstelle für Dich werden könnte, war Anfang der 80er Jahre nicht geplant?

Niemand übernimmt in seinen Zwanzigern einen Posten in Hinblick darauf, dass er dort in Pension gehen wird. So etwas passiert einfach.[2]

1 Inv.-Nr. W 68.

2 Das Gespräch mit Ernst Gregor wurde am 20. Februar 2023 geführt. Für die Drucklegung wurde es vom Verfasser gekürzt und sprachlich überarbeitet.

Erste Sonderausstellungen

Rund drei Jahre nach Abschluss der Generalsanierung wurde am 21. Dezember 1977 in der neuerrichteten, im hinteren Bereich des Museums gelegenen kleinen Schauhalle die erste Sonderausstellung der Wagenburg eröffnet.[1] Im Zentrum der Schau stand eine für den kaiserlichen Botschafter Fürst Joseph Wenzel von Liechtenstein 1738 in Paris erbaute Galaberline, ein herausragendes Werk des französischen Wagenbaus im Rokoko. Das Fahrzeug und das zugehörige Zuggeschirr, beides Objekte der liechtensteinischen Kunstsammlungen, waren – bis auf die Paneelmalereien – 1975/76 von Mitarbeiter*innen der Wagenburg, nämlich von Roland Neuwirth und Irmgard Leitner, restauriert worden.[2] Herbert Haupt, seit Ende 1972 wissenschaftlicher Assistent an der Wagenburg,[3] hatte in akribischen Archivrecherchen die Entstehungs- und Nutzungsgeschichte des Wagens recherchiert. Die neugewonnenen Erkenntnisse wurden in Form von Dokumenten präsentiert. Ergänzt wurde die Exposition durch mehrere Leihgaben der liechtensteinischen Kunstsammlungen, des Historischen Museums der Stadt Wien und einige Objekte der Wagenburg. Die Sonderausstellung erhielt derart großen Publikumszuspruch, dass sie bis 18. März 1980 verlängert wurde. Während der gesamten Laufzeit wurde sie von mehr als 420.000 Menschen besucht.

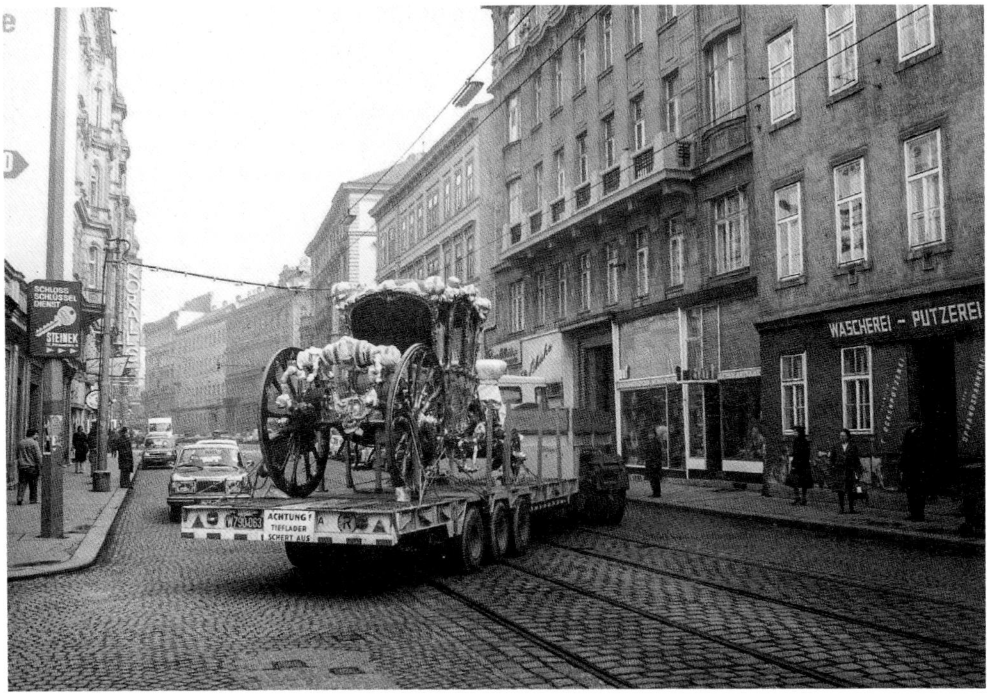

Abb. 150: Die restaurierte Galaberline des Fürsten Joseph Wenzel von Liechtenstein wird vom Gartenpalais Liechtenstein auf einem Tieflader in die Wagenburg transportiert, 1976

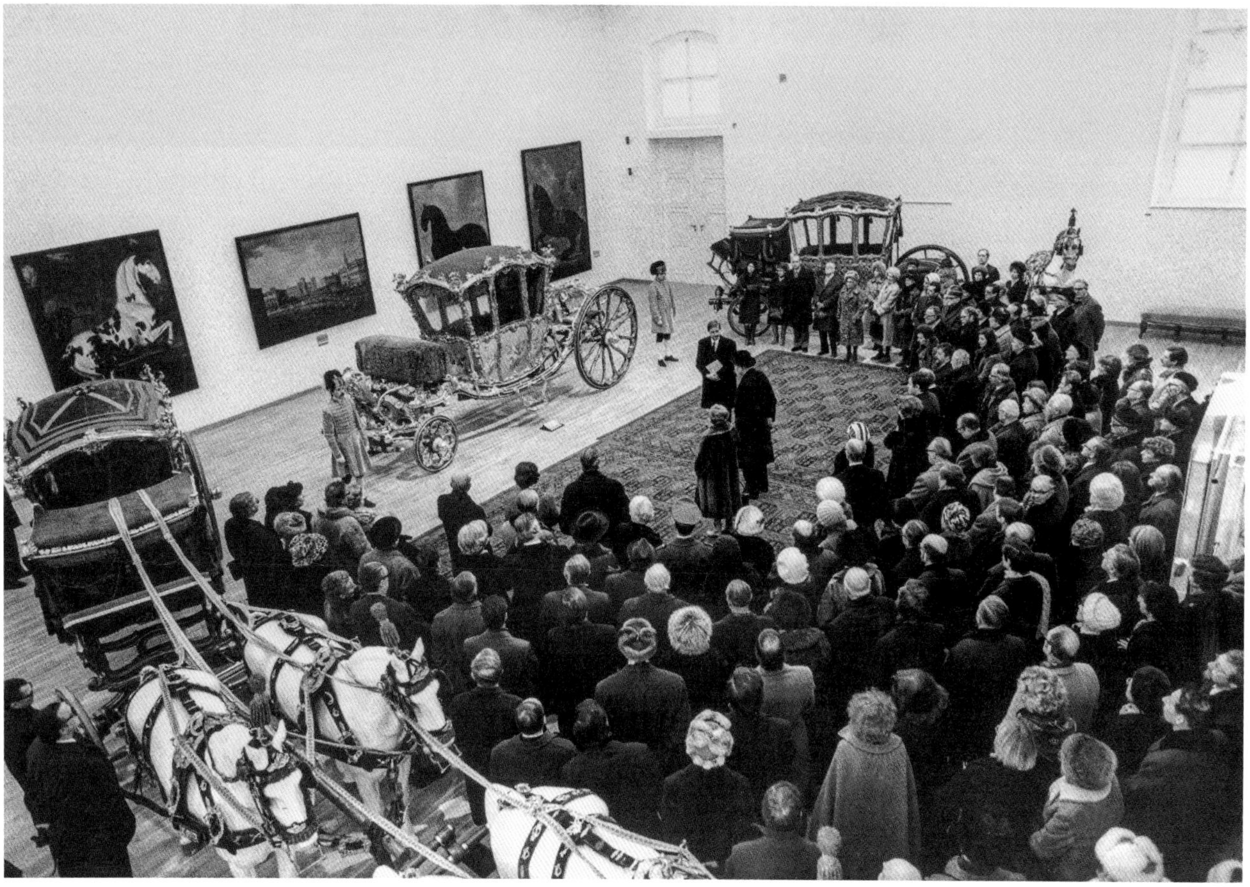

Abb. 151: Eröffnung der Sonderausstellung *Der Goldene Wagen des Fürsten Joseph Wenzel von Liechtenstein* am 21. Dezember 1977

Bereits wenige Wochen nach Ablauf der ersten Sonderausstellung eröffnete in der Wagenburg die nächste Schau, die diesmal in Kooperation mit Schloss Schönbrunn entstanden war.[4] Den Anlass dafür bot der 200. Todestag Maria Theresias. Dabei wurden in der Wagenburg Karossen, Berlinen, Schlitten, Tragsessel, Livreen sowie mehrere Gemälde aus der Regierungszeit der Monarchin gezeigt. Unter den präsentierten Objekten befanden sich mehrere restaurierte Depotstücke sowie einige Leihgaben, wie etwa zwei Dienerlivreen aus Stockholm, die als Teil eines Wiener Schlittenensembles im Jahr 1777 als Geschenk Maria Theresias an den schwedischen Hof gelangt waren.[5] Der überwiegende Teil der Exponate stammte jedoch aus der Dauerausstellung der Wagenburg und wurde für die Schau nur neu arrangiert. Die Präsentation der barocken Fahrzeuge in einem eigenen Raum, der den Besucher*innen beim Betreten aufgrund der Opulenz der Objekte als überraschender Höhepunkt des gesamten Museumsbesuchs erscheinen musste, hielt Sammlungsdirektor Georg Kugler für so stimmig, dass er beschloss, sie auch nach dem Ende der Sonderausstellung im November 1980 beizubehalten.

Die Verlagerung der ältesten Sammlungsobjekte in den im hinteren Bereich des Museums gelegenen Ausstellungsraum hatte auch massive Auswirkungen auf die vordere Haupthalle, deren Rundgang nun eine umfassende didaktische Veränderung sowie eine Verdichtung erfuhr. Die Zahl der dort gezeigten Fahrzeuge wurde um 16 auf 50 gesteigert, ebenso wurde die Menge der präsentierten Geschirre vermehrt.[6]

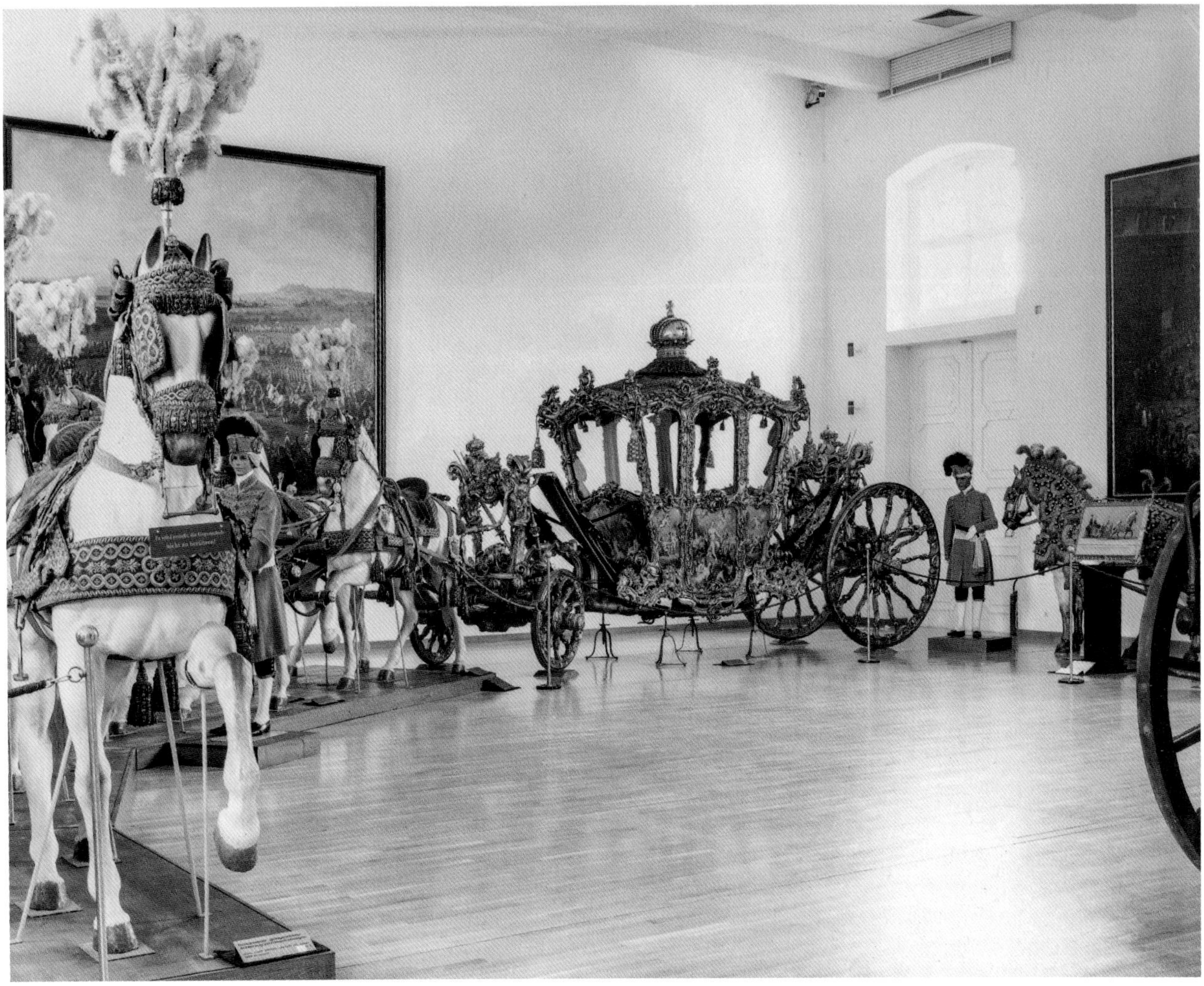

Abb. 152: Einblick in die Sonderausstellung *Maria Theresia und ihre Zeit*, 13. Mai bis 2. November 1980

Im Wesentlichen wurde die damals eingeführte zeitliche Zweiteilung der Objekte mit den jüngeren Objekten in der vorderen und den älteren in der hinteren Halle bis heute beibehalten. Bei allen Vorteilen hat diese Gliederung aber auch ein Manko, denn der Wagenburg fehlt dadurch ein eigener Raum für Sonderausstellungen.

1 AK Wien 1977; KHM, Zl. 60 und 73/WB/1977, Zl. 2 und 6/WB/1978, Zl. 2/WB/1979, Zl. 2/WB/1980.
2 KHM, Zl. 15/WB/1975–1976.
3 KHM, Zl. 21/WB/1972.
4 Zur Ausstellung siehe AK Wien 1980, 574–580; KHM, Zl. 6/WB/1979, Zl. 6 und 59/WB/1980.
5 Zu diesem Geschenk siehe Svärdström 1964.
6 KHM, Zl. 60/WB/1980.

Besuchsrekorde, Reformen, Neuerwerbungen und ein Betrugsskandal

War bereits die erste, Ende 1977 eröffnete Sonderausstellung der Wagenburg ein Publikumserfolg, so traf dies noch viel mehr auf die Maria-Theresia-Ausstellung von 1980 zu. In diesem Jahr wurden insgesamt 565.622 Gäste gezählt, was einen neuen Besuchsrekord darstellte, der auch in späteren Zeiten nicht mehr übertroffen werden sollte. An manchen Tagen besichtigten damals mehr als 5.000 Personen die Wagenburg.[1]

Der durch die Sonderausstellung verursachte Popularisierungsschub in Verbindung mit einer niederschwelligen Eintrittspreisregelung bescherte dem Museum auch in der Folge konstant hohe Besuchszahlen. In den 1980er Jahren lagen diese im Durchschnitt bei rund 258.000, wobei in diesem Zeitraum ein großer Teil aller Museumsgäste, nämlich zwischen 42 und 73 Prozent, freien Eintritt genoss.[2]

Die hohen Besuchszahlen waren in erster Linie natürlich erfreulich, bedeuteten sie doch, dass viele Menschen die Schätze des Wiener Hofmarstalls kennenlernten. Sie hatten allerdings auch nicht zu übersehende Schattenseiten, denn das Museum geriet dadurch an seine Belastungsgrenzen. Dies wird durch eine in den Sammlungsakten dokumentierte Bemerkung Georg Kuglers von 1982 deutlich. Er hielt damals fest, dass er aufgrund der vielen Museumsgäste und der zu geringen Zahl an Aufsichtspersonal die Sicherheit der Objekte nicht mehr gewährleisten könne. Bei Kontrollbesuchen in der Schauhalle böten sich seinen Augen besonders an gut besuchten Sommertagen albtraumhafte Szenarien, hervorgerufen durch enormes Gedränge und undiszipliniertes Verhalten einzelner Besucher*innen.[3]

Wohl nicht zuletzt aufgrund derartiger Probleme veranstaltete die Wagenburg während der Direktion von Georg Kugler nur noch zwei weitere, allerdings kleine Sonderausstellungen, nämlich *Reiter, Pferde, Karossen* (1986)[4] sowie *Pferd und Jagd in Polen* (1989)[5]. Beide Schauen waren von auswärtigen Kuratoren gestaltet und erregten kein nennenswertes Echo.

Kugler legte fortan sein Augenmerk vermehrt auf das Monturdepot, dessen Objekte er in Zusammenarbeit mit den Sammlungskurator*innen Herbert Haupt beziehungsweise Monica Kurzel-Runtscheiner im Rahmen von Sonderausstellungen außerhalb der Wagenburg der Öffentlichkeit präsentierte. Damit verlieh er einer bis dahin wissenschaftlich großteils unbearbeiteten und weithin unbekannt gebliebenen Sammlung erstmals Sichtbarkeit. Den Startschuss hierfür gab eine ungemein erfolgreiche Kostümausstellung im New Yorker Metropolitan Museum, die 1979/80 die Mode am Kaiserhof zur Schau stellte und bei der zahlreiche Objekte aus dem Monturdepot zu sehen waren.[6] Dies ließ in Kugler den Entschluss reifen,[7] auch dem österreichischen Publikum erstmals Einblick in die Sammlung des Monturdepots zu geben, was schließlich zu den beiden Burgenländischen Landesausstellungen *Uniform und Mode am Kaiserhof* (1983)[8] und *Des Kaisers Rock* (1989)[9] – beide auf Schloss Halbturn – führte. Weitere Präsentation des Monturdepots fanden 1995/96 in Paris[10] sowie 2000/01 im Wiener Palais Harrach und in Mannheim[11] statt.

Der berufliche Radius Georg Kuglers reichte in jenen Jahren weit über die Wagenburg und das Monturdepot sowie andere ihm unterstehende Abteilungen des Kunsthistorischen Museums, wie die Bibliothek und die Reproduktionsabteilung, hinaus. Er war von 1977 bis 1986 Teil des Leitungsgremiums von IATM, einem internationalen Verband von Transportmuseen,[12] unterrichtete seit 1979 regelmäßig Museumskunde am Institut für Österreichische Geschichtsforschung[13] und bildete ab 1986 Fremdenführer aus.[14] Kugler war zudem wissenschaftlicher Leiter des 1997 gegründeten Lipizzanermuseums in Wien[15] und stand 1990 sogar für ein halbes Jahr als interimistischer Erster Direktor an der Spitze des Kunsthistorischen Museums.[16] Er publizierte darüber hinaus zahlreiche Überblickswerke zu unterschiedlichen Themen, etwa zu den Sammlungen und zur Ausstattung des Kunsthistorischen Museums, ferner zu Schloss Schönbrunn, zur Wiener Hofburg oder zu Kaiser Franz Joseph und dessen Gemahlin Elisabeth.

In Kuglers Amtszeit fielen museumspolitische Reformen, die nicht ohne Auswirkungen auf die Wagenburg blieben. Im Jahr 1989 wurde das Kunsthistorische Museum teilrechtsfähig und zu Beginn des Jahres 1999, durch das Bundesmuseengesetz von 1998, schließlich vollrechtsfähig.[17] Vereinfacht gesagt bedeutete dies, dass das Museum aus der Obhut der Ministerialbürokratie entlassen wurde und seither wirtschaftlich weitgehend selbständig agieren kann und dadurch in vielen Bereichen über einen größeren Handlungsspielraum verfügt, auch wenn das zuständig Ministerium weiterhin Kontrollfunktionen ausübt. Etwa zur selben Zeit, nämlich im Jahr 1992, wurde auch Schloss Schönbrunn aus der staatlichen Verwaltung ausgegliedert. Das Schlossareal war nun nicht mehr einem Schlosshauptmann, sondern der neu gegründeten Schloß Schönbrunn Kultur- und Betriebsgesellschaft unterstellt.[18]

Die Reformen bewirkten, dass unternehmerisches Denken zunehmend in den Vordergrund rückte, was unter anderem eine drastische Reduktion von Gratiseintritten und einen

Abb. 153: Neuaufstellung des Jahres 1980: Einblick in die große Schauhalle

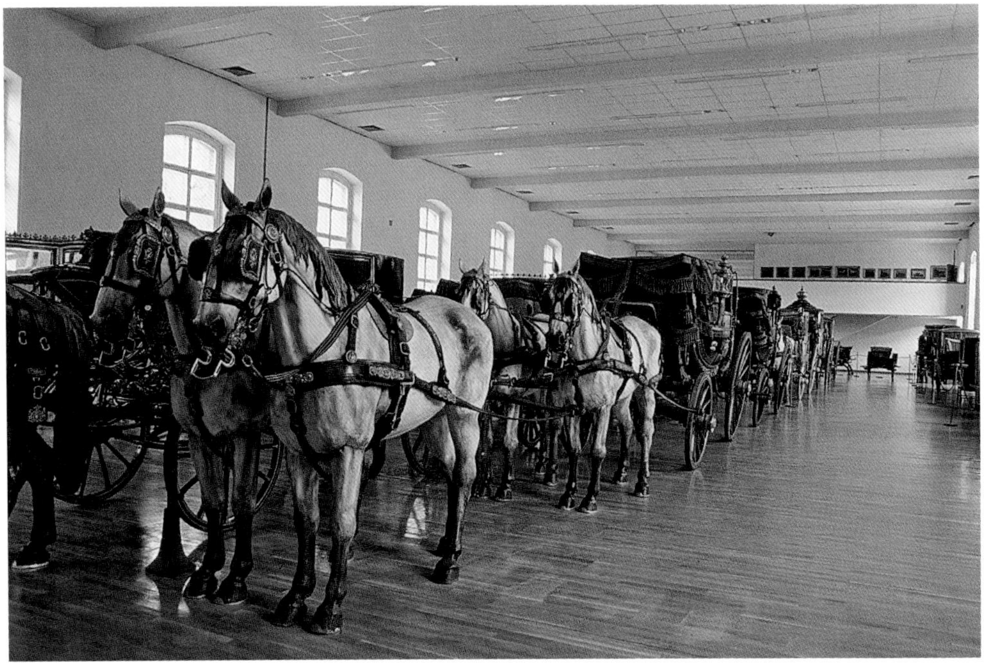

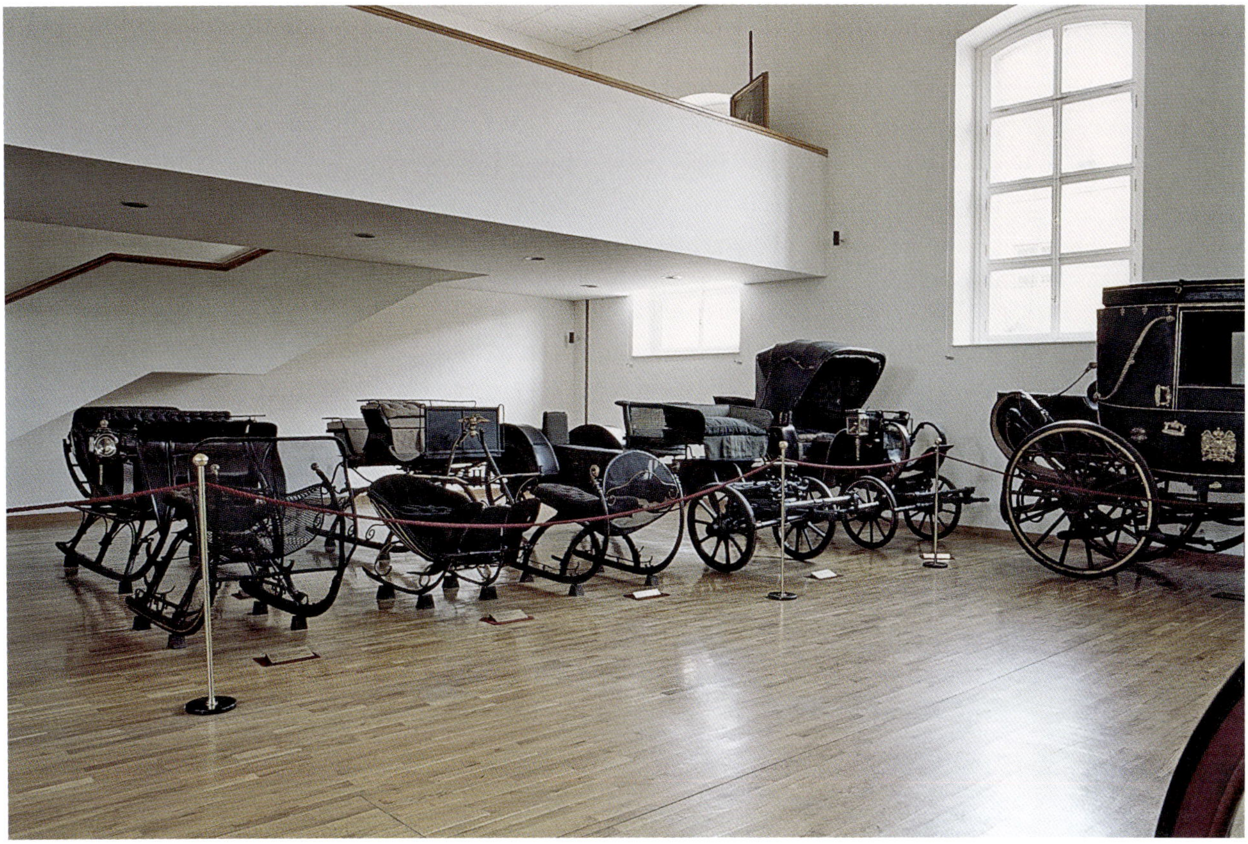

Abb. 154: Neuaufstellung des Jahres 1980: Schlitten und Jagdwagen in der großen Schauhalle unterhalb der Galerie

Anstieg der Ticketpreise zur Folge hatte. Die auf dem Schlossareal vertretenen Kultureinrichtungen begannen nun zunehmend, um die Schönbrunn-Besucher*innen zu konkurrieren, wenngleich damals auch neue Kooperationen entstanden, etwa durch die – wenn auch vorerst nur probeweise – Einführung von Kombi-Tickets, die Ermäßigungen für jene Besucher*innen boten, die nicht nur das Schloss, sondern auch die Wagenburg und andere Publikumsattraktionen in Schönbrunn besuchen wollten.[19] Als Resultat der museumspolitischen Entwicklungen der 1990er Jahre lässt sich für die Wagenburg jedenfalls ein deutlicher Schwund an Besucher*innen konstatieren: Zählte das Schönbrunner Marstallmuseum 1990 noch etwas mehr als 250.000 Gäste, so sank diese Zahl in den darauffolgenden Jahren sukzessive und lag 2000 zum ersten Mal seit den 1950er Jahren wieder unter 100.000.[20]

Für die Besucher*innen brachte die damalige Reformperiode auch einige neue Annehmlichkeiten mit sich. So wurde 1992 im Foyer der Wagenburg erstmals ein Museumsshop eingerichtet, dessen Angebot über Postkarten und Museumsführer hinausging,[21] und 1994 eröffnete in unmittelbarer Nähe der Wagenburg ein Lokal mit dem Namen »Kutscherg'wölb«, das Besucher*innen seither die Möglichkeit bietet, vor oder nach dem Museumsbesuch eine Pause einzulegen und sich zu verköstigen.[22] Anders, als der Name annehmen lassen könnte, steht das Lokal jedoch in keinerlei betrieblichem Zusammenhang mit dem Museum.

Im Jahr 1989 rückte anlässlich des Leichenbegängnisses von Zita, der letzten österreichischen Kaiserin, ein Objekt der Wagenburg ins Zentrum des öffentlichen Interesses. Kugler entschloss sich damals, den Schwarzen Hofleichenwagen (Inv.-Nr. W 5), der letztmals 1916 beim Leichenbegängnis von Kaiser Franz Joseph im Einsatz gewesen war, für die Übertragung von Zitas Leichnam in die Kapuzinergruft bereitzustellen.[23] Auch für diese

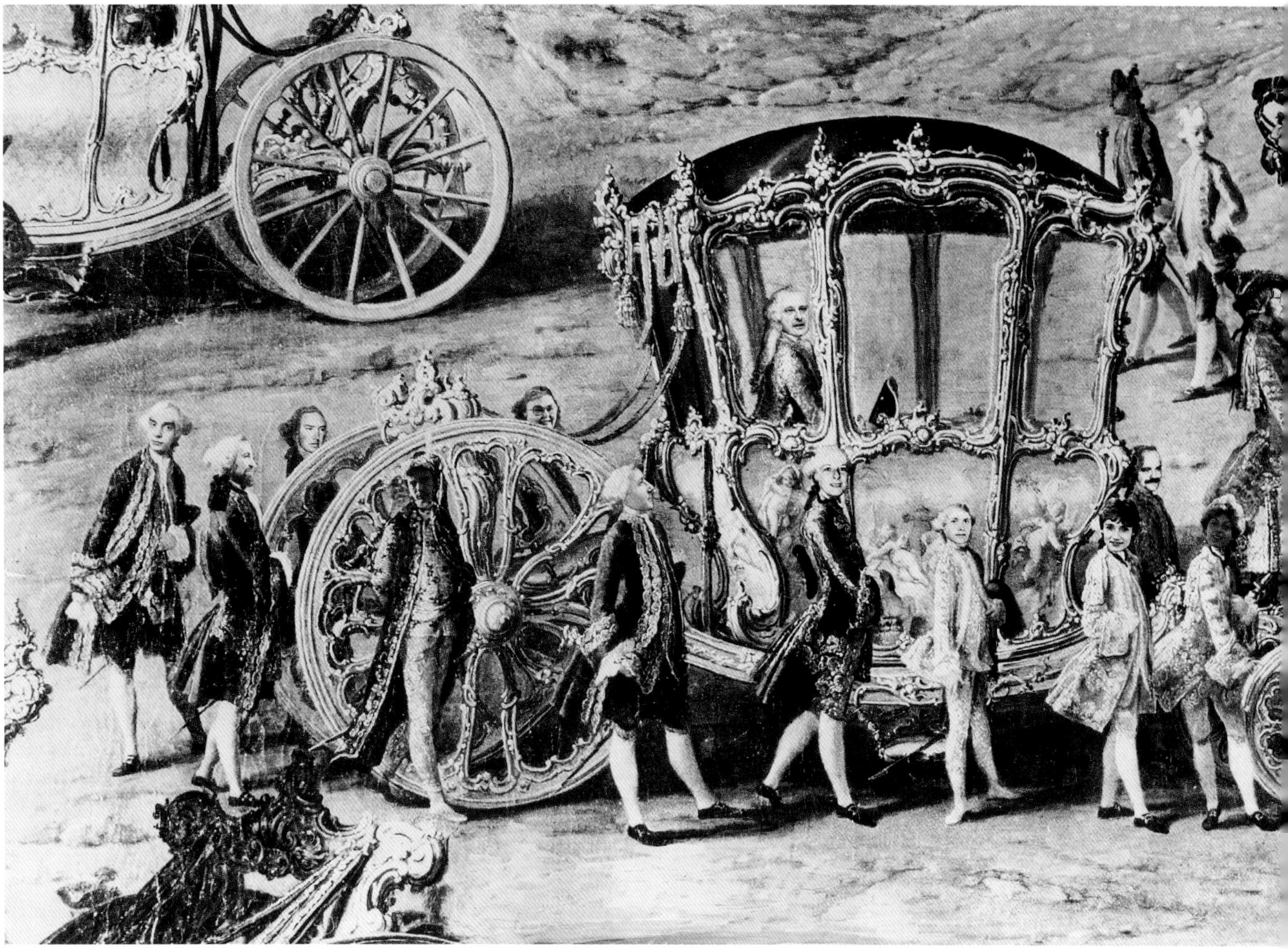

Abb. 155: Fotomontage anlässlich des 50. Geburtstags von Georg Kugler, 1985: In eine Darstellung des »Goldenen Wagens« der Fürsten Liechtenstein sind Porträts von Mitarbeiter*innen der Wagenburg sowie jener Abteilungen integriert, die unter der Verantwortung Kuglers standen. V. l. n. r.: Hannes Bittermann (Fotograf), Gerhard Trübswasser (Buchbinder), Rudolf Schopf (Buchbinder), Ernst Gregor (Restaurator Wagenburg) Charlotte Haidvogl (Bibliothek), Roman Kaderabek (Bibliothek), Georg Kugler (Direktor), Herta Bittermann (Repro-Abteilung), Anna Schimanko (Textilrestaurierung Wagenburg und Monturdepot), Renate Zalmann (Repro-Abteilung), Udo Sitzenfrey (Fotograf), Beatrix Kriller (Bibliothek), Herbert Haupt (Kustos Wagenburg und Monturdepot), Michaela Rainer (Repro-Abteilung), Kurt Traum (Grafiker), Gabriele Bannauer (Archiv), Alfred Suchomel (Oberaufseher Wagenburg)

aufsehenerregende Nutzung gilt, gleich wie für die bereits mehrfach erwähnten Entlehnungen von ehemaligen Hofwagen für Festzüge und Filmaufnahmen in früheren Jahrzehnten, dass sich eine derartige Verwendung eines bereits musealisierten Objektes aus konservatorischer Sicht eigentlich von selbst hätte verbieten sollen. Geäußerten Einwänden von Kutschenrestaurator Ernst Gregor wurde damals jedoch nicht ausreichend Gehör geschenkt.

Georg Kugler brachte in den 1980er und 1990er Jahren allerdings auch einige nachhaltige Verbesserungen im Bereich der Textil- und Lederrestaurierung auf den Weg. In der nahe dem Museum gelegenen Dienstwohnung des 1983 verstorbenen pensionierten Wagenburg-Oberaufsehers Karl Wiesinger wurde 1985 eine moderne Textilrestaurierwerkstätte installiert, die nun jene Werkstätte ersetzte, die 1960 auf kleinstem Raum eingerichtet worden war.[24]

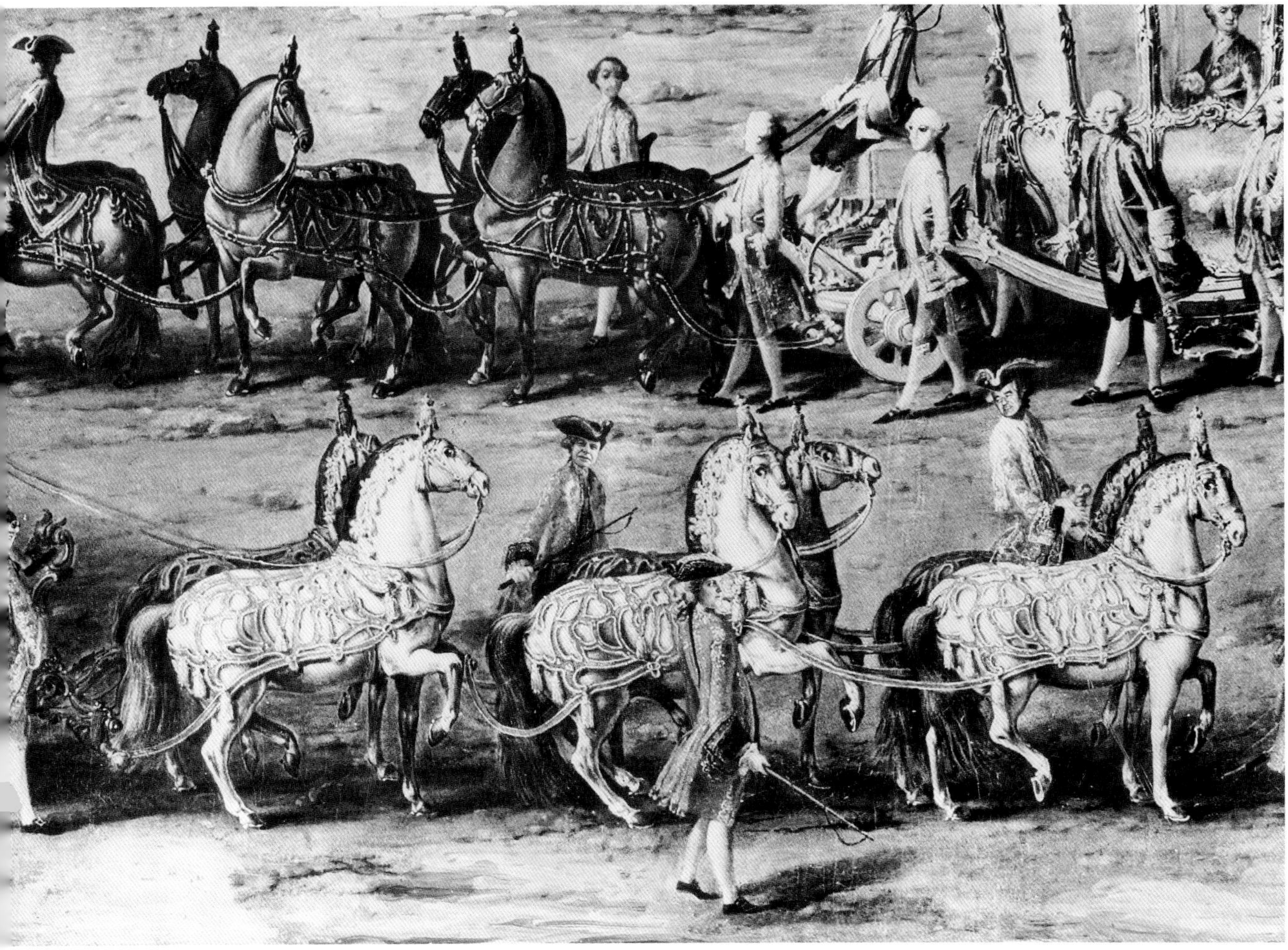

Im Jahr 1990 konnte Kugler zudem durchsetzen, dass die Wagenburg endlich den seit langer Zeit urgierten Planposten für Lederrestaurierung bewilligt bekam. Die Stelle wurde damals mit Marianne Novotny besetzt, die sich fortan nicht nur den zahlreichen Lederobjekten der Sammlung widmete, sondern auch die seit 1984 in der Wagenburg tätige Textilrestauratorin Anna Schimanko bei der Arbeit unterstützte.[25] Kurz vor Kuglers Pensionierung im Jahr 2000 konnte für die Sammlung schließlich eine weitere Stelle für Textilrestaurierung geschaffen werden, wodurch endlich auch eine den Anforderungen entsprechende konservatorische Betreuung der zahlreichen Objekte des Monturdepots möglich wurde.

Kuglers Direktionszeit war von einer regen Sammlungstätigkeit geprägt. Unter den zahlreichen Neuerwerbungen seien hier nur ein Tragsessel des 18. Jahrhunderts aus dem Besitz der Familie Kinsky (Inv.-Nr. W 147)[26] erwähnt sowie ein Konvolut von sieben Fahrzeugen, die die Wagenburg 1998 von der ehemaligen Bundesanstalt für Pferdezucht Stadl-Paura in Oberösterreich übernehmen konnte. Bei diesen sieben Fahrzeugen (Inv.-Nrn. W 148 bis W 154) handelt es sich um zwei Kutschierwagen, drei Mylords und einen Schlitten, die ursprünglich aus dem kaiserlichen Marstall stammen, sowie um einem Jagdwagen anderer Provenienz.[27] Die sechs ehemaligen Hoffahrzeuge waren 1922 an das Bundesministerium für Land- und Forstwirtschaft abgegeben worden und gelangten von dort nach Stadl-Paura, wo sie für viele Jahrzehnte weiterverwendet wurden. Sie sind besonders deshalb von

Bedeutung für die Wagenburg, da es sich bei ihnen um ausgesprochene Alltagsgefährte des Wiener Hofes handelt, von denen 1922 nur wenige vom Museum übernommen worden waren. Ihre kaiserlichen Embleme wurden in Republikszeiten mit einer schwarzen Fassung bedeckt. Bei einer in den vergangenen Jahren durchgeführten gründlichen Restaurierung eines dieser Fahrzeuge (Inv.-Nr. W 151) kamen unterhalb der Übermalungen wieder die originale kaisergrüne Fassung mit Goldbeschnitt sowie fein aufgemalte Doppeladler zum Vorschein.[28]

In einer Jubiläumsschrift sollen auch unerfreuliche Ereignisse nicht einfach unter den Teppich gekehrt werden. Dazu zählt ein Betrugsskandal, der Ende September 1993 die Wagenburg erschütterte.[29] Involviert waren mehrere Museumsaufseher, Fremdenführer und Chauffeure, die über mindestens zwei Jahre hinweg mittels eines gefinkelten Systems einen Teil der Gruppeneintrittspreise in die eigenen Taschen abzweigten. Der dabei verursachte Schaden belief sich auf mehrere Millionen Schilling. Als sich der Verdacht auf Unregelmäßigkeiten verdichtet hatte, schaltete die Generaldirektion des Kunsthistorischen Museums im Sommer 1993 die Kriminalpolizei ein, die im Zuge mehrwöchiger verdeckter Ermittlungen

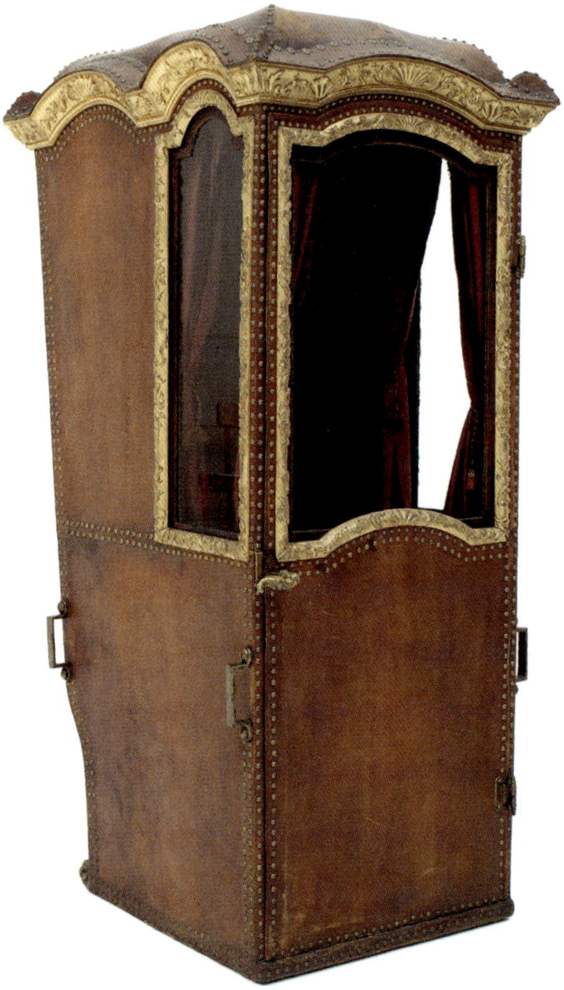

Abb. 156: Tragsessel aus dem Besitz der Familie Kinsky, erstes Drittel des 18. Jahrhunderts. Inv.-Nr. W 147. 1996 für die Wagenburg erworben

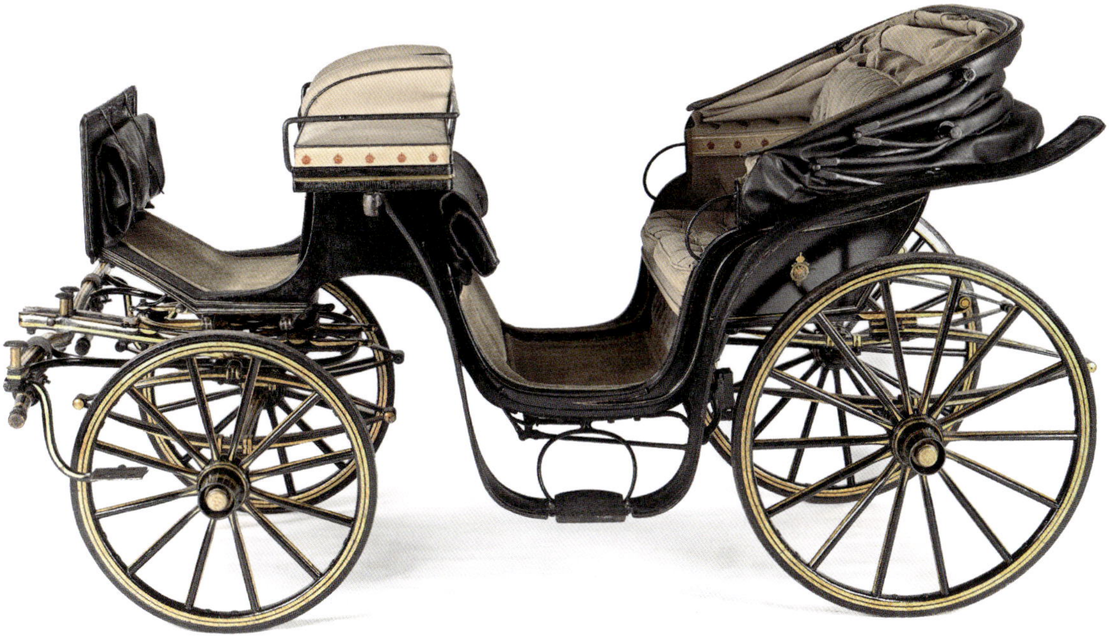

Abb. 157: Mylord des Wiener Hofes, Gebrüder Kölber, Budapest 1896. Inv.-Nr. W 151. Das Fahrzeug wurde gemeinsam mit anderen 1998 aus der ehemaligen Bundesanstalt für Pferdezucht Stadl-Paura in die Wagenburg übernommen. Zustand nach der 2018–2021 durchgeführten Restaurierung

den Tätern auf die Spur kam, im Rahmen eines koordinierten Einsatzes am 24. September zuschlug und mehrere Personen verhaftete. Es folgten Entlassungen der geständigen Aufseher, die Versetzung jener, denen keine Schuld nachgewiesen werden konnte, und die Einführung strengerer Kontrollen, die helfen sollten, in Zukunft derartige Vorkommnisse zu verhindern.

1 KHM, Zl. 59/WB/1980.
2 KHM, Zl. 56/WB/1981, Zl. 50/WB/1982–1990.
3 KHM, Zl. 10/WB/1982.
4 KHM, Zl. 55/WB/1986.
5 KHM, Zl. 2/WB/1987–1989.
6 AK New York 1979/80. Zur Vorbereitung der Ausstellung siehe auch KHM, Zl. 40 und 51/WB/1979, Zl. 5/MD/1979. Zur Vorgeschichte siehe auch ein Interview mit Georg Kugler am 15. Juni 2022, Transkription einl. in KHM, Zl. 70/WB/2022.
7 Siehe dazu ein Interview mit Georg Kugler am 15. Juni 2022. Transkription einliegend in Zl. 70/WB/2022.
8 AK Halbturn 1983.
9 AK Halbturn 1989.
10 AK Paris 1995/96.
11 AK Wien – Mannheim 2000/01.
12 KHM, Zl. 7/WB/1977, Zl. 7/WB/1980. IATM – früher »International Association of Transport Museums«, heute erweitert zu »International Association of Transport and Communication Museums« – ist dem größeren Museumsverband ICOM (International Council of Museums) angegliedert.
13 KHM, Zl. 37/WB/1980.
14 KHM, Zl. 47/WB/1986.
15 KHM, Zl. 11/WB/1996, Zl. 11 und 64/WB/1997. Im Jahr 2007 wurde das Lipizzanermuseum geschlossen. KHM, Zl. 21/WB/2007; JB KHM 2007, 111.
16 Haupt 1991, 258.

17 Seipel 1991, 220; Bundesmuseen-Gesetz 1998; KHM, Zl. 26/WB/1997, Zl. 26/WB/1998.

18 KHM, Zl. 13/WB/1992.

19 Zu frühen Planungen eines Kombitickets siehe KHM, Zl. 13/WB/1991. Zur probeweisen Einführung einer solchen Eintrittskarte siehe KHM, Zl. 13 und 26/WB/1995, Zl. 26/WB/1996. Eine langfristig bestehendes Kombiticket wurde schließlich erst 2002 eingeführt: KHM, Zl. 13/WB/2001–2002; JB KHM 2002, 60.

20 Siehe dazu die Besuchsstatistiken der Wagenburg 1990–2000, die in den Sammlungsakten alljährlich unter der Aktenzahl 50 einliegen.

21 KHM, Zl. 29/WB/1992.

22 KHM, Zl. 13/WB/1994.

23 Siehe dazu ausführlich das Kapitel *Rückblick auf ein Berufsleben in der Wagenburg: Der ehemalige Sammlungsdirektor Georg Kugler im Gespräch* sowie KHM, Zl. 23/WB/1989.

24 KHM, Zl. 54/WB/1983; Zl. 13/WB/1984–1985.

25 KHM, Zl. 26 und 31/WB/1990.

26 KHM, Zl. 14/WB/1996; AK Wien 2008, 161 f.

27 KHM, Zl. 16/WB/1998.

28 Vgl. JB KHM 2020/21, 40 f.

29 KHM, Zl. 31 und 49/WB/1993, 31/WB/1994; Die Presse, 27. September 1993, 9.

Rückblick auf ein Berufsleben in der Wagenburg: Der ehemalige Sammlungsdirektor Georg Kugler im Gespräch

Vorab ein paar Worte zu Ihrem Lebenslauf: Sie wurden 1935 in Wien geboren, wuchsen in Gmunden auf, studierten in Wien Rechtswissenschaften und Geschichte und sind Mitglied des Instituts für Österreichische Geschichtsforschung. Wie kein anderer überblicken Sie eine unglaublich große Zeitspanne der hundertjährigen Geschichte der Wagenburg. Sie wurden 1959 als Volontär von Sammlungsdirektor Erwin Auer eingestellt, wurden dann wissenschaftlicher Assistent und Kustos und schließlich 1973 Direktor der Wagenburg, ein Amt, das Sie bis zu Ihrer Pensionierung im Jahr 2000 ausfüllten. Außerdem waren Sie Anfang der 1990er Jahre auch für kurze Zeit interimistischer Erster Direktor des Kunsthistorischen Museums. Können Sie zunächst erzählen, wie Sie eigentlich ans Museum kamen? Das war ja direkt im Anschluss an Ihr Studium?

Ja, das war im Anschluss an das Studium, im letzten Studienjahr. Im letzten Halbjahr des Institutskurses[1] kam eines Tages Professor Lhotsky[2] herein und sagte: »Der Auer« – er hat sich so ausgedrückt – »sucht einen neuen Assistenten, wäre daran jemand von euch interessiert?« Der Rainer Egger[3] und ich antworteten, »ins Museum gehen wir gern, um was dreht sich's denn eigentlich?«, und da hieß es: »Um die Bibliothek.« Das war ja noch einfacher für uns als Historiker im Institut. Und dann wurden wir beide von Professor Lhotsky ins Zimmer gerufen und nach einiger Zeit sagte er: »Ich werde Sie« – damit hat er mich gemeint – »dem Auer vorschlagen.« Und dann stellte ich mich dem Auer vor. Er sagte: »Die Bedingung ist aber, dass Sie das Doktorat in Geschichte und Kunstgeschichte haben.« Zu diesem Zeitpunkt war ich Jurist und besuchte als außerordentlicher Teilnehmer den Institutskurs. Das hat es ja oft gegeben. Und ich musste versprechen, innerhalb eines Jahres das philosophische Doktorat zu erwerben. Nichtsdestoweniger begann ich bereits am 1. Juli 1959 als Volontär in der Wagenburg zu arbeiten. Ich war immer nur den halben Tag in der Wagenburg – das heißt in der Bibliothek des Kunsthistorischen Museums – und lernte Ämterkunde und ähnliche Dinge, die Direktor Auer wichtig waren. Am Nachmittag arbeitete ich an meiner Dissertation und habe pünktlich am 27. Juni des folgenden Jahres das Doktorat abgeschlossen.

Wissen Sie, wie es eigentlich dazu gekommen ist, dass die Museumsbibliothek an die Sammlung der Wagenburg und des Monturdepots gekoppelt war?

Nicht die Bibliothek war gekoppelt, sondern die Wagenburg wurde angeschlossen. Auer war zunächst als Leiter der Bibliothek Nachfolger von Lhotsky beziehungsweise von Frau Dr. Schwaighofer[4]. Als die Wagenburg selbständig wurde, hat Auer sie sich sozusagen herangezogen und machte sich dadurch zum Sammlungsleiter. Er hat den Rang der

Bibliothek gehoben, aber erst viel später unter Seipel[5] ist sie eine eigene Sammlung geworden.

Wie haben Sie Wagenburg-Direktor Erwin Auer als Leiter der Wagenburg und als Vorgesetzten erlebt? Was war er für ein Mensch?

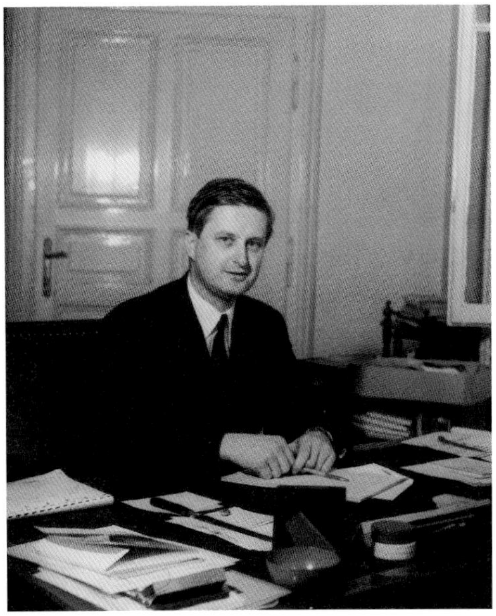

Abb. 158: Georg Kugler am Beginn seiner Berufslausbahn an seinem Schreibtisch im Kunsthistorischen Museum, um 1965

Er war unvergleichlich. Korrekt, freundlich, scheinbar unpersönlich, in Wirklichkeit aber immer sehr besorgt um das Wohl meiner Person, meiner Frau und meiner Kinder, die nach und nach gekommen sind. Er hat das aber immer von seiner gewissenhaft erledigten Arbeit im Museum getrennt. Auer war auch einer, der immer um 8 Uhr Früh im Büro war. Diese sehr genaue Einhaltung der Dienstzeiten und der Arbeiten – ich meine, es war manchmal geradezu lächerlich, wie genau er alles genommen hat. Wenn ihn zum Beispiel seine Frau in der Wagenburg abholte und in die Schauhalle hineingehen wollte, dann musste sie eine Eintrittskarte nehmen. Und außerdem verwendete er sie ständig – wir hatten ja zunächst keine Sekretärin – für das Schreiben kurzer Nachrichten, mit ein bis zwei Durchschlägen, die hat er dann von zu Hause mitgebracht. Das hat alles seine Frau geschrieben.

Um sich herum hatte Auer ein Team von Aufsehern, die auch als Restauratoren arbeiteten, allesamt ausgebildete Handwerker: Sattler, Wagner, Taschner oder Riemer. Von diesem Team, das Auer schon seit der ersten Nachkriegszeit an unterstützte, standen noch einige im Dienst, als Sie ans Museum gekommen sind. Haben Sie vielleicht noch persönliche Erinnerungen an den einen oder anderen von ihnen?

Ja, [Karl] Wiesinger wohnte gegenüber der Wagenburg, dort wo später die Textilrestaurierwerkstätte eingerichtet wurde. Seine Frau war eine reizende alte Dame, die uns immer mit Bäckerei und Kuchen belieferte, wenn wir draußen in Schönbrunn arbeiteten. [Georg] Kellner war der beste Kenner der Wagen; er teilte alles gut ein. Diese Leute waren enorm wichtig, denn kaum erlaubte es die Dienstzeit in der Wagenburg, wurden sie in die Werkstätte abgestellt, um dort zu reinigen oder Leder zu nähen, es war also ein gemischter Betrieb. Wir erhielten erst nach und nach die Erlaubnis, einen Restaurator einzustellen. Und der erste Restaurator war dann auch ein Aufseher, nämlich Herr [Roland] Neuwirth.

Diese klare Trennung zwischen Aufsichts- und Restaurierdienst fand zu Beginn Ihrer Direktion statt, im Jahr 1973. Geschah dies einfach nur, weil eine gewisse allgemeine Professionalisierung Einzug hielt, oder auch, weil man damals keine Handwerker wie Sattler oder Wagner mehr finden konnte? Oder spielte vielleicht auch die Bezahlung eine Rolle?

Ja, also die Bezahlung war natürlich schlecht, die Leute hatten ein Aufseher-Gehalt, aber je mehr von ihnen in Pension gingen, desto geringer war die Chance, einen Aufseher zu finden, der auch verstand, einen Riemen zu nähen. Es gab in der Wagenburg immer weniger professionell ausgebildete Aufseher. Übrigens, im Textilbereich hatten wir schon davor Personal, das ausschließlich restaurierte, nämlich eine Textilrestauratorin, Frau [Helene] Wolfram, die uns leihweise zur Verfügung gestellt wurde und die draußen in der Wagenburg arbeitete. Dann wurde das Fräulein [Margot] Barteys eingestellt. Die zwei waren die ersten Textilrestauratorinnen. Und dann kamen hintereinander Frau [Irmgard] Leitner, Frau [Charlotte] Piëch, Frau [Anna] Schimanko und so weiter. Lauter hervorragend arbeitende Leute, die sich wahnsinnig hineingekniet haben.

*Vor der erwähnten Aufgabentrennung hatten die Aufseher beziehungsweise Restauratoren noch eine dritte Funktion. Sie hielten damals auch Führungen durch die Wagenburg. Das war ein Alleinstellungsmerkmal der Wagenburg und unterschied sie von anderen Sammlungen. In Schönbrunn war man weit weg von der Zentrale am Burgring, und es gab kein Führungspersonal, das regelmäßig hinausgefahren wäre. Als Aufseher wartete man, bis eine ausreichend große Zahl an Besucher*innen beisammen war …*

… und hat sich angeboten. Dazu muss ich sagen, dass es im Museum keine Führungsabteilung gegeben hat. Also richtige Führer, die aus dem Haupthaus hätten kommen können, die gab es überhaupt nicht. Die Aufseher wurden von Auer regelrecht eingeschult. Sie mussten ihn sich einmal in der Woche – oder eher einmal im Monat – eine Stunde lang anhören, und er führte sie von Wagen zu Wagen und erzählte ihnen, was bei Führungen zu sagen ist, denn er wollte verhindern, dass irgendwelche unhaltbaren Geschichten verbreitet werden.

Die mehrjährige Generalsanierung der Wagenburg haben Sie aus nächster Nähe miterlebt, mitgeplant und mitgestaltet. Bei der Eröffnung 1974 waren sie bereits Direktor der Sammlung. Können Sie über diesen langwierigen Sanierungsprozess erzählen und über die Schwierigkeiten, die dabei aufgetreten sind?

Schwierigkeiten sind aufgetreten, weil man bei der Untersuchung des Gemäuers und der einzelnen Teile der alten Winterreitschule entdeckte, dass in der Barockzeit viele feste Körper, Pfeiler und so weiter, nicht ordnungsgemäß gebaut worden waren. Es gab nur ein paar tragende Elemente. Dazwischen hatte man gleichsam Hohlräume errichtet und den ganzen Schutt und Abfall oben hineingeschüttet. Der Baumeister oder Architekt – ein sehr netter Mensch – war davon natürlich überfordert, weil er ja keine Ahnung hatte, was in dieser Winterreitschule zusammengemurkst worden ist. Es stellte sich heraus, dass sehr viele der Mauern nicht tragend waren. Wir hatten aber geplant, dass der Dachboden der neuen Wagenburg ein Depot für Geschirre und kleinere Wagen beinhalten sollte. Deshalb gab es viele Planänderungen. Das zweite war, dass wir – Hofrat Auer und ich in seinem Gefolge – erst sehr langsam erreichen konnten, dass der hintere Teil der Wagenburg erneuert und vergrößert wird, und wir zusätzlich das dort befindliche Magazin des Bundesmobiliendepots erhalten. Wir haben es ja übrigens nicht gänzlich dazubekommen. Der allergrößte Witz war ja, dass sie hinten eine Achse behielten, weil sie irgendwelche langen Stangen mit Teppichen hatten und uns erklärten, die könnten sie nicht woanders lagern.

Letztlich war die Generalsanierung der Wagenburg dann eigentlich fast ein Neubau.

Unglaublich, nicht? Daher hat es ja auch vier Jahre lang gedauert. Jedes Jahr musste das Budget neu bewilligt werden. Es war ja köstlich: Das Bautenministerium war so bürokratisch, das kann man sich überhaupt nicht vorstellen.

*In die Zeit Ihrer Direktion fielen die ersten großen Sonderausstellungen der Wagenburg. Solche gab es davor ja deshalb nicht, weil die räumlichen Möglichkeiten dafür fehlten, die erst durch die Generalsanierung mit der Errichtung einer zweiten Schauhalle geschaffen wurden. Im Jahr 1977 wurde die Sonderausstellung zum »Goldenen Wagen« des Hauses Liechtenstein veranstaltet und 1980, in Kooperation mit Schloss Schönbrunn, zu Maria Theresia. Damals, im Jahr 1980, sind alle bisherigen Besuchsrekorde gebrochen worden: Es gab damals sogar mehr Besucher*innen in der Wagenburg als im Haupthaus am Ring. Wie haben Sie diese Phase erlebt?*

Mit der Sonderausstellung über den »Goldenen Wagen« hat sich mit den Besucherzahlen noch nicht so viel geändert, aber wir wurden sehr viel bekannter. Ich muss dazu sagen, dass ich auch sehr viel außerhalb der Wagenburg geführt habe, und da waren Leute, die dann meinten: »Das war ja der von der Wagenburg, die müssen wir uns auch einmal anschauen.« Das Maria-Theresien-Jahr brachte dann schon einen großen Schwung. Schönbrunn wurde hergerichtet und Koschatzky[6] hat alles unternommen, um diese Ausstellung großartig zu machen. Es gelang ihm, gute Leute dafür zu gewinnen und die Vorbereitungen wurden mit großem Elan angegangen. Und das hat sicherlich bewirkt, dass wir als Wagenburg mitgelaufen sind.

*Ich habe in den Akten gelesen, dass es in den Sommermonaten zum Teil so viele Besucher*innen gab …*

… dass man das Museum zeitweilig sperren musste, und wir warteten dann, bis einige wieder hinausgingen. Wie in einem Kaffeehaus.

Seit der Ausstellung 1980 befinden sich die Barockfahrzeuge der Sammlung im hinteren Bereich, in der zweiten Schauhalle …

Ja, wir stellten für die Maria-Theresien-Ausstellung um und teilten die Wagenburg. Als Höhepunkt setzten wir hinten die barocken Wagen und alles was Drumherum zu Maria Theresia dazugehört. Außerdem richteten wir damals den vorderen Teil neu ein und gliederten ihn in verschiedene Wagentypen, die wir besonders herausstreichen wollten, etwa den Alltagswagen, den Jagdwagen und die Reisewagen, und so ist es dann auch nach der Ausstellung noch lange Zeit geblieben.

Davor war es ja so, dass man die Wagenburg betrat und gleich mit dem Imperialwagen und den sehr opulenten Prinzengalawagen konfrontiert wurde. Gleich am Anfang stand also das szenische Highlight. Ein bisschen wie bei einem Popsong, der mit dem Refrain einsetzt. Wie erlebten Sie eigentlich die ursprüngliche Aufstellung, die in den Jahrzehnten davor ja weitgehend unverändert bestanden hatte und die gleich mit dem Höhepunkt der Sammlung begann?

Na das war ja auch ein Höhepunkt! Das war ja der Höhepunkt für die Leute, die nicht wussten, was die Wagenburg bietet, und die konnten dann gleich einmal so etwas wie den Imperialwagen sehen. Das Interesse war geweckt und man ist weitergegangen.

Nach der Übernahme der Wagenburg-Direktion war es Ihnen ganz offensichtlich wichtig, Sammlungsführer in verschiedenen Sprachen zu veröffentlichen. Diese erschienen dann in rascher Abfolge in Deutsch, Englisch, Französisch und Italienisch. Im Jahr 1977 haben Sie dann auch ein sehr schönes Buch über die Wagenburg publiziert. Ich halte all dies für sehr verdienstvoll, denn davor gab es ja nichts Vergleichbares. Wissen Sie, warum das nicht schon vor ihrer Direktion passiert ist?

Naja, es gab davor schon diese kleinen Hefterln, die in einer Mappe gesammelt waren. Darin waren die acht Sammlungen des Kunsthistorischen Museums jeweils durch einen Text vertreten. Man konnte entweder das Ganze kaufen oder auch nur einzelne Teile davon in der jeweiligen Sammlung, bei Aufsehern oder anderswo erwerben. Diese Art des Verteilens war ja nicht optimal, aber auf diese Art hat man wenigstens diese Hefterln, die keine Illustrationen hatten, unter die Leute gebracht. Als dann die Sanierung der Wagenburg langsam zu einem Ende kam, fragte mich im Frühjahr 1974 Frau Dr. Klauner[7]: »Na, können's net g'schwind an Führer durch die Wagenburg schreiben?«, und da ist dann eben dieser Führer entstanden, mit dem schönen Foto des Wagenrades vom Imperialwagen auf dem Umschlag, und der ist dann in vielen Sprachen erschienen.

Gab es zu Ihrer Zeit eigentlich auch Versuche oder Bestrebungen, einen eigenen, ständigen Ausstellungsraum für das Monturdepot zu finden?

Das hat es gegeben, aber dagegen haben wir uns, in der damaligen Auffassung der Restauratorinnen und Restauratoren, strikt gewehrt. Weil wir gesagt haben: Vom Licht werden die Sachen nur kaputt.

In den 1980er Jahren gab es öffentliche Diskussionen zur Neunutzung der ehemaligen Hofstallungen. Zu Beginn schien noch vieles offen zu sein, aber es lief dann doch bald darauf hinaus, dass dort ein Museumszentrum entstehen sollte mit einem inhaltlichen Schwerpunkt von moderner und zeitgenössischer Kunst. Haben Sie sich damals in diesen Entwicklungsprozess eingeklinkt beziehungsweise war es für Sie oder für andere Stellen denkbar, dass die Wagenburg von Schönbrunn wieder an ihren ursprünglichen Standort überführt und dort präsentiert wird?

Da gab es eine Gruppe von Leuten, die das befürwortete, vor allem Herr Stelzel,[8] der viele historische Wagen und Kleider besaß und sozusagen ein Nobelfiaker war. Er hat sich sehr stark dafür gemacht, aber ich habe im Gespräch mit ihm immer gesagt: »Wir wollen das nicht. Die Wagenburg ist draußen in Schönbrunn etabliert, sie ist bekannt, es wissen jetzt alle Leute, dass es sie gibt.« Dann haben wir eine geringe Chance gesehen, etwas anderes zu bekommen als die große Halle. Die große Halle in den Hofstallungen, die war ja noch frei, die wurde ja zunächst nicht mitberücksichtigt. Dort hat auch das Kunsthistorische Museum zweimal hintereinander Tapisserieausstellungen gemacht, für die sich Fillitz[9] sehr einsetzte. Schließlich hat sich das Argument als richtig erwiesen, dass wir uns dachten, »in der Inneren Stadt gibt's schon so viele Museen, sollen wir da jetzt noch etwas ganz

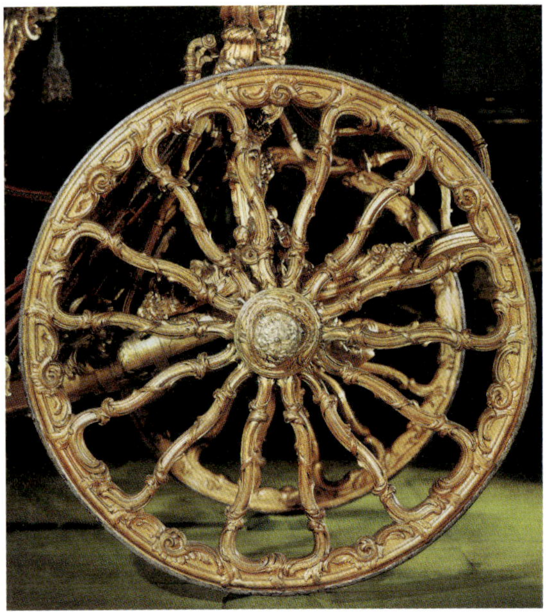

Abb. 159: Cover des Wagenburg-Führers von 1974

anderes, nämlich die Wagenburg dort etablieren? Das wollen wir nicht.« Und so ist es dabei geblieben.

Im Jahr 1989 verstarb Zita, bis 1918 die letzte Kaiserin der Habsburgermonarchie. Das Leichenbegängnis wurde in Wien nach alter monarchischer Tradition durchgeführt und dabei kam auch der Schwarze Leichenwagen der Wagenburg ein letztes Mal zum Einsatz. Wie kam es dazu und könnten Sie vielleicht auch berichten, was dabei im Hintergrund ablief?

Also drei, vier Jahre vorher wurde aufgrund des hohen Alters der Kaiserin besprochen, wie man das Leichenbegängnis durchführen könnte. Und da habe ich mit Erzherzog Karl[10] und Herzog Georg von Hohenberg[11], einem Diplomaten, der als Botschafter immer wieder in Kontakt mit dem Kunsthistorischen Museum stand, geredet und wir haben gesagt, wir können das in einer Woche nicht schaffen. Das ist unmöglich, den Pferdewagen, das Geschirr und das Personal zu besorgen, dann den Weg zu planen, das schaffen wir nicht. Und die Sache wurde der Wiener Bestattung übergeben, die sehr stolz darauf war und sich einen Wagen für diesen Leichenzug herrichtete. Und dann ist die Kaiserin an einem Samstag vor Palmsonntag gestorben. Da rief mich Erzherzog Karl zu Hause an und sagte: »Du, die Kaiserin ist gestorben und wir haben 14 Tage Zeit. Wie schaut's jetzt aus?« Denn zu Ostern gab es keine Begräbnisse. Da antwortete ich: »Ich probier' das einmal zwei Tage lang«. Für den darauffolgenden Montag habe ich eine Gruppe von Fachleuten, Erzherzog Karl, vor allem aber den Fiaker Hewera[12], den weitaus gebildetsten und besten Fiaker von Wien, den ich sehr geschätzt habe, in die Wagenburg gebeten. Ich fragte: »Herr Hewera, kennan's kumman?« Darauf er: »Wos brauchen's?«, und ich: »An Wognheber«. Herr Suchomel[13] hat dann den Wagenheber zum Schwarzen Leichenwagen gestellt und sie haben ihn gehoben, und Herr Hewera hat die Räder abgezogen, und dann stellte sich heraus, dass sie auf einer Holzachse laufen. Ich dachte mir schon, jetzt wird er sagen, dass das nicht geht. Er hat sich aber alles genau angesehen, hat hineingeschaut, und ich kann ihn direkt noch vor mir sehen, wie er nach einigem Überlegen sagte: »Oba Herr Doktor, keine Angst, des hoit der hundertmal aus. Das Problem wer'n die Textilien sein. Wenn's regnet und die Textilien, die den ganzen Wagen ummanteln, wenn die nass wer'n, wird des eine schwierige Sache.« Das zweite Problem waren die Pferde. Gleich in der Früh, nachdem der Wagen als transportfähig erachtet worden war, habe ich in Kladrub[14] Herrn Novotny angerufen, den ich schon ein wenig kannte und der sich an mich erinnerte. Ich fragte ihn: »Können Sie acht oder sechs Kladruber zur Verfügung stellen und was wären die Bedingungen dafür?« Er antwortete mir: »Ich kann Ihnen gar nichts sagen, weil die Kladruber sind nicht bei mir in Kladrub, sondern in Pardubitz[15] und ich werd' mich erkundigen.« Und am nächsten Tag hat er prompt zurückgerufen und sagte: »Tut mir leid, Herr Doktor, die sind nicht geübt.« Also

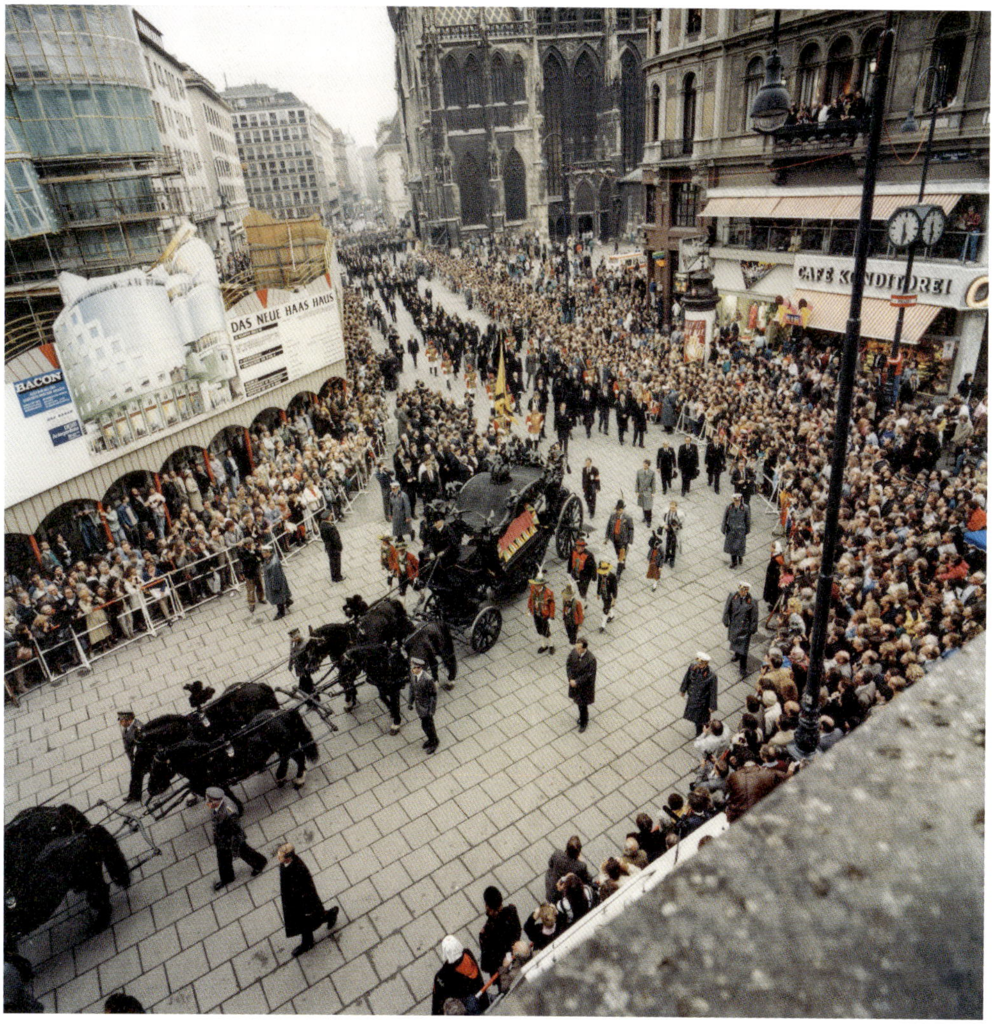

Abb. 160: Aufnahme vom Leichenbegängnis der ehemaligen Kaiserin Zita am 1. April 1989

man hatte dort keine Pferde, die im Stand gewesen wären, zu sechst oder gar zu acht zu gehen, denn es ist ja ein großes Problem, was die Pferde miteinander tun, ob sie harmonieren oder sich beißen. Daraufhin haben wir mit Stadl-Paura[16] verhandelt, und dort sagte man mir: »Wir haben wegen der jährlichen Veranstaltungen Sechsspänner, die fahren. Achtspänner haben wir nicht. Aber Sechsspänner fahren, das können wir schon machen. Man muss es halt jetzt in Schwung nehmen.« Es kam dann Schlechtwetter, und ich bin am Mittwoch in der Karwoche und am Gründonnerstag draußen in Stadl-Paura gewesen, wo wir mit den Pferden gefahren sind. Herr Steininger[17], der Kutscher, meinte, er wird das schaffen. Da beschlossen wir, wir machen das mit den Pferden von Stadl-Paura. Wir mussten dann noch das Problem mit der Quarantäne lösen, und ich habe deswegen dem damaligen Landwirtschaftsminister Riegler[18] geschrieben und ihn gebeten, er möge sich mit mir in Verbindung setzen, es war ja Ostern, gar so einfach war das nicht, aber schließlich konnte eine Mannschaft von Stadl-Paura nach Wien kommen. Am Ostermontag und Osterdienstag wurde die mögliche Fahrtroute untersucht und es wurden mehrere Hindernisse festgestellt, etwa die Zeitungskioske, die festgemauert waren, und diese großen Betonschüsseln mit Blumen. Da sagten wir: »Ja, das muss eben weg.« Da gab es bei der Polizei Herrn Oberst Koberger, ein großartiger Mensch. Mit Herrn Koberger habe ich mich sehr rasch

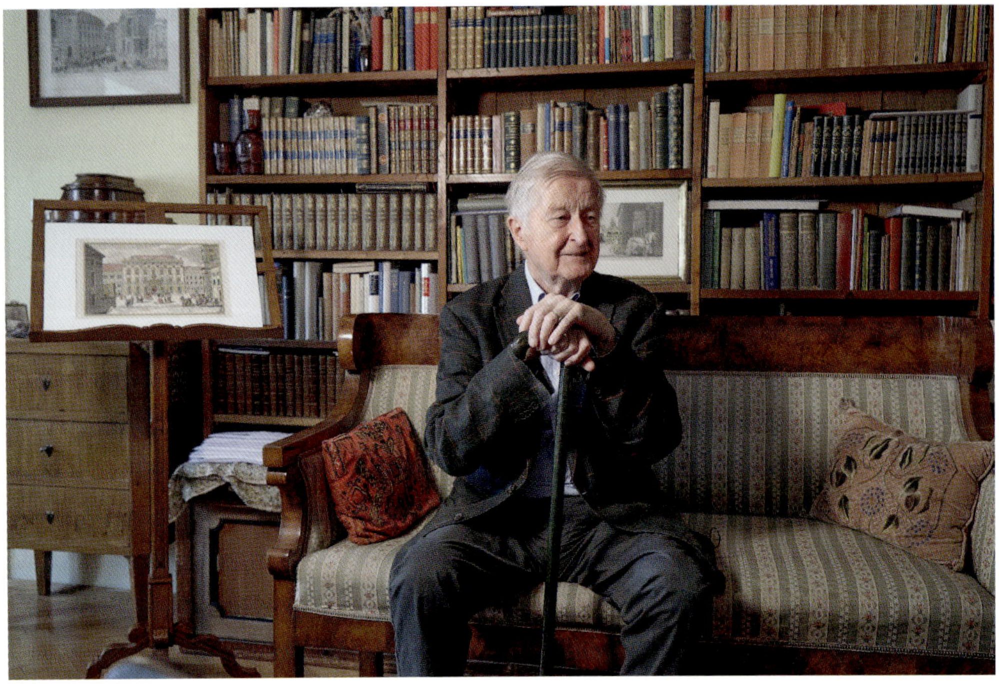

Abb. 161: Georg Kugler während des Gesprächs im Sommer 2022

gut gefunden, und er beschloss: »Wir ramen des ois weg.« Dann wurde die Route festgelegt, wir sind alles abgegangen, zunächst noch ohne Pferde. Der Wagen wurde natürlich von unserem Restaurator, Herrn [Ernst] Gregor – der übrigens sehr gegen die ganze Sache war – und von anderen in Schuss gebracht. Die Borten wurden durch die Restauratorinnen frisch festgenäht.

Ich kann gut verstehen, dass einem Restaurator da das Herz blutet.

Ja, wegen des Regens, es bestand ja die Sorge, dass der Wagen bei Nässe viel zu schwer wird. Aus diesem Grund stand in der Hofburg, in der Einfahrtshalle des Michaelertrakts, der Leichenwagen der Städtischen Bestattung. Bei Schlechtwetter wären wir mit dem Wagen unter die Michaelerkuppel gefahren und hätten dort umgeladen.

Es gab also einen Plan B.

Ja, es gab einen Plan B. Den Wagen haben wir am Tag davor auf einem Transporter in die Stadt gebracht, bis zur Einfahrtshalle des erzbischöflichen Palais. Die Pferde waren in der Hermesvilla eingestellt und wurden in der Früh ebenfalls mit einem Transporter hereingebracht, aufgeschirrt und dann ist man gefahren. Es ist ja tadellos gegangen. Ich erinnere mich übrigens noch, dass in den Tagen, als die Vorbereitungen auf vollen Touren gelaufen sind, Dr. Emil Brix[19] angerufen hat. Brix war damals Sekretär von Minister Tuppy,[20] und er sagte: »Der Herr Minister lässt Ihnen ausrichten, dass er auf einen Leihvertrag für den Schwarzen Leichenwagen wartet.« Ich antwortete ihm: »Lassen's den Herrn Minister schön grüßen« – ich konnte mir das erlauben, weil ich ihn von früher kannte – »sagen Sie ihm, ich verleihe den Wagen nicht, ich verwende ihn nur.« Und so wurde der Leichenwagen offiziell als Objekt der Wagenburg verwendet. Zur Beruhigung, denn die Leute sollen nicht glauben, dass wir fahrlässig gehandelt haben: Wir haben damals das Haus Habsburg veranlasst, eine sehr umfassende Haftpflichtversicherung abzuschließen.

Eine letzte Frage: Was macht für Sie das Besondere an der Wagenburg und ihrer Sammlung aus?

Das Besondere an der Wagenburg ist, dass sie immer noch im Fuhrpark des Kaiserhauses verwurzelt ist. Es wurde zwar wirklich vieles abgegeben, aber immerhin, der Grundstock der alten Wagen ist geblieben, und diese sind mit vielen historischen Persönlichkeiten verbunden. Das eine oder andere Fahrzeug hatte auch eine historische Funktion, etwa der Wagen, der am Genfer See mit dabei war, als Kaiserin Elisabeth ermordet wurde. Ich bin Historiker und für mich war das immer eine historische Sammlung. Und außerdem ist es einfach eine schöne Sammlung.[21]

1 Ausbildungskurs am Institut für Österreichische Geschichtsforschung.
2 Alphons Lhotsky (1903–1968), Bibliothekar und Archivar am Kunsthistorischen Museum, später Professor für österreichische Geschichte an der Universität Wien.
3 Rainer Egger (1935–2009), später Direktor des Kriegsarchivs im Österreichischen Staatsarchiv.
4 Emmy Schwaighofer (1879–1960), Kunsthistorikerin und Bibliothekarin im Kunsthistorischen Museum.
5 Wilfried Seipel (* 1944), Generaldirektor des Kunsthistorischen Museums (1990–2008).
6 Walter Koschatzky (1921–2003), Direktor der Albertina (1962–1986) und wissenschaftlicher Leiter der 1980 in Schönbrunn veranstalteten Ausstellung *Maria Theresia und ihre Zeit*.
7 Friederike Klauner (1916–1993), Erste Direktorin des Kunsthistorischen Museums (1973–1981).
8 Martin Stelzel.
9 Hermann Fillitz (1924–2022), Erster Direktor des Kunsthistorischen Museums (1982–1990) und Professor für Kunstgeschichte an den Universitäten Basel und Wien.
10 Karl Habsburg-Lothringen (* 1961), Enkel von Kaiser Karl und Kaiserin Zita.
11 Georg Hohenberg (1929–2019), österreichischer Diplomat und Enkel von Erzherzog Franz Ferdinand.
12 Leopold Hewera.
13 Alfred Suchomel (* 1929), Aufseher, später Oberaufseher in der Wagenburg (1979–1989).
14 Kladrub/Kladruby nad Labem, ehemaliges Hofgestüt und Heimat der Altkladruber Pferderasse.
15 Pardubitz/Pardubice.
16 Stadl-Paura, ehemaliges k. u. k. Hengstendepot, später Bundesgestüt.
17 Johann Steininger.
18 Josef Riegler (* 1938), Bundesminister für Land- und Forstwirtschaft (1987–1989) und Vizekanzler (1989–1991).
19 Emil Brix (* 1956), Diplomat und Historiker.
20 Hans Tuppy (* 1924), Biochemiker, Bundesminister für Wissenschaft und Forschung (1987–1989).
21 Das Gespräch mit Georg Kugler fand am 15. Juni 2022 statt und ist hier gekürzt und geringfügig überarbeitet wiedergegeben.

Die Wagenburg im neuen Jahrhundert: Die erste Frau an der Spitze der Sammlung

Auch wenn es eine heikle Aufgabe darstellt, die Geschichte der Wagenburg von Beginn des 21. Jahrhunderts bis heute zu erzählen, vor allem, weil dafür noch die nötige historische Distanz fehlt, soll dennoch in diesem Kapitel der Versuch unternommen werden, in groben Zügen die Geschehnisse der jüngsten Vergangenheit nachzuzeichnen und einige der gesetzten Schwerpunkte hervorzuheben.

Zu Beginn des Jahres 2001 wurde Monica Kurzel-Runtscheiner Direktorin der Wagenburg. Sie ist die erste Frau in der Geschichte der Sammlung, die dieses Amt bekleidet. Kurzel-Runtscheiner arbeitete bereits seit 1993 als Kuratorin der Wagenburg und des Monturdepots und hatte in den ersten Jahren ihres Wirkens am Museum durch das Anlegen elektronischer Inventar- und Forschungsdatenbanken erste Digitalisierungsschritte in der Sammlungsverwaltung gesetzt.

Einen markanten Fortschritt stellte die mit Anfang des 21. Jahrhunderts begonnene systematische Erforschung der eigenen Sammlungsbestände sowie der Geschichte des Hofmarstalls im Rahmen von fremdfinanzierten Forschungsprojekten dar. Noch vor ihrem Amtsantritt als Direktorin bewilligte der Fonds zur Förderung der wissenschaftlichen Forschung (FWF) Kurzel-Runtscheiner die Finanzierung eines dreijährigen Forschungsprojekts zur Aufarbeitung der Akten des Oberststallmeisteramts.[1] Dieser umfangreiche Quellenbestand, der im Wiener Haus-, Hof- und Staatsarchiv aufbewahrt wird, ist von fundamentaler Bedeutung für die Erforschung der Entstehung, Verwendung und Reparatur einzelner Fahrzeuge sowie der Geschichte der Hofmarstallverwaltung im Allgemeinen. Die vielen hundert Aktenkartons und Bände waren seitens der Wagenburg bis dahin nur punktuell von Erwin Auer und Herbert Haupt gesichtet und ausgewertet worden. Das Forschungsprojekt, das 2001 in Angriff genommen wurde, erlaubte die Anstellung von zwei externen Wissenschaftler*innen, die begannen, das Quellenmaterial systematisch zu durchforsten und sämtliche für die Sammlung relevanten Informationen digital zu erfassen. Kurz nach Ende der Projektlaufzeit startete 2004 ein Folgeprojekt, das erneut vom FWF finanziert wurde und das den Abschluss der 2001 begonnenen Forschungsarbeiten ermöglichte.[2] Im Anschluss daran widmete sich schließlich ein drittes FWF-Projekt in den Jahren von 2008 bis 2011 den Anfängen der Verwendung repräsentativer Landfahrzeuge am Kaiserhof im 16. und 17. Jahrhundert.[3] Die drei Forschungsprojekte vertieften nicht nur die Kenntnisse über die Geschichte des kaiserlichen Hofmarstalls, sondern ermöglichten auch die Neudatierung mehrerer Sammlungsobjekte. Die neugewonnenen Erkenntnisse mündeten seither nicht nur in zahlreiche Publikationen und mehrere Sonderausstellungen, sondern legten auch die Basis für den in Planung befindlichen Bestandskatalog der Wagenburg-Objekte. Zudem hatten die Forschungsprojekte auch den Nebeneffekt, dass aus den externen Projektmitarbeiter*innen neue Sammlungskurator*innen rekrutiert werden konnten, nämlich Elisabeth Hassmann, die von 2003

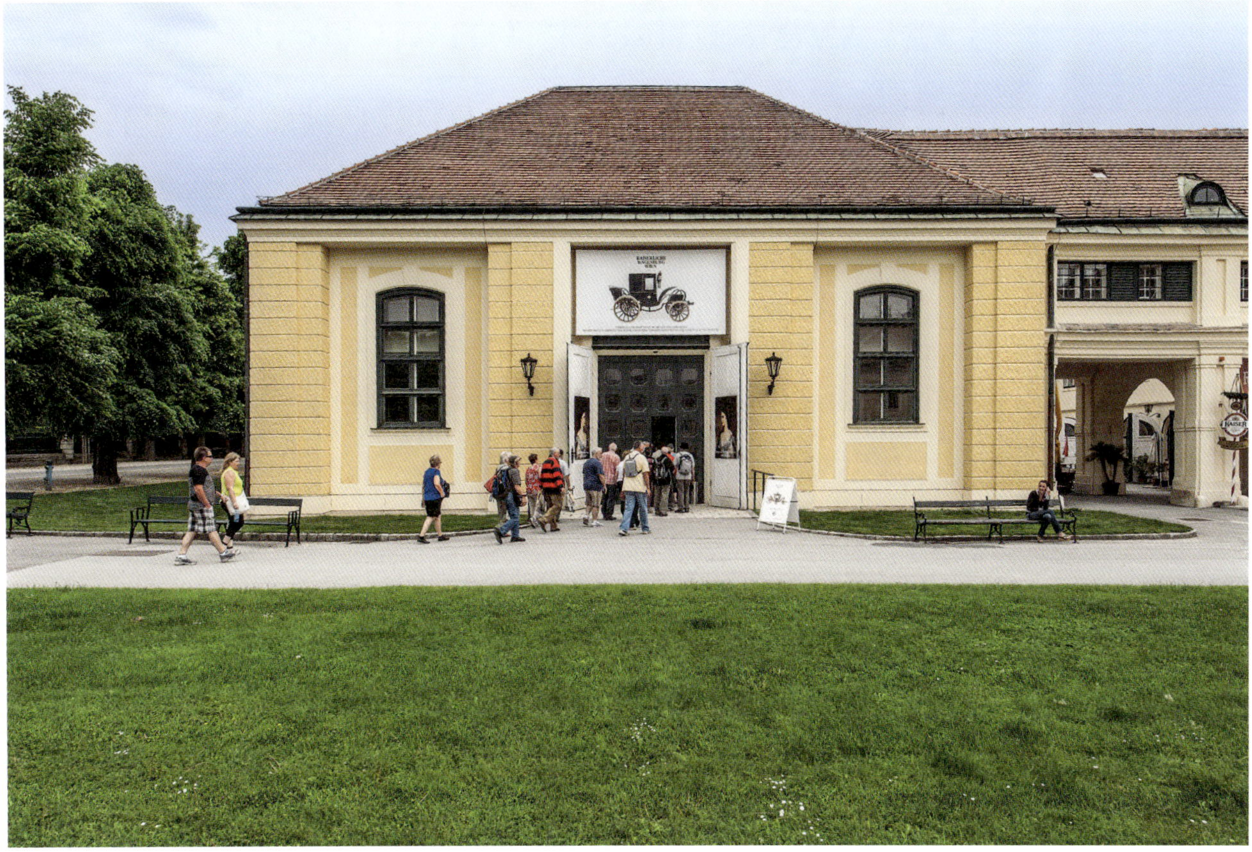

Abb. 162: Der Eingang ins Museum, 2013

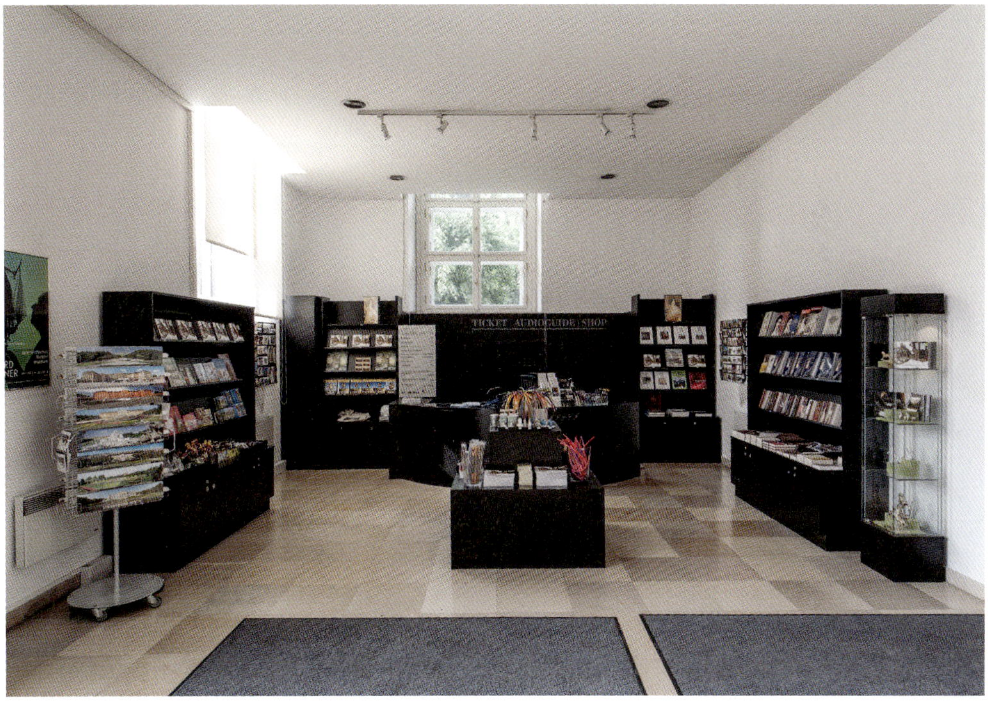

Abb. 163: Der Museumsshop im Foyer, 2013

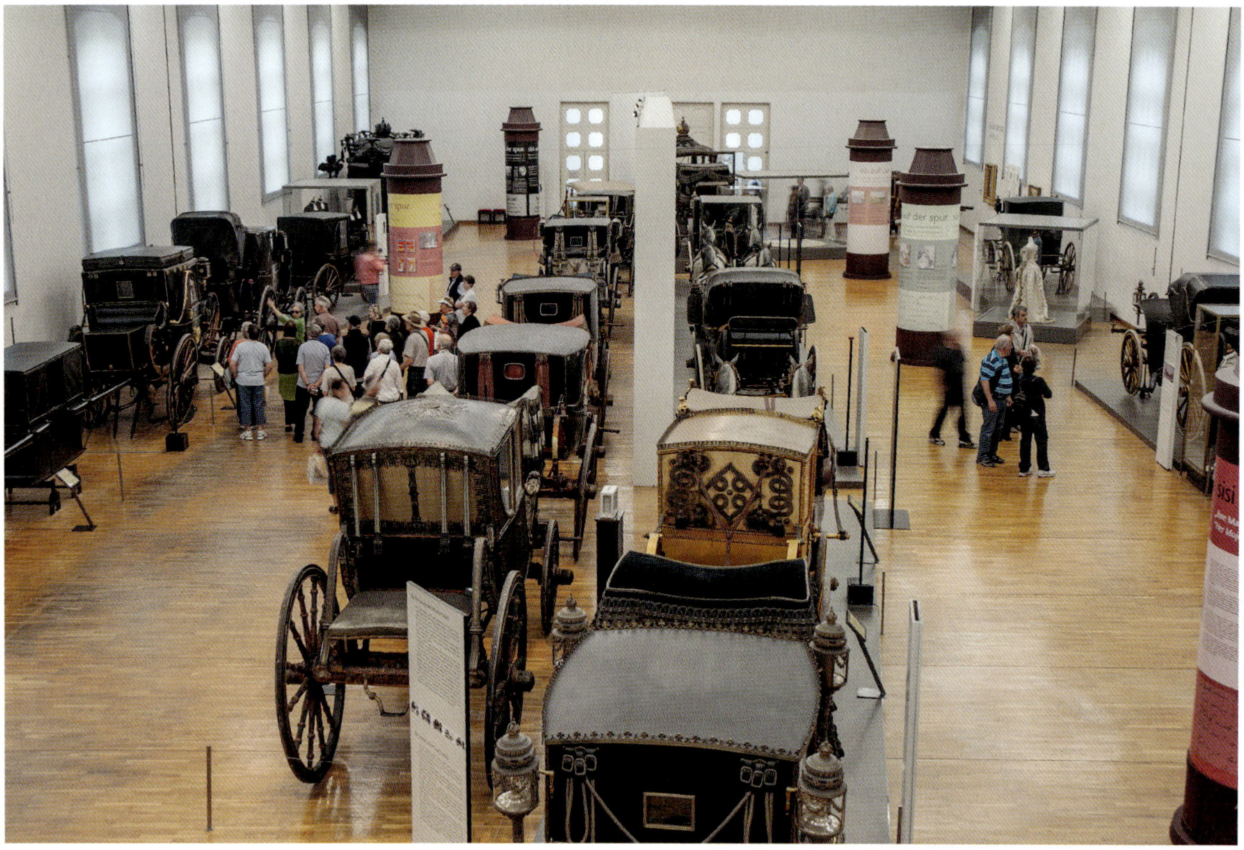

Abb. 164: Einblick in die große Schauhalle, 2013

bis 2009 Kuratorin der Wagenburg und des Monturdepots war, und der Autor dieses Buches, Mario Döberl, der diese Position seit 2011 innehat.

In jüngerer Zeit betrieb die Wagenburg in Zusammenarbeit mit dem Naturwissenschaftlichen Labor des Kunsthistorischen Museums und teilfinanziert durch die nationalen Forschungsförderungsplattformen FFF und FFG auch angewandte Forschung. Dabei wurden neue Verpackungslösungen zur sauerstofffreien Aufbewahrung empfindlicher Objekte in nicht oder nur unzureichend klimatisierten Museumsdepots – wie jenen der Wagenburg – getestet und entwickelt. Gleichzeitig wurden erstmals auch wiederverwendbare Folientunnel in einem der Kutschendepots gebaut, die die gleichzeitige Behandlung mehrerer Fahrzeuge mit Stickstoff ermöglichten, um sie auf diese Weise von etwaigen Schadinsekten zu befreien.[4]

Ein weiteres langjähriges Projekt betrifft die Erschließung des Lohner-Archivs, eines der wenigen weltweit erhaltenen Firmenarchive eines Wagenbauunternehmens. Die dort aufbewahrten Schrift- und Bildquellen geben einen einzigartigen Einblick in die Welt eines Hoflieferanten, von dem sich in der in der Wagenburg eine Reihe von Fahrzeugen aus der Zeit von Mitte bis Ende des 19. Jahrhunderts befindet. Das bis heute im Familienbesitz stehende Archiv wurde 2013 unter Schutz gestellt und wird seit 2018 seitens der Wagenburg neu geordnet und digital verzeichnet, um es derart der Wissenschaft zugänglich zu machen.[5]

Abb.: 165: Plakate von Sonderausstellungen 2004–2018: *Schwanenhals und Goldkrepine* (2004), *Mit Glanz und Gloria!* (2007/08), *Sisi auf der Spur* (2008–2010), *Napoleons Hochzeit* (2010/11), *Alles Cabrio!* (2012), *Der Kongress fährt* (2014/15), *Franz Joseph* (2016/17), *Maria Theresia* (2017), *Imperial Speed* (2018)

Neben der intensiven Forschungstätigkeit bildete in der Wagenburg seit Anfang des 21. Jahrhunderts die Veranstaltung von Sonderausstellungen, die zumeist von Sammlungsdirektorin Monica Kurzel-Runtscheiner selbst kuratiert wurden, einen zweiten großen Schwerpunkt. Eine nicht unerhebliche Herausforderung stellte dabei stets die Tatsache

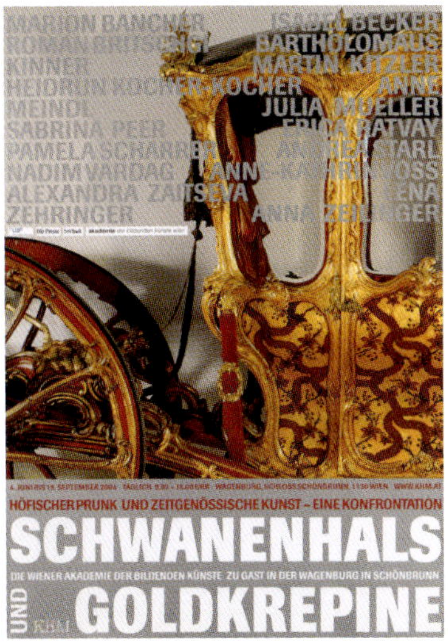
HÖFISCHER PRUNK UND ZEITGENÖSSISCHE KUNST – EINE KONFRONTATION
SCHWANENHALS
UND
GOLDKREPINE

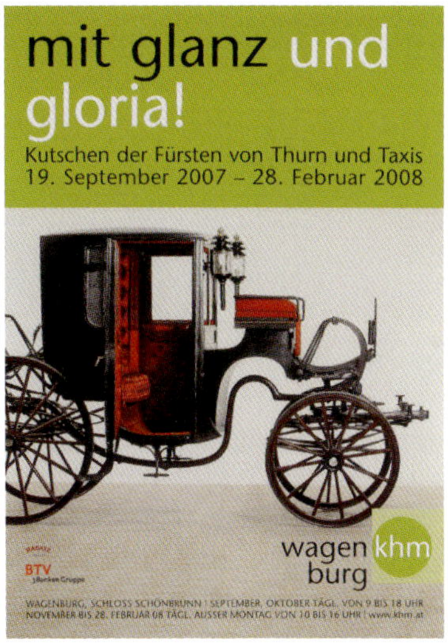
mit glanz und gloria!
Kutschen der Fürsten von Thurn und Taxis
19. September 2007 – 28. Februar 2008
wagen burg khm

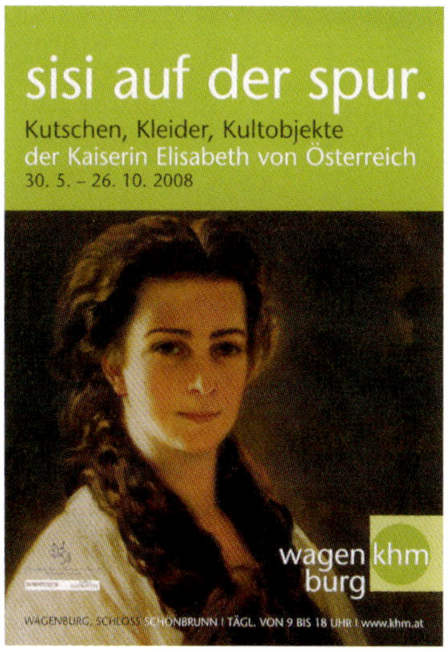
sisi auf der spur.
Kutschen, Kleider, Kultobjekte
der Kaiserin Elisabeth von Österreich
30. 5. – 26. 10. 2008
wagen burg khm
WAGENBURG, SCHLOSS SCHÖNBRUNN | TÄGL. VON 9 BIS 18 UHR | www.khm.at

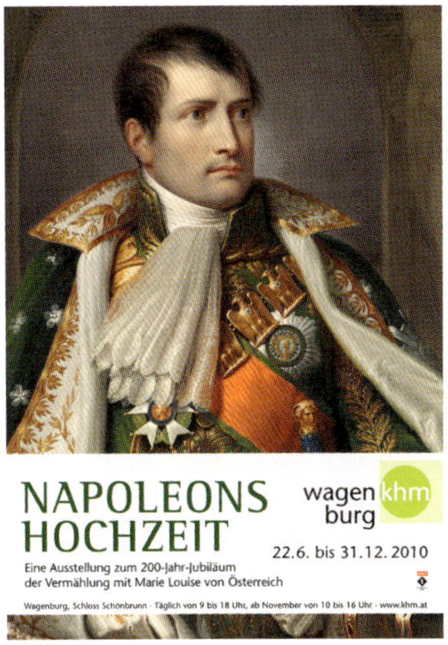
NAPOLEONS HOCHZEIT
wagen burg khm
22.6. bis 31.12.2010
Eine Ausstellung zum 200-Jahr-Jubiläum
der Vermählung mit Marie Louise von Österreich

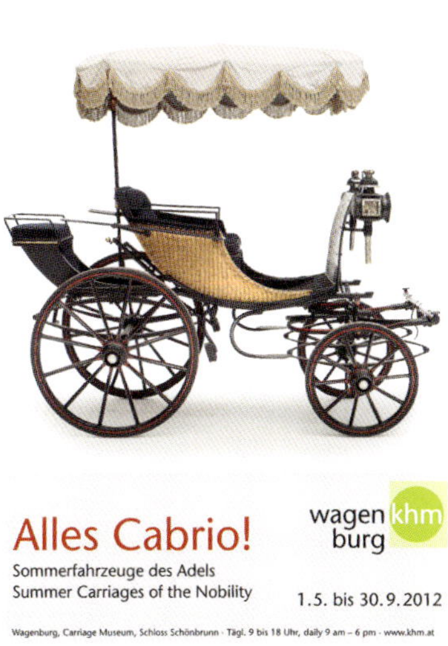
Alles Cabrio!
wagen burg khm
Sommerfahrzeuge des Adels
Summer Carriages of the Nobility
1.5. bis 30.9.2012

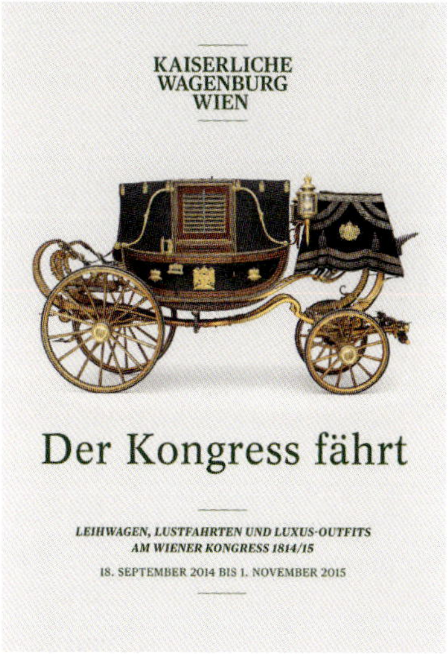
KAISERLICHE WAGENBURG WIEN
Der Kongress fährt
LEIHWAGEN, LUSTFAHRTEN UND LUXUS-OUTFITS
AM WIENER KONGRESS 1814/15
18. SEPTEMBER 2014 BIS 1. NOVEMBER 2015

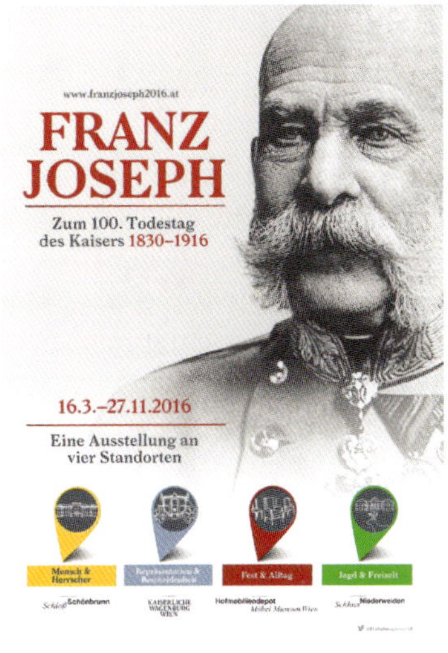
www.franzjoseph2016.at
FRANZ JOSEPH
Zum 100. Todestag
des Kaisers 1830–1916
16.3.–27.11.2016
Eine Ausstellung an
vier Standorten

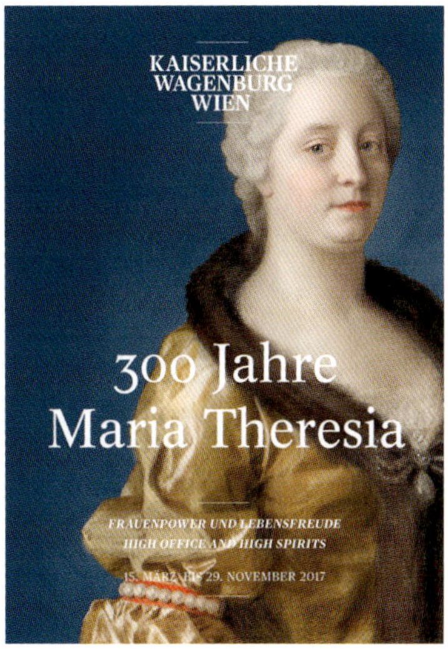
KAISERLICHE WAGENBURG WIEN
300 Jahre
Maria Theresia
FRAUENPOWER UND LEBENSFREUDE
HIGH OFFICE AND HIGH SPIRITS
15. MÄRZ BIS 29. NOVEMBER 2017

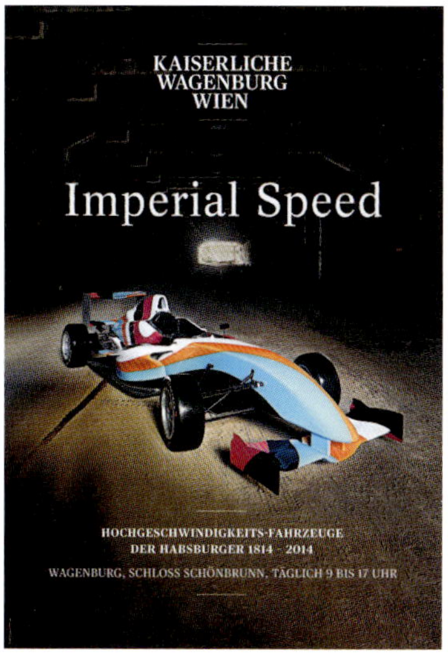
KAISERLICHE WAGENBURG WIEN
Imperial Speed
HOCHGESCHWINDIGKEITS-FAHRZEUGE
DER HABSBURGER 1814 – 2014
WAGENBURG, SCHLOSS SCHÖNBRUNN, TÄGLICH 9 BIS 17 UHR

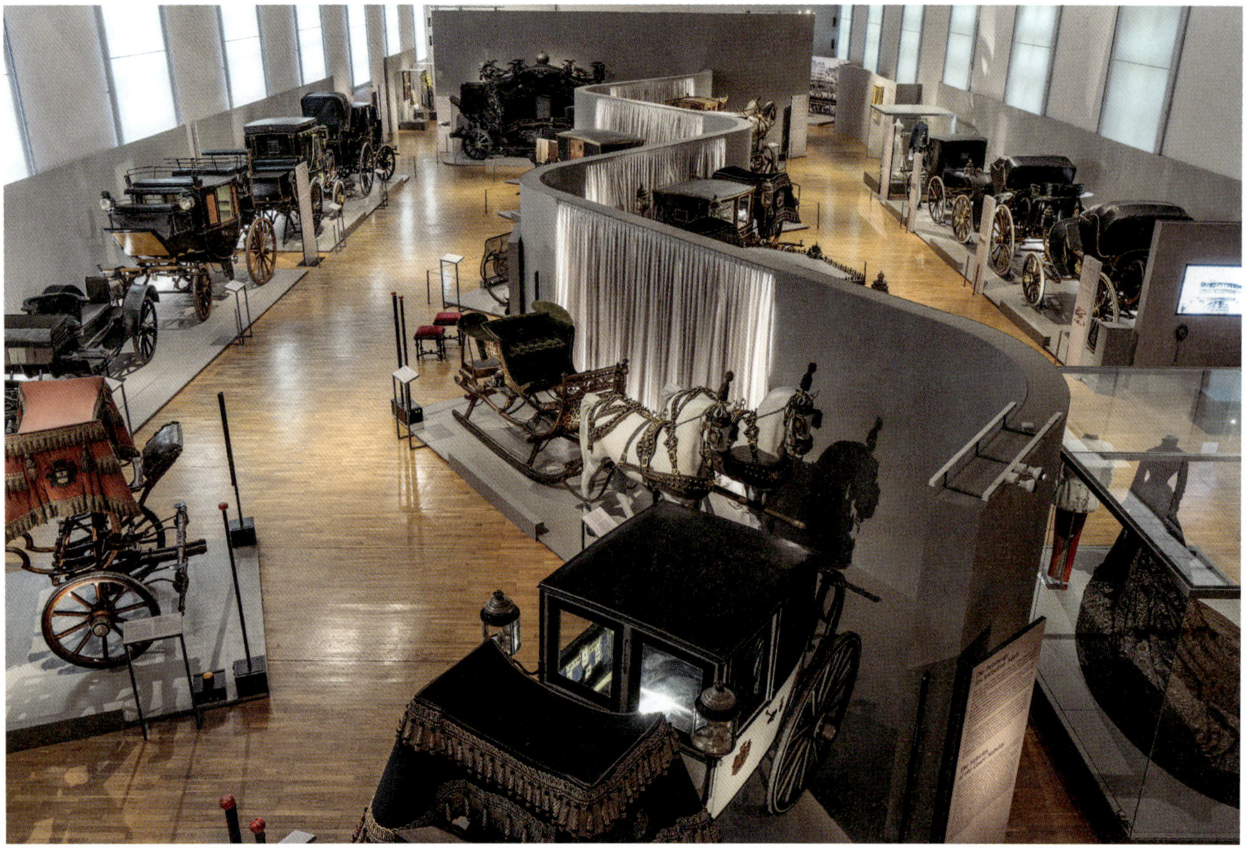

Abb.: 166: Neuaufstellung des Jahres 2018: Einblick in die große Schauhalle

dar, dass die Wagenburg über keinen eigenen Sonderausstellungsraum verfügt, da die ursprünglich für diesen Zweck vorgesehene kleinere Schauhalle seit 1980 der Präsentation barocker Fahrzeuge dient. Meist wurde das Problem dadurch gelöst, dass einzelne Objekte und thematische Gruppen der Sonderausstellungen inselartig in den Rundgang der permanenten Ausstellung integriert wurden.

Für die erste Schau, die nach einer Pause von vielen Jahren in der Wagenburg stattfand und die den Titel *Schwanenhals und Goldkrepine* trug, wurden im Jahr 2004 Studierende der Wiener Akademie der bildenden Künste eingeladen, sich mit der Kutschensammlung kritisch auseinanderzusetzen. Mit eigens für die Ausstellung geschaffenen Werken traten die jungen Künstler*innen in einen Dialog mit den Museumobjekten.[6]

Drei Jahre später wurde der bislang umfangreichste Neuzugang präsentiert: In der Ausstellung *Mit Glanz und Gloria!* wurden dreizehn von siebzehn Fahrzeugen, die die Wagenburg als Dauerleihgaben aus dem Marstall des Hauses Thurn und Taxis in Regensburg übernommen hatte, gemeinsam mit mehreren Porträts, Entwurfszeichnungen und anderen Objekten gezeigt. Unter den Dauerleihgaben befinden sich unter anderem Fahrzeuge von Simon Brandmayer und Johann Engl, die, obwohl zwei der bedeutendsten Wiener Kutschenbauer des Biedermeier, bis dahin in der Wagenburg mit keinen Objekten vertreten gewesen waren.[7]

Bereits wenige Wochen nach dem Ende der Sonderausstellung *Mit Glanz und Gloria!* öffnete im Frühling 2008 in der Wagenburg die Schau *Sisi auf der Spur*.[8] Dabei wurden mehrere Kutschen, Kleider sowie weitere Gegenstände, die in Zusammenhang mit Kaiserin Elisabeth stehen, in den Fokus gerückt. Aufgrund des großen Publikumsinteresses wurde

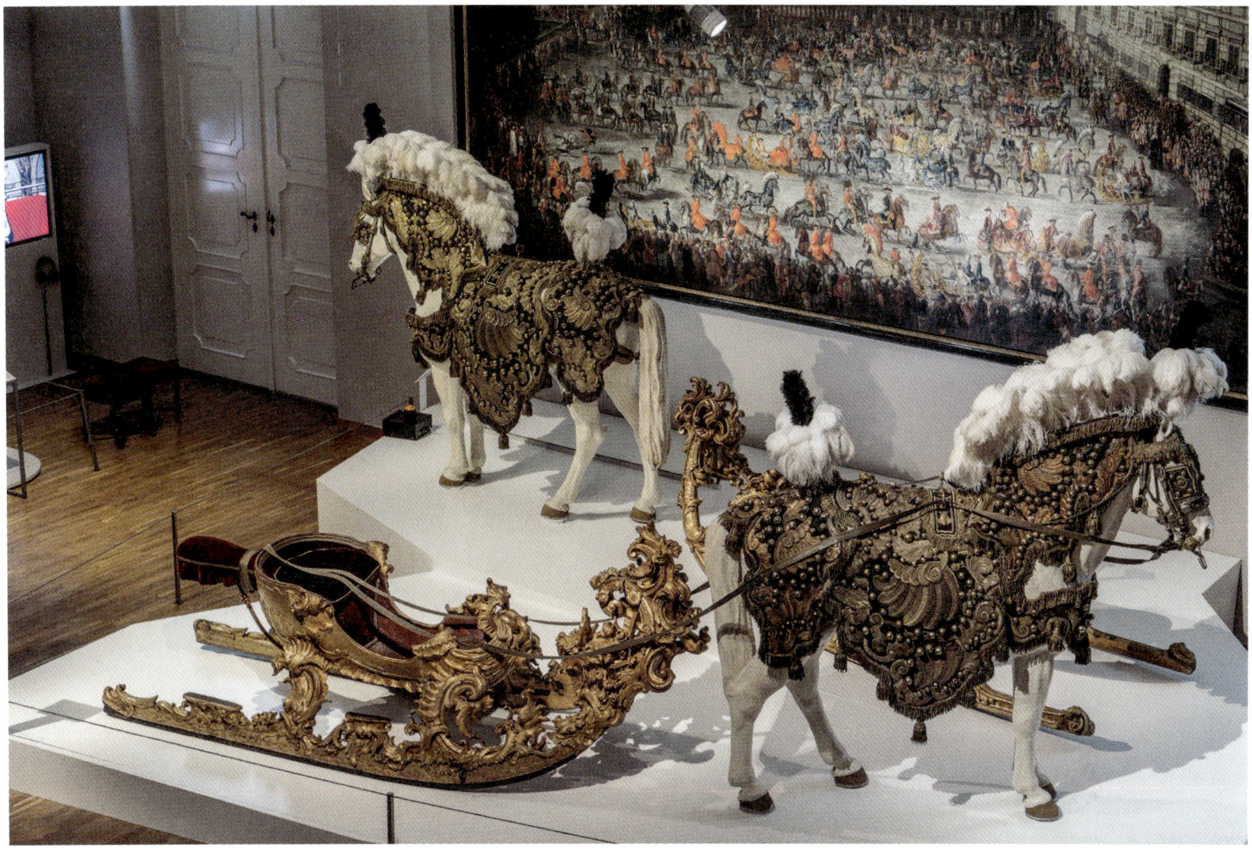

Abb. 167: Neuaufstellung des Jahres 2018: Barockes Schlittenensemble in der kleinen Schauhalle

die Präsentation zunächst bis 2010 verlängert und danach in adaptierter Form als *Sisi-Pfad* in die Dauerausstellung integriert. Damals wurden auch mehrere große Klimavitrinen angekauft, die seither die permanente Präsentation mehrerer raumgreifender Kleider von Kaiserin Elisabeth ermöglichen.

Der 200. Jahrestag der Vermählung von Napoleon mit Erzherzogin Marie-Louise von Österreich gab 2010 den Anlass für eine Ausstellung *(Napoleons Hochzeit)*, die die Brautwerbung, die Hochzeitsfeierlichkeiten sowie die bereits ein Jahr später erfolgte Geburt des ersehnten Thronfolgers anhand von Prachtfahrzeugen, exquisiten Kleidungsstücken und Gemälden thematisierte.[9] Nach einer vergleichsweise kleinen Ausstellung im Sommer 2012 *(Alles Cabrio!)*, bei der mehrere offene Fahrzeuge gezeigt wurden, die für gewöhnlich im Depot lagern und den Augen des Publikums entzogen sind,[10] eröffnete auf den Tag genau 200 Jahre nach Beginn des Wiener Kongresses die Ausstellung *Der Kongress fährt. Leihwagen, Lustfahrten und Luxus-Outfits am Wiener Kongress 1814/15*. Die Schau legte ein besonderes Augenmerk auf den Umbruch, den dieses Ereignis für den kaiserlichen Fuhrpark bedeutete. Damals musste nicht nur in kürzester Zeit der kaiserliche Fuhrpark weitgehend erneuert werden, sondern es wurde auch eine neue »Corporate Identity« für Hofwagen entwickelt, die im Wesentlichen bis zum Ende der Monarchie Bestand hatte.[11]

Die Jahre 2016 und 2017 waren in der Wagenburg durch zwei Sonderausstellung mit biografischen Schwerpunkten geprägt. Sie wurden anlässlich der 100. Wiederkehr des Todestages von Kaiser Franz Joseph *(Kaiser Franz Joseph 1830–1916. Repräsentation und Bescheidenheit)*[12] beziehungsweise des 300. Geburtstags Maria Theresias *(Maria Theresia. Frauenpower und Lebensfreude)*[13] veranstaltet. Beide Schauen wurden hauptsächlich mit

Objekten der Wagenburg, des Monturdepots und anderen Sammlungen des KHM-Museumsverbandes sowie mit aufwendig hergestelltem Filmmaterial bestritten und entsprangen Kooperationen des Kunsthistorischen Museums mit der Schloß Schönbrunn Kultur- und Betriebsgesellschaft. Sie waren jeweils Teile von Großausstellungen, die an insgesamt vier Standorten in Wien und Niederösterreich stattfanden. Die Franz-Joseph-Ausstellung in der Wagenburg widmete sich vorrangig dem Image Franz Josephs im Spannungsfeld zwischen opulenter Repräsentation und Bescheidenheit. Im Mittelpunkt der Ausstellung zu Maria Theresia stand hingegen der Prunk höfischer Feste sowie die Selbstdarstellung der Fürstin zwischen weiblicher Identität und männlich konnotierter Herrschermacht. Für beide Ausstellungen mussten über mehrere Wochen hinweg beide Schauhallen einer kompletten Neugestaltung unterzogen werden, was vor allem das Restauratorenteam vor eine Belastungsprobe stellte.

Nach Abbau der Maria-Theresia-Ausstellung, für deren Ausstellungsarchitektur Tilo Perkmann und Serenella Zoppolat verantwortlich zeichneten, wurden die beiden erneut herangezogen, um in Zusammenarbeit mit Monica Kurzel-Runtscheiner eine Neugestaltung der Dauerausstellung zu planen, die noch im Frühling 2018 realisiert werden konnte. Die Wagenburg erhielt damals ein neues Lichtkonzept, ein modernes Beschriftungssystem und ein erweitertes Videoangebot. Damit verbunden war auch eine aufgelockerte Objektpräsentation, bei der nun versucht wurde, eine monotone Aufstellung der Fahrzeuge in geradlinigen Reihen so weit wie möglich zu umgehen und dadurch die Singularität der einzelnen Objekte stärker hervorzuheben. Erstmals wurden damals auch sämtliche Wagen und Schlitten auf Podeste gestellt. In einer bereits 2014 unterhalb der Galerie eingebauten Großraumvitrine wird zudem seit 2018 eine repräsentative Auswahl der Schätze des Monturdepots gezeigt.[14]

Kurz nachdem die Neugestaltung der beiden Schauhallen abgeschlossen war, wurde 2018 im Rahmen einer kleinen Sonderausstellung mit dem Titel *Imperial Speed* erstmals das sogenannte Art Car in musealem Rahmen präsentiert. Dabei handelt es sich um einen Rennwagen aus dem Besitz von Ferdinand Habsburg, einem Urenkel des letzten Kaisers. Dieses Fahrzeug, dessen Lackierung das Künstler*innen-Duo Lang/Baumann gestaltete, wurde in der Schau einem reich ausgeführten Kutschierwagen von Kaiser Franz II./I. und dem einzigen erhaltenen Hofautomobil von 1914 gegenübergestellt.[15]

Sowohl beim Hofautomobil (Inv.-Nr. D 79) als auch beim Art Car (Inv.-Nr. D 105) handelt es sich um Objekte, die 2001 beziehungsweise 2018 in Form von Dauerleihgaben in die Sammlung gelangten.[16] Auf dieselbe Weise wurde die Sammlung 2007, wie bereits erwähnt, um gleich siebzehn Fahrzeuge (Inv.-Nrn. D 87–103) aus dem Regensburger Marstall der Familie Thurn und Taxis entscheidend vermehrt. Aber nicht nur durch Dauerleihgaben, sondern auch durch Schenkungen und Ankäufe erhielt die Sammlung seit Beginn des 21. Jahrhunderts zahlreiche wichtige Zugänge, die an dieser Stelle nicht im Einzelnen aufgezählt werden können.[17] Genannt seien in diesem Zusammenhang nur der Erwerb des umfangreichen Bildarchivs und die Übernahme des wissenschaftlichen Nachlasses des für die Kutschenforschung bedeutenden Kunsthistorikers Rudolf Wackernagel (1933–2018)[18] sowie die *Große Praterfahrt* (Inv.-Nr. Z 264), einer aus achtzehn kolorierten Lithografien bestehenden, äußerst seltenen Grafikserie, die in einzigartiger Weise die Wagenmoden des Wiener Biedermeier dokumentiert.

Den Ankauf der *Großen Praterfahrt* finanzierte im Jahr 2008 in großzügiger Weise der Verein der Freunde des Kunsthistorischen Museums.[19] Ein Jahr zuvor war auch ein Verein der Freunde der Wagenburg gegründet worden.[20] Letzterer, dem seit seiner Konstituierung

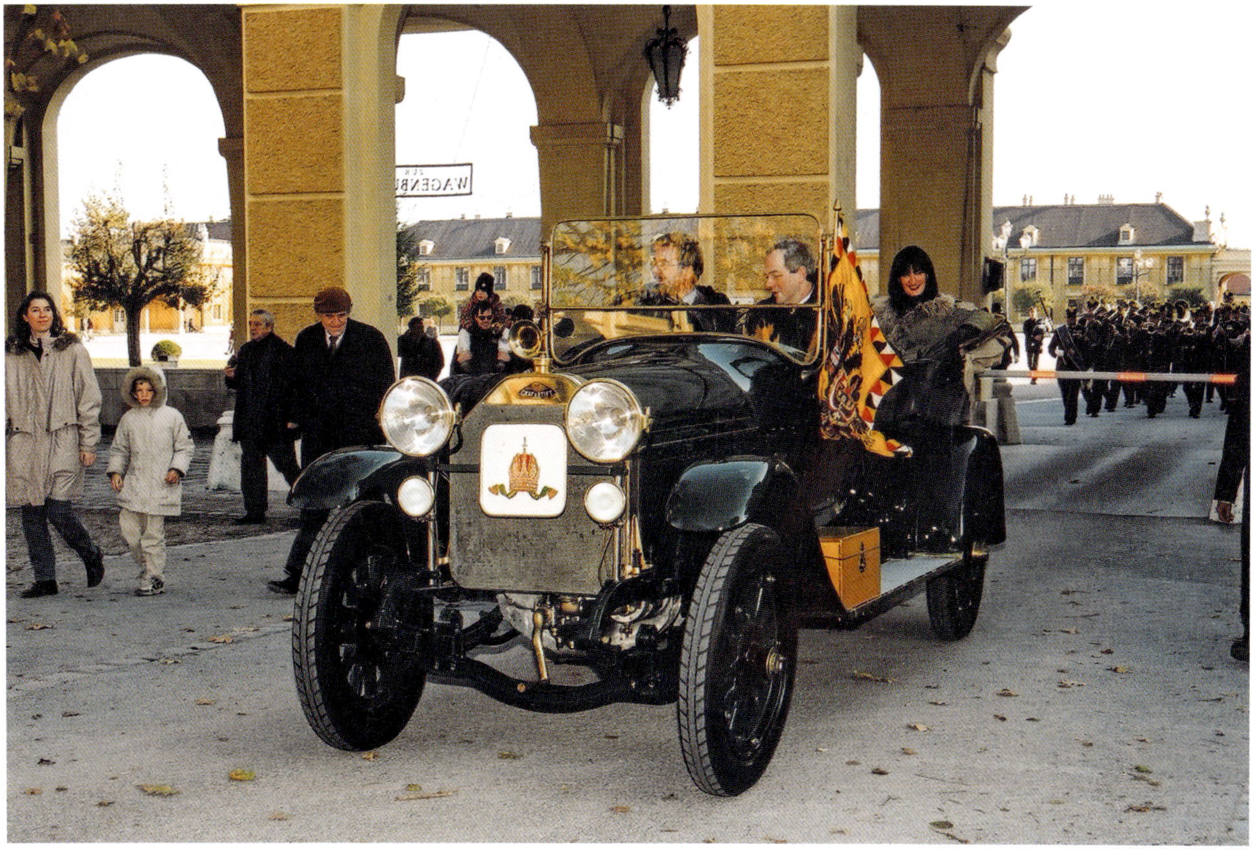

Abb. 168: Das »Kaiserauto« (Inv.-Nr. D 79), das einzige erhaltene Hofautomobil, fährt in die Wagenburg ein, 2001. Im Fond sitzend Sammlungsdirektorin Monica Kurzel-Runtscheiner

die Transportlogistikunternehmerin Heidi Senger-Weiss vorsteht, leistete der Wagenburg seither in vielfacher Hinsicht Unterstützung.

Seit Anfang des 21. Jahrhunderts fand für Musemsbesucher*innen eine Reihe von merkbaren Veränderungen statt. Im Sommer 2001 wurde in der Wagenburg erstmals ein regelmäßiger Führungsbetrieb eingeführt. Seit damals bieten Kunsthistoriker*innen und Historiker*innen der Abteilung Museum und Publikum (heute Kunstvermittlung) des Kunsthistorischen Museums an Sonntagen regelmäßig Überblicks- und Familienführungen an. Abseits davon besteht seither auch die Möglichkeit, Sonderführungen für Schüler*innen oder Erwachsene zu buchen.[21] Für individuelle Rundgänge liefern seit 2007 zudem Audioguides in Deutsch, Englisch, Französisch und Italienisch Zusatzinformationen zu den Objekt- und Saaltafeln, die aus Platzgründen nur relativ knapp gehaltene Angaben in Deutsch und Englisch bereitstellen können.[22] Dieses Angebot wurde sukzessive durch den Einsatz von Videos ergänzt, die auf frei zugänglichen Großbildschirmen in den Schauhallen laufen und eine Vertiefung mancher Themen erlauben. Ein erster Auftritt im Internet mit Informationen zur Wagenburg und ihren Objekten ist für 1998 dokumentiert. Seither wurde die Webseite schrittweise ausgebaut und verbessert.[23]

Nach einem Testlauf Mitte der 1990er Jahre wurde im Jahr 2002 mit dem Goldpass erstmals ein vergünstigtes Kombiticket für den Eintritt in Schloss Schönbrunn, die Wagenburg, den Zoo und andere touristischen Attraktionen im Schlosspark eingeführt.[24] Eine Ausweitung der Öffnungszeiten erfolgte im Jahr 2008, als der montägliche Schließtag abgeschafft wurde. Seit damals hat die Wagenburg in der Regel das ganze Jahr über täglich geöffnet.[25]

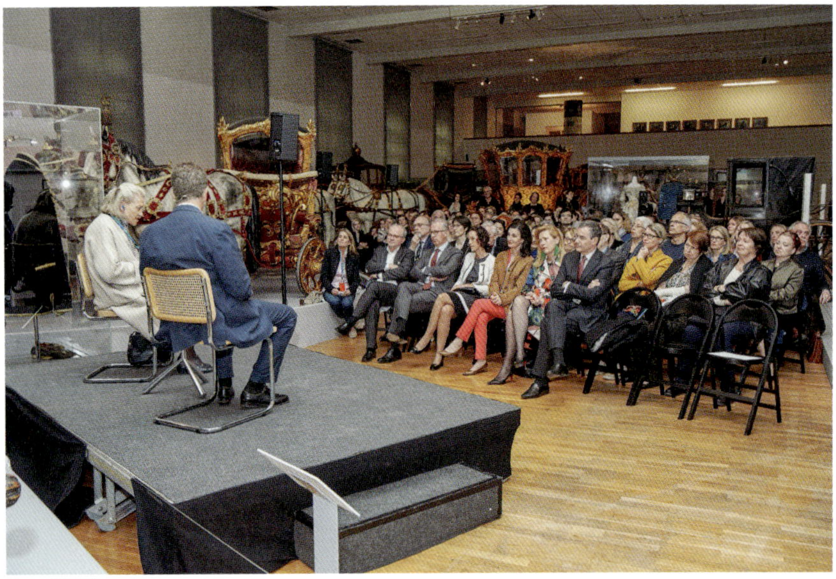

Abb. 169: Präsentation des Buches *Maria Theresia. Die Macht der Frau* in der Wagenburg, 2017. Am Podium die Autorin Élisabeth Badinter und Moderator Karl Hohenlohe

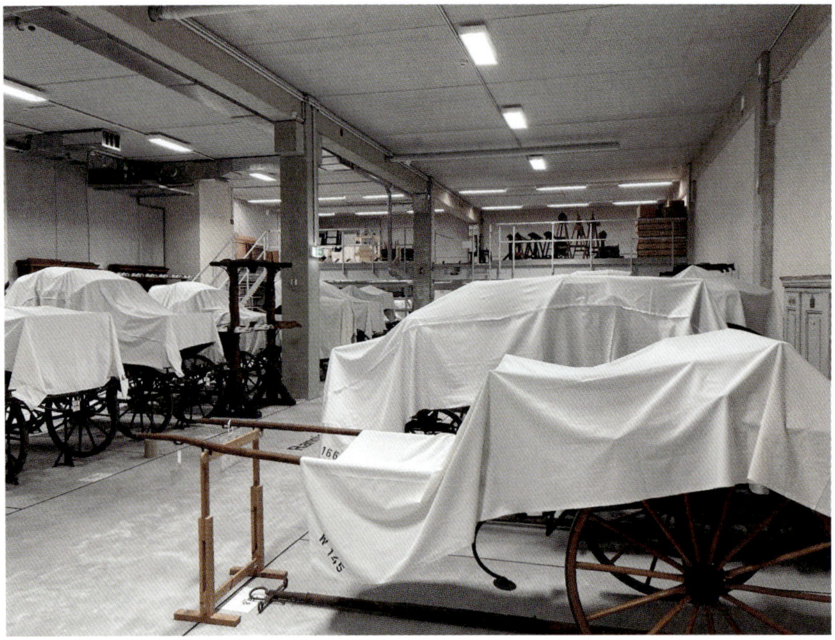

Abb. 170: Einblick in den für die Wagenburg bestimmten Bereich im Zentraldepot des Kunsthistorischen Museums, 2023

Das Museum versuchte sich in den vergangenen Jahren durch verschiedene Sonderveranstaltungen auch gegenüber neuen Schichten von Besucher*innen zu öffnen. So fand am 19. Juni 2011 erstmals ein »Open House« in der Wagenburg statt, bei dem bei freiem Eintritt 8.000 Menschen ein dichtes Programm mit Backstage-Führungen, Einblicken in die Forschung am Museum, Lesungen, dem Auftritt eines Musical-Stars, Kutschenfahrten und Ponyreiten im Schlosspark, Bastelangeboten für Kinder und vielem anderen mehr geboten wurde.[26] Andere Veranstaltungen in der Wagenburg, von denen hier nur einige erwähnt werden können, fanden in kleinerem Rahmen statt. Im Oktober 2015 brachte Schauspieler Daniel Doujenis, begleitet von zwei E-Gitarristen, an drei ausverkauften Abenden Rilkes *Cornet* auf die Bühne, wobei der Schwarze Hofleichenwagen den suggestiven Hintergrund bildete.[27] Im Jahr darauf las Martin Ploderer im Rahmen der Franz-Joseph-Ausstellung an

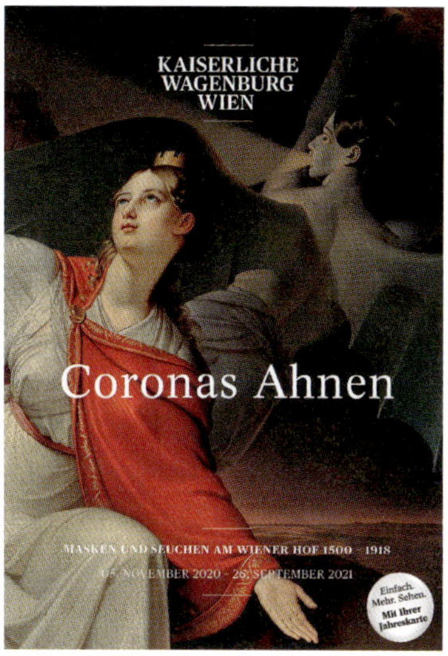

Abb. 171: Ausstellungsplakat *Coronas Ahnen* (2020–2022)

zwei Abenden Auszüge aus Karl Kraus' *Die letzten Tagen der Menschheit*.[28] Und 2017, während der Maria-Theresia-Ausstellung, präsentierte die bekannte französische Philosophin und Historikerin Élisabeth Badinter ihr Buch *Maria Theresia. Die Macht der Frau* inmitten von Galafahrzeugen aus der Zeit der österreichischen Monarchin.[29]

Manche Veränderung ging vom Museumspublikum unbemerkt vor sich. Dazu zählt die bereits an anderer Stelle erwähnte Einführung einer integrierten Schädlingsbekämpfung (IPM), die den Einsatz von Pestiziden überflüssig machte, aber auch mehrere räumliche und bauliche Neuerungen fallen darunter. So konnte der Dachboden über der hinteren Schauhalle, der zuvor vom Bundesmobiliendepot genutzt worden war, 2003 von der Wagenburg als zusätzlicher Depotraum übernommen werden, was eine deutliche Entlastung des Geschirrdepots im anderen Teil des Dachbodens bedeutete.[30] Im Jahr 2005 wurde – ebenfalls auf dem Museumsdachboden – ein mit Scherwänden ausgestattetes Bilderdepot für die Gemälde der Sammlung eingerichtet.[31] Damals konnte auch die baufällige Textilrestaurierwerkstätte nach erfolgter Komplettsanierung und Neueinrichtung bezogen werden.[32]

Die mehrere Jahre dauernde Neugestaltung der Kunstkammer im historischen Stammhaus des Kunsthistorischen Museums am Burgring bedingte auch einige räumliche Rochaden. Diese hatten zur Folge, dass die Direktionsbüros, die Bibliothek und das Archiv der Wagenburg, die sich bis dahin im Stadtzentrum befunden hatten, 2009 nach Schönbrunn übersiedelten. Die Büros wurden in einer unmittelbar an das Wagenburg-Gebäude anschließenden Wohnung eingerichtet, die Sammlungsbibliothek und das Archiv hingegen

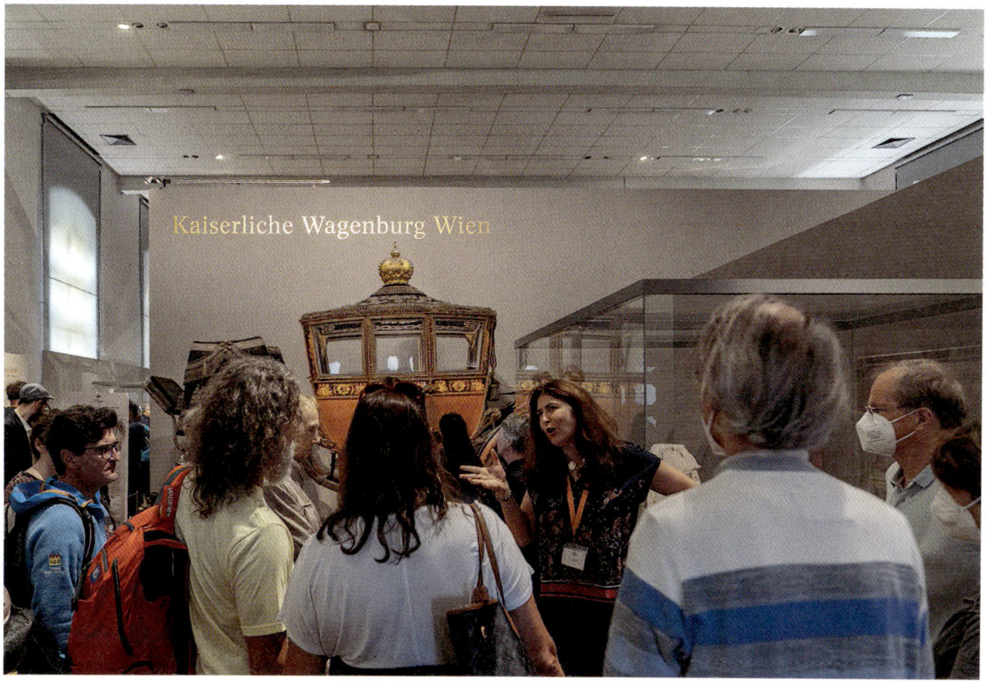

Abb. 172: Das »Open House« am 11. September 2022 anlässlich der 100-Jahr-Feier. Im Bild Kunstvermittlerin Fedora Szechenyi. Foto: Jonas Thiller

in einem Raum über dem Museumsfoyer.[33] Damit war die seit 1922 bestehende räumliche Separierung der Arbeitsräume der wissenschaftlichen Mitarbeiter*innen vom Museum, den Depots und den Restaurierwerkstätten aufgehoben. Die Trennung war deshalb entstanden, weil die Wagenburg anfangs den Direktoren der im Stadtzentrum befindlichen Waffensammlung unterstand und später, zwischen 1947 und 2000, die Leiter der Wagenburg gleichzeitig auch die Verantwortung für die zentrale Museumsbibliothek sowie für andere im Hauptgebäude angesiedelte Museumsabteilungen trugen. Nachdem die Wagenburg-Direktion zu Beginn des neuen Jahrhunderts von diesen Zusatzaufgaben entbunden worden war, stand auch ihrer Einquartierung in Schönbrunn nichts mehr im Wege.

Eine epochale Verbesserung für die Wagenburg brachte die 2011 fertiggestellte Errichtung eines neuen Zentraldepots des Kunsthistorischen Museums in Himberg. Noch im selben Jahr erfolgte die Übersiedlung einer größeren Zahl an historischen Fahrzeugen, Pferdepuppen und anderen Gegenstände in einen eigens für die Sammlung Wagenburg bestimmten Raum des neuen Gebäudes, wodurch sich die Situation in den bereits an ihre Kapazitätsgrenzen gelangten Wagendepots in Schönbrunn merklich entspannte.[34]

Zwischen 2009 und 2015 führte die Schloß Schönbrunn Kultur- und Betriebsgesellschaft bei laufendem Museumsbetrieb eine umfassende Sanierung der Außenhülle der Wagenburg durch. Es handelte sich dabei um die ersten derartigen Instandsetzungsarbeiten seit der Generalsanierung der 1970er Jahre. Die ersten Arbeiten wurden von 2009 bis 2011 in Angriff genommen und betrafen die Fenster und Tore sowie die Außenfassade. Bei den Arbeiten an der Fassade wurde auf den bis dahin verwendeten Zementputz verzichtet und stattdessen ein Kalkputz aufgebracht, der nun ein Austreten von im Mauerwerk vorhandener Feuchtigkeit ermöglicht. Auch die neue Fassadenfarbe beinhaltete keine Zementanteile und erhielt einen etwas helleren Farbton, der nun mit dem historischen »Schönbrunnergelb« übereinstimmt. Im Jahr 2015 wurden schließlich das Museumsdach neu gedeckt und der Anstrich der Fenster und Türen erneuert.[35]

Ab März 2020 traf die Corona-Pandemie die meisten gesellschaftlichen und wirtschaftlichen Sektoren des Landes schwer. In besonderem Maße war auch die Museumswelt davon betroffen. Die Wagenburg wurde in den Jahren 2020 bis 2022 wie alle anderen österreichischen Museen mehrmals für Wochen und Monate behördlich geschlossen. Phasenweise war es den Museumsmitarbeiter*innen aus gesundheitspolitischen Gründen sogar untersagt, ihre Arbeitsstätte zu betreten. Bei Publikumsbetrieb herrschten fortan strenge Reglementierungen, die das Tragen von Masken vorschrieben, Gruppenführungen untersagten und ganz allgemein die Anzahl der Personen, die sich gleichzeitig im Museum aufhalten durften, beschränkten. Die Kapazitätsgrenzen wurden aber meist ohnehin nicht erreicht, da der nationale und internationale Tourismus weitgehend zum Erliegen gekommen war. Die Besuchszahlen, die 2019 noch bei etwa 110.000 gelegen hatten, brachen im darauffolgenden Jahr auf 17.000 ein.[36] Dies hatte natürlich auch erhebliche Auswirkungen auf die Museumsfinanzen. Glücklicherweise gelang es in dieser heiklen Phase dank staatlicher Unterstützungen, die Zahlungsfähigkeit des Museums zu erhalten und einen Personalabbau zu verhindern.

Monica Kurzel-Runtscheiner wollte in dieser düsteren Zeit nicht untätig bleiben und plante, der einheimischen Bevölkerung ein attraktives Programm im Museum zu bieten. Sie beschloss deshalb, dem damals im Alltag der Menschen omnipräsenten Pandemie-Thema in der Wagenburg eine Sonderausstellung zu widmen, in der die aktuelle Krise in einen größeren historischen Kontext gestellt werden sollte. Binnen weniger Monate und unter schwierigen Rahmenbedingungen stellte Kurzel-Runtscheiner mithilfe von Dokumenten, Kunstwerken und Filmen eine Schau mit dem Titel *Coronas Ahnen. Masken und Seuchen*

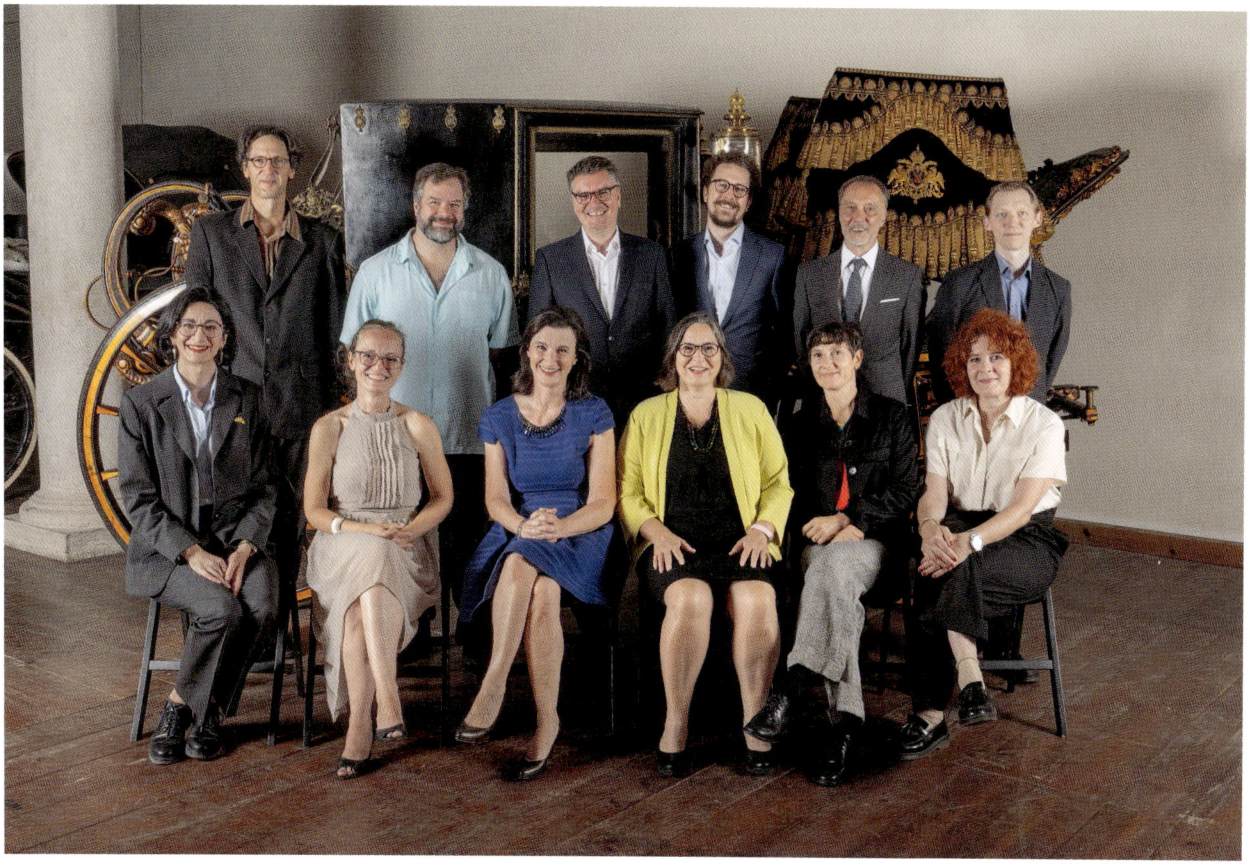

Abb. 173: Foto des Wagenburg-Teams, aufgenommen am 9. September 2022 – auf den Tag genau 100 Jahre nach Eröffnung des Museums. Sitzend v. l. n. r.: Araksya Sarukhanyan (Guest Service), Caroline Wullenweber (Sammlungsassistenz), Monica Kurzel-Runtscheiner (Direktorin), Marianne Novotny-Kargl (Restauratorin, zum Aufnahmezeitpunkt als Betriebsratsvorsitzende freigestellt), Michaela Morelli (Restauratorin), Daniela Sailer (Restauratorin). Stehend v. l. n. r.: Axel Weinundbrot (Guest Service, Site Manager), Fernando Riederer (Guest Service), Mario Döberl (Kurator), Matthias Manzini (Restaurator), Robert Mahrhofer (Guest Service), Andreas Wiesinger (Guest Service). An diesem Tag verhindert: Andreas Rührig (Guest Service)

am Wiener Hof 1500–1918 auf die Beine. Aufgrund eines staatlich verhängten Lockdowns musste die für den 4. November 2020 geplante Eröffnung damals um rund sieben Wochen verschoben werden. Im Zentrum der stationsartig in die Dauerausstellung integrierten Schau stand, wie in der Vergangenheit Ausbrüche von Pest, Pocken, Cholera und der Spanischen Grippe in Wien verliefen, welche Maßnahmen dagegen ergriffen wurden, und ebenso, wie die Seuchen auch wieder ein Ende fanden. Aufgrund des anhaltenden Interesses seitens des Publikums blieb die Ausstellung bis Frühling 2022 geöffnet.[37]

Im Spätsommer desselben Jahres, als die Corona-Pandemie bereits am Abklingen war, die Besucher*innen wieder in die Wagenburg zurückkehrten und die Museumswelt – trotz anderer Krisenerscheinungen, wie etwa dem Krieg in der Ukraine oder der globalen Erwärmung – wieder optimistisch in die Zukunft blicken konnte, feierte das Schönbrunner Marstallmuseum sein 100-Jahr-Jubiläum. Das Ereignis wurde am Abend des 9. September 2022 mit einem Festakt und einem Galadiner begangen. Zwei Tage später waren schließlich alle, die die Wagenburg hochleben lassen wollten, bei freiem Eintritt und einem reichen Programmangebot ins Museum eingeladen.

1 *Die k.k. Hof-Wagenburg und der Wiener Wagenbau (1740–1918). Die Bedeutung von Kutsche und Livree für die höfische Repräsentation und als Teil der europäischen Kunst,- Kultur-, Technik- und Alltagsgeschichte* (2001–2004). Projektleitung: Monica Kurzel-Runtscheiner. FWF, Projekt-Nr. P 14226. Siehe dazu JB KHM 2001, 45; JB KHM 2002, 60 f.; JB KHM 2003, 82; KHM, Zl. 30 und 74/WB/1999, Zl. 74/WB/2000–2005. Zu den Projektmitarbeiter*innen dieser Forschungsunternehmung und des Nachfolgeprojekts siehe die Personalliste im Anhang.

2 *Das k.k. Oberststallmeisteramt und die Fahrzeuge des Wiener Hofes (1860–1918/22)* (2004–2007). Projektleitung: Monica Kurzel-Runtscheiner. FWF, Projekt-Nr. P 17266. Siehe dazu JB KHM 2003, 82; JB KHM 2005, 113 f.; JB KHM 2006, 138 f.; JB KHM 2007, 150 f.; KHM, 74/WB/2004–2008.

3 *Die Einführung von Fahrzeugen in das kaiserliche Hofzeremoniell* (2008–2011). Projektleitung: Mario Döberl. FWF, Projekt-Nr. P 20316. Siehe dazu auch JB KHM 2008, 114; JB KHM 2009, 78; JB KHM 2010, 85; JB KHM 2011, 64; KHM, Zl. 74/WB/2008–2011.

4 *Aufbewahrung von historischen Objekten in nicht klimatisierten Museumsdepots* (2002–2003). Projektleitung: Martina Grießer, Monica Kurzel-Runtscheiner, Gabriele Zugay. Finanzierung: FFF (Forschungsförderungsfonds für die gewerbliche Wirtschaft) und KHM. JB KHM 2002, 61; JB KHM 2003, 83. *Standard-Kunststoff-Verpackungslösungen für Sammlungs- und Museumsdepots* (2005–2009). Projektleitung: Martina Grießer, Monica Kurzel-Runtscheiner, Gabriele Zugay/Paul Frey. Finanzierung FFG (Österreichische Forschungsförderungsgesellschaft mbH) und KHM. JB KHM 2005, 114 f.; JB KHM 2006, 139 f.; JB KHM 2007, 152 f.; JB KHM 2008, 116 f.; JB KHM 2009, 79 f.

5 Siehe dazu KHM, Zl. 28/WB/2013, Zl. 28/WB/2018–2022.

6 AK Wien 2004; JB KHM 2004, 238 f.; KHM, Zl. 69/WB/2003–2004.

7 AK Wien 2007/08; JB KHM 2006, 137; JB KHM 2007, 142, 291; KHM, Zl. 82/WB/2005–2007, Zl. 94/WB/2007–2008.

8 JB KHM 2008, 109, 236 f.; JB KHM 2009, 75 f.; JB KHM 2010, 81 f.; KHM, Zl. 39/WB/2008–2010.

9 AK Wien 2010; JB KHM 2010, 212; KHM, Zl. 63/WB/2008, Zl. 23/WB/2009–2011.

10 JB KHM 2012, 82, 205; KHM, Zl. 21/WB/2012.

11 AK Wien 2014/15; JB KHM 2014, 116; JB KHM 2015, 66; KHM, Zl. 46/WB/2013–2015.

12 AK Wien et al. 2016, 76–87, 226–259; JB KHM 2016, 63, 108; KHM, Zl. 53/WB/2013–2017.

13 AK Wien et al. 2017, 317–331; JB KHM 2016, 64; JB KHM 2017, 17; KHM, Zl. 77/WB/2015–2018.

14 KHM, Zl. 98/WB/2018.

15 Zum Rennwagen und zur Ausstellung siehe JB KHM 2015, 150; KHM, Zl. 66/WB/2018.

16 JB KHM 2001, 44; KHM, Zl. 43/WB/2001, Zl. 66/WB/2018.

17 Zu den Sammlungszugängen seit 2001 siehe JB KHM 2001, 44; JB KHM 2002, 58; JB KHM 2003, 79 f.; JB KHM 2004, 96–99; JB KHM 2005, 104–106; JB KHM 2006, 128 f.; JB KHM 2007, 138–140; JB KHM 2008, 104–109; JB KHM 2009, 74 f.; JB KHM 2010, 80 f.; JB KHM 2011, 60–62; JB KHM 2012, 80 f.; JB KHM 2013, 76–79; JB KHM 2014, 91 f.; JB KHM 2015, 95 f.; JB KHM 2016, 65, 92 f.; JB KHM 2017, 23; JB KHM 2018, 30 f.; JB KHM 2019, 27; JB KHM 2020/21, 33; sowie die entsprechenden Akten in KHM, Zl. 14/WB/2001–2022.

18 JB KHM 2007, 141; KHM, Zl. 18/WB/2007, Zl. 18/WB/2017.

19 JB KHM 2008, 104; KHM, Zl. 14/WB/2008.

20 JB KHM 2007, 143; KHM, Zl. 95/WB/2007.

21 JB KHM 2001, 44; KHM, Zl. 35/WB/2001.

22 JB KHM 2007, 143.

23 Siehe dazu KHM, Zl. 23/WB/1998, Zl. 42/WB/2001; JB KHM 2010, 82.

24 KHM, Zl. 13/WB/2001, Zl. 13/WB/2002; JB KHM 2002, 60.

25 KHM JB 2008, 110.

26 JB KHM 2011, 62.

27 JB KHM 2015, 67.

28 JB KHM 2016, 64.

29 KHM, Zl. 17/WB/2017.

30 JB KHM 2003, 78

31 JB KHM 2005, 108.

32 Ebenda, 107.

33 KHM, Zl. 85/WB/2008–2010.

34 Siehe dazu JB KHM 2011, 62; Kimmel – Sailer – Kurzel-Runtscheiner 2012/13.

35 JB KHM 2009, 77; JB KHM 2010, 83; JB KHM 2011, 63; JB KHM 2015, 68.

36 KHM, Zl. 50/WB/2019–2020.

37 JB KHM 2020/21, 20–23; KHM, Zl. 69/WB/2020–2022, Zl. 70/WB/2021.

Sammlungsdirektorin Monica Kurzel-Runtscheiner: Rück- und Ausblick

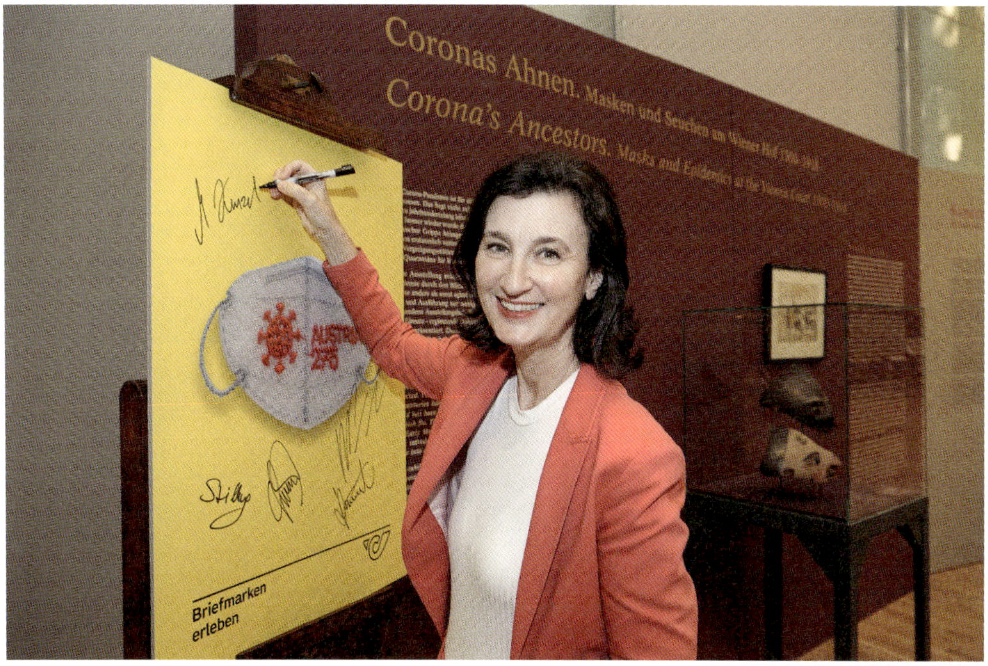

Abb. 174: Sammlungsdirektorin Monica Kurzel-Runtscheiner bei der Präsentation der Corona-Sonderpostmarke in der Wagenburg, 2021. Foto: Eva Puella

Zunächst ein paar Kurzinformationen zu einzelnen Stationen Deines Lebenslaufs: Du wurdest in Wien geboren, studiertest an der hiesigen Universität Geschichte und Kunstgeschichte und bist Absolventin des Instituts für Österreichische Geschichtsforschung. Während Deines Doktoratsstudiums hast Du für mehrere Jahre in Rom gelebt und geforscht. Ab 1989 wurde Dir ein Lehrauftrag an der Universität Wien erteilt. Vor Deiner Anstellung im Museum hast Du Dich vorwiegend mit Themen der Frauengeschichte beschäftigt. Im Jahr 1993 wurdest Du zunächst Kuratorin und 2001 schließlich Direktorin der Sammlung Wagenburg und Monturdepot. Wie bist Du eigentlich ans Museum gekommen?

Ich habe – wie von Dir erwähnt – neben dem Studium den dreijährigen Ausbildungslehrgang am Institut für Österreichische Geschichtsforschung gemacht, wo Georg Kugler, der damalige Direktor der Wagenburg, Museumskunde unterrichtet hat. Kurz vor Beendigung meines Doktoratsstudiums hat mich einer meiner Doktorväter, Artur Rosenauer[1], darauf aufmerksam gemacht, dass das Kunsthistorische Museum jemanden für die Wagenburg sucht. Als ich Dr. Kugler daraufhin angerufen habe, hat er sich sofort an mich erinnert und mich ermutigt, mich um die Stelle zu bewerben. Von Vorteil war, dass ich als Institutsarbeit am IföG eine sammlungshistorische Arbeit geschrieben hatte.[2] Auch wenn mir Kutschen damals noch sehr fremd waren, habe ich mich nach kurzer Bedenkzeit beworben, da mich der Grenzbereich zwischen Geschichte und Kunstgeschichte und die Arbeit mit historischen Objekten immer sehr interessiert haben.

Du warst also anfangs skeptisch, ob Dir die Wagenburg ein interessantes Arbeitsfeld bieten würde. Wie hat sich das dann in der Folge für Dich dargestellt, nachdem Du Dich bereits einarbeiten konntest?

Die Wagenburg ist ein ganz toller Arbeitsplatz, weil man hier noch im wahrsten Sinn des Wortes »Wissen schaffen« kann. Als ich gekommen bin, war noch so vieles offen, weil unser Forschungsgebiet sehr lange sehr stark vernachlässigt wurde. Es gab noch kaum Literatur und in der Sammlung nur wenig Dokumentation. Von ganz vielen wichtigen Objekten wusste man weder, wer sie gebaut hat, noch wann sie hergestellt und wie sie verwendet wurden. Es ist also ein Gebiet, wo man wirklich noch forschen kann. Das hat mir immer Spaß gemacht, und daher war und ist das eine schöne Herausforderung.

Häufig, wie in Deinem Fall, geht die Übernahme einer Leitungsfunktion ja auch mit einem Generationenwechsel einher und bringt neue Ideen, neue Sichtweisen auf die Dinge, andere thematische Zugänge, vielleicht auch eine Offenheit gegenüber technischen Neuerungen. Wo hast Du Änderungsbedarf gesehen, als Du in die Wagenburg gekommen bist und später dann zur Sammlungsdirektorin bestellt wurdest? Einmal abgesehen davon, dass vieles noch unerforscht war.

Als ich ins Museum kam, war tatsächlich vieles noch ganz anders als heute – vor allem in technischer Hinsicht. An der Universität war ich eine der allerersten Student*innen, die überhaupt mit einem Computer gearbeitet haben. Ich hatte einen »Ahnherrn« des Laptops, der für heutige Verhältnisse sehr groß und schwer war. Um ihn ins Archiv mitnehmen zu dürfen, musste ich die damalige Direktorin Dr. Benna[3] um Erlaubnis bitten. Sie stand kurz vor der Pensionierung und war dann sehr stolz darauf, dass noch in ihrer Ära das Computerzeitalter im Archiv begonnen hat. Ich war also für damalige Verhältnisse so etwas wie eine Pionierin. Auch im Museum hatte fast niemand einen PC und ich habe sehr lange gebraucht, um zu erreichen, dass Seipel[4] den Ankauf eines Computers für die Wagenburg bewilligt hat. Ich habe dann begonnen ein elektronisches Inventar aufzubauen, wodurch sich natürlich die Arbeit mit den Objekten stark vereinfacht hat. Bei den älteren Kollegen im Museum ist das auf sehr viel Skepsis gestoßen. Es war kein allgemeines Verständnis dafür vorhanden, dass elektronische Datenverarbeitung sinnvoll ist.

*Gleich am Anfang Deiner Direktion hast Du mit einem dreijährigen, vom FWF finanzierten Forschungsprojekt mit externen Mitarbeiter*innen begonnen. Unmittelbar daran schloss ein Folgeprojekt an. Welche Überlegungen standen hinter diesen Forschungsunternehmungen?*

Das erste Forschungsprojekt wurde sozusagen aus der Not geboren: Ich hatte zunächst einmal begonnen, die bis dahin vollkommen unbearbeiteten Wagenburg-Inventare der Sammlung, die leider nur eine unvollständige Reihe bilden, in eine Datenbank aufzunehmen und elektronisch zu vernetzen. So konnte ich zu bestimmten Objekten Ankaufsdaten und Aktenzahlen ermitteln. Ich dachte naiv, dass ich mit diesen Informationen im Archiv den entsprechenden Akt ausheben lassen und dann alles über das jeweilige Objekt erfahren kann. Wenn ich dann das betreffende Jahr aus dem Oberststallmeisteramtsarchiv bestellte, war allerdings nie die Aktenzahl enthalten, die ich gesucht hatte – dafür fanden sich meist sehr viele andere für unser Thema spannende Informationen, die ich dort gar nicht vermutet hätte. So entstand die Idee, den gesamten Bestand systematisch aufzuarbeiten. Das konnte ich natürlich nicht alleine bewältigen, weshalb ich das erste Forschungsprojekt beantragt habe. Schließlich wurden es zwei Forschungsprojekte, die es uns erlaubt haben, das bis dahin weitgehend unbearbeitete Oberststallmeisteramtsarchiv komplett zu erschließen. Die Datenbanken, die dabei entstanden sind, sind heute eine wesentliche Grundlage unserer Arbeit und ich glaube, sie werden auch für künftige Generationen wertvoll sein.

Du hast beginnend mit 2004 eine Reihe von Sonderausstellung in der Wagenburg auf die Beine gestellt und kuratiert. In den Jahrzehnten davor gab es nur vereinzelt Ausstellungen, was unter anderem der Raumsituation im Museum geschuldet war. Könntest Du bitte erzählen, was zu den Sonderausstellungen geführt hat und warum Du sie für wichtig für die Wagenburg hältst?

Die erste Ausstellung 2004 war eine Kooperation mit der Akademie der bildenden Künste. Sie ist entstanden, weil ich das Gefühl hatte, man muss die Wagenburg – salopp gesagt – entstauben, um die Menschen für unsere Objekte zu interessieren. Deshalb dachte ich, es wäre spannend zu sehen wie zeitgenössische Künstler*innen auf unsere Kutschen reagieren und was sie daraus entwickeln. Wir haben damals mit ganz jungen Künstler*innen in Ausbildung zusammengearbeitet, und als ich sie durch die Sammlung führte, konnte man beobachten, wie sie plötzlich Feuer fangen und beginnen, die Objekte mit anderen Augen zu sehen. Es sind dann ganz spannende Arbeiten entstanden, die in die normale Schausammlung integriert wurden und einen echten Überraschungseffekt bei den Besucher*innen ausgelöst haben. Das war eine schöne Erfahrung und hat uns, denke ich, auch anderes und neues Publikum gebracht. Mir persönlich ist es generell ein großes Anliegen, nicht nur Tourist*innen, sondern auch Einheimische ins Museum zu bringen, und das geht nur mithilfe von Ausstellungen. So wie in allen Museen befindet sich auch bei uns ein sehr großer Bestandteil der Sammlung im Depot, weshalb wir im Rahmen von Sonderausstellungen immer wieder etwas Neues zeigen können. Allerdings kann an einem Standort wie der Wagenburg nicht jedes Jahr ein beliebiges Thema behandelt werden: Es muss immer ein Bezug zur Sammlung und ihren Objekten vorhanden sein, wodurch sich die Palette an möglichen Themen von selbst reduziert. Ein Problem ist natürlich, dass wir finanziell nicht so gut aufgestellt sind und das schränkt uns bei der Ausstellungsgestaltung stark ein. Auf der anderen Seite waren aber gerade die Sonderausstellungen diesbezüglich oft eine Hilfe, weil sich durch sie Maßnahmen durchführen ließen, die nach und nach auch die Dauerausstellung verbessert haben.

Gibt es ein Ausstellungsprojekt, auf das Du besonders gerne zurückblickst?

Ich blicke auf alle diese Projekte gern zurück. Sie haben alle viel Freude bereitet und sind auch gut angekommen. Allerdings war es für mich – und ich glaube auch für alle anderen im Wagenburg-Team – ein besonders schöner und beglückender Moment, als die Maria-Theresia-Ausstellung gestaltet wurde, weil da zum ersten Mal etwas größere Sanierungsmaßnahmen in der Schauhalle möglich waren und man plötzlich sehen konnte, wie die Objekte wirken, wenn man sie mit ein bisschen mehr Aufwand schön präsentiert.

In Deiner bisherigen Amtszeit gab es ja auch einige bedeutende Sammlungserweiterungen. Befinden sich darunter welche, die Dir mehr als andere am Herzen liegen?

Ich sage immer, es gibt im Museum keine unwichtigen Objekte, denn jedes Objekt hat seine Bedeutung und seine Daseinsberechtigung. In diesem Sinne freue ich mich über alle Ankäufe und über alle Dauerleihgaben. Das spektakulärste Projekt war aber die Übernahme der Thurn-und-Taxis-Kutschen, weil sie uns durch die große Anzahl an sehr qualitätsvollen Fahrzeugen auch vor große logistische Herausforderungen gestellt hat. Letztlich war diese Übernahme der Anlass für die Ausweitung unseres Folienprojektes, das in der musealen Konservierung wirklich von Bedeutung ist und dessen Erkenntnisse wir damals erstmals im großen Stil umsetzen konnten.[5]

Vergleicht man die heutige Dauerausstellung in der Wagenburg mit jener von vor zwanzig Jahren, sind zahlreiche Veränderungen augenfällig. Es werden weniger Kutschen gezeigt, dafür treten diese viel stärker als zuvor als Einzelobjekte in Erscheinung und sind lebendiger als früher präsentiert. Auch ist seit längerer Zeit eine größere Zahl an Objekten des Monturdepots – also Livreen, Uniformen und Damenkleider – in den Rundgang integriert. Wie kam es dazu?

Es war für mich immer unbefriedigend, die Wagenburg als einen Raum zu erleben, wo fünf Reihen von Kutschen einfach nebeneinander stehen, ohne dass dem Publikum erklärt wird, was es damit genau auf sich hat, und ohne, dass es einen klaren thematischen Faden gibt, der durch die Sammlung führt. Daher habe ich gleich nach Übernahme der Direktion zunächst einfache Maßnahmen ergriffen, die sich ohne große finanzielle Mittel umsetzen ließen. Ich habe zum Beispiel ein wenig umgestellt, um eine Chronologie hineinzubringen und zweisprachige Bereichstexte aufstellen lassen. Dann habe ich schrittweise nach Maßgabe des Budgets von unseren Restauratorinnen geplante, konservatorisch adäquate Vitrinen anfertigen lassen, um auch Objekte des Monturdepots in die Ausstellung integrieren zu können. Eine weitere Sache, die ich gleich bei Übernahme der Sammlung ändern wollte, war der Lichtschutz. Die Schauhallen der Wagenburg haben ja auf beiden Seiten riesige Fenster, durch die das Licht ungefiltert hereinkam, was im Laufe der Jahrzehnte leider schwere Schäden an den Textilien der Sammlung verursacht hat. Die Restaurator*innen haben sehr zu Recht darauf gedrängt, dass sich das ändert. Wir haben das zwar gleich in Angriff genommen, konnten es aber aus Kostengründen nur nach und nach umsetzen. Mittlerweile ist auf beiden Seiten ein kompletter Lichtschutz installiert und da der Raum dadurch dunkler wurde, wurde sukzessive auch das Beleuchtungskonzept verändert. Wir sind vom allgemeinen Deckenlicht abgegangen und setzen stattdessen Spots ein, mit denen ein Ausleuchten von besonderen Details an den Objekten möglich ist. Der letzte Quantensprung war dann die Innenbeleuchtung der Kutschen mittels LED, was das Erscheinungsbild unglaublich verbessert.

Eine Frage zur jüngsten Vergangenheit, in der die Corona-Pandemie wohl den größten Einschnitt darstellte. Wie hast Du diese schwierige Zeit als Wagenburg-Direktorin erlebt?

Ja, das war wirklich eine schwierige Zeit und gerade für die Wagenburg war es ein dunkles Kapitel. Zum ersten Mal seit dem Zweiten Weltkrieg war das Museum monatelang geschlossen und die Objekte konnten nicht so betreut werden, wie ich mir das gewünscht hätte. Dazu kam, dass die Wagenburg bei der Wiedereröffnung nach dem ersten Lockdown praktisch leer war, weil wir ja sehr stark von Tourist*innen besucht werden und damals einfach keine Ausländer*innen in der Stadt waren. Ich wollte daher etwas tun um die Wiener*innen ins Museum zu holen und dachte mir, dass das mit unseren klassischen Themen wie Reisen, Mobilität und höfische Feste in einer Zeit, in der man weder reisen noch feiern darf, nicht möglich ist. Das einzige Thema, das die Menschen in dieser Situation wirklich interessiert hat, war die Pandemie mit den für alle so einschneidenden Folgen. So bin ich aufgrund der akuten Notlage von meinem Prinzip abgegangen, in der Wagenburg nur inhaltlich zur Sammlung passende Ausstellungen zu zeigen und habe die Ausstellung *Coronas Ahnen* konzipiert. Sie wurde in ungewöhnlich kurzer Zeit geplant und umgesetzt, um rasch Menschen ins Museum zu bringen, und weil während dieser Phase der Pandemie externe Leihgaben praktisch nicht möglich waren, wurden fast ausschließlich Objekte des KHM-Museumsverbandes gezeigt. Die vielen anderen für das Thema relevanten Objekte wurden über Ausstellungsvideos integriert. Die Schau wurde ein großer Erfolg und hat sehr viele Besucher*innen angezogen, von denen einige sogar mehrmals gekommen sind. Wir haben auch regelrechte »Fanpost« bekommen und viele Menschen haben uns geschrieben, dass ihnen die Ausstellung geholfen hat, besser mit der schwierigen Situation umzugehen. Das war eine große Freude für mich und hat mir das Gefühl gegeben, einen kleinen Beitrag zur Bewältigung der Krise geleistet zu haben.

Wenn wir zum Abschluss noch einen Blick in die Zukunft werfen: Welche Schwerpunkte möchtest Du in den kommenden Jahren setzen? Und wo siehst Du in der nächsten Zeit besonderen Handlungsbedarf?

Meine Schwerpunkte für die nächsten Jahre liegen in der Forschung. Die letzten Jahrzehnte waren – anders, als ich das ursprünglich geplant hatte – in erster Linie mit Ausstellungen und für mich persönlich mit sehr viel administrativer Arbeit und Management-Tätigkeit ausgefüllt. Es ist mir jedoch ein großes Anliegen, dass es in absehbarer Zeit einen wissenschaftlichen Katalog der Wagenburg gibt, den ich gerne gemeinsam mit Dir in den kommenden Jahren fertigstellen würde. Außerdem haben wir im letzten Jahr ein Konzept für eine räumliche Erweiterung und damit verbunden auch eine komplette Neugestaltung der Wagenburg entwickelt[6]. Ich würde mich sehr freuen, wenn dieses Projekt realisiert werden könnte.[7]

1 Artur Rosenauer (* 1940), Professor für Kunstgeschichte an der Universität Wien.
2 Publiziert als Kurzel-Runtscheiner 1993.
3 Anna Hedwig Benna (1921–2015), Direktorin des Haus-, Hof- und Staatsarchivs (1978–1987).
4 Wilfried Seipel (* 1944), Generaldirektor des Kunsthistorischen Museums (1990–2008).
5 Alle siebzehn Fahrzeuge wurden nach ihrer Ankunft in eigens dafür hergestellten Folientunneln im Museumsdepot begast, um das Einschleppen von Schadinsekten zu vermeiden.
6 Vgl. KHM, Zl. 85/WB/2022.
7 Das Gespräch mit Monica Kurzel-Runtscheiner fand am 27. März 2023 statt und wurde für die Drucklegung bearbeitet.

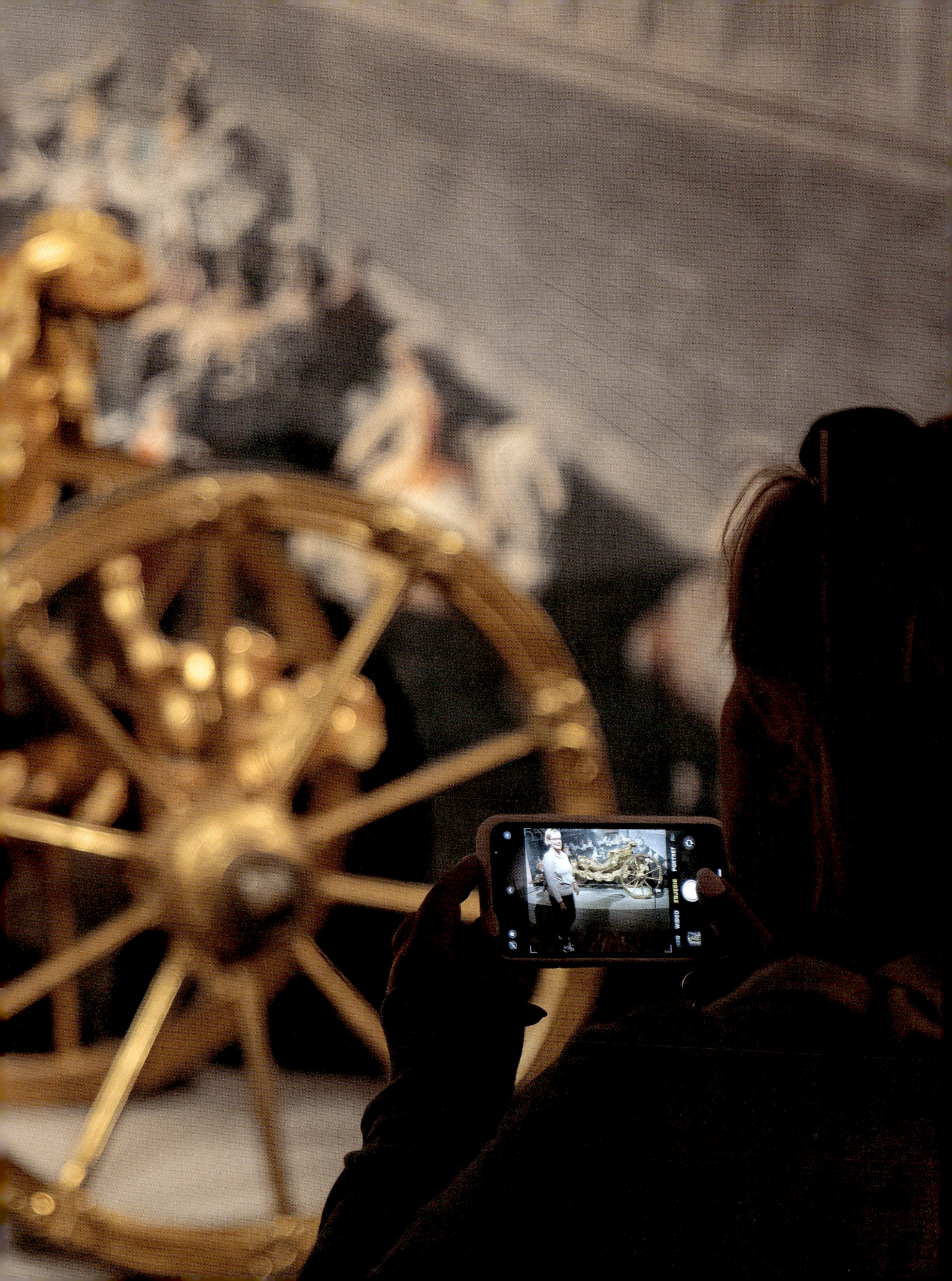

Überblick über die Wissenschaftler*innen und Restaurator*innen der Wagenburg

*Direktor*innen bzw. Leiter*innen*

Camillo List (1867–1924)	Sommer 1921–31.12.1922 (Leiter der Waffensammlung seit 1900)
August Grósz (1889–1943)	1.1.1923–15.3.1938
Bruno Thomas (1910–1988)	16.3.1938–30.6.1938
Leopold Ruprecht (1889–1967)	1.7.1938–April 1945
Arpád Weixlgärtner (1872–1961)	ca. 5.5.1945 – Anfang April 1946
Ernst H. Buschbeck (1889–1963)	1.6.1946–8.5.1947
Erwin M. Auer (1907–1989)	9.5.1947–31.12.1972
Georg J. Kugler (* 1935)	1.1.1973–31.12.2000
Monica Kurzel-Runtscheiner (* 1962)	seit 1.1.2001

*Kurator*innen bzw. wissenschaftliche Assistent*innen*

August Grósz (1889–1943)	Sommer 1921–31.12.1922 (in der Waffensammlung seit 14.5.1921)
Bruno Thomas (1910–1988)	15.9.1934–15.3.1938 und ab 1.7.1938 (10.2.1940–19.7.1945 Militärdienst bzw. Kriegsgefangenschaft, danach nicht mehr für die Wagenburg zuständig)
Hubert Adolph (1926–2007)	5.10.1954–30.6.1959
Georg J. Kugler (* 1935)	1.7.1959–31.12.1972
Herbert Haupt (* 1947)	1.12.1972–30.9.1993
Monica Kurzel-Runtscheiner (* 1962)	1.10.1993–31.12.2000
Elisabeth Hassmann (* 1956)	1.3.2003–31.12.2009
Mario Döberl (* 1973)	seit 1.4.2011

*Wissenschaftliche Hilfskräfte und Projektmitarbeiter*innen*[1]

Heinrich Klapsia (1907–1945)	1.8.1931–28.2.1933
Przemysław Michałowski	24.2.1938–20.10.1938
Ortwin Gamber (1925–2008)	1.10.1947–31.7.1948
Elisabeth Hassmann (* 1956)	1.5.2001–28.2.2003
Mario Döberl (* 1973)	1.5.2001–30.6.2004, 1.12.2004–31.8.2007, 1.4.2008–31.3.2011

Karin Schneider (* 1974)	1.3.2003–29.2.2004
Julia Zangerl (* 1975)	1.4.2005–31.10.2007
Nora Pärr (* 1977)	27.6.2016–16.9.2016, 17.5.2017–31.12.2017

*Restaurator*innen*[2]

Helene Wolfram (1900–1981), Textilrestauratorin	1943–1965 der Gobelinrestaurieranstalt des KHM zugeteilt, jedoch seit 1946 zunächst unregelmäßig, später ständig in der Wagenburg beschäftigt
Roland Neuwirth (1919–1983), Kutschenrestaurator	1973–1979 (zuvor seit 1956/60 Aufseher)
Margot Barteys (verh. Halbmayer, * 1946), Textilrestauratorin	1963–1974
Christine Burger (* 1956), Textilrestauratorin	1975–1976
Irmgard Leitner (* 1951), Textilrestauratorin	1976–1979
Ernst Gregor (* 1954), Kutschenrestaurator	1977/80–2019 (zuvor seit 1974 Aufseher)
Christine Fally (verh. Liebmann, * 1958), Textilrestauratorin	1979–1981
Charlotte Piëch (verh. Wanivenhaus, * 1960), Textilrestauratorin	1981–1984
Anna Schimanko (verh. Mebarek bzw. Femi-Mebarek, später Schiff, * 1962), Textilrestauratorin	1984–2008
Marianne Novotny (verh. Novotny-Kargl, * 1968), Leder- und Textilrestauratorin	1988–1989, 1990–2003 und seit 2007 (als Betriebsrätin seit 2018 freigestellt)
Ingrid Tramp (* 1969), Textilrestauratorin	1992–1993
Karin Fuchs, Textilrestauratorin	1995–1998
Michaela Morelli (* 1969), Textilrestauratorin	seit 2000
Isabelle Zatschek (verh. Nebel, * 1970), Textilrestauratorin	2000–2003
Ulla Zenz (* 1970), Textilrestauratorin	2002–2004
Daniela Sailer (* 1971), Textilrestauratorin	seit 2003
Tanja Kimmel (* 1975), Textilrestauratorin	2004–2012
Raquel Neves (* 1982), Kutschenrestauratorin	2012, 2014–2015
Matthias Manzini (* 1987), Kutschenrestaurator	seit 2015

1 Erfasst sind hier nur jene Personen, die mindestens ein halbes Jahr lang für die Sammlung arbeiteten.

2 Berücksichtigt ist hier nur Personal, das vorrangig beziehungsweise ausschließlich für Restaurierarbeiten eingesetzt wurde und das zumindest für ein halbes Jahr in der Sammlung tätig war. Da sich bei einigen der hier angeführten Personen anhand der Sammlungsakten Beginn und Ende der Tätigkeit für die Wagenburg nicht mehr auf den Tag genau rekonstruieren ließ, bleibt die Auflistung der Arbeitsdauer auf Jahresangaben beschränkt.

Abkürzungsverzeichnis

AdR	Archiv der Republik (eine Abteilung des ÖStA)
AK	Ausstellungskatalog
ASF	Archivio di Stato di Firenze (Florenz)
BDA	Bundesdenkmalamt
ED	Erster Direktor
E-uReang	Entschädigungs- und Restitutionsangelegenheiten
FLD	Finanzlandesdirektion
HHStA	Haus-, Hof- und Staatsarchiv (eine Abteilung des ÖStA)
Inv.-Nr.	Inventarnummer
JB	Jahresbericht
KHM	Kunsthistorisches Museum Wien
KL	Kommissarischer Leiter
Lg	Liegenschaften
MAK	Museum für angewandte Kunst (Wien)
MD	Monturdepot
NÖLA	Niederösterreichisches Landesarchiv (St. Pölten)
ÖNB	Österreichische Nationalbibliothek (Wien)
ÖStA	Österreichisches Staatsarchiv (Wien)
OSB	Obere Siedlungsbehörde
OStA	Oberststallmeisteramt
RStH ND	Reichsstatthalter in Niederdonau
VA	Vermögensanmeldungen
VEAV	Vermögensentziehungs-Anmeldeverordnung
VK	Verwaltungskanzlei
VVSt	Vermögensverkehrsstelle
WB	Wagenburg (auch Kaiserliche Wagenburg Wien)
WS	Waffensammlung (heute Hofjagd- und Rüstkammer)
WStLA	Wiener Stadt- und Landesarchiv (Wien)
Zl.	Zahl

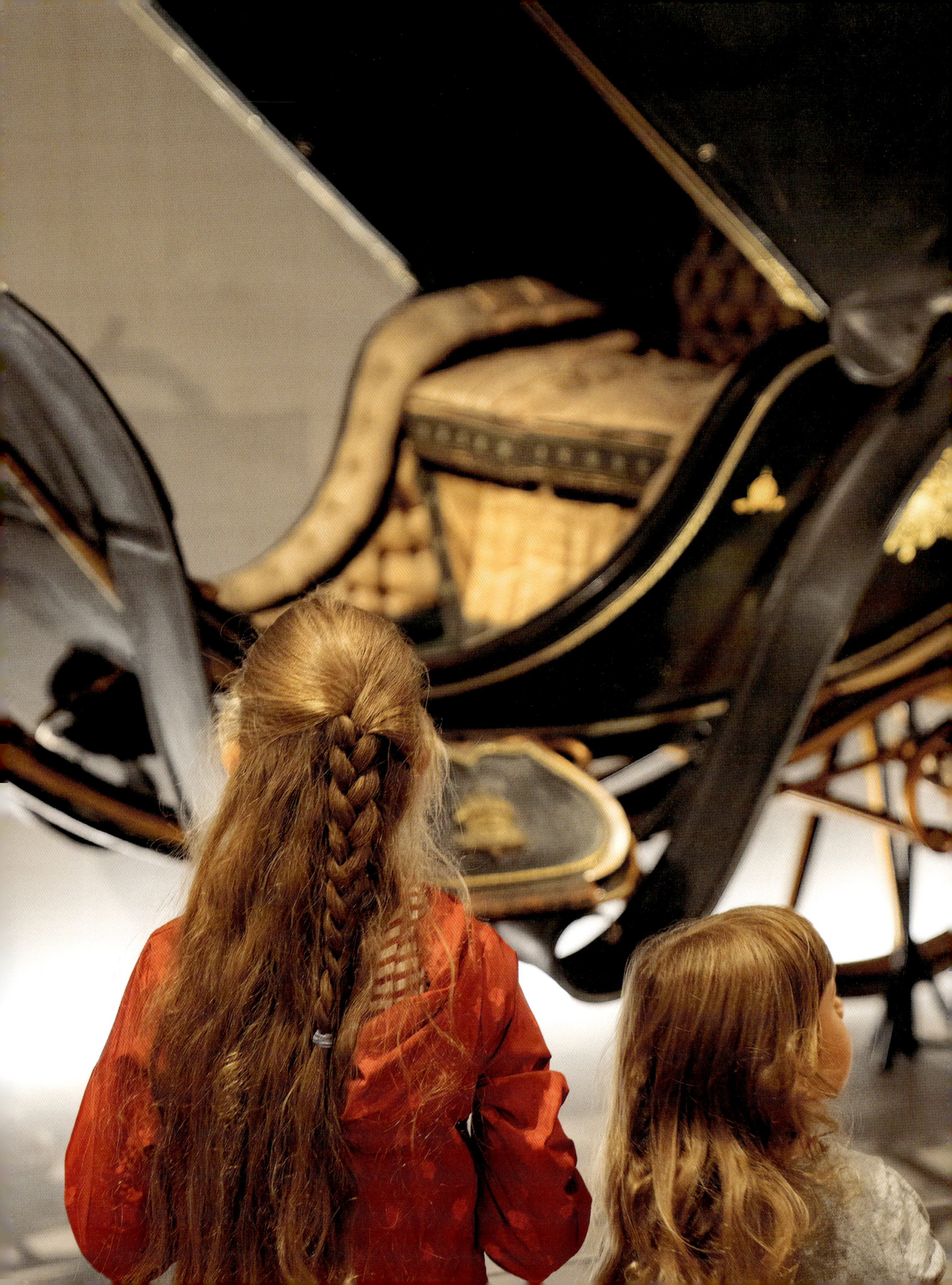

Bibliografie

AK Berlin 1937
Ausstellungskatalog Reichsbund Deutsche Jägerschaft (Hg.), *Waidwerk der Welt. Erinnerungswerk an die Internationale Jagdausstellung Berlin 1937, 2.–28. November*, Berlin 1937 (erschienen 1938)

AK Halbturn 1983
Ausstellungskatalog Georg Kugler – Herbert Haupt, *Uniform und Mode am Kaiserhof. Hofkleider, Ornate, Hofuniformen und Livreen des 19. Jahrhunderts aus dem Monturdepot des Kunsthistorischen Museums Wien*, Halbturn (Schloss Halbturn) 1983

AK Halbturn 1989
Ausstellungskatalog Georg Kugler – Herbert Haupt, *Des Kaisers Rock. Uniform und Mode am österreichischen Kaiserhof 1800 bis 1918*, Halbturn (Schloss Halbturn) 1989

AK New York 1979/80
Ausstellungskatalog *The Imperial Style: Fashions of the Hapsburg Era*, New York (Metropolitan Museum of Art) 1979/80

AK Paris 1932
Ausstellungskatalog *Souvenirs du Roi de Rome. Exposition organisée a l'occasion du centenaire de sa mort*, Paris (Musées Nationaux, Musée de l'Orangerie) 1932

AK Paris 1995/96
Ausstellungskatalog *Costumes à la cour de Vienne, 1815–1918*, Paris (Palais Galliera, Musée de la Mode et du Costume), 1995/96

AK Wien 1888
Ausstellungskatalog *Katalog der Kaiserin-Maria-Theresia-Ausstellung im K. K. Österreichisch. Museum für Kunst und Industrie*, Wien (Österreichisches Museum für Kunst und Industrie) 1888

AK Wien 1896
Ausstellungskatalog *Katalog der Wiener-Congress-Ausstellung 1896*, Wien (Österreichisches Museum für Kunst und Industrie) [2]1896

AK Wien 1908
Ausstellungskatalog *Huldigungs-Ausstellung Unser Kaiser 1830 – 1848 – 1908 zu Gunsten der »Heilanstalt Alland«, des »Maria Theresia-Frauen-Hospitals«, des »Maria Josephinum« und des »Fonds zur Unterstützung bedürftiger hausindustrieller Arbeiterinnen in Österreich«*, Wien (k. k. Gartenbaugesellschaft) 1908

AK Wien 1909
Ausstellungskatalog *Führer durch die Erzherzog Carl-Ausstellung im k. k. Österreichischen Museum für Kunst und Industrie*, Wien (Österreichisches Museum für Kunst und Industrie) 1909

AK Wien 1919
Ausstellungskatalog *LV. Ausstellung der Wiener Secession, Okt.–Nov. 1919*, Wien (Secession) 1919

AK Wien 1927
Ausstellungskatalog *Wien und die Wiener*, Wien (Messepalast) 1927

AK Wien 1932
Ausstellungskatalog *Türkische Kunst aus sieben Jahrhunderten. CXX. Ausstellung der Vereinigung bildender Künstler Wiener Secession*, Wien (Secession) 1932

AK Wien 1933
Ausstellungskatalog *Katalog der Prinz-Eugen-Ausstellung*, Wien (Belvedere) 1933

AK Wien 1935
Ausstellungskatalog *Kaiser Franz Joseph Ausstellung*, Wien (Schloss Schönbrunn) 1935

AK Wien 1977
Ausstellungskatalog Rudolf H. Wackernagel – Herbert Haupt – Georg Kugler, *Der Goldene Wagen des Fürsten Joseph Wenzel von Liechtenstein*, Wien (Wagenburg) 1977

AK Wien 1980
Ausstellungskatalog *Maria Theresia und ihre Zeit. Zur 200. Wiederkehr des Todestages*, Wien (Schloss Schönbrunn und Wagenburg) 1980

AK Wien 2004
Ausstellungskatalog Elisabetta Bresciani – Monica Kurzel-Runtscheiner – Elisabeth von Samsonow (Hgg.), *Schwanenhals und Goldkrepine. Höfischer Prunk und zeitgenössische Kunst – eine Konfrontation. Die Wiener Akademie der bildenden Künste zu Gast in der Wagenburg in Schönbrunn / Crane Neck and Gold Crepine. Courtly Splendor and Contemporary Art – a confrontation. The Vienna Academy of Arts meets the Wagenburg in Schönbrunn*, Wien (Wagenburg) 2004

AK Wien 2005
Ausstellungskatalog Herbert Haupt, *Getroffen, doch nicht vernichtet. Das Kunsthistorische Museum im Kriegsjahr 1945. Eine Chronologie der Ereignisse in Bildern*, Wien (Kunsthistorisches Museum) 2005

AK Wien 2007/08
Ausstellungskatalog Monica Kurzel-Runtscheiner – Peter Styra, *Mit Glanz und Gloria! Kutschen der Fürsten von Thurn und Taxis*, Wien (Wagenburg) 2007/08

AK Wien 2008
Ausstellungskatalog Wilfried Seipel (Hg.), *Additionen. Neuwerbungen des Kunsthistorischen Museums 1990–2008*, Wien (Kunsthistorisches Museum) 2008

AK Wien 2010
Ausstellungskatalog Monica Kurzel-Runtscheiner, *Napoleons Hochzeit / Napoleon's Wedding / Le mariage de Napoléon*, Wien (Wagenburg) 2010

AK Wien 2014/15
Ausstellungskatalog Monica Kurzel-Runtscheiner, *Der Kongress fährt. Leihwagen, Lustfahrten und Luxus-Outfits am Wiener Kongress 1814/15*, Wien (Wagenburg) 2014/15

AK Wien et al. 2016
Ausstellungskatalog Karl Vocelka – Martin Mutschlechner (Hgg.), *Franz Joseph. 1830–1916*, Wien et al. (Schloss Schönbrunn – Kaiserliche Wagenburg – Hofmobiliendepot – Schloss Niederweiden) 2016

AK Wien et al. 2017
Ausstellungskatalog Elfriede Iby et al. (Hgg.), *Maria Theresia. 1717–1780. Strategin. Mutter. Reformerin*, Wien et al. (Schloss Hof – Schloss Niederweiden – Hofmobiliendepot – Kaiserliche Wagenburg) 2017

AK Wien – Mannheim 2000/01
Ausstellungskatalog *Des Kaisers teure Kleider. Festroben und Ornate, Hofuniformen und Livreen vom frühen 18. Jahrhundert bis ins Zeitalter von Franz Joseph I. und Elisabeth*, Wien (Palais Harrach) – Mannheim (Reiss-Museum) 2000/01

Adolph 1957
Hubert Adolph, *Die Bilder des Imperialwagens und das Werk Franz Xaver Wagenschöns*, 2 Bde., Staatsprüfungsarbeit am Institut für Österreichische Geschichtsforschung, Wien 1957

Agstner 2004a
Rudolf Agstner, *Der Besuch Kaiser Haile Selassies von Äthiopien in Wien vor 50 Jahren*, in: Wiener Geschichtsblätter 58, 2004, 231–237

Agstner 2004b
Rudolf Agstner, *Vom k. u. k. Honorarkonsulat zur österreichischen Botschaft. 100 Jahre österreichische Präsenz in Addis Abeba*, in: Römische Historische Mitteilungen 46, 2004, 419–448

Angerer 1895
Victor Angerer, *Historische und moderne Wagen des österreichischen allerhöchsten Hofes. 20 Heliogravuren nach photographischen Aufnahmen von Victor Angerer*, Wien o. J. [1895]

Arnbom 2002
Marie-Theres Arnbom, *Friedmann, Gutmann, Lieben, Mandl, Strakosch. Fünf Familienporträts aus Wien vor 1938*, Wien – Köln – Weimar 2002

Auer 1931
Erwin M. Auer, *Hieronymus Linck. Versuch einer Monographie*, Diss. Univ. Wien 1931

Auer 1940a
Erwin M. Auer, *Der Codex Austriacus als Quelle und Behelf für die Sippenkunde*, in: Adler. Monatsblatt der Vereine für Sippenforschung in der Ostmark 2, 1940, 1–5

AUER 1940B
Erwin M. Auer, *Ahnentafel Arno Erwin Johann Auer*, in: Adler. Monatsblatt der Vereine für Sippenforschung in der Ostmark 2, 1940, 49–62

AUER 1941
Erwin M. Auer, *Sippenkundliche Quellen in Volkskunde-Museen*, in: Wiener Zeitschrift für Volkskunde (vormals Zeitschrift für österreichische Volkskunde) 46, 1941, 8–15

AUER 1947
Erwin M. Auer, *Studien zur Geschichte der Kanzlei Albrechts VI. von Österreich*, Staatsprüfungsarbeit am Institut für Österreichische Geschichtsforschung, Wien 1947

AUER 1948
Erwin M. Auer, *Die Restaurierung des Krönungswagens Karls VI.*, in: Österreichische Zeitschrift für Denkmalpflege 2, 1948, 44–49

AUER 1949
Erwin M. Auer, *»Vater Hänel« und die Wagenburg. Leben und Sterben eines Museumoriginals*, in: Wiener Zeitung, 9. Oktober 1949, 4

AUER 1951
Erwin M. Auer, *Führungen blinder Schüler im Kunsthistorischen Museum*, in: Albert Krassnig – Anton Simonic (Hgg.), *Schule und Erziehung. Beiträge zur pädagogischen Theorie und Praxis*, Wien 1951, 131–135

AUER 1952
Erwin M. Auer, *Holzfestigung*, in: Mitteilungsblatt der Museen Österreichs 1, 1952, 21 f.

AUER 1954A
Erwin M. Auer, *Rundfunk und Museum*, in: Mitteilungsblatt der Museen Österreichs 3, 1954, 5 f.

AUER 1954B
Erwin M. Auer, *Das 200. »Kunstwerk der Woche«*, in: Mitteilungsblatt der Museen Österreichs 3, 1954, 65–68

AUER 1955
Erwin M. Auer, *Der Aufsichtsdienst in Museen*, in: Mitteilungsblatt der Museen Österreichs, 1955, 38–41, 59–61, 79–81, 108 f., 132 f.

AUER 1956
Erwin M. Auer, *Legenden um historische Wagen*, in: Carinthia I. Mitteilungen des Geschichtsvereins für Kärnten 146, 1956, 684–711

AUER 1957
Erwin M. Auer, *Die Fachbücherei der »Wagenburg« des Kunsthistorischen Museums in Wien*, in: biblos 6/1, 1957, 25–29

AUER 1958A
Erwin M. Auer, *9. Sammlung Historischer Prunk- und Gebrauchswagen (Wagenburg) – Monturdepot*, Sonderdruck aus: *Kunsthistorisches Museum. Führer durch die Sammlungen*, Wien 1958, 65–72

AUER 1958B
Erwin M. Auer, *Ein Beitrag zum Kapitel »Museum und Schule«*, in: Mitteilungsblatt der Museen Österreichs 7, 1958, 41 f.

AUER 1965
Erwin M. Auer, *Pilzbefall auf Museumsobjekten*, in: Mitteilungsblatt der Museen Österreichs 14, 1965, 82–84

AUER 1974/75
Erwin M. Auer, *Der persische Krönungswagen aus Wien*, in: Jahrbuch des Vereines für Geschichte der Stadt Wien 30/31, 1974/75, 177–188

AUER 1981
Erwin M. Auer, *Die Auflösung des Wiener »K.u.k. Hof-Marstalls« im Rahmen der Obersten Verwaltung des Hofärars*, in: Jahrbuch des Vereins für Geschichte der Stadt Wien 37, 1981, 177–257

BERNOULLI 1784
Johann Bernoulli, *Sammlung kurzer Reisebeschreibungen und anderer zur Erweiterung der Länder- und Menschenkenntniß dienender Nachrichten*, Bd. 13, Berlin – Leipzig 1784

BONO 1999
Francesco Bono, *Bemerkungen zur österreichischen Filmwirtschaft und Produktion zur Zeit des Stummfilms*, in: Francesco Bono – Paolo Caneppele – Günter Krenn (Hgg.), *Elektrische Schatten. Beiträge zur österreichischen Stummfilmgeschichte*, Wien 1999, 47–75

BRANDL 1979
Erich Brandl, *Kalwang. Kulturbilder aus der Vergangenheit und Beiträge zur Ortsgeschichte*, Leoben 1979

BROCZA – STADELMANN 2000
Judith Brocza – Christian Stadelmann, *Die Leute von Schönbrunn. Über die Nutzung des Schlosses im 20. Jahrhundert* (Wissenschaftliche Reihe Schönbrunn, Bd. 6), Wien 2000

Bundesmuseen-Gesetz 1998
Bundesgesetz über die Rechtsstellung, Errichtung, Organisation und Erhaltung der Bundesmuseen (Bundesmuseen-Gesetz), BGBl I 115/1998, URL: https://www.ris.bka.gv.at/Dokumente/BgblPdf/1998_115_1/1998_115_1.pdf [letzter Zugriff: 24.1.2023]

Christie's 1998
Auktionskatalog *Christie's London: Old Master Pictures. Friday, 24 April 1998*, London 1998

Darmstädter 2020
Beatrix Darmstädter, *Promenade durch das Leben eines rührigen Galanthommes*, in: Beatrix Darmstädter – Rudolf Hopfner – Alfons Huber (Hgg.), *»Der Blick richtet sich auf Entflechtung«. Victor Luithlen – Internationale Museumsarbeit zwischen verklärter Rückschau und moderner Vermittlung*, Wien 2020, 11–257

Decker 1984
Andrew Decker, *A Legacy of Shame. Nazi Art Loot in Austria*, in: ARTnews 83, Dezember 1984, 55–76

Deiters 2016
Wencke Deiters, *Die Wiener Gemäldegalerie unter Gustav Glück. Von der kaiserlichen Sammlung zum modernen Museum*, Wien 2016

Döberl 2010
Mario Döberl, *Der Fuhrpark Kaiser Leopolds I. Teiledition der Wiener Hofmarstallinventare von 1678*, in: Jahrbuch des Kunsthistorischen Museums Wien 12, 2010, 276–309

Döberl 2019
Mario Döberl, *Das neue Erscheinungsbild des kaiserlichen Hofes auf den Straßen Wiens. Die Umgestaltung des k. k. Fuhrparks zur Zeit des Wiener Kongresses*, in: Werner Telesko – Elisabeth Hilscher – Eva Maria Werner (Hgg.), *Der Wiener Kongress 1814/15*, Bd. 2: *Politische Kultur*, Wien 2019, 199–210

Dorotheum 2001
Auktionskatalog *Dorotheum: Alte Meister. Auktion am 3. Oktober 2001*, Wien 2001

Dorotheum 2003
Auktionskatalog *Dorotheum: Alte Meister, Auktion am 27. März 2003*, Wien 2003

Frey 1919
Dagobert Frey, *Die Verstaatlichung und Inventarisierung des Habsburg-Lothringischen Kunstbesitzes*, in: Mitteilungen des Staatsdenkmalamtes 1, 1919, 1–22

Fischer 1990
Karl Fischer, *Bibliographie Erwin M. Auer*, in: Studien zur Wiener Geschichte. Jahrbuch des Vereins für Geschichte der Stadt Wien 46, 1990, 195–203

Furger 2003/04
Andres Furger, *Kutschen Europas des 19. und 20. Jahrhunderts*, 2 Bde., Hildesheim – Zürich – New York 2003/04

Gaugusch 2011
Georg Gaugusch, *Wer einmal war. Das jüdische Großbürgertum Wiens 1800–1938*, Bd. A–K, Wien 2011

Geiger 1997
Peter Geiger, *Krisenzeit. Liechtenstein in den Dreissigerjahren 1928–1939*, 2 Bde., Vaduz – Zürich 1997

Grand-Carteret 1901
John Grand-Carteret, L'Aiglon en images et dans la fiction poétique et dramatique, Paris 1901

Grosz 1923–1925
August Grosz, *Camillo List*, in: Jahrbuch der kunsthistorischen Sammlungen in Wien 36, 1923–1925, 167–169

Grosz 1931
August Grosz, *Führer durch die Wagenburg in Schönbrunn* (Führer durch die kunsthistorischen Sammlungen in Wien, Bd. 12), Wien 1931

Hall 2019
Murray G. Hall, *»Beste heimatliche Kost.« Die Jugendzeitschrift* Jung-Österreich *im Ständestaat*, in: Mitteilungen der Gesellschaft für Buchforschung in Österreich 2019/2, 25–40

Hanisch 1994
Ernst Hanisch, *Der lange Schatten des Staates. Österreichische Gesellschaftsgeschichte im 20. Jahrhundert*, Wien 1994

Haslinger 1999
Kurt Haslinger, *Mauerbach und der lange Weg bis zur Auktion: 1969–1996*, in: Theodor Brückler (Hg.), *Kunstraub, Kunstbergung und Restitution in Österreich 1938 bis heute. Mit Quellendokumentation, Bildteil, Gesetzestexten und Archivindex* (Studien zu Denkmalschutz und Denkmalpflege, Bd. 19), Wien – Köln – Weimar 1999, 39–52

Haupt 1989
Herbert Haupt, *Zur Geschichte des Monturdepots*, in: AK Halbturn 1989, 63–86

Haupt 1991
Herbert Haupt, *Das Kunsthistorische Museum. Die Geschichte des Hauses am Ring. Hundert Jahre im Spiegel historischer Ereignisse*, Wien 1991

Haupt 1995
Herbert Haupt, *Jahre der Gefährdung. Das Kunsthistorische Museum 1938–1945*, Wien 1995

Hehenberger 2019
Susanne Hehenberger, *August Grósz*, in: Lexikon der österreichischen Provenienzforschung, 2019, URL: https://www.lexikon-provenienzforschung.org/grosz-august-joseph-benedict [letzter Zugriff: 21.4.2022]

Hehenberger – Löscher 2016
Susanne Hehenberger – Monika Löscher, *»Geheime« Bergungsorte: das Rothschildsche Jagdschloss Steinbach bei Göstling (Jagd), die Kartause Gaming (Schloss), das aufgelassene Stift Klosterneuburg (Stift) und das Salzbergwerk Lauffen bei Bad lschl (Berg). Arbeitsalltag – Sicherheitsvorkehrungen – Rückbergungen*, in: Pia Schölnberger – Sabine Loitfellner (Hgg.), *Bergung von Kulturgut im Nationalsozialismus. Mythen – Hintergründe – Auswirkungen* (Schriftenreihe der Kommission für Provenienzforschung, Bd. 6), Wien – Köln – Weimar 2016, 35–68

Herzner-Kaiser 2007
Dagmar Herzner-Kaiser, *Ludwig Karl Kloos*, in: *Architektenlexikon Wien 1770–1945*, 2007, URL: http://www.architektenlexikon.at/de/304.htm [letzter Zugriff: 18.3.2022]

Holzhalb 1977
Beat Holzhalb, *Wiener Reise 1677*, hg. von Dietrich W. H. Schwarz (Mitteilungen der antiquarischen Gesellschaft in Zürich, Bd. 48/2), Zürich 1977

Huguenin-Bergenat 2010
Yves Huguenin-Bergenat, *Kulturgüter bei Staatensukzessionen. Die internationalen Verträge Österreichs nach dem Zerfall der österreichisch-ungarischen Monarchie im Spiegel des aktuellen Völkerrechts*, Berlin – New York 2010

Jahrbuch Wien 1929
Statistisches Jahrbuch der Stadt Wien für das Jahr 1929, NF, Bd. 2, Wien 1930

Jahrbuch Wien 1930–1935
Statistisches Jahrbuch der Stadt Wien 1930–1935, NF, Bd. 3, Wien o. J.

Jahrbuch Wien 1937
Statistisches Jahrbuch der Stadt Wien 1937, NF, Bd. 4, Wien o. J.

JB KHM 2001
Jahresbericht 2001. Kunsthistorisches Museum Wien mit Museum für Völkerkunde und Österreichischem Theatermuseum, hg. v. Wilfried Seipel, Wien 2002

JB KHM 2002
Jahresbericht 2002. Kunsthistorisches Museum Wien mit Museum für Völkerkunde und Österreichischem Theatermuseum, hg. v. Wilfried Seipel, Wien 2003

JB KHM 2003
Jahresbericht 2003. Kunsthistorisches Museum Wien mit Museum für Völkerkunde und Österreichischem Theatermuseum, hg. v. Wilfried Seipel, Wien 2004

JB KHM 2004
Jahresbericht 2004. Kunsthistorisches Museum Wien mit Museum für Völkerkunde und Österreichischem Theatermuseum, hg. v. Wilfried Seipel, Wien 2005

JB KHM 2005
Jahresbericht 2005. Kunsthistorisches Museum. Museum für Völkerkunde. Österreichisches Theatermuseum, hg. v. Wilfried Seipel, Wien 2006

JB KHM 2006
Jahresbericht 2006. Kunsthistorisches Museum. Museum für Völkerkunde. Österreichisches Theatermuseum, hg. v. Wilfried Seipel, Wien 2007

JB KHM 2007
Jahresbericht 2007. Kunsthistorisches Museum. Museum für Völkerkunde. Österreichisches Theatermuseum, hg. v. Wilfried Seipel, Wien 2008

JB KHM 2008
Jahresbericht 2008. Kunsthistorisches Museum. Museum für Völkerkunde. Österreichisches Theatermuseum, hg. v. Wilfried Seipel – Sabine Haag, Wien 2009

JB KHM 2009
Jahresbericht 2009. Kunsthistorisches Museum mit MVK und ÖTM, hg. v. Sabine Haag, Wien 2010

JB KHM 2010
Jahresbericht 2010. Kunsthistorisches Museum mit MVK und ÖTM, hg. v. Sabine Haag, Wien 2011

JB KHM 2011
Jahresbericht 2011. Kunsthistorisches Museum mit MVK und ÖTM, hg. v. Sabine Haag, Wien 2012

JB KHM 2012
Jahresbericht 2012. Kunsthistorisches Museum Wien, hg. v. Sabine Haag, Wien 2013

JB KHM 2013
Jahresbericht 2013. Kunsthistorisches Museum Wien, hg. v. Sabine Haag, Wien 2014

JB KHM 2014
Jahresbericht 2014. Kunsthistorisches Museum Wien, hg. v. Sabine Haag, Wien 2015

JB KHM 2015
Jahresbericht 2015. Kunsthistorisches Museum Wien, hg. v. Sabine Haag, Wien 2016

JB KHM 2016
Jahresbericht 2016. Kunsthistorisches Museum Wien, hg. v. Sabine Haag, Wien 2017

JB KHM 2017
Jahresbericht 2017. Kunsthistorisches Museum Wien, hg. v. Sabine Haag, Wien 2018

JB KHM 2018
Jahresbericht 2018. Kunsthistorisches Museum Wien, hg. v. Sabine Haag, Wien 2019

JB KHM 2019
Jahresbericht 2019. Kunsthistorisches Museum Wien, hg. v. KHM-Museumsverband, Wien 2020

JB KHM 2020/21
Jahres- und Geschäftsbericht 2020/2021. Kunsthistorisches Museum Wien, hg. v. KHM-Museumsverband, Wien 2022

Johler 2008
Birgit Johler, *Das Österreichische Museum für Volkskunde in Zeiten politischer Umbrüche. Erste Einblicke in eine neue Wiener Museumsgeschichte*, in: Österreichische Zeitschrift für Volkskunde N. S. 62, 2008, 229–263

Johler 2017
Birgit Johler, *Das Volkskundemuseum in Wien in Zeiten politischer Umbrüche. Zu den Handlungsweisen einer Institution und zur Funktion ihrer Dinge*, Diss. Univ. Wien 2017

Kimmel – Sailer – Kurzel-Runtscheiner 2012/13
Tanja Kimmel – Daniela Sailer – Monica Kurzel-Runtscheiner, *Des Kaisers neue »Kleiderkammer«. Die Übersiedlung von Beständen der Wagenburg und des Monturdepots in das neue Zentraldepot des KHM – Planung, Vorbereitung und Umsetzung*, in: Technologische Studien. Kunsthistorisches Museum. Konservierung – Restaurierung – Forschung – Technologie 9/10, 2012/13, 205–227

Kniescheck 1998
Christian Kniescheck, *Historische Ausstellungen in Wien 1918–1938. Ein Beitrag zur Ausstellungsanalyse und Geschichtskultur*, Frankfurt am Main et al. 1998

Köppen 2002
Thomas Köppen, *Die Hof-Wagenfabrik Sebastian Armbruster in Wien*, in: Achse, Rad und Wagen. Beiträge zur Geschichte der Landfahrzeuge 10, 2002, 46–53

Kreisel 1927
Heinrich Kreisel, *Prunkwagen und Schlitten*, Leipzig 1927

Krenn 1988
Peter Krenn, *Bruno Thomas*, in: Waffen- und Kostümkunde 30, 1988, 151–153

Kriechbaumer 2005
Robert Kriechbaumer (Hg.), *Österreich! und Front Heil! Aus den Akten des Generalsekretariats der Vaterländischen Front. Innenansichten eines Regimes*, Wien – Köln – Weimar 2005

Kugler 1974a
Georg Kugler, *Einige Bemerkungen zur Neuaufstellung der Wagenburg in Schönbrunn*, in: Mitteilungsblatt der Museen Österreichs 23/9–10, 1974, 101–104

Kugler 1974b
Georg Kugler, *Führer durch die Wagenburg*, Wien 1974

Kugler 1975
Georg Kugler, *Guide to the Wagenburg of Schönbrunn Palace*, Wien 1975

Kugler 1977a
Georg Kugler, *Guida al museo delle carrozze*, Wien 1977

Kugler 1977b
Georg Kugler, *Die Wagenburg in Schönbrunn. Hofwagenburg, Reiche Sattel- und Geschirrkammer der Kaiser von Österreich*, Graz 1977

Kugler 1978a
Georg Kugler, *Die Wagenburg im Schloss Schönbrunn (Winterreitschule)*, in: *Österreichs Museen stellen sich vor*, Bd. 9, Wien 1978, 7–24

Kugler 1978b
Georg Kugler, *Musée des voitures (Wagenburg). Guide*, Wien 1978

Kurz 2018
Stefan Kurz, *Die Erzherzog Karl-Ausstellung im Jahr 1909*, in: Viribus Unitis. Jahresbericht 2017 des Heeresgeschichtlichen Museums, 2018, 49–59

Kurzel-Runtscheiner 1993
Monica Kurzel-Runtscheiner, *Glanzvolles Elend. Die Inventare der Herzogin Jacobe von Jülich-Kleve-Berg (1558–1597)*, Wien – Köln – Weimar 1993

Kurzer Führer 1906
Kurzer Führer durch die k. u. k. Hofmarställe, o. O. o. J. [Wien 1906]

Leitich 1947
Ann Tizia Leitich, *Vienna gloriosa. Weltstadt des Barock*, Wien 1947

Lillie 2003
Sophie Lillie, *Was einmal war. Handbuch der enteigneten Kunstsammlungen Wiens*, Wien 2003

Lillie 2008/09
Sophie Lillie, *»Herrenlos«? Die ungeklärte Akte Mauerbach*, in: Ausstellungskatalog Alexandra Reininghaus (Hg.), *Recollecting. Raub und Restitution*, Wien (MAK) 2008/09, 211–258

Lillie 2020
Sophie Lillie, *The Burden of Proof: How Neglect, Ineptness, and Antisemitism Shaped Art Restitution Policies in Post-War Austria*, in: Marina Gržinić – Jovita Pristovšek – Sophie Uitz (Hgg.), *Opposing Colonialism, Antisemitism, and Turbo-Nationalism: Rethinking the Past for New Conviviality*, Newcastle upon Tyne 2020, 190–218

Lindner 2021
Robert Lindner, *Geschichte(n) einer Museumssammlung (1913–1976)*, in: Robert Hoffmann – Robert Lindner (Hgg.), *Ein Museum zwischen Innovation und Ideologie. Das Salzburger Haus der Natur in der Ära von Eduard Paul Tratz, 1913–1976*, Innsbruck 2021, 603–789

Löscher 2019
Monika Löscher, *Ernst Buschbeck*, in: *Lexikon der österreichischen Provenienzforschung*, 2019, URL: https://www.lexikon-provenienzforschung.org/ruprecht-leopold [letzter Zugriff: 8.6.2022]

Löscher 2021
Monika Löscher, *Leopold Ruprecht*, in: *Lexikon der österreichischen Provenienzforschung*, 2021, URL: https://www.lexikon-provenienzforschung.org/ruprecht-leopold [letzter Zugriff: 21.4.2022]

Marschik 2018
Matthias Marschik, *Theodor Schmidt. Ein jüdischer »Apostel der olympischen Idee«* (Jüdische Miniaturen, Bd. 215), Berlin 2018

Neudhart 2011
Heinrich G. Neudhart, *Wiener Internationale Messe. Vorgeschichte, Anfänge und Entwicklung bis zur kriegsbedingten Einstellung 1942*, Lohmar – Köln 2011

Polívka 1997
Miloslav Polívka, *Wagenburg*, in: *Lexikon des Mittelalters*, Bd. 8, München 1997, Sp. 1907

Querner – Morelli 2010
Pascal Querner – Michaela Morelli, *Integrierte Schädlingsbekämpfung in Museen. Erfahrung einer Umstellung*, in: Restauro. Forum für Restauratoren, Konservatoren und Denkmalpfleger 2010/4, 234–241

Rauchensteiner 1985
Manfried Rauchensteiner, *Der Sonderfall. Die Besatzungszeit in Österreich 1945 bis 1955*, Graz 1985

Sandgruber 1995
Roman Sandgruber, *Ökonomie und Politik. Österreichische Wirtschaftsgeschichte vom Mittelalter bis zur Gegenwart*, Wien 1995

Sandgruber 2018
Roman Sandgruber, *Rothschild. Glanz und Untergang des Wiener Welthauses*, Wien – Graz – Klagenfurt 2018

Schlosser 1919
Julius Schlosser, *Der Kunstpalast des deutsch-österreichischen Volkes*, in: Neues Wiener Tagblatt, 3.9.1919, 3–5 (Teil 1); Neues Wiener Tagblatt, 4.9.1919, 3–4 (Teil 2)

Seipel 1991
Wilfried Seipel, *Das Kunsthistorische Museum in den Neunziger Jahren*, in: Haupt 1991, 217–225

Skalitzki 1962
Karl Skalitzki, *100 Jahre E. Bäuml – Wien*, Wien 1962

Steele 2021
Robert Steele, *Crowning the »Sun of the Aryans«. Mohammad Reza Shah's Coronation and Monarchical Spectacle in Pahlavi Iran*, in: International Journal of Middle East Studies 53, 2021, 175–193

Svärdström 1964
Svante Svärdström, *Vagnen och släden. Gustaf III:s och Maria Theresias gåvor 1776–77*, in: Livrustkammaren 10/1–2, 1964, 19–36

Szalay 1907
Emerich von Szalay, *Das Königin Elisabeth Gedenkmuseum*, Budapest 1907

Thaller 2010
Anton Thaller (Hg.), *Die Österreichische Filmografie*, Bd. 1: *Spielfilme 1906–1918*, Wien 2010

Tinhof 2009
Julia Tinhof, *»Ihr Jungen schließt die Reihen gut, ein Toter führt uns an.« Propaganda im Austrofaschismus. Schwerpunktthema: Kinder und Jugendliche*, Dipl. Univ. Wien 2009

Tinhof 2010
Julia Tinhof, *»Ihr Jungen schließt die Reihen gut, ein Toter führt uns an.« Propagandamaßnahmen des austrofaschistischen Regierungssystems in Hinblick auf Kinder und Jugendliche*, in: medien & zeit. Kommunikation in Vergangenheit und Gegenwart 25/3, 2010, 27–36

Trautzl o. J.
Viktor Trautzl, *Aloys Hänisch*, Wien o. J. [um 1925]

Trenkler 1999
Thomas Trenkler, *Der Fall Rothschild. Chronik einer Enteignung*, Wien 1999

Venturini 2002
Elena Venturini (Hg.), *Le collezioni Gonzaga. Il carteggio tra la corte cesarea e Mantova (1559–1636)*, Mailand 2002

Volk-Knüttel 2002
Brigitte Volk-Knüttel, *Verzeichnis der Inventare*, in: Rudolf H. Wackernagel (Hg.), *Staats- und Galawagen der Wittelsbacher. Kutschen, Schlitten und Sänften aus dem Marstallmuseum Schloß Nymphenburg*, Bd. 2, Stuttgart 2002, 348–351

Wackernagel 1966
Rudolf H. Wackernagel, *Der französische Krönungswagen von 1696–1825. Ein Beitrag zur Geschichte des repräsentativen Zeremonienwagens* (Neue Münchner Beiträge zur Kunstgeschichte, Bd. 7), Berlin 1966

Wackernagel 2002
Rudolf H. Wackernagel, *Der Kgl. Bayerische Fuhrpark bei Ausbruch der Revolution (1918). Das erste Marstallmuseum von 1923 und seine Vorläufer. Die Neuaufstellung von 1956*, in: ders. (Hg.), *Staats- und Galawagen der Wittelsbacher. Kutschen, Schlitten und Sänften aus dem Marstallmuseum Schloß Nymphenburg*, Bd. 2, Stuttgart 2002, 76–82

Wakounig 2007
Marija Wakounig, *Ein Grandseigneur der Diplomatie. Die Mission von Franz de Paula Prinz von und zu Liechtenstein in St. Petersburg 1894–1898*, Wien – Berlin 2007

Weidinger 2021
Leonhard Weidinger, *»… den Staatlichen Sammlungen ein Opfer zu bringen«. Die Erfindung der Widmung anlässlich einer Ausfuhrgenehmigung*, in: Ausstellungskatalog Gabriele Kohlbauer-Fritz – Tom Juncker (Hgg.), *Die Wiener Rothschilds. Ein Krimi*, Wien (Jüdisches Museum) 2021, 154–159

Weiss 2011
Johannes Weiss, *60 Jahre Blindenführung im Kunsthistorischen Museum*, in: Neues Museum. Die österreichische Museumszeitschrift 11/2, 2011, 22–24

Weixlgärtner 1926
Arpad Weixlgärtner, *D. M. Camillo List (1867–1924). Ein Gedenkblatt für seine Freunde*, Wien 1926

Wendland 1999
Ulrike Wendland, *Biographisches Handbuch deutschsprachiger Kunsthistoriker im Exil. Leben und Werk der unter dem Nationalsozialismus verfolgten und vertriebenen Wissenschaftler*, 2 Teile, München 1999

Personen- und Ortsregister

Nicht erfasst sind Erwähnungen Österreichs, des Habsburgerreichs, Wiens sowie von dessen Bezirken und Orten.

Bildnachweis

ANNO/ÖNB: Abb. 1, 4, 5, 7, 13, 21, 39, 56, 60, 91
© Archiv Max Pasquali: Abb. 64
© Archivio Federico Patellani – Regione Lombardia / Museo di Fotografia Contemporanea, Milano – Cinisello Balsamo: Abb. 101
Bundesamt für Eich- und Vermessungswesen: Abb. 35
DFF – Deutsches Filminstitut & Filmmuseum, Frankfurt am Main / Textarchiv: Abb. 22, 23
Everett Collection / picturedesk.com: Abb. 126
© MAK: Abb. 27
© ÖNB: Abb. 6, 26, 31–34, 42, 85, 102, , S. 10
© ÖStA: Abb. 9 (links und Mitte), 12
Privat: Abb. 10, 40, 74, 129, 143, 148, 160
© Eva Puella / KHM-Museumsverband: Abb. 174
© Schloß Schönbrunn Kultur- und Betriebsges.m.b.H./Reprofoto: Wolfgang MoMo Handl: Abb. 76
© Stiftung Schleswig-Holsteinische Landesmuseen Schloss Gottorf: Abb. 65, 66
© Styria Media Group: Abb. 120
© Jonas Thiller / KHM-Museumsverband: Abb. 172, S. 234, 238
Wikimedia Commons: Abb. 72

Kein Hinweis auf bestehendes Urheberrecht: Abb. 110, 146
Alle anderen Abbildungen: © KHM-Museumsverband

Umschlagabbildungen
Vorne: Einblick in die Schauhalle der Wagenburg, 1928
Hinten: Das Eingangsportal der Wagenburg, abgelichtet bei Fotoaufnahmen eines Pferdegeschirres, 1928

Schmuckabbildungen
S. 8: Kaiserin Zita und Kronprinz Otto beim Verlassen des Imperialwagens vor der Königskrönung in Budapest am 30. Dezember 1916. Gyula Éder, 1929, Öl auf Leinwand. Inv.-Nr. Z 147
S. 10: Amerikanische Gaststudent*innen in der Wagenburg. Die Gruppe und ein Fremdenführer vor dem Imperialwagen, 1952
S. 12: Einblick in die Schauhalle der Wagenburg, 1955
S. 234: Eine Besucherin in der Wagenburg, 2022
S. 238: Zwei junge Besucherinnen in der Wagenburg, 2022

Eine Publikation des Kunsthistorischen Museums Wien
Generaldirektorin: Sabine Haag
www.khm.at

Generalpartner OMV

Partner UNIQA

Lektorat
Benjamin Mayr

Satz
Bettina Waringer

Bildredaktion
Mario Döberl

Bildbearbeitung
Sanela Antic, Michael Aumüller, Thomas Ritter

Besonderer Dank an
Marie-Theres Arnbom
Fabian Brenker
Maddalena Cerletti
Andreas Faessler
Patricia Gebel
Ernst Gregor
Michaela Gregor
Margot Halbmayer
Susanne Hehenberger
Georg Kugler
Monica Kurzel-Runtscheiner
Monika Löscher
Matthias Manzini
Matthias Marschik
Christian Mendez
Michaela Morelli
Max Pasquali
Daniela Sailer
Barbara Schwertführer-Grössing
Jonas Thiller
Guntram Turkowski
Caroline Wullenweber

Bibliografische Information der Deutschen Nationalbibliothek
Die Deutsche Nationalbibliothek verzeichnet diese Publikation in der Deutschen Nationalbibliografie; detaillierte bibliografische Daten sind über http://dnb.d-nb.de abrufbar.

Printed in Lithuania

Druck und Bindung
Balto Print, Vilnius

ISBN 978-3-205-21844-9